ナチュラルヒストリー

岩槻邦男——［著］

東京大学出版会

Natural History
Kunio IWATSUKI
University of Tokyo Press, 2018
ISBN 978-4-13-060256-3

はじめに

東京大学出版会が1993年に刊行を始めたナチュラルヒストリーシリーズは、50冊目の本書で完結する。本書はその最後の1冊として、まだ書かれていない大学におけるナチュラルヒストリー研究を総覧するよう求められたものだった。

個人的な事情になるが、私はすでにこのシリーズで『シダ植物の自然史』(1996）と『日本の植物園』(2004）の2冊を上梓している。またこの巻の執筆を始めたころに、80歳代の大台に乗り、自分でもこれまでの経験を総括したい時期になっていた。

私の研究生活は、京都大学に始まり、東京大学、立教大学、放送大学と、さまざまな様態の大学に所属しておこなわれた。東京大学では、大学院理学系研究科附属植物園の園長に併任されていたし、放送大学は生涯学習を標榜する大学である。大学に所属してはいたが、専門とする研究分野だけでなく、組織のうえでも、ナチュラルヒストリーと深くかかわっている。

さらに、その後に、兵庫県立人と自然の博物館の非常勤館長職を10年務め、公立博物館の活動にも参画した。そのような経歴をふまえて、一貫してナチュラルヒストリーの振興に努めてきた立場から、ナチュラルヒストリーを総括してみようという気持ちに押されて、主として日本の大学で研究生活をおくった者のナチュラルヒストリー論、とでもいうべきとりまとめをしたのが本書である。

ナチュラルヒストリーは普通、自然史と和訳される。その対象は広範にわたるが、本シリーズは生物のナチュラルヒストリーにこだわる部分が多い。私自身も専門の研究分野は、維管束植物、さらに細分すればシダ植物を対象とした研究である。考えを詰める際にとりあげる話題は、どうしても自分の研究分野にとらわれることになってしまう。ただし、本書で反復して述べるように、ナチュラルヒストリーの調査研究は、個別の部分から迫ることが現実であるとしても、明かしたいのは自然の全貌であり、総体のうちにいかに部分を位置づけて理解するかが問われる。そのことを、自分の調査研究の対象を材料に、本書でうまく語れているかどうかは読者の評価をいただきたいところである。

生涯学習に注がれる日本社会の目は、ここしばらくの間にずいぶん変貌を遂げた。日本の自然科学系の博物館では、規模や支援の範囲などの制限は、これまでも不十分だったものが、最近いっそう厳しさを増しているようではあるが、構成員の前向きの活動に支えられて、活動の成果は着実な展開をみせている。

かつての日本では、博物館の学芸員は、研究生活をおくりたいものの、大学の研究職に居場所を得られない人が、採ってもらえるなら博物館にでも勤めるか、と選択するような職種とされていたが、最近では、大学などは見向きもせずに、積極的に自然科学系の博物館に職を求める若者が出てきていると知って、私など古い時代を経験した者はうれしくなってしまう。大学が悪いといっているのではなく、ナチュラルヒストリーも大学で究められるべき課題がますます大きくなると認識しながらではあるが、日本でも、博物館等施設でその場にふさわしい活動をするすぐれた資質の人たちの増加を強く期待しているためである。

ナチュラルヒストリーシリーズの刊行によって、日本のナチュラルヒストリーを主導してきた人たちが、しっかりした理論的基盤を育ててきた。刊行が始まってから4半世紀の間に、ナチュラルヒストリー領域に注がれる視線が熱くなり、自然科学系の博物館の活動も活性化した。もちろん、それは平和が維持されている日本列島の文化の流れがもたらしたものであるが、人と自然の博物館にかかわった経験から、この期間のナチュラルヒストリーの展開の意味とその背景をあらためて感じとることである。

ナチュラルヒストリーシリーズは本書で一応の完結をみるが、ナチュラルヒストリーが完結するというのではない。むしろ、このシリーズが跳躍台になって、これからの日本におけるナチュラルヒストリーが大きく羽ばたくことを期待したい。シリーズの最終巻となる本書がその役割の一翼を担うことになれば、この書をものした者の最高のよろこびである。

目　　次

第1章　ナチュラルヒストリーをさかのぼる
――時間軸から自然をみる

ナチュラルヒストリーを考える最初の章では、ナチュラルヒストリーという用語の過去から現在への展開を、この用語がどのように使われてきたかを跡づけ、また、このようによばれる研究領域でどのような歴史が展開してきたかについてたずねることにしよう。用語の定義とその用語のもとでの活動内容とは、たがいに重なりあうものではあるものの、これらの両面からみることでこの言葉が示そうとする概念が浮き彫りにされると期待され、この課題の現在的側面を探ることに通じる。

1.1　範疇としてのナチュラルヒストリー

(1) ナチュラルヒストリーという表現

ナチュラルヒストリーは英語の natural history のカタカナ表記である。本書はナチュラルヒストリーシリーズの1冊として刊行されるので、この言葉は本書を通じてカタカナ表記で一貫する。

natural history はラテン語の historia naturalis に由来した言葉であり、この表現のもとをたずねれば、大プリニウスとよばれるガイウス・プリニウス・セクンドウス（Gaius Plinius Secundus, 22/23-79）の残した著作“Naturalis historiae”（『博物誌』と訳される、77年完結）にいきあたる（もちろん、これは文献として残された表現で、言葉としてこれがはじまりだったというのではない）。この書は37巻の大著で、宇宙の構成、惑星の運動に始まり、自然に関する科学と技術から貨幣、絵画、建造物などにもおよぶ当時の知の所産を総覧した百科全書である。皇帝ティトウス（Titus F. V., 39-81）

への献辞があり、10巻は彼自身によって公刊されたが、残りは甥で養子の小プリニウス（Gaius Plinius Caecilius Secundus, 61-112）が刊行したとされる。

プリニウスは博物学者というよりは、軍人、政治家として歴史に名を残しており、100を超えるとされる著作のうち、現在に残っているのはこの大著だけである。ナチュラルヒストリーに対応する用語として、著書名としてはもっとも古い記録に残されたのがこれであるとすれば、ナチュラルヒストリーは歴史的にはこの書に盛られたような概念であったと振り返ることになる。

（2）博物誌

プリニウスの"Naturalis historiae"を日本語で博物誌と訳した最初がいつ、だれだったかはつまびらかにしない。博物誌という漢語から日本語への変換に焦点をしぼると、少し時代は下がるが、中国では晋の張華（232-300）の『博物志』に触れることになる。

張華は3世紀に活躍した西晋の人であるが、このころの著名人でいまに名前が残るほどの人は政治家、武人として活躍した人であり、張華も三国時代から西周にかけて、魏、晋に仕えた高官で、政治、外交、軍事に実力を発揮した。ただし、貧しい生まれとされる張華が政権の中枢に参画できたのは、文筆をよくし、博識だったからで、『鷦鷯賦』という著書が時の顕官にとりあげられたことによるという（田中, 1986）。伝記はもっぱら彼の政界における活動を追う。

官に登ってからの張華の本来の役割は正史をまとめることだったはずだが、政治に深くかかわったため、その業務にあたるよう推挙した陳寿（233-297）の手により、同時代の代表的歴史書の『三国志』が著された。張華自身が記載したとされる『博物志』も、彼が著した書がそのまま残っているわけではなく、現在読めるのは北魏に下ってから常景（？-550）などが刪定（さんてい）したかたちである。もともと雑多で断片的な話題を集成した書で、100巻ほどあったうち、荒唐無稽な話題を削除するなどして、10巻本に編集したのも後人の手によると考証される。

この『博物志』も、当時のあらゆる知識の総覧というべきもので、動植物、神話などに限らず、国内外から興味ある話題が集められている。いまに残された書からおもな項目を拾ってみても、地理の概略、山水、物産、めずらしい動物、鳥、虫、植物、生きものの生態、薬草、養生法、書物、儀式、音楽、服飾、史実、外国のめずらしい人種、風俗、産物、などが並ぶ。要するに、知識一般の集成をめざしたもので、現在風の理解では百科事典に相当するものである。

張華の『博物志』はすでに奈良時代に日本へ将来されていたという記録もあり、日本の博物思想になんらかの影響を与えていたことだろう。もちろん、ここでいう博物は、本書で論じようとするナチュラルヒストリーからずれている部分もあることは含めて、である。

中国では張華の『博物志』が模範となって、これにならう書がその後も引き続き刊行された。宋代に入って刊行された李石の『続博物志』全10巻は張華の書にならったものであり、これは江戸時代中期には日本でも復刻版がつくられている。

明代の游潜（1501年に登用された記録がある）の『博物志補』、董斯張（1587–1628）の『廣博物志』なども張華の書の発展系で、それだけ中国の博物学の歴史を通じて、張華のおよぼした影響が大きかったことがみてとれる。

張華の『博物志』もそうであるが、プリニウスの“Naturalis historiae”は本書などでいうナチュラルヒストリーとは扱う領域が少し異なっている。その当時知られていたあらゆる知識を総覧しようとした記録であり、いま風にいえば百科事典のような役割を果たした書だったからである。このような知識の集大成は、いまにいたるまで需要があるということか、百科事典にその影が残されており、最近では電子メディアを利用するウィキペディアもその発展系だろうか。西欧でも、ナチュラルヒストリーという語はしだいに現在のものに近づいてくるが、フランスで革命前に大規模な知の集成を図ったディドロ（Denis Diderot, 1713–1784）やダランベール（Jean Le Rond d'Alembert, 1717–1783）らの、いわゆる百科全書派の活動は、ヴォルテール（'Voltaire' Francois-Marie Arouet, 1694–1778）やジャン・ジャック・ルソー（Jean-Jacques Rousseau, 1712–1778）らにひきつがれ、発展がみられた。

ナチュラルヒストリーについては、プリニウスや張華の著作のおもむきで理解する考えと、科学の発展段階で変貌を遂げたとし、後で述べるように、日本で自然史学とか自然史科学と名称を発展させて理解しようとする考えがいまに併存する。

ギリシャ時代に始まるナチュラルヒストリーは、ヨーロッパでは、生物にかかわる部分が、その後、実用面では薬物誌の姿でまとめられ、生物誌にひきつがれ、鉱物も同じ物産と理解される。それは中国で、張華の『博物志』の伝統が展開するのと並行して、本草学が展開するのとよく似たかたちだろう。

ここで一言注意しておきたいことであるが、自然の物産に関する記録は、ヨーロッパでも中国でも、博物誌のかたちで記録されはしたものの、野生の生きものが文芸の目でみられることはほとんどなかった。日本では『万葉集』の詩歌に多様な野生の動植物が詠いこまれているが、たとえば『聖書』でも、『イーリアス』『オデッセイア』や『詩経』『ラーマヤナ』などの東西の古典をくってみても、実生活にかかわりのある飼育栽培動植物などの名前がまれに出てくることはあるものの、野生の動植物はほとんどとりあげられていない。

そうはいいながら、フランス百科全書派の隅っこからデビューしたラマルク（[tea time 2]）が、やがて biology という造語をし、進化思想を育てる力となった人であることにも思いをいたす。本書では、まだ植物学者として地味な貢献をしていた若いころのラマルクが、百科全書の植物学の分冊の編纂に貢献し、第2章2.3で例示するホウビシダの最初の記載、*Asplenium unilaterale*（長い間この学名が日本の種にもあてられていた）が彼によって1786年に『百科全書』で発表されたものであるといういきがかりまで思いだすことになる。

プリニウスも張華も、現在いう意味での博物学者というよりは、本職は政治家であり、洋の東西を問わず、当時の政治家といえば、軍人として成果をあげた人だった。そして、政治家は同時に文筆家でもあった。人知の記録をやっと始めるようになった当時、Naturalis historiae や博物志という言葉は、知の集積と理解されていたようで、それを集覧するのには政治家の文筆力に頼っていた。歴史の基本には政治と軍事があり、この領域では情報収集は、ヒトがまだ野生動物の時代だったころからの基本的な作業だったのだろう。

ただし、ここでいう知の集積は、博覧強記に通じるもので、知的好奇心にしたがってものごとの普遍的な原理を追究するような、近代科学に直接通じるものではなかった。というよりも、近代科学が芽吹くまでの人知にとって、好奇心とはなんでも知っている博覧強記に偏るものだったのだろうか。

古い時代に、ナチュラルヒストリーや博物志という言葉がどのように使われてきたかについては、すぐれた考証がいくつもあり、ここでその成果をくり返して紹介する必要はないであろう。また、history という言葉の語源がなにで、現在使われている意味がなにかなどの考証は、それ自体意味のあることではあるが、ここで考えたいことの目的とは少しずれる。ここでは、本書の目的に沿って、ナチュラルヒストリーとか博物志とかいう言葉で、西暦紀元のはじまりのころ、日本では国家が生まれる前から、どのような成果が積みあげられており、それがどのように発展してきたかを跡づけるにとどめておきたい。そうすると、はじまりは、洋の東西を問わず、権力者のところへ報告するために知の成果が文書のかたちで集積された歴史が現われてくる。日本でも、自然についての記述が、およそ文書がつくられ始めたころから、いろいろなかたちでおこなわれてきた。しかし、日本の場合はギリシャや中国とはちょっと違っていたことも注目したい。

プリニウスの“Naturalis historiae”の書名をひきついだものとして忘れられないのは、時代を大きく下ることになるが、ビュフォン（Georges-Louis Leclerc, Comte de Buffon, 1707–1788）で、“L'Histoire Naturelle”（普通『博物誌』と和訳される）には副題として、王立博物館（現フランス国立自然史博物館）所蔵品の記載の総論と各論、という説明がついている。大部分はビュフォン自身の手になり、1749 年から刊行が始まるが、部分的には協力者が執筆し、さらに彼が 36 巻まで刊行したところで亡くなった後、ラセペード（B.-G.-E. de La V.-s.-I., comte de La Cepede, 1756–1825）がひきついで 8 巻を書き足し、1804 年に仕上げた。この書は自然史博物館の資料目録のかたちをとりながら、動植物、鉱物の様態を、標本の状態だけでなく、自然に存在するかたちで紹介したもので、まさに自然誌とよばれるにふさわしい業績である。初版は極彩色で、ベストセラー本になったと伝えられるが、19 世紀初頭のパリ（の貴族社会）には自然の産物の科学的な紹介をうけいれる土壌があったということだろうか。

科学の世界を離れても、日本語に訳して‘博物誌’とされるものに、著名な例として、ルナール（Jules Renard, 1864–1910）の“Histoires naturelles”

(1896) があり、これはすぐれた文筆家の自然観察の記録で、私も子ども心に感動を与えられた書であるが、ラヴェル（Joseph-Maurice Ravel, 1875-1937）が、1908年にこれにもとづいた歌曲集をつくっており、そちらからも愛好者の層が厚くなっている。

もっと最近の話では、たとえば日本の画家井上直久の描く「イバラード博物誌」が、博物誌という語を用いて独自の幻想の世界を展開する。博物誌という言葉も、自在に人の感覚で醸成させられる。

1.2　ナチュラルヒストリーと科学——知の創出と伝達

(1) アリストテレスの自然学

naturalis historiae という言葉は1世紀に、博物志も3世紀に現われた。そこで、さらにナチュラルヒストリーとか博物とかいう言葉にこだわらず、人の文化が自然を知の体系のうちでどのように理解してきたかを振り返ってみよう。そして、そこからナチュラルヒストリーとよぶ領域がどのように文化、学術に貢献してきたかをみてみたい。そのためには、現在の自然科学の主流をなす西欧的な科学の勃興からみていくのがナチュラルヒストリー史の王道かと思われる。

人の文化が創始される以前から、いいかえれば野生動物の1種だった「ヒト」（生物種としての和名表記）がまだ文化をもつ「人」（生物名のヒトと区別する）に進化する前から、自然物を識別する行為は、生存の基本につながっていた。衣食住など、生活の基本は自然物との交流のうちにつくられ、生理的にも精神的にも、自然物に支えられて生存が維持されてきたからである。

動植物に名前がつけられ、言葉を媒介とする人の個体間の情報交流が始まり、社会内に蓄積される情報量が拡大すると、生きていくうえでもっとも大切な情報のひとつだった動植物の種の識別は、実務を超えて、やがて人の知的好奇心にかかわる対象ともなってきた。野生の動物たちも、親の背をみて学習することによって、食べられるもの、食べられないもの、敵、味方などを識別する。人の社会で言葉が発達してからは、自然物についての認識も言葉に置き換えられて個体間で伝達された。粟（アワ）や稗（ヒエ）は食べられるが、烏頭（ウズ；トリカブトの根）は魚毒には使えても、食べてはいけないものだったと、発見した人だけでなく、社会が共有する知識になってきた。

自然の事物についての知識の集積は、やがて事物の間の関係性に向けての人の知的好奇心を刺激し、生活とかかわりの深い事物の関係性と、有用性と独立に事物の関係性に向けられる知的好奇心が、微妙に交錯しながら展開するようになる。

自然物が認識され、生活のうちで情報交流が密になって、生活に豊かさが蓄積され、やがて人の社会には文化とよばれるほどの知の集積が整ってきた。自然認識も、目先の生存のための手段としてだけでなく、知的な活動の一環でまとめられるようになった。近代的な自然科学以前の自然認識の学をひっくるめて、自然学ということがある。

自然を体系的に認識し、それを著述のかたちで残した最初の1人がアリストテレス（Aristoteles, 紀元前384-紀元前322）で、そのために、彼が自然学の創始者とされ、ナチュラルヒストリーの分野でも学の元祖とされる。アリストテレスの学の体系も、最初期のキリスト教社会には正当に伝えられてはこずに、文芸復興に先駆けてイスラム教社会に伝えられていたアラビア語文献から再発見される必要があったという歴史的事実は、ここではとりあげない。

アリストテレスは自然科学者としてより、哲学者に分類され、自然学は自然の認識を、どちらかといえば思弁的におこなったものとされる。残されているアリストテレスの著作（アリストテレス全集は、欧文でも日本語でも、くり返し編集されている。本書を草するに際しては、主として岩波書店が1968-1973年に刊行した日本語版全集によった）には、論理学、形而上学、政治学、倫理学などの分野のものが知られているが、自然科学の元祖としても、自然学、天体論、気象論などと並んで動物誌をはじめ動物学に関する著作が多い。ただし、植物学についての著作は残されておらず、植物学の祖は彼の弟子であり、同時代人でもあったテオプラストス（[tea time 1]）とされる。

アリストテレスの自然に対する見方は、形而上学との関連もあって、思念的なところがめだつが、自分自身が観察して実体を確かめ、正確な記述をこころがけてもいた。とりわけ、海洋動物の記述には貴重な例が多い。ウニの旺盛な食欲はしっかりした5枚歯の咀嚼器のおかげであるが、この構造体の名称は‘アリストテレスの提灯’で、この自然学の始祖に献呈された名称である。自然の認識を、自分自身の観察も重視し、認識した個々の事実を生きもののもつ法則のかたちで理解しようとした立場に立ったもので、現在の自然科学に通じるところがある。

自然界の事物・事象に関する知見は、個別に観察、記録され、人の社会に大量にあふれていたかもしれないが、その大量の情報を知識の体系のうちに集成し、整理する最初の試みがアリストテレスによるものであり、彼の時代になって人の社会にそうするだけの知見の進歩が蓄積されていたといえるだろう。それにしても、当時の人の知見を総合的に集大成したのだから、アリストテレスは相当に博覧強記の人だったと推定されるし、それだけに情報収集のための協力者もそろえていたということだろうか。

集められた情報を並列しただけでは、彼の知的好奇心を充たすだけの客観的な結論は導けなかっただろう。だからこそ、アリストテレスらしく知識を分類整理し、体系化することを試みた。科学の情報が飛躍的に進んでいる現在になっても、生きているとはどういうことか、人の環境を快適にするにはどうしたらよいか、これらの根源的な問いに直面すると、膨大な量に達したといわれる人の知識にもとづいたとしても、まだその問いに答える科学的な結論を得るにはほど遠い。当時得られていた断片的な科学的知見にもとづいてでは、アリストテレスの知的好奇心を全うさせるだけの、科学的、論理的な結論を導くことはかなわず、彼にできたのは思弁的な考察をくわえて推定できるものを結論にすることだけだった。その結果、彼は自然科学の創始者ではなくて、きわめて思弁的な自然学の創始者として讃えられることはあっても、現在の通説のとおり、科学者とされるよりは、哲学者の範疇に属する人と定義づけられることになる。

アリストテレスは、マケドニアの版図を世界規模に拡大したアレクサンドロス3世（Alexander Ⅲ, 紀元前356-紀元前323）の13歳から即位するまでの間の家庭教師だったように、マケドニア系の人だった。アレクサンドロス大王の死去後、アテナイではマケドニア系の人たちへの迫害がおこり、その影響もあってかアリストテレスも隠棲し、翌年には亡くなった（自ら毒をあおったという説もある)。

当時のアテナイではマケドニア系の人がしばしば迫害をうけていたのも災いしたのか、アリストテレスはリュケイオン（アテネのアポロ神殿の一画のギムナジウムで、アリストテレスがここで弟子の指導にあたったとされるので、彼の学校の名前ともされている）を開き、学の振興を図ったにもかかわらず、教育者としては大きな成果をあげることなく、ソクラテス、プラトンの系譜を継ぐだけの、彼を超えるほど偉大な後継者を育てることはできなかった。そのためもあってか、彼の著述は学問の世界の聖書と崇められてしまい、中世を通じて、誤った認識まで真理として批判を許されなかったという不幸な歴史もつくることになった。

アリストテレスの学問の体系（スコラ学）では、論理学が基本とされ、理論に自然学（physica)、形而上学（metaphysica）が、実践に政治学、倫理学が、そして制作に詩学が分類される。自然学は理論の領域に置かれ、形而上学と並列されるものと認識されたのである。知の発展に関する部分は理論に含まれるが、自然の認識という知的活動は、自然学がそれを扱う領域になる。自然学では、天体や気象から生物、はては人間の研究まで、自然の事物・事象のすべてが知的好奇心の対象となる。そして、アリストテレスのスコラ的な世界像が崩壊するのは、ガリレオやデカルトによる科学革命を経験し、19世紀に入って近代物理学が成立してからである。物理学者が英語でphysicistとよばれたのは1840年代になってからだった。

現在の自然科学と違って、自然学という場合には、アリストテレスの研究観察法にみられるように、みたものを単純に描写するだけでなく、思弁的な要素が強まっている点が強調される。自然科学は、現在理解されているところでは、自然を理解するために具体的な自然物、自然現象に内在する客観的普遍性を探索してそれらに通底する因果法則を求め、そのために実験、観察に基礎を置き、数学的枠組みを用いて整理しようとする。

しかし、自然科学が社会科学と区別されるようになったのは19世紀に入り、西欧で科学の細分化が進むようになって以降で、科学の諸分野が独立し、専門分野化することで、それぞれの領域内での知見にめざましい深化が刻まれ、その傾向は現在にいたってますますはっきりみえているところである。ごく最近まで、自然科学は物理学、化学、生物学、地学の4領域で整理されていたが、いまでは、研究上でこれらの領域区分がどれだけの意味をもっているか疑われることもある（現実には、高校のカリキュラムなど、樹立されている制度に影響をうけている面はあるものの）。さらに、専門分野の極度の分化に抗して、文理融合が現在科学の喫緊の課題のひとつであると訴えられる声も小さいわけではない（もっとも、文系と理系が日本ほどはっきり区別されるのはめずらしい状況である）。

自然学はラテン語では physica であるが、これはアリストテレスの著作全体を包括した表題のギリシャ語〈タ・フュシカ〉に由来しており、彼の考えでは事物が静止し、運動する原理とそれがもたらす現象を研究するのが自然学ということだった。自然界のあらゆる事物・事象を研究するというのだから、広義にみれば現在の自然科学と変わることはない。

科学の近代化という視点からいえば、コペルニクスからガリレオの地動説はアリストテレスの天動説の否定から始まったし、デカルトにおけるスコラ学からの脱皮に意味があった。近代科学はアリストテレスの拒絶によって始まる。しかし、それでもなおアリストテレスは科学の祖とされる。それは、いまでも科学が知りえている範囲はごく限られており、実証的に示されるだけでなく、思弁的とされる考察を必至とすることが現実だからである。

ただ、彼の著述にみられるように、アリストテレスにとっては、自然という対象には、事物や現象が個別に存在するのではなくて、全体としてひとつの自然をかたちづくっていると理解されていた。すべての事物・事象は、個別に存在、惹起するものではなくて、すべてが相互になんらかの関係性をもちあっている。そのことをどこまで意識してだったかはわからないが、あらゆることに関心をもち、あらゆることに知見を求め、わかっていないことはさらに観察しようとしたという意味で、アリストテレスの自然学は自然の実体を全体像でとらえ、究めようとする学だった。

事物・事象についての知見がごくごく限られていたアリストテレスの時代には、具体的な事実についての知見が進んだとしても、自然の統一的な理解のためには、思弁的な考察が不可欠だったし、現にアリストテレスの自然学は、とりわけいまの自然科学を知る者にとっては、思弁的である点がはなはだしくわずらわしくみえてくる点でもある。

ただし、自然を統一的に理解しようとすれば、ギリシャの時代よりはるかに自然の事物・事象に関する知見の進んでいる現在でも、どれだけのことが科学的に認識できるだろうか。この問題は本書を通じて、科学が当面する課題であり、ナチュラルヒストリーがどのように担うべき課題であるかという視点で論じたい。すべての時代の人が科学の途中経過を知りたいと思うのではなく、知的好奇心はつねに科学がもたらす結論を期待している。

［tea time 1］　テオプラストス

植物学の祖とされるテオプラストス（ラテン語表記：Theophrastos, 紀元前371-紀元前287）はレスボス島のエレソスで生まれた。テオフラストスと読むことのほうが多いようだが、ここではテオプラストスで統一する。この名はアリストテレスがつけたあだ名が通称となったもので、theos＝神、のように、phrastos＝語る、人という意味で、彼の弁舌のさわやかさを表現している。

プラトンのアカデメイアではアリストテレスと同門で、後輩の位置にあり、少し年齢が離れてはいるが、たがいに研鑽を重ねた仲間だった。アリストテレスは自分の著作をテオプラストスに遺贈したし、アリストテレスが創設し、学頭を務めていたリュケイオンの学頭の役割をテオプラストスに譲り、テオプラストスは35年間その職にあって逍遥学派を繁栄に導いた。記録によると、当時の偉大な文筆家の例にもれず、膨大な数の著作を残したが、ほとんどは散逸して残っておらず、『植物誌』は限られた現存書のひとつである。

アリストテレスは500を超える著作があったとされ、そのうちには植物に関する著作もあったというが、なにしろ現在に残されているのはおよそ3分の1の100点あまりで、植物について書かれたもので完全なかたちで残っているものはない。そこで、アリストテレスが科学の祖とされるのに対して、植物学についてだけは、植物についての詳細な記述がいまに残されているテオプラストスが植物学の父といわれることにもつながっている。

テオプラストスは紀元前287年ごろに85歳の長寿を全うしたが、アテナイで国葬にふされたと記録されており、市民が主導した当時のアテナイの風習から、彼が市民たちの敬意をうけていた碩学だったことが知られる。なにしろ、時々刻々に人の評価も変動するのが常だった時代に、35年間もリュケイオンの学頭を務めていたほどの人なのだから。

『植物誌』全9巻はテオプラストスの主著であるが、当時知られていた500種あまりの植物の観察をおこない、人とのつながりにも触れた詳細な記載を残した。すでにフィールドワークもおこなっており、記載した種の間の関係を体系的に整理する試みも始めている。千里金蘭大学の非常勤講師であった小川洋子さんの画期的な訳書は全3巻の予定のうち第1巻（2008）と第2巻（2015）が刊行されており、ギリシャ語のまったくわからない私どももテオプラストスの著作に触れることができるのはたいへんありがたい。

原書の全9巻のうち、最初の2巻は植物学総論にあてられ、第3巻で野生の樹木総論から始まって、個々の種の記述に入る。全編を通じて、人とのかかわりもふくめて植物の記載に徹しているが、信仰との関係で神懸かり的な説明をすることは厳密に避けられており、その意味では純粋に西欧的な科学の書のはじまりのひとつとして徹底しているところがある。

テオプラストスは植物の多くの種を記載するに際して、たんに列記するだけでなく、分類法を提起し、分類に階層性をとりいれる。ひとつのゲノス（類）にはほとんどの場合、複数のエイドス（種）が含まれるとした。

『植物誌』も、本体はリュケイオンでの講義録だったようで、一度に書きあげた書というよりは、講義を重ねるうちに手をくわえたものらしく、異本があるのは当然でもある。書名も、写本のものは「植物について」か「植物のヒストリー」だそうで、ヒストリーは史というよりも、研究という意味のほうが強いともいえることを念頭に置き、広く通用している名称にしたがうことにする。成立の時期についても、いつと確定はできない。紀元前314年ごろといわれるが、この年は彼がリュケイオンで講義を始めた年で、講義にそなえたもとの型がつくられたときといえるだろうか。

（2）中世ヨーロッパにおける自然認識

アリストテレス、テオプラストスらが活躍したギリシャ時代に比べ、政争の続くローマ帝国では、科学の歴史はほとんど話題にならない。歴史といえば、人類の大部分を占める生活者、大衆の生きざまの記録はほとんど書き記されることがなくて、血湧き肉躍るとされる政治と戦争の記録になってしまったのは、時代の記録に向けられた関心が政治の表面で動く人たちの駆け引きや戦争のなりゆきに偏っているためだろうか。

アリストテレスの自然学の延長上で、自然の事物・事象をあまねく記載する大著を刊行したのがプリニウスであることはすでに紹介した。植物学に限った歴史については、［tea time 1］で紹介したテオプラストスの『植物誌』がはじまりの書であるが、さらに、プリニウスと同時代のディオスコリデス（Pedanius Dioscorides, 40ごろ-90）が薬用を指標とした植物の調査、研究にいそしみ、まとまった薬用植物の書『薬物誌』〈De Materia Medica libri-quinque〉全5巻を刊行したところは東洋の本草学の展開に似ているともいえる。

ディオスコリデスは小アジアの出身で、ネロ皇帝時のローマ帝国で軍医を務め、版図内を広く旅行して薬物を現地調査し、薬物を収斂・利尿・下剤などの薬理、機能に応じて整理、分類した。『薬物誌』には植物起源の薬物600品目のほかに、動物80、鉱物50品目も記載されている。自然界の産物を、薬という視点で包括している意味では、薬用植物の書というよりも、東洋の本草書と同じ線に沿う博物の記録となっている。植物だけでみても、テオプラストスの『植物誌』には生薬を480種記載しているが、『薬物誌』では約600種の植物とその用法が記載されているので、先行研究をふまえた展開もみられる。

ローマ帝国の歴史の表面には出てこないが、この時代にも、自然物に対する知見は着実に積みあげられていた。記録を積みあげていたのは、地域の医療にかかわっていた古老たちの知識などだったのだろうか。生活にかかわりの深い薬物の知識が先行していたのも、ある意味では当然の歴史の展開である。

ギリシャ時代に花開き、初期のローマ帝国で社会貢献に展開していた学問への意欲は、ローマ帝国崩壊後には発展を続けることができず、やがて知の暗黒時代とよばれる中世に入った、と記録される。植物学についていえば、生活に直結する薬用植物の検索を重視したので、ディオスコリデスの『薬物誌』は絶対的な基準書としての役割を果たしており、植物の研究といえばこの書の解釈と考証に徹することを意味し、ほかのめぼしい刊行物としては、13世紀にアルベルトウス・マグヌス（Albertus Magnus, 1193ごろ-1280）が『植物論』〈De vegetabilibus〉を出したくらいだった。ディオスコリデスを超える書の刊行は、16世紀に入って『薬物誌』の追加訂正のかたちでブルンフェルス（O. Brunfels, 1488-1534）、フックス（L. Fuchs, 1501-1566）、クルシウス（C. Clusius, 1526-1609）などの図説が現われ、やがてチェサルピーノ（Andrea Cesalpino, 1519ごろ-1603）の『植物学』〈De plantis libri〉が刊行されるまで待たねばならなかった。

中世を一括して暗黒時代とよぶことに批判的な見解もあり、12-13世紀にはノートルダム大聖堂が建築されたなどの例があげられることがあるが、キリスト教、イスラム教に制覇されたヨーロッパ社会に科学が振興する余地はなかった。ときにすぐれた能力をもった人が現われたとしても、その能力が十分に生かされる社会的背景がなかったということだろう。ギリシャ時代、古代ローマ時代にくらべて、中世を通じて知の停滞が文明の発展を阻害していた事実は否定することができないだろう。ただし、その時期に、アリストテレスの業績の再発見がおこなわれていたことは見逃すことのできない歴史ではある。

（3）ヨーロッパの外における博物誌の目覚めと発展

新人はアフリカで誕生し、5万-10万年前にユーラシア大陸へ移住してから、ヨーロッパに向けて展開した流れと、東へ向かいアジアをつくった流れがあった。もちろん、これも、ユーラシアへ上陸したところですぐにじょうずに2派に分かれたというのではなくて、いまの中東近辺へまず落ち着いたところで、多様化し、そのうちのいくつかの系統が、波状的に東へ西へと移動したものだったらしい。最初に日本へたどり着いた人たちは、4万年ほど前に日本列島をみたという。

移動にともなって、もっていた文化、文明をなんらかのかたちで運んだのだろうが、移動の過程でも、どこかに落ち着いてからも、それぞれの集団ごとに新しいなにかを積みあげただろうから、地域ごとにかたちづくられてきた民族それぞれに、定着した地域の風土に適応した固有の文化、文明が形成される歴史を育んだ。もちろん、基本的にはアフリカ時代から背負っている人としての普遍的な側面をもちつづけているのも一方の真理ではある。

アジアへ展開した人が、文明を高度化させた中心は中国だった。中国で高度化した文化は、そのまま現在にいたるまでアジアの中核をかたちづくっている。中国では主流をなす漢族が国土を支配する時期が長かったが、政治的には他民族が支配したこともあった。しかし、他民族に支配されていても、漢族の文化は、支配者の影響を微妙に吸収しながらではあるものの、ひとつの伝統をかたちづくっていた。

日本は小さい国ではあるが、島国で、それだけに独立性が強い。民族としても、何度も列島に流れ着いた集団をうけいれてきたようだから、血族的な集団として固定されたものではないが、移住してくる人たちも、その人たちがもっている文化もじょうずにうけいれて、風土に同化した日本人、日本文化を育ててきた。博物誌の発展も、隣の大国中国の影響をもろにうけながらではあるが、日本独自の展開もまた顕著だった。

中東の原始自然はレバノン杉に覆われた緑豊かなところだったという説がある。そこに住み込んだ人たちが、レバノン杉の林を伐開して砂漠化したというのなら、砂漠で展開した文化は、単純に自然の影響下にあったというだけでなく、自然を変貌させた人の営為の所産だったということもできそうである。

中国——本草学とナチュラルヒストリー

中国で展開した本草学と博物学も、歴史的には、同じ言葉のようにも、あるいは違う意味でも使われてきた。

博物誌という表現がとられた際には、自然誌に限らず、むしろ百科事典的にとりあげる項目が広がるのが普通のようであると述べた。張華の『博物志』とそれを跡づける業績にみたとおりである。そして、その展開の仕方は、ギリシャに始まりヨーロッパで展開するのと並行的な現われ方をしているともみなされる。

それに対して、本草という語は中国での用法であるが、薬物誌の意味で使われ、薬になる自然物とその利用法などが記載されたものである。本草という語自体には、植物を意味する使い方もあり、また日本語では、本草書を指す言葉に特化しても使われる。本草書には、例示される数では植物よりも少ないが、動物や鉱物の事例もとりあげられる。

西欧でいうハーバリズム herbalism は薬用に供される植物に関する話題の総称で、かつては本草と同じような意味をもっていたが、最近では、世界の各地で伝統的な民間薬として利用されている植物（やその他の自然物）が創薬のための遺伝子資源としてあらためて注目されており、調査研究の対象となっている。言葉としては本草学と訳され、日本語でいう本草学と意味の重なるところもあるものの、日本語でいう近代化された生薬学も含む語といえるだろう。

本草という語は、前漢の歴史を記した『漢書』の郊祀志に初見されるが、前漢の紀元前1世紀ごろには、ほかにも本草に関する書が、実物はいまに伝わってはいないものの、いくつかあったらしい。ただし、そのころの本草は薬物の記載とはいうものの、医療行為そのものが神仙思想の影響をうけており、その方向の記述も当然みられていたのだろう。

現存する最古の本草書は『神農本草経』で、原本は残っていないが、医療行為の際の指導書として改訂増補をくわえながら広く利用されていた。陶弘景（456-536）が、そのころにはバラバラに使われていた断簡、異本を校訂、集成し、『本草経集注』として500年ごろに刊行したが、これがその後の本草書の模範とされている。

本草書は、その後の追加などを集成して、宋代の1090年ごろに『経史証類備急本草』が編まれてそれまでの知識がまとめられた。その後も『神農本草経』は広く利用され、誤りが導入されたり、まちがった伝本が使われたりもされながら、本草の聖書のように尊重されてきた。明代には李時珍（1518-1593）が、当時流布していた『神農本草経』などを詳細に検討し、あらためて野外調査なども積みあげて、植物に関する知識を練りなおし、『本草綱目』編集の膨大な作業をおこなった。1578年には原稿は完成したものの、時に利あらず、初版の金陵本の刊行は李時珍の死後、1596年にずれこむことになる。ただ、中国に初版本の伝本はないといわれる。

『本草綱目』は日本へは1607年に将来され、林羅山が幕府に献本したことから、日本の本草学に強い影響を与え、また民間療法にも生かされた。小野蘭山（1729-1810）はこの書にもとづく講義録を『本草綱目紀聞』にまとめ、さらにそれを口語調にあらためた書を『本草綱目啓蒙』として1803年に刊行した。講義録であり、原典の解説書ではあるが、すぐれた本草家の小野蘭山が、この書を日本人向けに手を入れているほか、博物学書として日本の資料に関する事項や自説も書きくわえた教科書として価値を高め、実際日本の本草学の発展に大きく寄与することとなった。

中国における博物志と本草の展開は、ヨーロッパにおける博物誌と薬物誌の発展と並行的な現象とみなされる。歴史を通じて、東洋と西洋の間にはいろいろなかたちで文化の交流はあったのだが、このような知識が相互の間でどのように伝達され、影響を与えあったのか、詳細は詰められていない。自然物、とりわけ生物については、東西で野生種の顔ぶれに相当な違いがあり、ディオスコリデスの『薬物誌』は中国ではほとんど役に立たなかっただろうし、『神農本草経』がヨーロッパにもたらされ、ラテン語に訳されたとしても、ルネッサンス以前にはそれを活用するだけの文化の進展はみられていなかった。中国の博物志、本草書が日本にもたらされると、それを日本風に改訂増補して利用するだけの能力は徐々に育っていたものの、この領域の科学を東西で交流させようという機運は、歴史上現われてこなかったとしても不思議ではない。

インドと東南アジア

インドで展開した文化では、ヒンドゥー教や仏教に花開く哲学的な思潮の興隆がめだつ。しかし、ほかの地域に先駆けて文化を花咲かせた古代から、事実に即した博物誌の編纂のような事業は展開しなかった。自然の産物についても、詳細な記録をとる習慣は育たなかった。最近も、インド生物誌編纂の企画はくり返し耳にするが、残念ながらインド亜大陸を総括する生物誌のまとまるのをみたことはない。

東南アジアにおいても、人々が科学的好奇心にうながされて、知的な情報の集積に努めるような習慣は育たなかった。この地域でも、世界をリードするような自然物にかかわる文化の先導的な活動は認められていない。

中東におけるナチュラルヒストリー

国立民族学博物館の初代館長だった梅棹忠夫博士は東洋と西洋の間には中洋があると指摘したが（梅棹，1957）、この地域、中東には世界でもっとも古いメソポタミア文明が栄え、零（数字の0）の発見を含め、アラビア数字に始まる数学の体系の樹立、太陽暦の採用などで科学の世界も先導し、近代文明の骨格をつくるうえで大きな役割を果たした。旧約聖書以来のモラルの規範づくりもこの地域に依拠している。やがてイスラム教の成立が、西欧の中世暗黒時代を横目に、イスラム大帝国づくりに成功する歴史を生み出すが、物質・エネルギー志向の西欧文明の科学と技術の急速な進歩との競争に遅れをとり、いまでは庶民が貧困に苦しむ地域とさえなっている。

さらに、地域としての中東ではないが、思想としてのイスラム社会を語るとすれば、西欧キリスト教社会のルネッサンスをみて、ギリシャの文化の西欧における展開を知るためには、初期キリスト教社会に抗したイスラム社会の果たした役割を思いだす必要がある。ローマ帝国がキリスト教に置き換えられてから、ギリシャ文化は破棄され、アリストテレスやアルキメデスなどの業績の多くは社会から失われてしまった。

それが‘文芸復興’できたのは、イスラム教に制圧されていたイベリア半島のトレドの町で、レコンキスタの過程にある12世紀ごろ、イスラム教徒が敗走した後に捨て置かれていた書物の山の中に、キリスト教徒が学べなかったギリシャの貴重な文献が遺されていたおかげだった。東ローマ帝国とイスラム社会のうちにアラビア語で残されていたこれらの文献が、あらためて西欧キリスト教社会でラテン語に翻訳され、‘文芸復興’のきっかけがつくられたのだった。

生物に関するナチュラルヒストリーの視点からいうと、中東地域はほかの地域にくらべて生物誌の集成などに遅れをとっているが、それは乾燥地帯が拡がり、全体として生物相も多様性に乏しく、博物誌編纂の意欲が盛りあがらなかったということなのだろうか。カレーズ（地下水路）の整備など、古くから都市開発のための技術は進んでいたものの、物質・エネルギー志向の富を一途に求める文明は育ててこなかった。そのことは、宗教、哲学や、法律などの社会科学の展開に比して、自然科学の分野で遅れをとることにつながっていたのかもしれない。

古代から中世にかけてのこの地域の博物誌、自然誌の記録はほとんど残されていない（Budge, 1978）。この地域でも医療行為はおこなわれていたに違いないし、ギリシャ・ローマの学芸に学んで、薬草などの自然物が有効に用いられていたはずであるが、その材料、用法などについて、この地域に固有の方法が記録された文書は残されていないのである。まだ古老などの知識に残されているうちに、伝統薬の記録などが収集され、記録されることが期待される。

イスラム社会では、一貫して神学がすべてを統率し、科学はその下に置かれているので、科学の自由な発想が展開する機会がなかったのではないだろうか。また、科学者も総合的な文化人であることが期待されており、特定の専門分野の研究に没頭してすぐれた業績をあげることができなかった、かもしれない。初期にはギリシャ語の文献をアラビア語に翻訳し、学んでいたというのに、やがて教理に凝り固まる傾向が強まり、自然科学への貢献も乏しくなったのはどういうことなのだろう。

マヤ文明などとナチュラルヒストリー

アメリカ大陸に人類が移住したのは、氷河期にベーリング海峡が干上がった1万5000年ほど前という説があり、古くは4万年前には渡来人があったという説もあるようだが、いずれにしても先住民族のマヤ人はモンゴロイドであることから、モンゴル系の、われわれの兄弟分が東進したということだろうか。アメリカ大陸に渡ってから、定着した地域によって民族が分化した例もあっただろうし、異なった時期に別の部族が移住したということもあったらしい。ポリネシア系の移住者があったという説もある。いずれにしても1万2000年前くらいには南米の南の地域にも新人が住んでいたという証拠が示されている。渡来人には多くの部族があり、文明も多様である。

マヤ文明はスペインの侵攻によって壊滅させられた文明であるが、旧世界の文明とはまったく独立の文化が形成されていた。侵入したスペインに完敗したのは、お人好しでだまされてしまった戦略の失敗もあったそうだが、技術力で劣っていたためでもあった。車輪の原理を知っていたことはたしかだが、実用化せずに人力に頼っていたし、ウシやウマがいなかったから、農作業さえもっぱら人力によっていた。15世紀になっても、焼畑農業や、段々畑、湿地を使った農業を主としていたなど、技術力では当時のヨーロッパとは比較にならなかった。

マヤの建築技術はすぐれており、遺跡には立派な建物が含まれる。それとの関連もあるが、暦に関する知識、天体観測の技量はすぐれていた。技術で日常生活の便利さを追究することよりも、宗教儀礼に力を注ぐ文明を育てていたということだろうか。

アメリカ大陸先住民の文化は、白人の新大陸‘発見’以後の侵略によって無視と破壊が重ねられたが、多くの部族で多様な文化が育っていたことはたしかな事実だった。近代科学の発展にそれが貢献することはわずかだったかもしれないが、いまになって、先住民の自然との触れあい方が現在風のエコライフのよい参考になっている点は見過ごすことができない。

（4）日本におけるナチュラルヒストリー——本草・博物誌・自然史

10世紀の本草

日本における博物の、文書に残された歴史は平安中期の深根輔仁（生没年不詳）が、延喜年間（918年ごろ）に、醍醐天皇（885-930, 在位897-930）の勅命によって撰述したとされる『本草和名』に始まる。この書は唐の『新修本草』に似せてつくられており、薬物に和名をつけ、日本に産するかどうかの検証をしている。同定には過ちもあるが、当時の知識がわかる資料であり、中国でも散逸してみあたらない『新修本草』の逸文が含まれているなど、貴重な資料である。

『本草和名』はその後の日本の医療や自然誌の知見に影響を与えた書であるが、原典は失われており、江戸時代になって幕府の医者多紀元簡（1755-1810）によって、古写本が江戸城の紅葉山文庫の中でみいだされ、1796年に校定をおこなって刊行、それがいまに残されている。再び、もとになった古写本は行方不明になったが、古写本を撮影したものが台湾にあることから、現在でも貴重な研究資料とされている。

延喜年間といえば、倭の国とよばれていたムラの集合体から、日本がやっと国のかたちを整えてまもないころで、まだ日本文化とよぶほどのものはなかった。しかしそのころに、原型は中国の古典だとしても、日本風に焼きなおした博物誌がまとめられていたのである。地中海地域と中国以外では、この当時まだ科学にかかわるまとまった著作はできていない（残されてはいない）。文化の先進地メソポタミアやインドでも、である。

日本文化は中国文化の一部だといわれることもある。しかし、『本草和名』は中国の文化の単純な受け売りではなくて、日本にある植物を意識した博物誌の集成である。中国文化圏でも、地域の博物誌はまだなかった。これは、日本とヨーロッパにおいて近代科学が並行して整ってきたとみるJ. ニーダム（N. J. T. M. Needham, 1900-1995）の考えや、ユーラシア大陸の文明を東洋と西洋に二大分するのはまちがいで、ヨーロッパと日本列島を文化の先進地域の第一地帯、ほかの広大な地域を第二地帯と区分すべきであると論じる梅棹の考えに通じるところがあるが、それにしても地中海地域と日本列島である。このことは、明治維新以後の日本の科学を考える際にとりあげなければならないだろうが、ここでも10世紀の日本にちょっとだけ気配りをしておきたい。

服部保兵庫県立大学名誉教授らは万葉集に出てくる植物名、植生、景観の呼称から、当時の日本列島の自然を読みとろうとする（服部ら，2010）。結論としては、万葉集に詠みこまれている植物種や植生の記録から、この時代にすでに人里、里山、奥山の地域区分が成り立っていたことが示されると読みとる。『万葉集』は8世紀後半に成立したとされ、7世紀前半に詠まれたとみなされる歌から1世紀以上におよぶ期間の歌がふくまれる。世界に例をみない特徴としては、王侯貴族など上流階級、知識階級の人の歌だけでなく、防人や、名前も出ないために読み人知らずとされている庶民階級（といっても、防人も下士官級以上の人らしく、奴隷のような暮らしを強いられていた人が詠んでいたという確証はない）も含まれており、地域も都に限らず日本各地で詠まれた歌が選ばれている。その歌に、また、野生の植物が数多く詠みこまれている点で、これも世界に例をみない文献であり、当時の植物、植生をたどることを可能にしており、植物学にとってもすぐれた記録となっている。

残念ながら、その後に勅撰和歌集としてまとめられた作品では、作者は貴族階級に限られ、歌は本歌取りなど技巧をもてあそぶものが多く選ばれた。芸術的評価は別として、日本人が自然とどのようにかかわっていたかを素直に表現する記録としては役に立たず、その点では諸外国の古典に準ずるものである。

10世紀の日本を、後進国と位置づけ、固有の文化は育っていなかったとみなす考えが歴史の説明の主流である。しかし、いくつもの血統が混在していた日本列島の住民たちが、すでにこのころに、仏教に伝統の神道の概念をくわえ、神仏習合を育て始め、日本語表記には漢字を借りて訓読みをするのにくわえて、日本語表記のための仮名を生みだし、文化の面では日本の特性をしっかり描きだしている。仏教も漢字も借りものだったが、それを日本風に改良して、まったく新しいわけではないものの、日本特有の文化を育て始めている。博物誌についても、『本草和名』は、形式は『新修本草』にならってはいたが、それをみごとに日本風に消化し、日本列島で使う資料として活用を始めたことに注目しておこう。

参考として付記しておくが、日本最初の辞書である源順（911-983）の『倭名類聚抄』（931）には『本草和名』記載の植物名があげられているし、丹波康頼（912-995）の医書『医心方』（984）も関連する書として、10世紀という時代を映しだしている。中国で刊行された本草書が相次いで日本にも将来されていることはいうまでもない。

日本では、近代自然科学のかたちを整えた科学は、ごく最近まで大きな発展を遂げなかった。もっとも、科学のかたちを整えた学術が展開を始めたのは、ヨーロッパでも文芸復興期以後である。それに対比して、文字のかたちで日本列島の自然の記録を始めたのが、まずは文芸のかたちであったことには注目しておきたい。日本人は、自然現象への感動を、科学的好奇心にもとづいて追究するより前に、すでに芸術的な感動でとらえていたのである。

ナチュラルヒストリーへの関心が文芸にとりあげられている例というなら、「虫愛ずる姫君」を紹介した『堤中納言物語』（平安時代後期以降、成立年代不明）の話題も思いだしたほうがよいかもしれない。変わり者と紹介されてはいるものの、平安時代の日本にはすでに昆虫の生きざまに興味をもつ少女もいたのである。

日本版博物誌

李時珍の『本草綱目』は1578年に完成してはいるが、刊行を終えたのは1596年になる。日本ではその直後の1603年に徳川幕府が成立する。戦国時代が終わり、やがて260年の平和に向かう江戸時代の幕開けである。林羅山（1583–1657）が長崎で入手した『本草綱目』を1607年に徳川家康（1543–1616）に献じたという記録がある。健康を気にした家康もこの書を大切に参考にしたそうだが、日本社会にも広くうけいれられ、羅山が和名を付した『多識編』をつくるなど、和綴じの版もたびたび刊行された。この書は後述のように、日本の本草学に強い影響を与えるとともに、民間における医療にも生かされた。

貝原益軒（1630–1714）はこの書を参考に日本の本草について学び、1709年に『大和本草』を刊行した。これは江戸時代を代表する生物誌で、益軒は対象とする生物の薬効よりも生物の性状そのものを正確に記録しようとし、本草書というより博物誌、生物誌として評価すべき書をつくったのだった。西欧ではリンネ（1707–1778）がまだ生まれてまもない時代に、益軒はすでに薬効にとらわれない生物誌の研究に取り組んでいたのである。

『大和本草』の中で、益軒は‘博物の学’という表現を使っている。書名には本草という名称を用いながら、薬学書としての本草から、すべての事物の学としての博物に焦点を移そうという意図があったのだろうか。この表現はそのまま明治時代にもちこまれ、科学の基盤としてすべての事物を均等に認知し、解析するものとして博物学が確立し、本草は薬学に特化する部分と博物に包含される部分とに二岐され、それぞれに大きな発展を遂げた。

18 世紀も進んでくると、広義の医療の関係者の間で、自然史に集注した研究教育も盛りあがってくる。小野蘭山は植物の研究に打ちこむために仕官はせず、私塾を開いてそれで生活を成り立たせた。門人たちが彼の講義を中心にまとめ、蘭山自身が校閲して刊行したのが『本草綱目啓蒙』全 48 巻で、初版は 1803-1806 年刊である。『本草綱目紀聞』は彼の私塾における講義の手書きの記録であるが、当時の講義の様子をよく伝えている。これらは講義録であり、原典の解説書ではあるが、すぐれた本草家の蘭山がこの書に日本人向けに手を入れているほか、博物学書として日本の資料に関する事項や自説も書きくわえて教科書としての評価を高め、日本の本草学の発展に大きく寄与することにつながった。

当時すでにヨーロッパの文献もいろいろ輸入されていたが、そのうちにはすぐれた図説類もあった。それらの先行研究を参考に、日本の植物の図説が刊行された。岩崎灌園（1786-1842）の『本草図譜』（1828 完成）と飯沼慾斎（1782-1865）の『草木図説』（1856-1862）は江戸時代の植物学の知識を集大成して図示し、日本の研究の精度の高さを示したものだった。『草木図説』はとりあげる植物の配列もリンネの分類体系にしたがい、日本国内でも普及していた中国の本草にもとづく知見を最大限にとりいれながらも、西欧風の生物学の流れに沿った編集がおこなわれたものだった。

蘭学のよい意味での影響は『解体新書』（1774）に結実し、それから発展しているが、これはそれまで漢方医学だけが医療の手法だった日本に蘭学がもちこまれ、人体を外からみるだけだった医療に、解剖という手法をとりこんだことでもあった。医学に西欧医学の手法がとりこまれたように、中国の本草、博物の影響で育っていたやや基礎的な自然誌の研究にも、より進んだ西欧の手法をとりこもうとの意欲が結集し始めていた。しかし、ケンペル（E. Kaempfer, 1651-1716）が来日し、植物学でいえばチュンベリー（C. P. Thunberg, 1743-1828）が来日しても、西欧風に進んだ彼らの該博な知識を十分に理解するのにはまだ時間がかかった。

そのころ、宇田川榕庵（1798-1846）は西欧の科学の状況を、さまざまな情報から学びとり、『菩多尼訶経』（1822）や『植学啓原』全3巻（1835）などの著書によってbotanyを植学（現在の植物学）と訳する試みもおこなった。当時のヨーロッパの植物学の状況を伝えるものだったが、自然誌の領域の理解もいまからみても妥当な紹介だった。明治時代に向けて、進んだ生物学の情報が順調にうけいれられていたのである。榕庵は植学だけでなく、『舎密開宗』を著してchemistry＝化学の紹介もしている。

江戸時代も後半には、長い平和の恩恵を受け、市民の教育程度も高くなるが、それと並行するように、ヨーロッパで進歩が著しい自然史の研究が日本列島にもおよぶことになり、それをきっかけに日本人による研究も展開する。『廻国奇観』（1714）を著したケンペルをはじめ、チュンベリーやシーボルト（A. von Siebold, 1795-1866）などが相次いで来日し、日本の博物学を育てる力になったほか、彼ら自身もすぐれた日本紹介書を刊行し、さらに科学的な日本植物誌を編纂して、日本の植物相を当時の西欧の科学の目によって解明しようと努めた。そして、チュンベリーの“Flora Japonica”（1784）は、シーボルトから入手した伊藤圭介（1803-1901）によって、『泰西本草名疏』（1829）として紹介されている。

（5）ルネッサンスと科学革命

一般的な歴史の解説では、いわゆる中世暗黒時代の打破は宗教改革とルネッサンスによるとされる。

宗教改革は16世紀前半にローマカトリックの教会内部でおこった教会体制の改革運動で、マルティン・ルター（Martin Luther, 1483-1546）のプロテスタントの分離運動に象徴される。ルターの運動に並行して、カルヴァン（J. Calvin, 1509-1564）の宗教改革、イギリスの宗教改革などもおこり、それはローマカトリック教会にも変革を迫ることになった。ドイツにおける動きが、聖書への回帰によって拡大されたが、これはドイツ語聖書の普及によってできたことで、グーテンベルグ（J. G. L. Gutenberg, 1398ごろ-1468）の印刷技術の確立が大きな影響をもつことに注目しておこう。

科学革命と近代科学の勃興

近代科学思潮の興隆については、ルネッサンスをうけた17世紀の科学革命に注目すべきであるという考えが科学史の主流になっている。ギリシャで花開いた、目的論的自然観にもとづいてアリストテレスが体系づけた自然学による世界観は、やがてキリスト教の一神教支配下に置かれるローマ帝国ではほとんど発展せず、いわゆる中世の暗黒時代につながることになった。

とりわけ、ローマ帝国がキリスト教の支配をうけるようになってからは、アリストテレスなどによるギリシャのすぐれた書物はキリスト教社会、ギリシャ語、ラテン語の社会から追放され、イスラム社会にアラビア語に翻訳されて遺されたものをラテン語化し、‘文芸復興’に貢献するまでの間、理解されないでいた。

ヨーロッパではキリスト教の一神教支配が進み、イスラム教の勃興は、旧約聖書にもとづく一神教支配を拡大した。すべては神の御心によって定められるものではあるが、一方、人はその神によみされた万物の霊長であり、自然界にみる産物は、神から与えられた人のための資源と位置づけられる常識が成立した。

デカルト（R. Descartes, 1596-1650）が『方法序説』（1637）に始まる一連の著作（多くは死後公刊された）を通じて、Je pense, donc je suis（仏語）→cogito ergo sum（ラテン語）＝吾惟う故に吾在りという命題にもとづき、既存のスコラ哲学に対して機械論的自然観を樹立し、近代哲学を確立したのが17世紀中葉である。デカルトはそれまでラテン語で書かれるのが通例だった著作をフランス語で著し、また幼時から数学に関心をもっていたので、現在普通に使われる座標の概念などをはじめて使った。イエズス会のラ・フレーシュ学院に就学中の1610年に、ガリレオ（Galileo Galilei, 1564-1642）が望遠鏡をつくって木星の衛星を確認したニュースが伝わり、喜んだこともあった。1633年にはガリレオが地動説を公表し、異端審問所での審問が始まる。『方法序説』はそのような歴史的背景のもとで公刊された。

デカルトに始まる近代哲学と、それに並行してガリレオに始まる仮説検証の方法による近代科学の手法も用いられるようになった17世紀中葉の変化を、科学革命ということがある。それはスコラ哲学から脱却し、機械論的自然観が定着する一方で、具体的には望遠鏡の発達によって宇宙の観察をより詳細、正確におこないながら、仮説検証的に事実を確認する近代科学の方法が確立されてきたからである。やがて哲学の分野ではベーコン（F. Bacon, 1561-1626）の帰納法がとりあげられ、またニュートン（I. Newton, 1642-1727）らの貢献によって近代物理学が成立する。

科学の近代化は医学の領域でも展開しており、ハーベイ（W. Harvey, 1578-1657）はアリストテレスの見解に抗して、1628年に血液循環説を発表したほか、発生学でも、実証はできていなかったものの、哺乳類を含めて、すべては卵から始まる、と生活環の実態を推量した。

望遠鏡が天文学の発展をうながし、宇宙観を変える力となったように、生物学の領域では顕微鏡の発明と進歩が大きな役割を果たした。最初の顕微鏡はオランダの眼鏡製作者のヤンセン父子（父 Hans、息子 Sacharias, 1580ごろ-1638ごろ）が1590年ごろにつくったとされる。ガリレオもこれを使ったことがあるが、医学の世界ではマルピーギ（M. Malpighi, 1628-1694）が顕微鏡を使ってさまざまな観察をおこない、1665年にフック（R. Hooke, 1635-1703）が発刊した“Micrographia”には生物の微細構造が図示され、細胞という言葉もここから出発することになった。フックは弾性についてのフックの法則で知られ、物理学者としてイギリス王立協会の会長を務めたが、後継者のニュートンとの関係が悪く、一時は科学史から消されてさえいた。顕微鏡はレーウェンフック（A. van Leewenhoek, 1632-1723）によって改良が進み、さまざまな観察がなされたが、微生物や精子などの単細胞体も彼によってはじめて観察された。レーウェンフックの業績はフックによって評価され、王立協会の会員にも推挙された。

科学革命をへて、科学の研究は自然界における普遍的な原理を、神の目からではなく、人の知性でとらえる活動として展開することになった。ここで得られた知見は、やがて技術に転化され、18世紀中葉になると産業革命につながり、技術を活用した人の活動が大きな力を発揮するようになる。

大航海時代——ヨーロッパキリスト教社会と世界

大航海時代といえば、15世紀中葉以後17世紀ごろまでの期間、ヨーロッパ人が世界の各地へ探検をおこなった歴史の一時期を指す。科学革命の始まる前の社会現象である。はじめは主としてスペイン、ポルトガルの南西ヨーロッパから、やがてイギリス、オランダなどの新興国も参画した。かつては、ヨーロッパ中心の歴史観から、大発見の時代などとよばれたこともあるが、地球規模でみれば、新世界の発見もすでに1万5000年前にベーリング海峡をへて移住した先祖たちが成し遂げていた仕事であり、また北欧のバイキングたちが10世紀ごろには北アメリカに到達していたという証拠も確かめられた。コロンブスの新大陸到達は南西ヨーロッパからの航海での成果であり、むしろそれ以後のヨーロッパ人によるアメリカ大陸の資源を求めた過酷な制覇の歴史のはじまりというべきものだった。

十字軍（11世紀末-13世紀）の軍事的な失敗、イスラム教徒の勢力拡大、モンゴル帝国の版図拡大（13-14世紀ごろ）などの影響をうけた後、15世紀には航海術の進歩、スペイン、ポルトガルにおける帝政の確立などの条件が後押しして、ヨーロッパからアフリカへの航海が進み、1488年には南端の喜望峰に達し、1497年に旅立ったヴァスコ・ダ・ガマ（Vasco da Gama, 1460ごろ-1524）は翌98年5月にインドに到達した。

また、コロンブス（C. Colombo, 1451ごろ-1506）は1492年にキリスト教徒としてははじめて新大陸に到達するが、彼の率いた仲間たちと、それに続くスペイン軍隊のアメリカ征服は、凄惨な先住民殺戮の旅だったと記録される。彼らがもちこんだ疫病と、格段に進んだ軍備によって、スペイン人たちは思うがままに先住民を圧殺し、新大陸の資源を獲得したのだった。

コロンブスの旅立ちの地とされるコルドバの民俗博物館には、新世界からもたらされた資源がヨーロッパに入る前と入ってからの食卓とを比較する展示があり、新世界の資源が現在人の生活にどれだけ重要であるかを示している。

大航海時代は、かつてのヨーロッパ人による歴史では発見の時代といわれたように、ヨーロッパキリスト教社会が世界に目を向け、実際にヨーロッパ以外の資源をヨーロッパにもたらし、富の一極集中を始めた時代ということもできる。そして、豊かになったヨーロッパでは、人々の教養が高められ、自然科学の発展につながった。

啓蒙思想の時代

ヨーロッパに啓蒙思想が拡がった17世紀後半から18世紀、大航海時代の成果によってヨーロッパの、少なくとも上流社会には富がもたらされ、科学革命も進んでいたころ、先導的な思想を市民に拡げようという動きが拡がった。科学革命は定着しつつあり、自然科学者はヨーロッパで自然の諸現象を対象として観察、解析をおこなって、自然界における普遍的な原理をたずねる知的好奇心も具体的に解析的な研究で展開を始めていた。ただ、科学研究といっても、解析を深められる状態にはなく、いまみるほど研究分野の専門の分化は進んでいなかった。そういう状況下だったが、ナチュラルヒストリーの領域では、調査や観察が近代化する科学一般の動きを眺めながら独自の展開をみせていた。

自然を対象とした科学研究は、産業振興との関連もあって、国による助成もなされ、イギリスの王立協会（1660 年設立、王立というが、王室の援助はうけていない任意団体であり、それでいて国のアカデミーの役割を果たしている）やフランスの王立科学アカデミー（1666 年、ルイ 14 世の下賜金で設立）なども相次いで設立された。絶対主義王権の時代であり、重商主義がヨーロッパを席巻していたころだった。

この時代の締めくくりとして、ここでとくに注目したいのは、啓蒙主義の頂点に百科全書派の活躍があった点である。デイドロを中心とする啓蒙思想家が編集した“L'Encyclopedie”＝『百科全書』は 1751–1772 年に刊行されている。著名人だけでなく、無名の文筆家も参画したこの大事業が、刊行だけでも 20 年を要しているのは、それなりの問題があってのことではあるが、この書についてはすでにすぐれた研究が数多く発表されている。

百科全書がフランスでつくられるきっかけになった背景には、イギリスのチェンバース（E. Chambers, 1680 ごろ–1740）の“Cyclopaedia”＝『百科事典』（1728）を仏訳する話があったこととされる。このことは、百科事典をつくるような事業が、この時代に社会から求められていたことを示している。事実、『百科全書』は最初に刊行されたとき、当時のフランス富裕層にうけいれられ、初版は 4250 部と記録されている。この書の市民への浸透がフランス革命をうながす力のひとつだったと歴史に示されるとおりである。

18 世紀には、すべての事項を網羅的に並記する文献は百科全書とよばれるようになる。これは、ギリシャや中国で博物志とよばれたものと、列品陳列の思想からいえば同類だが、この時代には博物誌はもう自然物の記載にとどめられるようになったことは、ビュフォンの『博物誌』にみるとおりである（第1章1.1（2））。

そして、時代は科学にもとづく技術の進歩がもたらした産業革命期である18世紀中葉から19世紀にさしかかり、欧米ではアメリカ独立（1776）やフランス革命（1789）などの出来事が続く。

1.3 ナチュラルヒストリーと科学の近代化

（1）近代科学とナチュラルヒストリー

自然科学はヨーロッパで発展したが、アメリカで豊かな生活が営まれ、文化が高度化するにつれて、20世紀中葉からはアメリカが世界を先導するかたちで展開した。わかりやすい数字をあげると、ノーベル賞の自然科学系3賞の2012年までの受賞者数558人のうち、北米（アメリカ合衆国とカナダ）の人が251人に達する。全体の4割強が北米の人である。

科学、とりわけ自然科学の研究は、要素還元的な解析が正確さを極め、そのため解析の対象は細分化され、ひとつひとつの現象を精査することに重点が置かれる。わずかの瑕疵でも残されているなら、その研究をいくら積み重ねてもまた原点にもどった検討を要することとなり、前へ進むためには、いささかの疑念も差しはさめないような確実な証明が求められるのである。そのことは、科学の発展にとって欠くことのできない必然である。

実際、仮説を検証する科学の方法の正確さはますます研ぎすまされ、それが現在科学の成果とみなされる。解明された科学の知見にもとづいて、用いる技術はますます高度に、強力に発展し、豊かで安全な人間生活の構築に貢献してきた。もちろん、技術に支えられた力は諸刃の剣であり、使い方をまちがえれば悪魔のような働きもする。技術の高度化（とその無秩序な利用）にともなって、地球環境の劣化は急速に進んだし、20世紀に入ってからの戦争では、市民を含む大量殺戮が日常的となってきた。交通戦争などというおぞましい表現がとられるような、技術にまつわる事故もまた質量ともに目を覆うばかりである。科学を軽視し、無理解な政治経済の専門家が運用する技術だったら、そのような結果が出るのも当然だろう。

科学の功罪をここで論じるつもりはないが、人が科学的好奇心を抱いて自然現象をみてきた歴史のうちで、部分的に回答を得て好奇心が満足させられる事象もあとをたたない。科学が技術に転化されて社会に有用となるだけでなく、科学的好奇心を陶冶するものとして解析の歩を進めるのは、知的生物として進化してきた人の社会においては必然の展開だろう。

科学革命とナチュラルヒストリー

アリストテレスの自然学は目的論的な自然観にもとづいたもので、デカルトに始まる機械論的自然観が現在の科学に通じる解析方法を育んだ。ルネッサンス、科学革命以来、生きものが示す形状、現象についての好奇心も、観察して解釈する方法から、仮説検証的に客観化する方法への転換がみられるようになった。

科学の発展をそのように単純化してみながら、それと並行してナチュラルヒストリーはどのように展開してきたかを簡略化してみてみよう。アリストテレスの自然学のころには、望遠鏡も顕微鏡も使わず、科学がナチュラルヒストリーそのものだったといえようか。その知見が、博物誌のようなかたちで集成されたことからも、当時では科学の知見の総覧が博物誌だったといえるのだろう。ギリシャにおいても、中国においても、事情は同じだった。

西欧でも、自然学のうち、実用的な部分が、医療関連ということでだろうか、薬物誌として展開したし、薬草の収集、研究は中世のバチカンで植物園に類する施設をつくることにもつながった。同じように、中国でも、本草の知識の集成は、それ独自の展開をみせたのだった。

中世ヨーロッパでは、知識の集積はそれほど順調、急速ではなかったが、それは一神教による神の支配が知的分野も覆っていたからでもあっただろう。宗教改革の狼煙（のろし）は、自然の認識を、目的論のうちにとどめずに、機械論に置き換える道へも導くことになった。科学的好奇心への解答は、かくして、普遍的な原理原則を求められることになってきた。

自然界についての人の知識は、ヨーロッパ社会に閉じて考えていた時代から、十字軍で中東からアジアへ進出したり、逆にモンゴルからの影響をうけたり、さらに大航海時代に入ってアフリカからアジアに向け、さらに新世界に向けて地球規模での視野の拡がりをみせるようになると、博物誌の手法による自然観察の成果の集成は膨大な量に達するようになった。

リンネ以前の生物誌

中世の暗黒時代といわれていた期間にも、ディオスコリデスの『薬物誌』を補完する資料追加は、徐々にではあったが進んでいた。医療ということでいえば、病を救うためには、古典をみるだけでなく、自分が収集し、栽培する薬草をはじめ、薬の素材についての知識を深め、薬の質を高めることは、医療関係者にとっては必然の努力目標になったのだろう。その活動は、ルネッサンスで暗黒時代の幕がとりはらわれると、いっそういきいきと展開したのだった。

1世紀のディオスコリデスの『薬物誌』も、医療を担当する僧院などで写本を重ねてひきつがれていたが、筆写を重ねると、図などにあやまちや単純化がみられるようにもなった。印刷術が発明されたのは15世紀である。初期に印刷された本草書には科学的に価値の高いものは乏しかったらしく、すぐに科学のルネッサンスとはいかなかったようである。レオナルド・ダ・ヴィンチ（Leonardo da Vinci, 1452-1519）は動物や植物の写生図も残しているが、彼は博物誌をまとめることには関心をもっていなかった。列品陳列はダ・ヴィンチの天才には関心をよばなかったらしい。

16世紀に入ると、ブルンフェルス、フックス、クルシウスなどが立派な図をともなった本草書を印刷公刊し、ついにはドドネウス（R. Dodoens［ラテン語表記は Dodonaeus］, 1517-1585）の『本草書』〈Cruydeboeck〉（1554）が刊行された。この本は日本へも導入され、『阿蘭陀本草和解』という和訳も試みられている。薬物誌の伝統とはいうものの、これらの書の刊行によって、多様な植物の形状に関する基礎的な知識も深まってきた。

動物は薬とのかかわりで重視されなかったようで、本草書には含まれてはいるものの、本草書という名称から確かめられるように、薬物といえば植物が主流だった。動物については、アリストテレスの『動物誌』にすでに500種を超える動物が扱われてはいたが、テオプラストスと並んで動物学の父とよばれるのは『動物誌』〈Historiae Animalium〉（1551-1558）を出版したゲスナー（C. Gessner, 1516-1565）である。さらに、平賀源内が『紅毛禽獣魚介虫譜』とよんだ6冊本を1653年から1657年にかけて刊行したヨンストン

（J. Jonston, 1603-1675）の図譜が、すでに出版された図などを借用したものではあるが、銅版画で刊行され、植物と並んで動物の多様性も、薬とは独立に、ナチュラルヒストリーの視点で人々の注目を集めるようになった。この書は日本へはオランダ語版がもたらされ、野呂元丈訳『阿蘭陀鳥獣虫魚和解』として1741年に刊行されている。

多様な生物を一覧すると、さまざまな生物種はバラバラに多様なのではなくて、多様性には階層性が認められる。たとえば、ゲスナーやチェサルピーノの著作には、いくつかの種類をまとめてひとつの群が認められることが述べられている。その群に、属という概念を与えたのはトゥルヌフォール（J. P. de Tournefort, 1656-1708）で、1694年刊行の“Elemente de botanique”には7000種の植物を700属に分類し、さらに属より上の階級に目や綱を認めている。

多様な生物を認識する基本的な単位としての種speciesをはじめて定義したのはジョン・レイ（John Ray, 1627-1705）で、1686-1704年刊行の“Historia generalis plantarum”全3巻で、自身のヨーロッパ旅行の収集品のとりまとめを公刊した。その第1巻で動植物の種を定義しているが、スコラ哲学風の合理主義的推論を排して、科学的経験論にもとづく記載を求めた時代を反映して、列挙する種を多様性の基本の単位として認識する必要を認めたものである。もっとも、レイ風の定義は17世紀末に与えられたが、種とはなにかという問題が生物多様性研究にとって永遠の検討課題である点についてはいまも同じ状況にある（[tea time 5]）。

リンネとその後のナチュラルヒストリー

リンネ（Carl von Linne, 1707-1778）は分類学中興の祖とされる。しかし、ここまでに簡単に記したように、自然史に関する知識はずいぶん大量に蓄積されていたし、多様性を階層性のある現象として認識する動きはすでに整ってはいた。とはいっても、地球上のすべての動植物を、ひとつの規格にあわせて整理し、一覧するためには、担当者の広い識見が求められるし、すぐれたなかまたちが世界各地に旅立って新知見をもたらす条件を整えることも不可欠だった。リンネのすぐれた才能は、まさに時代が必要としたものだったといえる。

リンネがなにをし、彼の業績がなにかはここで紹介するまでもない。ナチュラルヒストリーに関心のある人にとっては、英語を論じるのにアルファベットにもどるようなものだからである。そこで、リンネ以後を語るに先立って、彼の業績のうち2つの特徴をとりあげてみよう。

リンネ以後、生物学名の二命名法が定着することになった。二命名法は、このかたちでリンネが提案したものではないともいえるが、彼が全生物名についてこのかたちが使える提案をしており、それがのちの研究者によって踏襲可能で、きわめてすぐれた方法と認識された手法である。

植物の場合、形式的に国際的な合意が得られたのは1905年の第2回国際植物学会議（ウィーン）で、植物名の先取権は1753年のリンネの『植物の種』から始まるとされたときである。もっとも、規約ではさまざまな付帯条項も認められる。動物の場合も、1901年の第5回国際動物学会議（ベルリン）で採択された規約が最初の国際基準で、ここでは先取権はリンネの『自然の体系』第10版（1758）にさかのぼると規定されている。いずれの規約もその後改訂が重ねられ、また、微生物の命名規約もつくられている。

国際会議で規約を採択し、命名について国際的な基準をつくるというのはむずかしい課題ではあるが、生物多様性の客観的な認知のためにはこのような作業も不可欠である。植物の場合、最近では6年ごとに開かれる国際植物学会議の集会のひとつとして命名規約委員会が開催され、事前に提案され、提案の採否について事前投票された票数を参考にしながら、数日間の議論が重ねられる。なかにはラテン語の文法とギリシャ語の文法について長々と議論をもちかける発言もあったりして、私などはゲンナリすることも少なくなかったが、国際的な合意を得るためにはそういう議論にも耐える必要もあるのかもしれない。あれは科学の会議でない、ととりあわない人もあるが、このような努力もあって、いまではすべての生物群について、命名の手続きには国際的な合意が得られており、それは情報処理の問題としても、きわめて重要な規格づくりでもある。

リンネが後代に残した業績のうち、ここで触れておきたいもうひとつは、なかまを世界各地の調査に派遣したことである。リンネ自身の現地調査の実績は限られたものであるが、リンネの示唆にもとづいて、すぐれたなかまたちが世界の各地で調査活動に従事した。日本へやってきたチュンベリーは、もっともすぐれた後継者の1人であり、はじめての“Flora Japonica”＝『日本植物誌』(1784) では日本の植物がすぐれた研究者によって世界に紹介されることになった。チュンベリーは帰国後リンネの席を襲っていたリンネの息子の後継者となり、さらにのちにはウプサラ大学学長の職についた。

リンネはウプサラ大学の教授職についてから、ルドベックの旧庭園（リンネの前任者ルドベック父子の父親が創設したウプサラ大学植物園；リンネは教授に昇任後ここで暮らした。いまはリンネの庭園として維持されている。大学植物園はチュンベリーが教授のころに拡大された）をうけつぎ、そこに動物も飼育して、植物学だけでなく、動物学、鉱物学も講義にとりいれた。東亜風にいえば本草学の講義だったのだろうか。そして、彼自身はその後スウェーデンから外へ出ることなく、すぐれた弟子たちを世界の各地に派遣した。

リンネの使徒たちとよばれる探検家は全部で17人にのぼる。チュンベリーはその頂点に立つ人といえようか。これらの人たちが世界の各地でどのように活躍したか、生物地理学者の西村三郎京都大学名誉教授がくわしく紹介している（西村, 1989)。時あたかも探検の時代、クック船長の船には第一次航海にソーランダー（D. Solander, 1733-1782)、第二次航海にはスパルマン（A. E. Sparrman, 1748-1820）がくわわっている。中国とジャワ島で調査したオズベック（P. Osbeck, 1723-1805）やアラビア半島で調査したフォルスカル（P. Forsskal, 1732-1763）なども なじみの名前だが、フォルスカルをはじめ、トランストロム（C. Tarnstrom, 1711-1746)、ハセルクィスト（F. Hasselquist, 1722-1752)、ロフリング（P. Löfling, 1729-1756)、アドラー（C. F. Adler, 1720-1761)、ファルク（J. P. Falck, 1732-1774)、ベルリン（A. Berlin, 1746-1773）の7人はそれぞれの調査地で亡くなっている。当時の調査の厳しさがわかる数字である。日本へやってきたチュンベリーの場合は、殿様のような調査旅行をしたのかもしれない。

リンネ以後の生物の種多様性の研究は、分類学という名称でくくられるように、地球上に生存する、あるいは生存していた生きものたちを、種の階級で認知し、それをひとつの分類体系にまとめるという方式で進められた。膨大な数の動植物が記載され、種間の類縁関係が追跡された。はじめは神に与えられた地球上の生きものの総覧をつくる作業だったが、調査研究が進むにつれて、その多様性が生物進化の結果生じたものであることに確信がもてるようになり、分類体系は進化してきた系統を明示するものであることが求められるようになった。ダーウィンのもっとも強い支持者のうちに、イギリスの植物学会の重鎮だったフッカーと、アメリカで勃興していた植物学を先導していたグレイがいたことは別のところでも強調したとおりである（第2章2.1（2））。

リンネ以後の調査研究の跡づけをすれば、これは生物学史そのものとなり、ここはその記述に紙面を費やすところではない。ただ、その結果として、日本におけるナチュラルヒストリーの研究者が研究課題にどう取り組んでいるか、さらに詳細を知りたいのなら、ナチュラルヒストリーシリーズ全50巻で学ぶことができる。少し残念なのは、日本のすぐれた研究者のすべてがこのシリーズの著者になっているわけではないことで、編集者の絶大な努力にかかわらず、すぐれた研究者のうちで執筆にいたらなかった人もまた数多くいることが、紹介が限られた部分で終わってしまうことにつながっている点である。

私の京都大学での恩師の1人、田川基二先生は、日本語で書かれた著作は『原色日本羊歯植物図鑑』（田川，1959）だけで、この書から読みとれる内容も豊富ではあるけれども、より平易に書かれた科学の紹介書はない。考えの全貌を知ろうと思えば、論文にあたればよいのだが、これはよほど基礎知識をそなえた専門的研究者でないと理解できるものではない。私たち少数の者だけが身近で学の蘊蓄に接することができたのだが、それを伝承、発展させるのは私たちの務めとはいいながら、すでに私風の理解の入った姿になっていて、原型そのものではない。個性的に育ったそれぞれの人の知が社会に集積されて文化をつくるものではあるが、せっかく育てられた個別の知のうち、はたしてどれだけが社会に蓄積されることになるのか、学の継承ということに思いを致し、責任を覚えることである。

ここで一言だけ説明的な弁明をしておきたいのは、学の歴史にここまでこだわるのはなぜか、という点である。デカルトは哲学の近代化を導きだし、近代科学の流れをつくりだしたが、だからといって、彼の哲学も絶対的な真理ではない。たとえば20世紀初頭に活躍した哲学者ウイットゲンシュタインは、すべての哲学は言語批判であるというが、現在では認知科学も発展し、およそ異なった次元に達している。

それなら、私たちが現在手にしている知見とはなにか。現在人のもつ知見について、たぶん50年後になると21世紀初頭の人類の知見はその程度だったのかとふり返ることになるだろう。しかし、それぞれの時点で、そこに生きている人は、科学的好奇心に背を押されるし、なによりも得られた科学的知見を最大限に活用して、豊かさを生みだし、安全を確保しようとする。

そのためにも、過去のいろいろな時点で、人の知見がどのように展開し、どのように社会に貢献し、どのように過去に追いやられてきたかを正しく把握することが望まれる。学の歴史も、たんになにがあったか、なにが正しかったか、をみるだけではなくて、それぞれの事象がいまにどのように生きているかを知り、いまを理解する資料としたいからである。そうすることによってこそ、現実の科学の知見を最大限に活用できるだろう。この当然のことが、しばしば忘れられることを、ナチュラルヒストリーのいまを考える際にはしっかり認識しておきたいと、蛇足のようなコメントを書き加えておく。

（2）知的活動としての科学と宗教、芸術

歴史をふり返るのはたんなる懐古趣味によるものではない。ナチュラルヒストリーの歴史的発展などのように、特定の領域の歴史を総括しようとするのは、文化のその領域が現在どのように生きており、未来に向けてどのような可能性を秘めているのかを知るために、その歴史的展開が教えてくれることが多いからである。それなら、ここまで考察してきたことの現在的意義とはなんなのか、もう少し考えてみたい。

知的活動の所産としての文化

科学は人の知的好奇心に応じる技として創始され、展開されてきた。

野生動物のうちで進化を重ね、森から平原に出て二足歩行し、やがて言語を発達させて集団内での意思の伝達を効率的に高め、社会内に蓄積する情報量を増やすことに成功したヒトは、世代を超えて情報を効率的に伝達し、知識にもとづいた活動を高度化し、知的動物としての人に進化した。生物学的にいえば、遺伝子の差ではチンパンジーと2%とは違わないヒトが、科学技術に裏打ちされた文明を育てることによって、ほかの生物とはまったく違う

とみえるくらいの変貌を遂げた。動物としてのヒトでありながら、もはや人を生物の分類体系のどこかに位置づけるのもむずかしいくらい、人は野生の生物から離れた存在になっているとさえいえる。少なくとも、自分自身を吾惟う存在とする認知にもとづく領域では。そして、自分自身の営為＝人為を自然（すべての野生生物を含む）に対立するものとみなし、人為を自然の反対語と理解する。

人間社会における知的な活動の高まりにともなって、美に感動して芸術を高め、神秘さに惹かれて宗教を産み、不思議の思いが科学を育んだ。人間の知的活動は、真善美を課題とする科学、宗教、芸術をもつことで、人をほかの生きものと違う万物の霊長に育てあげたとする。万物の霊長とよぶ背景には、知的活動の高度化がほのみえている。

美に感動する芸術に関しては、純粋に美に接し、感動をよぶ美の創造だけをめざす活動が、いまでも芸術を支える力である。すぐれた芸術作品が大金をもたらすことから、大芸術家が経済的な豊かさを得るのが、現在では当然のことのように思われている。しかし、世に認められないままに、自分がめざす美の創造に邁進する人たちの物語が、ごく最近までくり拡げられたし、現在でも、社会に認知されないままに苦闘を続けている人たちがいる。苦闘している人が必ずすぐれた芸術家だ、とはいえないにしても。社交界の席で、着飾ったある貴婦人が、モーツアルトが貧しく世を去った、と聞いて、私がそこに生きていたらあの大芸術家をそんな目に遭わせなかったのに、と語っていたそのとき、セザール・フランクは貧しい教会のオルガン弾きだった、と皮肉ったのはロマン・ローランだったか。

すぐれた宗教家も、心頭を滅却し、己を捨てることで大いなる解脱に達し、衆生済度の力をもつようになるとされる。現在そのようにすぐれた宗教家がいるのかどうか定かではないし、宗教を職業にして富を蓄積する人がいるのは、宗教がいまでは万国共通で事業のようになっているせいで、それでも宗教に依存しようとする弱い人たちが現在人の大きい部分を占めているのもまたもうひとつの現実である。率直にいって、宗派の指導的地位にいるほどの宗教家に、私個人はほとんどおつきあいはないものの、いますぐに進んで教えをうけようという気にはならない。

もっとも、私は芸術や宗教について、その道で精進する人たちほど思索や修養を重ねたわけでもないので、自分勝手に頭で学習しただけの偏った知見にもとづいて、ここで宗教、芸術を論じるのは行きすぎたことであり、控えておくが、科学に生涯を捧げているものの1人として、科学については現在における大きな問題に切りこまないでおくわけにはいかない。

科学を代表したナチュラルヒストリー

科学も、そもそものはじまりは、知的と形容されるほどの活動を始めた原始人が、自然界に存在する事物、それが醸しだすさまざまな現象に接し、なぜ、と問いかけた好奇心の芽生えに誘われたものだった。

ヒトがなぜと問いかけるようになったのがいつか、そのきっかけとなる事実はまだ示されていない。たしかに、奈良のシカが満開の桜に見惚れるという状況はないらしい。ヒトが言語を獲得したことから、多くの事物、現象に、それぞれを特定する名称が与えられると、並列される事物については、名称をもったりもたなかったりするものの異同が好奇心を刺激するし、それらが演じる現象についても、相互の関係性の成り立ちについて知的な好奇心がわきあがる。知的に高まりをみせた人の活動は、事物の記載を拡め、現象の解析に目覚めるにいたり、その段階で科学が創始されたと記録された。

アリストテレスの時代になって、科学がそれなりの体裁を整え、考えが文字に転写され、書籍のかたちでとりまとめが刊行されるようになったので、記録を頼りにいまからさかのぼって、当時の科学の知識を理解することが可能になった。残された文献では、知的活動の発露としての科学的好奇心に対応するとりまとめが、当時の科学の成果とされている。

科学というほどの体裁を整えるようになったといっても、現実に存在する事物を観察し、現象を把握するだけで、その因果性を解析することなど思いもよらない。いわんや、多様な事物、現象に通底する普遍的な原理をみいだすために解析的な研究がおこなわれるというようなことはまだ考えもできない。ただ、一途に現象を観察し、現象の動きを把握し、理解したことを正確に記述していたのである。それこそ、ナチュラルヒストリーのはじまりであった。そのまま博物誌という表現に置き換えてもよい。もっとも、プリニウスが博物誌を編纂するのは、アリストテレスが自然学の集成を図ってから、4世紀も経っている。

ギリシャの時代には、多様な事実の総覧が、整理のための体系化につながったとしても、それは神に創造された事物を神の摂理にしたがって整理するのが自然の体系の発見だった。この整理法は洋の東西を問わずおこなわれた筋道だったが、ここでひとまとめにされる神は、地域により、民族によりさまざまに理解されたものだった。それこそが、地域の文化の特性を示しており、その文化の特性、いいかえれば神の認識は、地域の自然の在り方とそこに住んでいる人々との相互作用が描きだしたものだった。宗教として体系化される際に、関与した人の天才が個性的な貢献を果たしている部分はあるにしても。

ギリシャのナチュラルヒストリーの性格と、古代中国の博物志の性格は、その対照を明確に示しているといえる（中国の博物が日本に導入され、展開した歴史は、ギリシャのナチュラルヒストリーに相似したかたちで展開したともいえるだろうか。その対比は、ハーン［P. L. Hearn, 小泉八雲, 1850-1904］が『虫の演奏家』で図らずも喝破した事実で明らかだった［P. R. Hearn, 1899］）。

ギリシャ時代には知識の記載は着実に増大したが、ローマの帝政がキリスト教と結びつくころには、すでに暗黒時代とよばれる文化の長い停滞の時期に入り、ルネッサンスまでの期間、新しい知識の記載さえも限られた範囲にとどまっていた。それでも、人間社会の知識の総量が徐々に積みあげられてきたせいもあってだろうか、やがて長かった暗黒時代から脱けだし、ルネッサンスが始まる。カソリックとよばれることになった宗派に、政治的にもおさえられていたローマ帝国のヨーロッパ統治は、宗教改革によってカソリックの独裁支配が終わるのと並行して、芸術の領域でも、ルネッサンスの輝かしい展開が始まった。ただしそのルネッサンスが始まるのも、カソリックの支配地域からではあったが。

ルネッサンスは文芸復興と訳されるように、文学、美術、音楽、建築などにめざましい飛躍が刻まれた歴史的発展だったが、科学の領域でも、知識の習得が、それまでの文献渉猟から、実物の観察へ移行し、新しい知見が急速に積みあげられるきっかけを生みだした。やがて、事実に関する認識の急速な拡大は、そのまま科学の進展につながった。事物の存在そのものに歴史的背景のあることを明確に意識し、事物相互のもつ体系は系統的なつながりがあることが認識されるようになる。多様な現象に通底する普遍的な原理原則をみいだすためには、現象をなぞるだけでなく、その成因を解析すべきであることが認識され、科学研究に実験的解析がとりいれられるようになる。

このようにして、科学の近代化が進められ、自然についての認識が進んだ。そうなると、すべてが神の創造によると説明されてきた自然の存在物、それが演出する現象などは、神の差配によるものではなくて、自然そのものが発展的につくりだしたものであると認識するまでに、長い歴史は要しなかった。もっとも、万物をつくりだす自然の摂理を神そのものとみなせば、自然の万物は神の創造によるものと理解される。日本の伝統的な神道には、その意味で、自然科学の認識と共通の根をもっているという側面をみる。

科学と技術

科学がもたらす知識は、たしかに科学的好奇心にうながされて育ってきた文化の所産ということができる。しかし、人の知識には、野生の動物として進化してきたひとつの種(しゅ)が育ててきた知見にもとづいて、知識は自分たちの活動にどのように有用でありえるか、という側面からの発達もまた認められる。死への恐怖は直接的には宗教による救いを求めるものだったが、それと同時に、病の救済においては、社会内に蓄積した情報にもとづいた人の知識が助け舟を出し、とりわけ病の苦しみや傷の痛みを癒す薬剤については、ごく初期の生物誌がすでに薬草誌であり、本草書であったように、知識が人間の役に立つ視点で活用され、重宝されてもいた。

科学は知的好奇心に誘われて知ることを一途に求める活動であると説明されるが、その創始期からすでに、得られた知識の社会への有用な貢献が期待されていたし、実際にその役割を果たしてもいた。期待されていたというより、科学にたずさわる者の志向が、科学的知見を得たその瞬間から、多かれ少なかれ社会的効用の方向にも向かっていたということなのだろう。

そうはいいながら、科学の基盤的な部分の発達は、基本的には一貫して知的好奇心にもとづいて展開してきた。日本でも、以前は、研究者は世間知に疎く、清貧に耐える生き方こそが美徳とされていた。利用に供される知識は、どちらかというと、経験によって積みあげられてきたものだった。科学研究にたずさわる人たちの意識も多かれ少なかれすぐに役に立つことを期待してのものではなかったし、科学者とよばれる人に対する社会の評価も、基本的にはもの好きな人たちと突き放したものだった。敗戦後に実利本位の考え方が主流になるころまで、科学者とよばれる人たちは、科学のための科学 science for science の視点に立ってこそ科学の知見は増大するものであると信じていた。そのような認識のもとで、基礎的な科学の解明に、科学の総力が注がれていたのだった。

人の社会で科学が粛々と展開し、進歩するのと並行して、社会生活を円滑に営むために、智恵の進んだ人々によって、さまざまな技術の開発がおこなわれた。狩猟、漁猟のための技術の革新や採取の技法の改良は、増加する人口を支える資源の安定的な確保のために不可欠だったし、狩猟採取で得た材料を調理し、安全で美味な食事を安定的に調達することも、また、人の社会にとってもっとも大切な富の創造を刻むものだった。個人の経験によって得た知見も社会のうちに知識として蓄積され、経験知の学習の積み重ねで、技術は高度化されてきた。すぐれた技術は、長年の修業によって修得されたもので、親方とよばれるようになった習熟者から弟子へ、見習いという経験の継承によってうけつがれるものだった。

技術の進歩には、たとえばすぐれた民芸品にみるように、人の美的感覚によって洗練された側面もあり、役に立つ生活用具のうちには、人の美的感覚に訴えるものも育ってきた。ここでは、有用な物品を産出するために、芸術的な感動が大きな力となっていたのである。実際、美的な感覚に沿ってつくられたものはより有用で便利であると、民芸品の美しさが教えてくれる。技術のもうひとつの側面である。

技術の高度化のためには、科学的な知見もまた可能な限り活用されてきた。始源的には、科学と技術は別々の系統に沿って進歩を遂げてきたとみなすことができる。技術は、人がまだ人とよばれるようになる以前、動物の１種であるヒトの姿で活動していたころから、生きるための最低限の活動を支えていた。

しかし、科学とよばれる活動は、人が知的活動の展開にともなって発生し、進歩したものであり、言語をもつ以前のヒトに知的好奇心を充たす活動を体系的に進めることは、あったとしても量的にはごく限られた範囲のことだった。たとえヒトの時代に断片的に科学に類似する知識を修得していたとしても、それは知識の体系として組織立った整理の対象となるようなものではなかった。

文化の創造にかかわるようになってからの人が、好奇心に応じて創造し、発展させてきた知的活動は、その創始期には生活の役に立つほどのものではなかったし、だからといって役に立たないからと無視することもなく、科学的思考は、芸術や宗教と並行して、人の文化を構成する1領域として歴史をつくってきた。

科学が進歩して多様な知識の集積をもたらし、一方、進んできた技術のさらなる革新を図るためには、材料となるものの本質を知ることが求められるし、ものごとの原理原則を知ることが有効な働きをすることについて、人の社会は経験を積んできた。科学的な知見は、技術の革新に大きく寄与するのが通常となってきた。そのうちに、科学的知見にもとづく高度な技術を科学技術とよぶようにさえなった。もっとも、科学技術という四字熟語は日本に特有な表現であることにも注意しておこう（第2章2.1（5））。

ここまで述べてきた宗教、芸術と、科学、技術の関係性をどのように理解するか、ナチュラルヒストリーの発想を使って、多少強引に整理してみよう。映像作家の原徹郎さんが、岡田節人さんの持論を図式化しようとして、JT生命誌研究館刊行の「生命誌」に書かれた小さな記事「タコ・タイ・ヒト」（原，1995）にヒントを得た。

魚屋の店先に立ったと想定する。夕食のおかずに、鯛を買うか、蛸を買うか。そう考えながら、鯛も蛸も魚介類だな、と思う。それを食べる人を考えるのは、人知の範囲のことで、ここでも出てくる生物の名称を漢字で書いてみる。

一方、人が生物分類表を考えるときには、生物学の常識にしたがって、生物名は日本語ではカタカナ表記を用いる。科学の成果としては、自然を可能な限り客観的に読みとり、その構成を描きだそうとする。その結果、自然に存在するものに命名し、識別の手がかりとする。しかも、自分に都合のよいように分類、配列（人為分類）するのではなく、対象とするものに自然な相互関係があるとすれば、それにしたがって整理（自然分類）して理解しようとする。

多様な生きものの相互の関係を理解するために分類体系を描きだすが、科学の対象としては、分類学では生物進化の道筋に沿った自然分類の体系の跡づけをめざす。問題の3者の関係を自然分類の体系に位置づければ、哺乳動物霊長類のヒトと魚類のタイは脊椎動物に属するが、タコは無脊椎動物の軟体動物に所属すると説明される。

タイもタコもどちらも、神経細胞も、それが集まった脳ももってはいるが、自分がなにを食べているか、食べている生きものの相互の系統関係はどうか、などとは考えてもみない。商取引では、どうみても魚介類は人とは別の類におさまる。

私たちは芸術や宗教に関する論考は文系の機関（大学でいえば文学部など）が扱い、科学や技術は理系の機関（大学では理学部、工学部、医学部、農学部など）が課題とすると普通に理解する（もっとも、文系と理系が確然と区別されている点では、日本の大学はもっともわかりやすいかもしれない）。しかし、実際には、科学は、宗教や芸術と並んで、純粋に人の知的活動であり、技術は人の生活を便利にするために、文明の進化にともなって開花したものでなかったか。最近では、技術は科学の知見にもとづいたものであり、だから科学技術と表現されることがあるが、少し前までの技術は庶民の間で感覚的に展開し、いまでは民芸などとよばれ、芸術の範疇のものと分類された。

科学の現在

最近における科学の進歩の速度はきわめて速く、とりわけ自然科学の領域では、その進展はまさに日進月歩の形容にふさわしい。その速度は、私自身が専従の研究者としての活動を始めた（大学院入学の）1957年から今日までの半世紀余の間だけでも、まさにコペルニクス的転回が刻まれているというほかない。

自然科学の進歩は、最近の生物科学の分野ではことさら顕著であるが、これは生きものについての解析の精度がより高くなり、関連情報量がより多くなることに通じる。当然の展開として、専門分野に特定した活動をうながすことになり、また、さまざまの解析技術を適用することから、多人数の共同研究を構成する。そういいながら、共同研究が、たんに情報を寄せ集めるだけで、個別の情報提供者が成果の全体についての責任は負いかねるという事例もめずらしくない。

研究費の配分を諮り、人事の選考をする際などには、研究者の実力の評価が不可欠になるが、1編の論文についてさえ、かかわった共著者のすべてがその内容を熟知して責任をもつ状態ではないくらいだから、特定の領域内に限っても、数多く刊行される論文のすべてにわたってその詳細を知ることのできる人などまずなくなっている。最近では、発表される事実を立証するためのごく一部の証明に技術的に貢献したことから共著者に名前をつらねる人のうちに、論文全体には責任をもたないという人さえみられるが、これは研究者の責任、徳性にかかわる部分でもある。こうなると、だれがどれだけ貢献をしているかの評価は困難を極め、比較の対象を、できるだけ広域にわたって実施しようとすれば、選考にあたる人はなにに頼るべきか判断がむずかしくなる。

最近では、刊行される論文の登載誌が受けている評価によって判断するのがもっとも確かとされる傾向が顕著である。引用回数の多い論文がどれだけ登載されている雑誌かで、雑誌は客観的に評価されていると判断され、その判断基準によって高得点を稼いでいる雑誌に数多く論文を登載している研究者がすぐれていると評価されるのである。

研究費の配分や人事にかかわる際に、実際に応募者の論文にあたり、その内容を自分で確かめて直接判断する研究者は最近ではほとんどない。これなら、有能な研究者でなくても、研究内容に関係ないすぐれた事務員のほうが客観的で正確な判断ができるかもしれない。実際の研究評価の役割は、関連雑誌の論文審査員が責任をもつことになっている。だからといって、論文審査にあたる人たちが、どれだけそれを意識して務めているかはわからない。

審査に通りやすいことをめざすので、研究論文は、細分された領域にかかわる具体的なデータにもとづいて書かれることが多くなる。細分された領域内での議論に正確に対応するためには、領域外の研究に関する知識はほとんど必要ない。必要がないとなると、研究者は当面の自分の課題だけに惹かれて、近傍領域の研究の現状に関心を抱くことは乏しくなる。いきおい、若手研究者は、細分された研究領域のうちではすぐれた能力を発揮するものの、ごく近傍の領域でも、ほとんど実力を示すことができない状況を招いてしまう。高度化した科学は、じつは現実にはそのような極度の細分化を内包して進展している。

科学の細分化が進行する現実を理解する人はめずらしくはなく、その傾向に危惧の念が表明される例もしばしばみる。文理融合の必要性は、たとえば日本学術会議の対外的な報告などでもくり返し強調される。しかし、状況はいっこうに改善される見込みがない。研究費をより多く獲得し、よりよいポストを得ようとすれば、評価を高めるめども立たない冒険に手出しをする人がないからだろうか。危惧を表明する人には、すでに現役を退いているような人が多く、実際に自分が危惧に対応する行動をおこすという状況にはない。現に研究に直面している人たちの多くは当面の研究に忙殺され、将来に向けての危惧に左右されているゆとりがない。残念ながらその悪循環を断つきっかけがいまはみえてこない。

ナチュラルヒストリーの変貌

ナチュラルヒストリーは、自然科学の領域のひとつとして認知されないことがある。日進月歩の生物科学のうちで、ナチュラルヒストリーは過去に注目されたものの、いまではもう役割を終えた領域とみなされたり、今日的な研究が遂行されていない素人の遊(すさ)びと軽視されることさえある。そういう背景を意識してか、日本語でいう際にも、直接の訳語の自然史という表現を使わずに、自然史学といったり、自然史科学といいなおしたりすることもある(第2章2.1)。

生物多様性にかかわる範囲についていえば、半世紀前のナチュラルヒストリーには、当該研究者の側にも、この分野の研究が軽視されてもやむをえないといわざるをえない状況があったようにも思われる。ある時期、直面していた問題の追究に、解析の技法が追いつかなかった状況もあったが、逆に開きなおって、当時の生物学の解析法は分類学の問題解決には使えないと、伝統的な手法だけに固執していた傾向もあったからである。

もちろん、まだまだ古典的な手法で追究しなければならない課題も山積していたし、いまでも山積しているうえ、かかわっている研究者の数は多くなかったから、その手法で研究を進めているだけで手一杯という事情もあった。それでも、生物科学が総体として解析の手法を急速に高度化させ、理学として注目されるに値する着実な歩みを展開していた時期に、ナチュラルヒストリー関連分野の人たちの多くは生物科学の土俵を無視し続け、自分たちだけの世界にこもり、むしろ生物科学の急速な進歩に背を向けていた嫌いさえあった。

それぞれの研究者の立場からいえば、新たな解析手法を導入すべき必要性をそれなりに意識していたものだから、分類学分野全体の在り方が批判の対象とされ、軽視されることを、自分の研究への攻撃と、被害妄想的にうけとめ、ますます硬い殻に閉じこもって、分野全体の健全な発展に背を向けることになってしまったといえば酷評にすぎるだろうか。その分野で研究を始めていた者の1人として、そのころの自分たちの活動をふり返り、あらためて自戒の念をおぼえるものである。

ただし、その期間も、分類学のような基盤的な分野が生物科学にとってどれだけ大切なものかを意識していたすぐれた科学者がおられ、そういうすぐれた人たちが科学行政に影響力をもっていただけに、この分野の研究には実力以上の気配りが講じられていたのではないかとさえ思っていたくらいだった。

1992年に生物多様性条約が締結され、社会的な問題として生物多様性の危機がとりあげられて、種を基準とする多様性を扱う科学にあらためて焦点があてられるようになり、分類学の分野も、いつまでも自分たちだけの殻に閉じこもることが許されない状態が生じた。ちょうどそれは、生物科学の進歩した解析技法、とりわけ分子生物学的な解析法が、種の多様性の解析にも適用できるようになった時期でもあった。

私個人のかかわりでいえば、学生時代から通算して30年弱の期間暮らした京都から東京大学へ移ったのが1981年、当時の理学部附属植物園は運営の厳しい条件下に置かれていたが、少数ではあってもすぐれた中堅若手の研究者たちと、生物科学の土俵で戦える分類学の構築に向けた歩みを加速させたころだった。先行例のひとつとして、20世紀後半のはじめごろ、同じ東京大学植物園で、前川文夫教授の研究室が、伝統的な分類学に閉ざされず、より広い視点の取り組みを始められたが、まだ生物学の解析技術が植物の多様性の解析に適用するまでに進歩していない歴史的段階にあったためか、出身の研究者たちのほとんどは狭義の分類学分野の研究を離れ、別の領域の研究者として活躍された。それに比べると、1980年代に入ったころには、種多様性の解析に、さまざまな解析技法の適用が模索されるようになっていた。

世紀があらたまったころから、日本の生物多様性研究も、基本的には生物科学の一翼をになうかたちで展開し、本来あるべきかたちを演じているといわせてもらう。それは生物の種多様性研究が変貌したというだけでなく、生物学そのものが、特定のモデル生物に依拠する研究だけでなく、生物の基本的な特性である多様性に正面から取り組むことができるだけに進歩してきたという歴史的発展の結果でもある。ただし、そのことを認識しないままに、いまでもナチュラルヒストリーという言葉に、古くささや素人くささを読みとる人もあるようである。そういう人たちこそが、細分化された専門領域内で井の中の蛙の心境におちいっている認識の古さを自覚する必要があるだろう。もちろん、ナチュラルヒストリーの研究者のうちにも、批判されるのもやむをえないような認識から脱却できない人があるのも否定はしない。さらに、ナチュラルヒストリーの視点にもとづいたすぐれた研究を構築し、それが生物学を主導する姿を生みだすことをこそ期待したい。

生物科学の一翼をになう種多様性の研究はナチュラルヒストリーの今日像を典型的に描きだしているといえる。実際、植物の種多様性の研究は、伝統的な植物誌の調査研究を基盤としながら、かつて生化学、形態学、遺伝学、生態学などとよばれていた生物学のさまざまな分野の解析技法をとりいれて推進されている。そのことをわかりやすくみる具体的な例が、私たちの研究グループには植物化学の分野で学位を得た研究者がスタッフとして加わって、中心的な活躍をしていたことであり、卒業生のうちからかつては生態学の講座とされていた研究室などに職を得て活躍している研究者も複数みられることである。分類学と規定されていた分野が、生物科学の土俵から隔離された特殊な社会を形成するというようなことはなくなったといえようか。実際に種多様性の研究は、生物学全体の中核的な課題になってもいる。生物学が、伝統的な領域に応じた解析だけでは課題に対応できなくなっている現実が、ここでも明瞭にみえていたのである。

ナチュラルヒストリーへの期待

科学があらゆる現象について正確で確実な実証を求めるようになってから、学術雑誌に投稿された論文の審査員は、仮説の検証にあたってどこまで独創的な問題の解析をおこない、その成果にもとづいてどこまで確実な論証ができているかを評価する。自然界のあらゆる事象について、知的好奇心にうながされた研究は、科学的知見を着実に積みあげてきて、自然の理解は確実に進んできた。得られた知見は技術の開発に有効に適用され、それはまた科学的知見の獲得にたいへん有用な寄与をしている。

しかし、これだけ科学が進んだ現在、といわれながら、人とはなにか、生きているとはどういうことか、と問われると、それは科学の課題ではなくて、宗教、哲学が解を与えることであるとされる。科学者のうちには、不可知論を唱え、自然科学の解析をどこまで進めても、そのような問題に解は得られないといいきる人さえいる。この問題、別のところ（第5章）でもう少しくわしく問いかけるが、いずれにしても、解が得られるかどうかは現状では自然科学の論理で答えを得ることは期待されず、解がなんであるかが知られないのと同様に、解があるのかどうか自体も、科学がもっと進まなくてはわからない問題である。

そして、生きているとはどういうことかという問いに答えるためには、近代科学の原則である還元的な手法で解析が進んで、自然界にみられる個別の現象がひとつひとつ解明されたとしても、それを積みあげただけで満足のいく解答が与えられると期待されるものではない。

ナチュラルヒストリーとよばれる領域では、自然界に生起する事象のすべてを一体的に理解することを期待する。とりわけ、分類体系のように生物界の総体をみるための解析は、解析された事実のうち既知のものすべてを総合し、全貌を総括するものである。特定の植物種についても、種の実態を知りたいという科学的好奇心にうながされて、その種についてあらゆる情報を得ようとするために、いま生きている個体が内包するすべての情報を知るだけでなく、その個体の種内における位置、さらにその種の系統的な位置、生きている生態系内での役割など、系統、生物圏のすべてにわたっての情報が解析の対象となるので、けっきょくは自然界の三次元的、四次元的背景のすべての形質の解析の成果が個々の特定の種を知ることに通じる。

しかし、実際の調査研究にあたっては、当面する課題のある断面だけに目を奪われる傾向が強い現実も見過ごすことはできない。研究者は、個別の事象を解析しながら、その課題を解くおもしろさだけに惑わされず、どこまで全体に通底する原理を意識しているだろうか。

生物の種多様性の認知は基礎的知見の集成によって成り立つ。その知見もまだ限られた範囲でしか得られていないのだから、この分野の調査研究もまだ絶大な努力を要する。情報は限られた数の種にとどまっているし、個別の種について知る事実も、標本などにもとづく範囲に限られている場合がめずらしくない。だからといって、基盤情報の充実だけにとらわれていては、いつまで経っても新種の記載をめざすだけに終わってしまう。

ナチュラルヒストリーの研究は、いつでも全体にこだわるので、個別の解析に徹底しきれないひがみがある。ナチュラルヒストリーが科学の領域内で軽視されることがあるのは、個別の解析に甘さが残る点についてだろう。徹底的な解析をし、データをそろえたうえでまとめられるべき成果が、あちこちのデータを寄せ集めはするものの、個別の解析が不十分なままに「まとめられる」と、科学的な根拠が乏しいようにみえる。それでは科学的にすぐれた研究とはいえないではないかというわけで、その批判はひとつの正論である。しかし科学の進展の度合いからいえば、途中段階では最終的な結論が正確に得られるはずがないのももうひとつの事実である。そして、人の科学的好奇心はあらゆる時点で最終的な結論を知りたいと欲する。

研究材料とし、その実体を知りたい種については、種としての科学的認識を表現するために、近隣の種との異同や類縁について、つねに関心をもち、その課題についてどこまで明らかにされたかは、研究者が自分の知見としてもっているだけでなく、わかった範囲で公表し、その情報を科学の世界で共有することで、その分野の研究の進展に大きな寄与が期待されるのである。もちろんのことであるが、ここでも種という言葉を気楽に使っているものの、科学的に種とはなにかを定義しないで、どちらかというと「まあまあ」の状態で漠然と了解された意味で使っている（[tea time 5]）。

ナチュラルヒストリーは科学のはじまりのころに、自然を観る方法として提起された。その後、人知の拡大、深化にともなって、とりわけ近代科学とよばれるようになって、科学は還元的、解析的な手法にもとづき、実験による再現性を含め、厳密な実証を求めるように育ってきた。自然を観察し、解釈するだけではわからなかったことが、近代科学の手法によって確かめられ、その知見は技術に転化されて人々の生活に大きな利益をもたらした。

観察と解釈しかできないナチュラルヒストリーの問題意識が科学の世界で軽視されるようになったのはそのような歴史的背景のもとであった。しかし、たとえば種多様性の研究で少しずつ仮説検証的な手法が確立されてくると、この領域でも科学が成立することが、自然科学の世界で許容されるようになったということだろうか、最近になって、ナチュラルヒストリーの復権が話題とされるようになってきた。

自然科学のうちに、ナチュラルヒストリーという特定の研究分野があるのではない。人知が自然を解明するために求めるのがナチュラルヒストリーであり、つねに最終的な回答を期待する科学的好奇心の発露がナチュラルヒストリーの研究による解明を求める。ところが、近代科学の手法によって真実を解明するためには、分析的、解析的研究が必然である。問題を細分された分野の研究で突き詰め、個別の現象の実体を明らかにすることによって、人知の拡大に寄与する。しかし、人の科学的好奇心は、生命とは、宇宙とは、と総体についての回答を求める。部分の解明だけでは全体をみることはできない。

統合的な視点によって全体像を描きだそうという希求は、ナチュラルヒストリーの志向するところである。科学の領域のうちでも、たとえば種多様性の研究などは、ナチュラルヒストリーが描きだそうとする志向に対応する。最近の科学の解析技術の進歩が、この関係性を明確にしたところでもある。古代ギリシャや漢や魏の時代の中国でめざしていたナチュラルヒストリーへの好奇心は、現代では、いま風の科学技術にもとづく包括的、統合的研究の発展を期待する。

（3）ダーウィンとメンデル——生物科学における俯瞰と分析

19世紀の生物学が科学として展開する過程で、ダーウィン（Charles Robert Darwin, 1809–1882）の進化論とメンデル（Gregor Johann Mendel, 1822–1884）の遺伝学とは、20世紀とそれ以後の生物科学の発展を象徴するものだった。生物界を俯瞰しつつ科学的論理を透徹させて真理の理解に近づいたダーウィンと、数量的な分析を含めて生物界に普遍的な原理原則を近代科学の感覚で追究しようとしたメンデルと、2人の天才が学界、社会とどのようになじみあい、軋轢を生じていたかの背景をふくめて、比較対照してみよう。

ダーウィン以前の進化論

「進化」と日本語に訳されている‘evolution’という語を用いて生物進化を説明しようとしたのはチャールズ・ダーウィンの祖父エラスムス・ダーウ

ィン（Erasmus Darwin, 1731-1802）だった。しかし、エラスムスの考えは思弁的で、事実関係を重視したものではなかったので、昆虫の生活を詳細に観察したファーブル（Jean-Henri Casimir Fabre, 1823-1915）などは批判的にとりあげる。孫のチャールズも祖父の考え方に素直にしたがおうとしないし、evolution という言葉は『種の起原』でも第5版まで意識的に使用を避けている。evolution という言葉は当時の生物学では個体発生における変化のように、予定を筋書きどおりに遂行する展開を示すもので、系統発生のような発展的な経過を示す用語ではなかった。

［tea time 2］ ラマルクと進化論

フランスのラマルク（Jean-Baptiste Pierre Antoine de Monet, Chevalier de Lamarck, 1744-1829）は、本人が積極的に選んだ研究分野ではなかったが、当時まだ未開拓だった無脊椎動物の分類に関与し、この分野で大きな貢献を成し遂げた。その過程で、生物の系統発生の動的変化を認識し、進化論によろうとした。しかし、その根拠として提起した用不用説は説得力を欠くものだったし、実際に正しい自然の法則を導きだした学説ではなかった。

ラマルクは、生物の系統発生上の動的変化（進化）を仮説としてとらえはしたが、その説明のために、生物の自然発生を認め、獲得形質の遺伝を認め、そのうえで、当時ほかでも語られることがあった用不用説を適用して生きものは動的に変化することを論証しようとしたのだった。彼の科学者としての最大の功績は、失明後も研究を続けてとりまとめた『無脊椎動物誌』（全7巻）である。彼が1802年にはじめて使った biology＝生物学という語はその後、生きものの科学を指す語として定着したし、脊椎動物と区別して、無脊椎動物という語をつくり、その概念を確立したのもこのときである。

進化についていえば、ラマルクの用不用説は過去のものである。しかし、ラマルクは遺伝子の存在は知らなかったのだから、当然のことながら遺伝子の変異には言及していない。そして、現象としての生物の遺伝を考えるなら、前進的であるかどうかは別として、用不用と環境への適応を対比させれば、当時の知識からすればラマルクが重要な指摘をしていたのは事実である。

ラマルクは植物学に始まり、無脊椎動物学を創始し、古生物学や、業績は大きくないにしても気象学にも好奇心を発揮して、ナチュラルヒストリーを体現したような経験を積み、その過程で生物進化の事実を認識し、その原理を説明しようと試みた。説明が思弁的になったのは、当時の科学のもつ知識量の乏しさから、自説を論証するための根拠が十分に得られなかったからでもあった。

ラマルクの進化説に真っ向から反対したのがキュビエ（Baron Georges Leopold Chretien Frederic Dagobert Cuvier, 1769-1832）で、彼はラマルクと同じフランスの自然史博物館勤務から、学会の権威者にのぼり詰めるまでの生涯を通じて、動物の比較解剖、古生物学領域で膨大な貢献をもたらした。それらの研究とその成果にもとづき、動物が徐々に変化して多様なかたちに発展するようなことはありえず、地質時代における動物の姿の変化は、地球環境の急激な変動にともなって往時の動物が絶滅し、その後また新しく創造されてつくりあげられたものであるとする天変地異説を唱えた。

キュビエは実証主義にもとづく近代科学の方法に忠実だったが、時代背景からみて、実証主義だけでは生物が進化するという生きものの基本についてはみまちがう結果をもたらしていた。実証できていなかったのだから当然の結論だといいながら、科学行政で主導的な役割を果たした科学者の視点として、これでよかったのかどうか疑問でもある。

ラマルクは遺伝子を考えなかったから、よく使われる形質が、その形質を強化する方向に遺伝子を変えるという説明はしなかった。具体的には、よく使われる形質が有利に変わる選択が、結果として表現されるのは事実である。進化するという事実を認識することと、それを科学的、実証的に示すこととは別のことである。実証できないから認識される事実は存在しないとか、その事実の認識は認められないというのもまちがいである。もちろん、実証できなければ科学ではなくてたんに物語で終わるといういい方ができるのがもうひとつの事実ではあるが。

すでに19世紀前半には、生物の種多様性は創成期における神の創造がそのまま維持されているのではなくて、生物の力で発展的につくりあげられているものと、生物学者の間で広く認識されていた。ただ、多様化するのにどういう現象が生じているのか、多様化にみられる普遍的な法則はなにか、その説明の方法を模索していたのだった。

ダーウィンと進化論

このような時代背景をうけ、チャールズ・ダーウィンは、探検調査船ビーグル号に乗船して世界を一周、地球上の各地の生物の生きざまを比較観察しているうちに、生物種は静的な存在ではなく、環境に対応して変動し、長い時間をかけて進化するものであることに確信をもった。その根拠となる事実はなにかについて、現場において比較観察を重ねたほか、この問題について広く文献を渉猟し、深い思索を重ねた。帰国後はとくに公職にわずらわされることなく、自宅を中心に思索に専念したが、その間、植物学者のフッカー

（Joseph Dalton Hooker, 1817-1911）や、地質学者のライエル（Charles Lyell, 1797-1875）など、すぐれた研究者たちとの意見交換は重ねていた。

自然選択説に則ったダーウィンの進化論は、さまざまな傍証を列挙し、生物進化という結論に導くべく、論説がほぼまとまり、『種の起原』の執筆がおおむね完了したころに、東南アジアで野外調査を展開中の、まだ若かったウォレス（Alfred Russel Wallace, 1823-1913）からの書簡をうけとった。ウォレスは既知の研究者仲間の1人で、彼の活発な野外調査活動について、ダーウィンはある程度の知識はもっていたが、ダーウィン自身がまとめようとする論説とまったく同じ方向の説を述べた手紙に接して、まだ公表していない自説との先取権争いという問題に直面した。けっきょく、ライエルらの助言もうけいれて、まずはウォレスとの共著のかたちで1858年のリンネ協会例会で、自然選択説による進化説を公表した。この事実は、生物学史のうちではあまりにも有名で、ここであらためて紹介するまでもない。準備中だった膨大な規模の著作を抄録するかたちでまとめられたというダーウィン単著の『種の起原』は、翌1859年に刊行されたが、ウォレスはすでにそのことを知らされており、彼自身は先取権を主張するよりは、ダーウィンの進化論のもっともすぐれた支援者としてその後も活発に論議に加わった。

生物進化の事実の認識は、少なくとも生物学者の間ではたしかな潮流となってはいたが、この現象をひとつの論理で体系づけ、一般の人々も説得することに成功した人はダーウィン以前にはなかった。神の創造という聖書の記載に厳密にしたがうキリスト教会の縛りがあったにもかかわらず、19世紀に入ったころから、生きものについての認識が深まるにつれて、生物の多様な姿は、神の創造からその後の世代が不変のまま継承されたものとはとても考えられず、時の流れに応じて進化して現在にいたるとみる考えが徐々に強まっていた。ただし、進化の事実を、教会の縛りに対応して、客観的に説得するだけの論理がなかなか得られないでいたのである。

ダーウィンの進化論は、案の定、当時の社会、なかでも教会勢力とその取り巻きからは厳しい批判をうけたが、進化の事実を感覚的には認識しながら、説得力をもった理論の構築を待望していたすぐれた生物学者たちに支持され、急速に生物学の定説をかたちづくることになった。もちろん、ダーウィンの理論には思弁的なところも多く、その後の生物学の進歩によって致命的な批判をうける点もあるが、総体としての進化論、とりわけ変異を重ね、適応的な型が選択されていく過程を重視する考え方は進化を実証する基本であるという点で、まさに生物学の定説をかたちづくろうとしている。当時の生物学がもっている情報だけでは、実証に加えて思弁による説明は不可欠で、だから科学的な評価に耐え難いところがあったとしても、進化という現象を肯定し、そのための理論を構築した点は、いまではだれでもが認める功績だろう。ただ、アメリカの保守的宗教界などで、いまでも進化論を認めない一派があると聞くが、自説だけに固執するこの種の人たちを論破するのは絶望的にむずかしい。進化は学界で認められている学説ではあるが、科学的に確証された事実ではないという弱みのためでもある。

エラスムス・ダーウィンやラマルクは生物進化の事実を見通してはいたものの、それを論証する根拠を提出し、論理的にまとめることには成功しなかった。ウォレスにしても自然選択説というチャールス・ダーウィンと同じ論理の組み立てをしていたとしても、なおその学説を説得力があるかたちで構築するための多様な傍証を列挙するにはいたっていなかった。ダーウィンが総説としての『種の起原』を著すことによって、はじめて生物学界を納得させ、一般社会の人々の思考にさえ影響を与えるような生物学の真理の認識に成功したといえるのである。その意味で、自然選択説についてのウォレスのオリジナリティと先取権を重んじて公表にためらいをもったダーウィンの態度は、科学者として慎重で誠実なものだったが、結果としての生物学史の評価は、両者の貢献をそれぞれの分に応じて理解したものであり、正当であるように思われる。

ダーウィンは世界一周をして多くの生きものの生きざまを自分の目で実際に確かめ、さまざまな環境に生きる生きものたちの多様な生き方に接して、種の存在の動的な側面をつぶさに観察することができたので、野外調査を通じて、種の進化を動的にとらえ、進化論にもとづく生物観を確立した。並行してウォレスが自然選択説に気づいたのは、それこそが生物学の正当な発展だったことを示したようなものである。ダーウィンを助けたフッカー（1865年に、父を継いで、キュー植物園の園長に就いている）も世界の各地で植物の調査活動をおこない、それだからこそダーウィンの進化論を終始支持し、応援する活動を始めていたし、アメリカで植物の自然誌の研究を確立し、

1842年にハーバード大学の教授となったエイサ・グレイ（Asa Gray, 1810-1888）が『種の起原』に向けた意見は、ダーウィン宛の書簡のかたちで、ダーウィンを励まし続けたと記録されている。これら当時のナチュラルヒストリーの第一級の研究者たちにとっては、ダーウィンの進化論のまとまりをみることは、自分たち自身がそのような著述を準備することこそなかったものの、まさに待望されたものだった。

ダーウィンの論説には、とりわけ現代科学の立場から、いろいろと批判される点もある。しかし、ダーウィン風の論理が、19世紀後半の生物学に進化の事実を認識させる力になり、生物学の流れに正しさを導入した歴史的事実を否定できる人はない。進化生物学が教会の支配を超える科学となるためには、個々の進化の事実の確認は不可欠の過程だった。列挙された詳細な事実の科学的な理解に関しては、後ほど修正された点が少なくないにしても、進化の概念の確立が生物学に、さらに社会における科学の理解に果たした役割を評価することは忘れないでいたい（たとえば長谷川ら, 1999）。

メンデルの遺伝の法則の発見

メンデルは、当時ヨーロッパの中心だったウィーンに遊学はしたが、基本的にはチェコ（当時はオーストリア-ハンガリー帝国の一部だった）のブルーノとその周辺で活動し、慎重に組み立てられた実験のデータをもとに、遺伝の法則をみいだした。

当時の生物学では、実験によって実証的なデータを得て、仮説検証的な考察を進めることは、基礎生物学そのものでもあったナチュラルヒストリーにかかわる領域では、あまりないことだった。だから、メンデルの実験材料の相談にものっていた当時の植物学の大家ネーゲリ（Karl Wilhelm von Naegeli, 1817-1891）は、メンデルの論文別刷りをうけとってはいたものの、それにまったく反応しておらず、たぶん数量的解析をしたメンデルの手法が理解できなかったのだろうといわれており、むしろメンデルの研究の進め方には批判的だったとされる。もっとも、生物学でもほかの分野では実験をともなう解析はすでに始められており、たとえば近代細菌学の始祖と讃えられ、生命の自然発生を否定する実験をおこなったパスツール（Louis Pasteur, 1822-1895）はメンデルと同年生まれである。

メンデルは若いころからギムナジウムで数学を教えていたが、教員の資格試験では、生物学と地質学の成績が悪くて落第、もっとも、これは自説にこだわって試験官と対立したからだともいわれる。留学先のウィーンでは、ドップラー効果で知られるドップラー（Johann Christian Doppler, 1803-1853）から数学と物理学を学び、大きな影響をうけたらしい。遺伝の法則を導きだした論理の構造は、当時のナチュラルヒストリーの常識的な研究方法には沿っておらず、むしろ物理化学的思考法を適用した解析にもとづいたものだった。ダーウィンの『種の起原』を読んでいたことはまちがいないようだが、それから影響をうけることはなかった。

メンデルの遺伝の法則はブルーノの自然科学会で1865年に口頭発表され、翌66年に論文にまとめられた（この論文の直近の翻訳は筆者らによって1999年に刊行されている。オーレによるメンデル伝［Orel, 1996］などを参考に、少し長めの解説も寄稿しているので参照願いたい。岩槻邦男・須原準平訳, 1999）。しかし、論文発表直後に修道院長に就任し、当時の税制改革との闘争などにも巻きこまれて、遺伝学の研究は中止、晩年は科学面では気象学者として貢献した。発見した遺伝の法則は、時代を先取りしすぎたものだったためか学界でも無視され続け、1900年の再発見以後20世紀の生物学が遺伝の法則を軸とするその後の発展は彼の没後に展開したものだった。もっとも、自説に自信をもっていたメンデルは、やがて自分の時代がくる、とこの業績がいずれは生物学の基軸になることを信じていたという記述もある。

メンデルの法則が3人の研究者によって独立に、並行的に再発見されたという歴史的事実は、生物学の領域でも、メンデルの論文に触発されて実験の成果を発展させようという意識の高い研究者が複数いたということを具体的に示しており、当時の生物学がこのような解析方法を渇望する時期に入っていたことを知ることができる。

ダーウィンもメンデルも、時代を先取りする成果を披瀝した。学界内においてさえ、成果の意味を理解できない人が少なくなかったが、ダーウィンの場合は情熱的な支持者が、メンデルの場合はほんの一握りの隠れた理解者が、それぞれの業績を畏敬し、展開させてきた科学史も興味深い。メンデルについては、再発見までに時間はかかったものの、20世紀に入ってからはまさに遺伝学の世紀が始まったといわれるほどのきっかけづくりを、歴史の流れよりも少し早めに成し遂げていたし、ダーウィンの進化論はヨーロッパにおける自然科学の、教会からの独立を具体化させたものだった。

進化論から進化生物学へ

このように整理すれば、ダーウィンとメンデルはまったく異なった方向で生物学の発展に寄与してきたといおうとしているようにみえるかもしれない。しかし、20 世紀後半における分子生物学の成果をへて、いまやダーウィンの進化論とメンデルの法則が一体化することによって現代のナチュラルヒストリーが展開していることを紹介したいのである。

20 世紀の生物学はメンデルの法則を中心に展開した、などといわれることさえある。いろいろあると記述されてきた生きものの示す現象は、しかし基本的には共通の普遍的な原理によって支配されているという事実が確かめられてきたのである。多様に発現するようにみえる生命現象は、DNA を媒介にして親から子へ継代し、すべての形質は、4 種の塩基の配列によって決められる遺伝情報からの発現の法則の支配によってつくられるという事実が解明されてきた。

生命にとって普遍的な原理を解明するために、だから、とりわけ 20 世紀後半の生物学では、大腸菌をモデル生物として解析の材料に選び、この生きものについてのすべてを知ることが生命とはなにかを解明することであるといわんばかりの成果を積み重ねてきた。事実、生命科学とよばれるようになった生命の研究は、科学とよばれるにふさわしい手法を駆使して多くのことを明らかにしてきた。

一方、生きものが多様である事実は依然として多様に記載されてきた。しかし、その多様性の起源と維持の機構がメンデルの法則をよりどころとして遺伝的に解析されてきた。また、過去における多様化の歴史を実証的に示す古生物の記録も、解析手法を大きく進歩させ、膨大な資料を提供できるようになってきた。20 世紀も末に近づいたころには、生物科学の研究手法の進歩にともなって、種多様性の解析に、分子生物学的手法を援用することも可能になってきた。

また、理論的な研究も進み、国立遺伝学研究所の木村資生博士が、集団遺伝学的解析を通じて 1982 年に提唱された分子進化の中立説によって、分子レベルでの遺伝子の進化の基本が確かめられた（Kimura, 1983）。これにより、分類体系の追跡や、種の同定の手法にも、分子のレベルの形質が指標とされるようになった。

ナチュラルヒストリーの領域でも、解析的な研究によって実証可能な部分が大きくなっている。ナチュラルヒストリーが生物科学の土俵の中央で相撲がとれるようになったのは、まさにアリストテレスの自然学がやがて自然科学そのものに発展してきた道のりを、もう一度原点の問題意識へもどすことにも通じるのだろうか。

ダーウィンとメンデルを19世紀の巨人としてとりあげることは、ここへきて、ナチュラルヒストリーの現代像を、メンデルの科学的な解析の手法にもとづきながら、ダーウィンの傍証の集成とその統合的な理論化の手法でとりまとめることの意味を考える方向で整理してみたいという意図の表明でもある。

社会と学界に与えた影響

生物学の世界では、メンデルの遺伝学は20世紀の生物学の主流をつくることになった。ただし、メンデルの業績は彼の生前には評価されなかった。社会のための貢献といういい方をすれば、メンデルはせっかくの学説を自分自身で社会に役立てることには成功しなかったことになる。彼の実験の意味を評価したド・フリース（Hugo Marie de Vries, 1848–1935）、コレンス（Carl Erich Correns, 1864–1933）、チェルマック（Erich von Tschermak-Seysenegg, 1871–1962）の3人の研究者が実験を再検討して、その科学的意味を確認し、生物学の常識につなげる貢献をおこなった。生物学界に認知されたのは、メンデルの実験に励起されたこの3人の貢献があったからであり、世紀のあらたまったところで、ベーツソン（William Bateson, 1861–1926）らの普及活動に成果があったからともいえる。

ダーウィンの進化論は、リンネ協会で公表されたときから学界の注目を集め、むしろ早々に社会的な話題をよんだ。その意味では、社会貢献に、ダーウィンの論文と『種の起原』は大きな成功をおさめたと評価されるだろう。

もちろん、2つの学説において、それぞれをうけいれるかどうか、学界でも社会でも、どれだけ平均的知見が進んでいたかの背景の違いが明瞭ではある。しかし、科学の業績の社会的貢献を評価するとすれば、成果をあげた人がそれを学界に、あるいは社会に認知させることに成功しなければなにもしなかったことに通じるのか、科学のための科学か社会のための科学かを議論する際（第5章5.3（2））の重要な実例になるだろう。

研究者としてのメンデルは、自分の実験結果と考察のたしかさに自信をもっていたというが、彼の生きている間に学界や社会に影響を与えることもないままに終わってしまった。メンデルは、科学者としては、真実を知ることに邁進し、その成果をあげたということだが、現代風にいう科学の社会的貢献とはなにか。20世紀初頭と現在では、問われることの意味もまったく異なってはいるのかもしれないが。

第 2 章　ナチュラルヒストリーを究める
——生きていることを科学で解く

ナチュラルヒストリーはアリストテレスに始まる自然学の正当な後継というよりも、科学が近代化する中で、博物誌の伝統をひきついでいる記載本位の研究領域とみられることもある。さらに、解析的な研究手法と、既知の情報を統合的に理解し、科学的好奇心に応えられる最終的な答えを提供する思索とを協働させようとし、その意味では形而上学的な要素をもつとする見方もある。対象の総体を意識し、解析された資料を統合的に理解しようとするナチュラルヒストリーの研究とは、なにを目的になにを理解しようとすることなのか、ナチュラルヒストリーの今日的な課題を考えてみよう。

2.1　生物科学とナチュラルヒストリー

（1）ナチュラルヒストリーと自然史学

ナチュラルヒストリーシリーズのシリーズ名に使われ、それにしたがって本書の表題にもなっているナチュラルヒストリーという語はなにを意味するかの整理から始めよう。この言葉も、使う人によってさまざまに解釈されるので、使い方がどれくらいずれているかに配慮し、自分が問題にするナチュラルヒストリーとはなにかを、漠然とではあっても、あらかじめ示しておきたい。

用語の平均的な解釈を理解するために、『広辞苑』第 6 版を参照する。見出し語にナチュラルヒストリーという語はない。「自然史」に（natural history イギリス、Naturgeschichte ドイツ）と欧語訳がつけられている。普通の見出し語には欧語訳はつけられていないので、対応する英独語を意識した

ものだろう。ただし、ここでもナチュラルヒストリーというカタカナ書きの言葉にはなっていない。説明文は、

自然史：①自然の発展に歴史的意味付けを与えたもの。現代では特に進化論的観点から論じられることが多い。②自然を弁証法的に発展するものとして歴史的にとらえるマルクス主義の概念。この場合、社会の発展も、人間の意思や意識から独立した自然史的過程としてとらえられる。③博物学に同じ。

で、さらに、この語の説明の③は「博物学に同じ」であるが、「博物学」の説明文の中ごろに、「明治期に natural history の訳語に用いられた」とある。ここでも、英語が使われてはいるが、カタカナ書きの表現は出てこない。ついでに、「自然誌」には「博物学に同じ」という説明があるだけである。

なお、英語と日本語の対応については、文部省『学術用語集　動物学編(増訂版)』(1988) で、和英では自然史、博物学はともに natural history に対応しているし、英和で natural history は①自然史、②博物学（自然誌）とされる。

ナチュラルヒストリーは、言葉をそのまま日本語に置き換えれば自然史である。自然史あるいは自然誌という言葉が日本語でも広く使われるが、自然史といえば古典的な響きがあると感じるためか、学術関係者のうちには自然史学といったり、自然史科学といういい方さえ使う向きがある。学や科学がつくと、なにが変わってくるか、明確な説明はみたことがない。

ちなみに北海道大学大学院理学研究院には自然史科学専攻が置かれている。自然史専攻ではない。英名も Department of Natural History Science である。natural history and science とか science of natural history などという表現は欧米でも使われることがあるが、natural history science という英語の熟語はあまり聞いたことがない。ミラノで刊行されている "Natural History Sciences" は19世紀中葉以来の伝統ある雑誌であるが、これも前身から追っていくと、自然科学と博物学の雑誌を意味するらしい。

京都大学大学院理学研究科生物学専攻動物学教室にも、自然史学講座があり、動物生態学分科、動物行動学分科、動物系統学分科が属している。

ほかにも、国内に自然史科学研究所とか自然史科学研究センターという名称の法人もつくられている。大阪市立自然史博物館のように、自然史という伝統的な名前を冠する施設が1952年に設置され、今日まで市民に親しまれ

ている例もある。英名も Osaka Museum of Natural History である。国内にも自然史という名を冠し、英名に natural history を使っている施設は数多い。いうまでもないが、国際的にも、Natural History Museum というのは誤解を招くことのない普通名詞であり、この組織については後でくわしく触れる。ナチュラルヒストリーシリーズにも、糸魚川淳二『日本の自然史博物館』(1993)、『新しい自然史博物館』(1999) の2冊の関連書が含まれている。前著の冒頭は「博物学から自然史学へ」という表題でまとめられている。

そのほか、natural history には、医学関連で使われ、自然歴とか自然経過と訳されて、病気の経過を意味する使い方がある。また、自然歴という言葉は、生きものの生涯における時系列の変化、季節に応じて移り変わる見かけ上、あるいは機能的な変化などを記録する意味に使われることもある。

history の使われ方にも変遷があり、もとは生物の異なった世代に移行する変化を生活史＝life history とよんで記載していたのに対して、ある時期から自然歴に相当するような、生涯における生きものの表現型の変化を生活史＝life history という言葉で記載する傾向が強まった。概念に誤解がないようにということか、最近では世代間の構造変化などを説明する際には、cell cycle＝細胞周期に対比させて、life cycle＝生活環という表現が定着している。ただし、20 世紀中葉までは、生活史＝life history という語が、いまでは生活環＝life cycle という言葉で説明されている現象を指して使われるのが普通だった。したがって、少し前に刊行された教科書などに接する際には、誤解のないように注意する必要がある。

植物、菌類には、世代によって形状の異なる生き方をする型がけっこう多いので、生活環の認識に注意がそそがれるが、後生動物では世代によって形状を変える例は少ないので、こういう動物だけを考察の対象にする人たちは生活環と生活史の使い分けに神経質になることはない。クラゲの一生で Generationswechsel（＝世代の交代）とよばれる現象も、実際には単一世代内の成長過程における形状にみるはなはだしい変化（変態）であり、世代の移行にともなう現象ではない。同一世代内の自然歴を生活史とよんだもので、植物や菌類で生活環を示す世代交番とは、生物学的に異なった現象である。

自然史という言葉は history そのものである歴史と並行して使われることがある。歴史を歴史科学という言葉で定義する場合、ドイツの哲学者ウィンデルバント（W. Windelband, 1848-1915）が、「一般的な法則を定立する自然科学に対し、事象の一回的、個性的なものの記述を方法とする科学」（Windelband, 1903）としたように、history という語は科学という語と結びつけられることがあるとしても、科学の代表のようにみなされる自然科学の概念、手法とは異なった領域として使われる。もちろん、自然科学の歴史、という使い方とはまったく別の話である。

ナチュラルという言葉も定義が必要であるが、ここでは深入りしない。英語などの natural と日本語の自然の意味づけにみられるズレについても、ここでは詳述しない（本章 2.3（6））。ヒストリーについては、ギリシャ、ローマの時代には、ここで紹介する著書にみるように、探求、著述、というような意味で使われており、歴史の意味に使われるのはもっと時代を下がってからであるらしい。もっとも、古代ギリシャの歴史家ヘロドトス（Herodotus, 紀元前 485 ごろ-紀元前 425 ごろ）の主著の題名は、ラテン文字に転記すると historiai であり、邦訳では「歴史」だから、歴史学の創始期からこの言葉があてられていたのも事実である（history には natural history と civil history があると対比されることもある）。

史という漢字も、もとは史祭という神事の用語で、のちに神事の記録をまとめることから史官が記録係の呼称となり、前漢時代に司馬遷（紀元前 145/135？-紀元前 87/86？）の『史記』が書かれることになったと説明される。歴史という語は明の末には使われたようだが、明治維新後の日本で history の訳語として歴史があてられるようになり、中国でもその使い方が定着したらしい。

ナチュラルヒストリーという言葉は、自然誌とも表記されたように、現実にある自然現象を記述する意味で適用され、その意味で博物という語と同じ使い方をされていた。それが、自然界の諸現象、事物を歴史的な所産として理解するようになった 18 世紀くらいから、とくに西欧において、自然を史的存在と理解する視点が明確に打ちだされてきた。自然誌と自然史の用語の歴史的展開を考えてもなお、歴史科学とはおよそ異なった使い方で自然史科学という用語を使うのは、やはり自然科学にたずさわるものの意識と、人文学での思考法の違いがみえているのかと思ってみる。

（2）自然誌と自然史

ギリシャ、ローマの時代から使われてきた historia naturalis という語は、最初は自然界に存在するすべての事物を客観的に記載することを目的とした使い方だった。むしろ、人間社会における諸現象、事物まで記載の対象とされていた。ここでいう naturalis は「すべて」を意味したのだろう。だから、当時の historia naturalis は、日本語に置き換えると、博物誌という表記が妥当だといえる。実際、プリニウスの“Naturalis Historiae”は『博物誌』と訳されている。その傾向は 18 世紀中葉に時代を下ってからも、ビュフォンの“L'Histoire Naturelle”はやはり『博物誌』と訳されている事実にひきつがれる。

ここで使う博物という語は中国で使われていた用語の借用であるが、中国でも、ギリシャの historia naturalis とは独立に、自然界（ここでも人文界も含まれている）に存在する万物を列記する用語として使われていた。自然界の事物、事象の記載は、人の文化の進展の状況から、洋の東西を問わず、知的好奇心を充たす最初の活動の領域をかたちづくっていたのである。研究の始源的な展開でもあったが、中国では、自国に存する自然の財産目録を完備するという伝統的な意味で、ごく最近の、文化大革命が吹き荒れた時期にも、途中困難な事象もあったようではあるが、分類学（ここでは博物学というより本草学の伝統に近い領域である）の研究は粛々と推進されていた。

18 世紀には、科学の認識の進展にともなう必然として、自然界に存在する万物はすべて四次元的存在であると認識され、それぞれの事物が背負っている歴史的背景が意識されることが多くなった。自然界に存在する万物、すべての事象は四次元（＝歴史）的背景をもって実在すると考えられ、史的存在としての事物を対象とした記載という意図が入ってくると、historia naturalis は自然史の意味で理解されることになった。現在の日本で natural history を自然史とよぶほうが多数派であるのは、この言葉が明治以後に導入されたためで、むしろそれ以前は、自然界の事物の認識には、中国伝来の博物という言葉が普通に使われていた。第二次世界大戦までの中等学校の教科に博物という語が使われていたのはその伝統をふまえたものだった。

一方、植物学者の木村陽二郎東京大学名誉教授（1912-2006）は、誌という字こそがhistoriaの正確な理解を示すとし、自然誌という表記にこだわっている（木村，1974）。また、生化学者でありながら生きものを統合的にみることに挑戦しつづけている中村桂子JT生命誌研究館長は生命誌の概念を展開し、誌という表現を用いている（中村，1991, 2000など）。

自然誌か自然史かはともかく、ナチュラルヒストリーとよばれる広い領域の研究は、科学のはじまりをかたちづくっていたのと同時に、科学の発展のうちに、しっかりとそれなりの地歩を占めていた。それなのに、20世紀も後半に入ってから、自然史学とか、自然史科学とかいう日本語を造語しなければならなかったのはなぜか。これは、生物学を生物科学といいなおしたり、生命科学に領域を拡げたりしたのと同じ発想だともいえようか。かつて観察、記述、解釈に終始していた生物学が、物理化学的手法による解析に成果をあげ、仮説検証的な研究で稔りを得るようになって、博物とよばれていたような、名称のうえでは紀元前の気配をさえかついでいるかつての生物学とはおもむきが違っているという意図を、領域名に修飾を加えることで表現しようとしたそれである。もちろん、看板をつけ替えることによって、若い研究者が意欲をもって参画してくるよう誘導する実利的な計算もみえてはいたのだろう。

（3）生物多様性研究の縦と横――系統（時間軸）と生物相（地平軸）

生物の種多様性研究1　自然誌

自然誌か自然史か、それとも博物学かなどと、言葉の詮索はともかくとして、生物の種多様性研究の発展とその意味を、やや単純な自然誌と自然史の認識の異同とも考えあわせながらもう少し検討してみよう。

ナチュラルヒストリーの研究にとって、生物の種多様性を生物相、分類体系にまとめる研究はもっとも基盤的であり、かつ包括的に推進される領域である。

種多様性研究は、おそらく人の知的活動が始まる前からの、生活に密着した種の同定をはじまりとする。ヒトが人に進化する以前の野生動物時代と同じように、ほかの野生動物たちも、自分の生活に密接に関係のある種の異同については、言語をもつ人がやっている命名こそしてはいないものの、鋭い鑑定眼をもって識別、認知をしている。この事実から、人のおこなう種多様性研究は、科学以前の生きものの本能的な活動をひきついだものであるとみなすことができる。

アリストテレスの時代になって、科学の手法による知見の集大成が進むと、のちに博物誌とよばれるように、自然の体系のとりまとめが、種多様性についていえば、認識される限りの生物種の一覧をつくる作業として推進された。アリストテレスやテオプラストスにして、膨大な数の動植物をただむやみに並記するだけではなく、わかりやすい整理の方策を案出しているが、その分類法には、当然ながら進化の概念は入っておらず、だから自然の体系といいながら、わかりやすさを重んじた人為的な分類だったことはいうまでもない。アリストテレスやテオプラストスは自然界の万物の相互関係を理解する際に、第一義的に事物のもつ歴史的背景をそれと意識することはなかった。しかし、生きものの間には、それ自体がもつ関係性があることを、感覚的に認識していたようではある。

列品陳列の精神は、中国でも重んじられたが、これは人の知識の発展段階における万国共通の過程で、ルネッサンスを経た西欧でも同じように、なお広く知識を集成するかたちで展開した。しかし、自然科学の進展の当然の帰結として、18 世紀ともなると、自然界の存在物は（たとえ神の意思にもとづいた創造物であったとしても）雑然と在るのではなくて、すべての事物、事象は史的背景をになったものであることが理解され、むしろ歴史的な展開の所産とみなす考えが重視されるようになり、やがて進化論に発展する概念が科学の世界に徐々に地歩を占めてきた。

のちの進化論者から、その人為分類体系を非難されることになったものの、リンネの生物相の集大成（初版；Linne, 1735）になると、彼が用いた“Systema Naturae”という書名が示唆しているように、体系という概念が知識の整理の根幹に置かれ、生きものの多様性の底にある自然の体系が、少なくとも部分的には、歴史的な所産であると意識されるようになっていた。バラ科やユリ科（Linne, 1751, 1753, 1754）などの認識に、自然界における natural な仕分け（＝分類）を考える先駆けがみられようというものである。もちろん、リンネが進化の事実を科学的に認識するまでにいたらなかったことはいまさら生物学史をひもとくまでもない。

種の異同を識別し、分類するに際して、自然の体系があると考えるようになると、求める体系は進化を跡づけるものになるのは自然科学の進歩の必然である。natural history に自然の体系を求めるようになった結果、ラテン語では historia naruralis という表記は変わらなかったとはいえ、概念として、日本語でいえば、自然誌を自然史に置き換えて考えるようになった。日本で科学史の過程として論じる際には、誌から史への変遷ととらえると理解すればわかりやすいかもしれない。もっとも、誌という字にこだわる人が、実在する多様性が史的な事象であると認識していないというのではない。

種多様性の面的な拡がりの研究は、研究に従事する人たちの地域における生物の一覧表づくりから出発するので、具体的な作業としては地域生物相の集成から始まるといいかえられる。それも、すべての生物を一度に集成するのではなく、生物群ごとにそれぞれ（植物とか、昆虫とか、鳥類とかの）特定生物群の専門家とよばれる人たちが整理した。日本植物誌、とか、小笠原鳥類目録などというとりまとめが地域ごと、分類群ごとに無数に集成され、地球上の生物の種多様性の実態が徐々に明らかにされてきたのである。

ある地域の特定の生物群の、と限定してはいても、多数の生物種の多様性を明確に把握し、個々の種の特性を明快に記述し、だれでも識別できるような指針を与える知見を集成するということになると、まさに「言うは易く行うは難（かた）し」で、これまでに刊行された数多くの生物誌のうちには、すぐれたものも多い一方で、なくてもよかったと思えるような出版物も、残念ながら、なくはない。しかし、すぐれた成果を積みあげることによって、局限されていた地域の生物相はより広大な地域についてまとめられ、多様な分類群の知見はより階級の高い分類群ごとに集成されてきた。

植物についていえば、20 世紀も末になってから、世界中の関連研究者の協力による地球植物誌の刊行が始められたが、まだ植物相の詳細が明らかにされていない地域も広く残っている。科の階級で研究の進んでいる分類群では、地球上の全域の状況が概観されるようになっているとはいっても、すべての科について成果を積みあげるのにはまだまだ時間がかかる課題である。地球規模の植物誌のとりまとめとして、“Flora of the World” = 『地球植物誌』（IOPI ed., 1999-2005）が有志による国際協同事業として出発したが、モデル的に数科のとりまとめが刊行されたところで、資金の問題もあって、作業が中断状態に追いやられているのは遺憾である。このような事業が完成するためにも、いまの科学の実力からすれば、まだ相当の年数を要することだろう。

また、生物多様性関連のデータベースの構築を推進し、ネットワークを一元化しようとして、OECD（経済協力開発機構）のよびかけで発足した地球規模生物多様性情報機構（GBIF）も、想定されるよりは情報収集に遅れをとっている（第3章3.3）。

生物の種多様性研究2　自然史

生物相として、地域に存在する多様な種のすべてを記載し、一覧をつくる事業と並行して、種間の異同の程度＝類縁を追跡し、系統進化の跡づけをする研究が、種の史的意味を追究する科学、進化学につながった。すなわち、生物圏に拡がる生物相の、いわば面的な調査研究と、多様な生物種の間の類縁を追跡する系統進化の解析の、いいかえれば時間軸の研究とが並行して進められるようになったのである。

この事実は進化学史からみても当然の展開といえる。18世紀末にはまだほとんど生物学者の関心を惹かなかった無脊椎動物の分類を担当したラマルクは、その研究の経過のうちで進化の事実に注目することになった。彼が進化の過程を説明しようとした用不用説は、結論とした説明はまちがったものだったが、生きものは史的な発展を遂げ、多様化したものであって、神が創造した姿を一貫して維持しているものではないという認識は正しく、進化の概念の確立に大きな力となった。

ダーウィンが『種の起原』で説明を試みた進化論は、生物学のみならず、社会思想に大きな変革を迫るほどの影響力をもった。そして、ダーウィンの思想の形成の過程でもっとも強く彼を支えつづけたフッカー（J. D. Hooker, 1817-1911）は、キュー王立植物園の中興の祖であり、イギリスの植物分類学に大きな貢献をしたウィリアム（W. J. Hooker, 1785-1865）の息子で、キュー植物園長の役割を父親からひきつぎ、面的な列品陳列の事業の基盤とでもいうべき“Index Kewensis”や“Index Londinensis”などの編纂を始めるなど、19世紀後半の世界の植物分類学を主導した人である。

さらに、『種の起原』が版を重ねていく中で、まだ科学の分野ではヨーロッパに遅れをとっていたアメリカから、グレイの熱烈な手紙が届いていたことが追記されている。グレイもまた、ハーバード大学でアメリカ大陸の植物の種多様性の調査研究を始めた中心人物で、いうなれば自然誌研究のうちから、種多様性の歴史的背景に関心をもつようになったすぐれた研究者の１人だった。グレイはまた、幕末に日本に衝撃を与えた黒船船団に陪乗して各地の植物を採集、日本からも小笠原、沖縄から下田あたりの植物をもち帰ったライト（Charls Wright, 1811-1885）のコレクションの同定をし、いくつかの新種を発見した研究班の主宰者でもあった。

進化論が認知され普及される過程では、生物誌の調査研究に大きな貢献をしていたすぐれた natural history の研究者が重要な役割を占めていたことは客観的な事実である。だからといって、進化の事実が認識されるようになると、多様な生物の間の進化史的な背景がすべて理解されるというものではない。種多様性の進化史的背景を問う作業が系統の解析であるが、系統進化の事実を解明するためには、さらなる解析技術の進歩と研究の積み重ねが必要であることはあらためていうまでもない。

生物の種多様性については、現状で 180 万種におよぶ種多様性が認知されている。しかし、無脊椎動物、菌類、微生物など、研究がまだ不十分な生物群も少なくなく、実際にはこれよりももっと膨大な数の生物種が地球上に生きていると推定されている。その数は数百万との推定から、数千万種は下らないという見解もあれば、ある根拠をもとに億を超えると推測する人もあるように、だれも知らない実数のことだけに、推定値の幅は広い。

さらに、微生物などでは、種とはなにかという概念さえ、哺乳類や鳥類、さらには維管束植物などでかりに定義されている種の認識（[tea time 5]）では律しきれない側面があり、生物相の調査研究のむずかしさと相まって、どこにどんな種が生きているかという基礎的調査にもはなはだしく遅れをとっている。

研究が進んでいるとされる維管束植物についてさえも、現に二十数万種が認知されているとはいうものの、列挙される種の認識は仮定的で、実際には 30 万-50 万種生きているというのが常識になっている。地球表層全域にわたってみれば、調査が不十分な地域もあるが、生物学的にも、種の概念が科学的に定義できるところまで詰められていない現実が浮き彫りにされ、いまだに新発見だけでなく、既知種の概念の変更による新種の記載はあとを絶たないし、認知されていた種が他種の1型であることが明らかにされる研究成果も断続的に公表されている。

このような現実を眺めてみると、種多様性の基礎的な調査研究は、まだまだ生物誌的研究、いいかえれば個々の種の異同を認識し、どこにどのような種が生きているかを記述する作業に相当のエネルギーを必要とすることを知ることになる。

ただし、種間の系統を明らかにする解析は、種多様性のすべてを明らかにしてから始める研究とはいえず、生物誌の情報が整わないと種分化の研究がおこなえないという特段の順序があるわけではない。生物進化の事実を認識するなら、3種の生きものを対比させれば、それらの種の間の類縁関係に遠近の異同が認められるのは当然であり、科学的な研究対象として類縁の解析は興深くて肝要な課題である。後から、それら3種に近縁な種が発見されたとしても、それまでに知られていた種との関係は、付加的に認識されればよいだけのことである。むしろ、種分化の研究が進むことが種の実体を正しく認識することであり、生物誌が基本的単位とする種をよりたしかに識別することにつながる。問題は、四次元的な関係性の解析には、実験的に証明できる範囲は限られており、手法としてどこまで実証できるかの追究が求められる点である。

生物の種多様性研究3　系統進化

概念としての生物進化は認知されたとしても、19世紀までは、系統関係の追跡は、表現形質を対比、比較し、その異同から推論を展開することが唯一可能な研究方法だった。発生の過程や形態形成における類似が形態の相同性の追跡に利用されたり、情報が増えてきた化石が比較研究の対象とされたりするようになり、系統の追跡は進化の事実を確かめる根拠ともされた。20世紀に入ると、メンデルの法則の再発見にうながされ、形質の遺伝的解析が生物学で可能な解析手法として確立するにつれて、種間の類縁や系統の解析に、実証性を高める解析手法が育ってきた。

そうして20世紀前半には、遺伝学の進歩にもとづいて細胞分類学的な解析手法が確立した。遺伝子は染色体上にあると推定されており、染色体の数、形状、分裂時にみられる動態などが、それぞれの種に特異的であることが確かめられていたので、これらの染色体の特性が種を指標するものと考えられ、その類似度を指標として種間の系統的な遠近を探ろうとされた。異なった個体群からの個体どうしの交雑によって得られるこの比率は類縁の指標とされることもあった。細胞遺伝学的手法とよばれることになった染色体を手がかりとする解析は、とりわけ染色体突然変異をきっかけとする種分化の解析にとっては最適の解析手法である。

維管束植物の種形成においては、染色体突然変異はずいぶん重要な役割を果たしている。ある群の維管束植物の場合、染色体にみる倍数性が種分化を牽引する変化であると知られていた。倍数化と交雑の組み合わせによる系統の多様化をとらえて、野生のコムギから栽培系統が誘導された歴史を跡づける研究は、京都帝国大学（当時）の木原均教授（1893-1986）と共同研究者たちがみごとに系統解析に成功した細胞遺伝学的解析のごく初期の成果（Kihara, 1930）だった。この研究は、その後の解析手法の発展にあわせて、モデル研究としての展開をみせた。木原博士の時代に核型分析で跡づけられた事実が、解析技術の進歩にともなって、やがてDNAの解読にもとづく研究でも確認された（Tsunewaki, 1993）。

しばしば生じる自然交雑の結果、3倍体となった雑種系統は不稔となるが、この系統に倍数化がみられると、後継世代の形成が可能になることがある。このような過程をへて、自然交雑をきっかけとする種形成もみられ、近縁のいくつかの系統を共通の母型として網目のような種間関係をつくる進化（網状進化）も演じられる。また、遺伝子突然変異によってだろうが、3倍体無融合生殖型が導かれ、新しい型が形成されることがあるらしいことは、本章2.3などで紹介するとおりである。

同じように20世紀中葉から後半にかけて、分子レベルの形質が注目され、主として二次代謝産物の同定が活発におこなわれたが、代謝産物の化学的な関係を種形成の順序を跡づける指標とする手法は化学分類学＝chemotaxonomyとよばれ、この指標を活用する研究もさかんになされた。

一方では、情報の処理の在り方として、感覚的な判断による形質評価を避け、より多くの指標形質を用いることで、純粋に数理的な近似関係を推定しようとする数量分類学＝numerical taxonomyの技法（Sokal and Sneath, 1963）が高められた。

客観性が問題とされることのあった形質の扱い方には、分岐分類学的方法が適用された（Hennig, 1965）。進化の過程を、分岐のパターンとして認識し、整理する方法が提唱されたのである。分類形質の評価の在り方に客観性をもたせようとするこの方法は、分子形質が大量の情報として提供されるようになると、遺伝子の指標から系統を構築する方法に発展し、生物進化の基本的な流れを跡づける理論的根拠の構築に貢献している。

細胞分類学的解析などの、生きた材料を必要とする研究と並行して、高山や海浜など特殊な生態に適応した近縁群と、その母型と推定されるより安定的な環境に生育する型とを比較栽培するような実験的な解析も試行された。このような生きた材料を用いた解析を、ほとんどをすでに生きてはいない自然史標本の比較研究に依存する伝統的な分類学的研究に対比させて、バイオシステマティックス＝biosystematicsとよんで、これこそ生物学的解析だと主張されたことがあった。

生物学的解析は、生きている事実を解析するものであることはいうまでもないが、生命現象についての情報は、生きている状態からでも簡単にとりだせないものが多いため、死んだ状態の自然史標本がもたらしてくれる情報も、解析の仕方によっては、生きているときの状態を知ることができる重要な基盤となる。生物体から抽出した、すでに生きていない物質を解析する研究を搾り汁の研究と非難したり、旧来の電子顕微鏡による観察をすでに生きていない資料による観察と指摘したりして、生きていることを解析するはずの生物学から離れている、と偏った批判の声もあったが、これも生きている状態をどのような方法を用いて観察するかの解析法についての見方の違いである。

20世紀末には、生物学というよりは科学の解析手法として、核酸を形質として取り扱えるようになり、分子系統学が、分岐分類学の概念の進歩とともに、系統追跡を科学の手法で高める重要な証拠を提供するようになった。生物多様性の解析がいまどのようにおこなわれているかは本書で紹介することの本筋ではないが、DNAをキーワードとする解析の適用はナチュラルヒストリーの今日的展開にとって大きな進歩をうながしたことにはあらためて言及しておこう。

生物誌の研究と並行して、自然史の視点にもとづく研究も、技法が急速に進歩し、堅実な成果が積みあがった。種多様性の研究では、生物圏という面的な拡がりと系統という時間軸に沿った解析が、解析法の急速な進歩と、資料の整理のための情報処理技術の充実に支えられて縦横に展開し、その知見が順当に積みあげられつつある。

ただし、種多様性の内包する情報量が極端に膨大であることから、いまだに数理系統学＝bioinformatics で扱うにあたり十分な基盤情報の整備に遅れをとっており、科学が知りえている生命の歴史的側面の知見はまだまだ微量にすぎないと慨嘆しなければならない状態にある。GBIF（第 3 章 3.3）の活動が 2000 年以来積みあげられているが、推定される情報量の膨大さに比して、まだこの機構の規模で扱える限界だけが痛感されるところである。ここでも、膨大な情報量を扱う領域だけに、データベース化された情報の数理的な解析が今後の展開のためには不可欠であることを強調しておきたい。

（4）生物多様性を認識する

生物多様性という言葉は、遺伝子の多様性、種の多様性、生態系の多様性という 3 つのレベルに整理されることが多い。生物多様性条約でこのように整理されたことから、持続的な利用という視点で論じられる際の生物多様性は、まさにこの 3 つのレベルで理解するものとなっている。ただし、これは生物多様性の全貌を指したものではなく、その一面をとらえたものである。

生物学でとりあげるとするなら、生きものの多様性の示す現象は、これら 3 つのレベルで理解されるにとどまるものではない。遺伝子の多様性とは、同じ種を構成する集団のうちに少しずつ異なる特徴をもたらすような遺伝子の変異の多様さを指すが、それぞれの個体をつくりあげる構成要素についてみてみればどうだろうか。ヒトなどの多細胞生物をみるなら、1 個の受精卵から多細胞体に分化、成長する過程は、細胞、組織、器官の多様化が生じる変化であり、経時的にさまざまな遺伝子が発現する。ヒトの個体をとりあげてみても、60 兆におよぶ数のそれぞれ分化した細胞が、皮膚や筋肉、神経などの組織をかたちづくり、手や足や頭などの多様な構造をつくりあげている。まさに多様な構造でできあがっており、1 個の個体の中だけでも多様性を表現している。

生命の歴史を通じて多様な遺伝子、多様な種属、多様な生態系が進化してきたように、1 個の多細胞体の分化、成長を通じて、細胞や組織の多様性はかたちづくられる。ここでも、個体発生は系統発生と相似の展開をみせる。生物多様性は、いずれにしても四次元的現象がもたらすものなのである。しかも、個体のレベルでとらえる生物多様性が、進化の歴史にかたちづくられてきたように、細胞のレベルで理解される多様性も、組織のレベルの多様性も、個体発生によってつくりだされる構造が、進化の歴史によって形成されてきた。

このことは、生物多様性という言葉を、少し修正して、生物の多様性、生物学的多様性、生命体の多様性、などといいかえれば、それぞれが表現するものが少しずつ異なって印象されるのと似ている。

もともと、生物多様性に相当する英語としては biological diversity という言葉があった。生物多様性条約も、Convention on Biological Diversity である。だから、最初にこの条約が日本語になったときには、生物学的多様性条約と忠実な日本語化がなされてもいた。ところが、1980 年代に、biological diversity を短縮して biodiversity という言葉がつくられた。日本語でも、生物多様性という言葉がよく使われるようになったが、ここで使われる生物多様性は国際条約の意味するところに焦点があっていた（岩槻，2017）。

最近の生物学者は、生物を生命担荷体という物質のかたまりとみなす場合が多い。この場合、生きもの、というより、生命体、である。生命体の多様性という表現が使われるのは、生命体にみられる形質が多様に分化するという現象から、発生生物学の観点などにもとづくことがある。近代生物学の実体だろう。本書で指摘したエボデボ（第 3 章 3.3）に発展するナチュラルヒストリーはこの領域だろうか。

Linnean Society 発行の雑誌には、Botany、Zoology のシリーズに並んで Biology のシリーズがある。ここでいう biology は、もちろん botany、zoology は含んでおらず、そうかといって、分子生物学なども含まないで、どちらかというと ecology に近い領域の論文をとりあげる。biological diversity という場合の biology も、意味するのは生物学であって、生命科学という雰囲気ではない。

生物多様性条約にもとづいて、生物多様性という術語が独り歩きすることになったが、この言葉は内容が多様で理解するのがむずかしいものだから、認知度はいっこうに高まらない。同じときに署名され、のちに批准された気候変動枠組条約の場合は、対象とする現象を地球温暖化と表現したために、少なくとも言葉の認知度は急速に高まった。その意味でも、生物多様性という抽象的な表現でなく、生きものの実体としての生命系（第5章5.2；岩槻, 1999）をとりあげ、地球上で生きている生命系の生を論じるほうが、一般の人々の理解が得やすいのかもしれない。

（5）広義の科学と自然科学

ナチュラルヒストリーの手法を生物の科学のうちに位置づけようとすれば、科学の手法そのものに言及しないわけにはいかない。本格的な科学論を展開する余裕はここにはないが、最低限かかわりのある科学との関連に触れておこう。

科学とは

科学という言葉は、いまではずいぶん広い意味に適用される。

だから、科学という語が示す内容を簡単に定義することはむずかしい。『広辞苑』の科学の定義では「①観察や実験など経験的手続きによって実証された法則的・体験的知識。また、個別の専門分野に分かれた学問の総称。物理学・化学・生物学などの自然科学が科学の典型であるとされるが、経済学・法学などの社会科学、心理学・言語学などの人間科学もある。②狭義では自然科学と同義」とある。①では、最初のところでは知識であるといい、後半では細分された学問分野の総称と説明する。

さらに、②で狭義には同義とされる自然科学という語の説明をみると、「自然界に生ずる諸現象を取り扱い、その法則性を明らかにする学問。ふつう天文学・物理学・化学・地学・生物学などの分野に分ける。また、応用を主眼とするか否かによって、基礎科学と応用科学にも分ける。→社会科学・人文科学」とある。説明は細分されることのある学問分野に重きが置かれている。

科学という日本語は、はじめ幕末に中国語の科挙の学を略してつくられ、個別の学問を指す語だったが、東京大学が発足したころに、science の訳語として使われるようになった和製造語で、のちに中国に逆輸入されたと説明される。

science はラテン語の scientia（scio＝知るを語幹とする）に由来するもので、これは知識全般を指すものだったから、上の説明は語源にもとづいている。ただし、ラテン語では知識一般を指すが、『広辞苑』の定義にもあるように、現在では科学でいう知識は実証された法則的・体験的知識に限定される。

ラテン語の scientia の意味から、上にみるような現在の科学の定義に落ち着くまでには、人知の発展の経過が微妙に絡まっている。科学史としては楽しい話題であるが、ここではこの言葉が示す概念の変化の歴史に深入りはしない。

現在の科学の定義は、実証された法則的・体験的知識を意味するが、ここでは実証の意味が重みをもち、科学研究はいかに現象を実証的にとらえるかにかかってくる。現象を、ありのままに漫然と観察し、認識するだけでは、本来その現象が内包している法則性を認知するにはいたらず、現象を要素還元的に解析することによって、普遍的な原理につなげられると期待する。科学の領域では、解析の根拠は、上位のレベルに属する法則や概念は下位のもので置き換えられるという要素還元主義にもとづいている。

その結果、自然科学の研究にたずさわるなかまうちでは、すぐれた研究は“Nature”や“Science”など、インパクトファクターの高い学術雑誌に登載される論文にみられるものと了解される。これらの第一級の学術誌の審査に耐える論文とは、ある現象がすぐれて堅実な観察、実験で要素還元的に解析され、その結果明らかにされた事実から論理的に導かれた普遍的な法則を含んでいることを前提としたものになっている、と信じられているためである。

科学に期待するもの

文化をかたちづくる知識を人がもち始めたとき、真善美への感応は科学、宗教、芸術に発展し、結実を始めた。その意味では、人が科学を推進するようになったのは、自然界に存在する真理に対する知的好奇心が芽生え、深まってきたためである。

科学が技術の基盤となり、技術の主流が科学に裏打ちされて力強くなった近代には、科学は技術に貢献するかたちでさらなる展開を遂げた。戦争が科学を大きく発展させる、などという皮肉な表現がとられることさえある。生命をかける技術の競争的な創造のためには、基盤となる科学の、競争相手に負けない発展が不可欠なのである。

もっとも、科学と技術は別物で、欧米語では、science and technology と並立されることはあるが、科学技術という四字熟語に相当する表現はつくられない。科学にもとづこうともとづくまいと、技術は技術だということだろうか。それに対して、日本語では科学に依拠した技術は、民芸などとよぶ技術とは区別して理解される。民芸といえば、むしろ芸術的な要素が示唆されもする。日本語の科学技術という語も、科学と技術という言葉の並列を四字熟語で表現しながら、同時に現実には科学にもとづく技術という意味で使われることが多い。

人の技術が科学の知識にもとづいて発展するようになってから、文明の発展にはめざましい展開がみられた。もちろん、建設の成功と同時に破壊の拡大にもつながり、戦争の悲惨さは増したし、地球環境に対する人為（技術）の圧迫ははなはだしくなってきた。ひきかえに、人が手に入れてきた物質的な豊かさ、安全などをどのように評価するかは、科学技術の評価そのものにかかわる。と同時に、科学技術の評価は、技術としての質の高さの評価もあるが、それが社会的に果たす役割の大きさで評価される部分が核となる。

自分たちがあやつる技術によって安全で豊かな暮らしを維持するようになった人は、ますます豊かで安全な生活を望むために、科学技術のさらなる発展を期待する。現在、人が科学に求めるものが、技術の基盤としての科学の知識であることは明らかである。病を克服し、資源の安定供給を得て、災害からの安全を確保したいと念じない人はいないだろう。だから、その基盤としての科学の発展のための投資が許容される。この場合、技術にすぐに転化される応用科学と、有用であることが容易に理解される科学の領域にいつかは貢献すると期待される基礎科学が、程度の差としてではあるが、区別される。

しかし、一方では、人為による人間環境の劣化が現実に進み、さらに生活習慣の不健全さが人の健康をそこない、地球資源の偏った費消が供給を偏らせ、小さなきっかけが生活に大きな被害をもたらす結果をまねいているのも、科学技術がもたらしたもうひとつの現実であると知る。科学技術の発展と、進んだ科学技術の使い方の当否とは別物である。すぐれた技術は、使い方によっては人間社会に壊滅的な打撃を与えることにも通じる。

私自身、医療の発達のおかげで、身体のある部品が傷んでも補修していただき、後期高齢者とよばれる年齢に達してからは、とりわけ、毎日のように数種類の薬剤を摂取しながら生存をつづけさせていただいている。とくに豊かではなくても、飢えることなくそれなりの生活を維持していくことができ、度重なる自然災害に耐え、日常的に遭遇する危険もすりぬけて、なんとか生きつづけている。その現実を、科学技術の進歩に負っているものと感謝しないはずはない。科学に貢献することを生業とする1人だからというのではなくて、この世を生きる人間の1人として、科学の進歩に依拠している自分の生を客観的にみているせいである。

科学が地球と人間社会にもたらしたものを差し引きしてどこまで評価するかはいったん置くとしても、人が科学に期待するのは生理的な欲求にかかわる部分だけなのだろうか。結果として、安全で豊かな生活がおくれるなら、それで科学は完璧にその役割を果たしたと評価するのだろうか。

芸術や宗教は人の心を豊かにするのに貢献し、いまもその役割を果たしている。もちろん、それらにまったく無関心な人がないわけではない。同じように、真実を知りたいとする人の知的好奇心は、知るよろこびをもたらすことで、人の心にもうひとつの生きがいを刻んでいるのではなかったか。結果として、科学は技術の進歩に絶対的な貢献をしてはいるものの、だからといって、科学が人にもたらすよろこびは、豊かで安全な生活に直結する部分だけと考える人もないだろう。

私が科学者として生きがいを認識するのは、生きものを扱い、生きているとはどういうことか、という根源的な課題に取り組み、その解明のためになんらかの貢献をしていると知るときである。実際、私が科学者の道を歩み始めたころ、植物分類学を学ぶ者は時代を逸脱し、社会に背を向けてなんの貢献もおこなわず、己の好みに没頭する身勝手な輩とみられていた節さえあった。研究にたずさわる当人たちはそうは思っていなかったが、この領域の科学の社会的貢献は高く評価されることはなかったし、評価されるための努力もしていなかったということか。

現実には、私の場合は、自分の現役生活中に、生物多様性とひとくくりにされる課題が社会的な脚光を浴びる時代に遭遇したために、研究の意味が世間にも通用するようになったが、自分の課題に真剣に取り組んでいる科学者のうちには、すぐれた成果をあげ、実際には社会に貢献しているにもかかわらず、生涯自分の好みに没頭する数寄者とみなされる人もめずらしくはない。

科学の社会的貢献に触れるなら、わかりやすい例として、メンデルの科学への貢献をあげることができる。メンデルが遺伝学の研究に取り組むきっかけのひとつは、ブドウの品種作出にそなえ、育種の基盤となる法則性が、生物に共通に存在すると仮定し、その法則性をみいだそうとしたからである。そして、時間をかけて遺伝の法則性をみごとに解明したのだが、その法則性は彼が生きている間には学界に認められはしなかったし、いわんや、すぐれたブドウの品種を作出して、ブルノのワイン生産に貢献することはなかった。しかし、だからといってメンデルの研究は社会的貢献が皆無だったという人はいない。

メンデルの同時代人にとって、メンデルの科学の社会的貢献はゼロだったかもしれないが、彼の研究成果があったからこそ、のちにこの領域の研究に貢献するすぐれた科学者たちを排出し、時とともに、メンデルの法則が人の社会にどれだけ大きな益をもたらしたか、知らない人はない。とりわけ、バイオ産業というような言葉がつくられたころには、メンデル抜きには生物学はありえないものだった。

しかし、だからといって、メンデルを理解し、バイオを喧伝した人たちの多くは、20 世紀末になるころまで、生物学にかかわるとしながら、生物多様性についてはほとんど無関心だった。それは、学界で主流になっている領域以外には冷淡である多くの科学者の姿勢をみごとに描きだしている事実ともいえよう。

さらに、メンデルの科学的貢献についていうならば、バイオ産業につらなり、物質・エネルギー志向の生きざまに大きな貢献をもたらしているのと並行して、生きているとはどういうことかという生物学の根源的な問いかけに対しても、その解に寄与する基本的な知見を提供していることから目をそらしてはならない。

私自身の経験に話をもどせば、科学者として生活を成り立たせ、それ相応に社会的な認知を得られるようになっても、自分の論文が人の生活を物質的に豊かにし、安全にするために直接に役立つものではないことに、これでよいのかという疑問から完全に脱却することはできないでいる。科学は元来人間社会に貢献するものであるが、私の解明しつつある個々の事実は、どうあがいても、私が現に生きている至近の未来に、人間社会を安全で豊かにする技術に結びつくようなものではない、少なくとも、物質・エネルギー志向の観点からは。

それでも、自分を説得してこの領域の科学に取り組むのは、自分の抱いている科学的好奇心による課題の追究が、究極では真理の解明につながるものであり、私の目的意識からすれば、生きているとはどういうことか、という人の根源的な問いかけを解明するための一石となるものであることを認識するからである。ギリシャの昔から、ナチュラルヒストリーにかかわった人たちの、善意の主流は、森羅万象に通じる真理を解くことに力をそそいできた。

ただし、もしそれが正しい考えなら、その意義を説得力のあるかたちで論証する必要がある。私はそう思う、というだけで、外からみれば趣味的にみえる世界に没頭しているのなら、自分を社会から隔離した仙人のような存在に祭りあげることに通じるかもしれない。

科学者の意識

客観的に、現在の科学者の一般的な意識を集計することはむずかしい。科学の社会的意義について意識の高い科学者の意向を知るためには、1999年に、国際科学会議ICSUとユネスコが共同で、ハンガリーのブタペストで開催した世界科学会議の報告はよい参考になる。私も、これまでの科学のための科学の姿勢から、21世紀に向けて科学者は社会のための科学への発想を強めようという考えをこころして紹介しているところである。

世界科学会議では、科学と科学的知識の利用にまつわる科学者の責任、挑戦、義務などが論議され、科学自体の発展を意図する科学、社会のための科学と並行に、平和のための科学、開発のための科学を加えて、科学の4側面についてのブダペスト宣言が採択されたのである。

社会のための科学では、直接的に社会の役に立つ科学を論じるというよりは、科学の世界で専門分科ごとに深められ、研ぎすまされる知識を、知りたい目的に沿って統合する必要性が論じられ、このような科学の方法に、日本学術会議では、実証科学に対置して設計科学という名称も準備した。

科学の統合については、学術会議でもその他の場でも、多様な論議が重ねられ、本書でも再三述べるように、すぐれた科学者の間では理論としてはよく練られていると思われるが、だからといってそのための方法論が提起されることはない。世界科学会議自体、その後継続して展開されることはないし、ブダペスト宣言を意識している科学者の数は限られている。そういう議論をする暇があれば、実験を重ねて、よい論文を書くことのほうが必要であるというのが、むしろ科学者の多数意見かもしれない。意識して科学会議の議論に参画することのほうが、少数意見であるのが、現在科学の現実なのだろう。

本書のあちこちで述べるように、統合的な科学の方法論が具体化しないのは、その必要を感じているすぐれた科学者とよばれる人たちのほとんどが、現在風の分析的還元的手法の科学で大きな成果をあげて高い評価を得ておられる方々なので、いまさら統合的な視点で方法論を提起するように求められても、その面ですぐれた発想がわいてくるとは期待できないからだろう。だからこそ、統合的な視点を必然とするナチュラルヒストリー領域の研究者などが、統合的な科学の堅実な方法について、説得力のある方法論を構築し、提起することが期待されるのである。

つらぬく科学とつらねる科学

梅棹忠夫博士は科学の進め方として、要素還元主義にもとづく現在主流の科学を「つらぬく科学」と表現し、それに対して、単純に数学的論理にもとづいた要素還元的な解析だけでは問題が解決できない文化人類学のような領域では、観察された確実な事象を限りなく多く積みあげて真実に迫る手法も適用し、このような方法は「つらねる科学」とよべるとする。言葉の内容もだが、ここで、ひとつの外国語に置き換えることができない日本語で、「つらねる」と「つらぬく」と音の類似を並列したところに、この言葉の選択の妙味がある。無理に英訳するとすれば、「つらぬく」は、investigate、penetrate、go through などを意味し、「つらねる」は combine、join、integrate などを意味すると理解する。

自然科学以外の社会科学や人文学の領域では、要素還元的に事象を分析しつくし、現象の実体を完全に論理的に証拠だてることは、少なくとも科学の現況では、むずかしい。少なくとも、人がもつ知識の現状では、これらの領域の学問が内包している情報量から考えて、完全な解答を得ることは不可能であり、さらに学問の性格上要素還元的な分析は困難であると考える向きもある。

生前の梅棹さんとの会話を通じて教えられ、私自身が自分なりに詰めてきたところであるが、つらぬく科学とつらねる科学は別の領域に適用されるべき思考法ではなく、すべての領域で両者を併用しなければ科学的追究の完全性は保証されない。ただ、要素還元的な解析が成立するためには、それなりの基礎的情報が整っていなければならないので、両者のそれぞれが占める割合が領域によって大きく異なるのは当然である。もっとも、それは私の解釈で、梅棹博士の主張は、両者は別々の研究手法であり、つらねる科学の推進のためには、その領域の特定の現象だけをとりあげて解析することは意味をもたないという考えだったと理解している。

20世紀中葉以後の生物学はDNAをキーワードとした解析を進め、個体が演じるさまざまな現象を下位の構造単位である細胞やDNAをよりどころにして語る要素還元的手法を駆使することによって科学として飛躍的な発展を遂げた。その成果が、医療や農業の技術に生かされ、人の安全と物質的な豊かさに大きな貢献を成し遂げつつあるのは万人の認めるところである。この種の研究がますます発展し、さらなる成果がより確実に技術に生かされることは、人類の未来に向けての発展のために、期待こそされ、問題になることではない。

20世紀中葉までは観察が主流だった生物学が、物理化学的手法にもとづいて要素還元的な解析に成果をあげるようになったのは、科学における解析技術がそれだけ向上した現実を明示している。たとえば、分子系統学を推進するべく、1980年代の後半に私たちの研究室でDNAの解読をおこなった際には、ひとつの断片の解読に、手作業で、努力を重ねて1週間ほどの時間がかかっていた。それが、いまではシーケンサーの精度の高度化にともなって、瞬時に結果が得られる状況である。解読されたデータはそのままコンピュータ上で評価されるところまで、技術が飛躍的に進んでいる。

20世紀中葉まで、生物学の内容を対象とした教科は、中等学校では博物という科目で、地球科学を対象とした地学分野と一緒に扱われ、物理、化学をあわせた物象と二大別されていた。博物と物象からなる理科の教科目では、理学的な仮説検証的解析にもとづく物象にくらべて、博物は記載された事物、現象にもとづく暗記科目といわれていた時代があった。そのころの生物学とくらべると、20世紀後半以後における要素還元的手法を用いた研究の飛躍的な進歩には研究技法の進歩にともなう時代の流れをみることである。

学制があらたまってからの高等学校でも、理科は物理、化学、生物、地学の4教科に分けられた。ここでも、物理と生物には学という呼称はともなっていない。理由はよく知らないし、2字に抑える必要上そうなったなどの本質的でない理由かもしれないが、生物学とか、さらにのちには普通に使われることになる生物科学という名称は、中高校レベルの教科名には採用されていない（教科書には生物学の呼称が普通に使われたが）。

それにもかかわらず、たとえば分子生物学の発展のごく初期に、すでに‘分子生物学を超えて’などという論調が展開されたように（たとえば吉村，1987）、要素還元的な解析だけが突進することに対する疑問は早い段階から注目されていた。ここでもきっちり念頭に置いておきたいのだが、これは‘だけが’突進することに対する疑問であって、‘が’突進することは科学の発展上きわめて大切なことだったし、いまでもそうである。

ここで問いかけたいのは、生物科学（より狭義には生命科学といったほうがよいかもしれないが）の領域では、最近ではつらぬく科学‘だけ’が先行して成果をあげているようにみえるが、それでよいのかという問題である。そして、一方では、生物学における統合的手法の適用の必要性については、また論考が重ねられてきた。論考が重ねられはしたが、だからといってだれもが納得するような統合的手法による研究が確立されているといえないのが現実で、真の問題の所在はそこにあるといえるかもしれない。この課題は、自然科学から、科学そのものについての今日的な問題提起につながる面もある。本書でも、さまざまな視点から、この問題を建設的にとりあげたい。

生物と人間とのかかわりについて、医療や食料生産など、直接的な生活関連の安全と豊かさを演出する基礎としての生物科学の進展が問題とされるのと並行して、20世紀中葉以後、環境問題とのかかわりで生物学の役割が期待されている。環境科学と包括される領域のうち、生物がかかわる分は、やはり科学的な解析に遅れをとっており、そのために科学的な対応が困難なこともあって、領域全体のうちでは手当が遅れている部分でもある。だから、とりわけ日本では、環境科学といえば物理化学的領域、いいかえれば工学的な分野が核になり、生物とのかかわりでいう人間環境はどちらかというと後回しになりがちである。

しかし、生物環境の劣化は深刻な問題を生じており、ここでもまた、社会的な要請が生物科学の進展の方向を引っ張ろうとしている。あたかも、戦争が技術の高度化のために、ある分野の科学の進展を強力に支持し、現実にも、科学技術の力の差が、戦争のための技術の発展の差となって現われる事例がよく知られるように、である。

つらねる科学と人間環境

現在直面している環境問題とは、もともと自然現象の積み重ねとして展開していた宇宙、地球の発展、変遷に、はなはだしく知的な発達を遂げたヒト→人という特殊な生物種が、知力によって創造した科学にもとづく技術の力を極度に高めて、人為とよぶようになった圧迫を加えることで、自然環境に大きなゆがみが生じていることに対する問題意識である。だれの目にも顕著な現象は話題としてとらえやすい。現象記載は容易であるが、しかし、そのよってきたる原因を探るとなると、現在の科学がなしえる範囲は限られている。

生物多様性にみられる異常を、現象として観察することはむずかしいことではない。しかし、その総体を説得力がある資料として描きだそうとすると、問題が複雑にすぎて科学的な処理に耐えるのがむずかしい。だから、生物多様性総体の動態を把握するためのモデルとして、絶滅危惧種の問題がとりあげられたのは、人の営為がもたらした地球環境のゆがみを、科学的に捕捉して描きだすことが可能な課題と理解されたからである。事実、だれでも知っている種のいくつかが絶滅の危機に瀕している状況を実証する報告は、社会に強い衝撃を与え、生物多様性の持続性に人々の注意を喚起するのに、一定の役割を果たした。

現象は比較的容易に記載され、その動態の将来予測のモデルをつくることも可能ではあるものの、問題の種が絶滅の危機に瀕する原因を解析し、絶滅の危機に瀕する現象を生物多様性の総体としての動態に拡大し、生物の世界に普遍的にみられる原理として科学的に正確にとらえるのは、現在の科学の実力では、至難の業である。個々の種にみられる現象は種特異的であり、それぞれの種が進化の歴史をへて適応してきた環境の、自然における変遷と、そこに加わる人為の圧迫を個別に解析するためには膨大なエネルギーを要するし、背景についての情報をそろえる必要があり、技術的にも完全性を保障した資料を準備することは困難である。くわえて、特定の種における種特異的な現象が、近似の、あるいは類縁の遠い種においてどのように現われるのかを推測するには、現在までに認知され、収集されている資料だけでは絶対的に情報不足で、さらに別の種のすべてについて個別の解析が求められ、この問題の普遍的な原理を探るためには膨大な量の追加の情報の構築が期待される。

個別の現象の解析がなければ、信頼するに足る基礎的なデータがないのだから、なにもわからない。特定の種のある側面について科学的に実証されたデータが描きだされる個々の研究は、だからこそいずれもきわめて貴重である。しかし、個別のデータだけでは、科学的には有為なデータであり、それ自体科学的好奇心を充たす解析の成果をもたらすが、それのみが単独で環境問題の解決に直接貢献することはまれである。絶滅危惧種の動態を追う解析は、生物多様性の動態を描きだすためのモデルであると理解するなら、人間環境にいまなにがおこっており、もしそこに危険な要素があれば、それをどのように軌道修正すべきであるかの解につなげるために、生物多様性を俯瞰する基礎として解析される必要がある。しかもこのモデル、単一の現象をある断面で解析するためのモデルではなくて、生物多様性の動態という総体を描きだすためのモデルである。

だから、生物多様性の研究には、個別の解析の推進が不可欠であるものの、求められる社会貢献としては、現在ある限りのデータを駆使し、そこから透かしてみられる人間環境の現状をできるだけ正しく推測し、いまなにが必要かを描きだす必要もある。環境という対象をひとつの総体としてみる目が必要であるが、そこでは、要素還元的な解析をより科学的につらぬく視点とは違った見方を必要とする。しかも、科学的に完全性を保証された研究とは違う。たぶん、経済学とか社会学における研究も、少なくとも科学の現状では、そのような解析と統合を必要としているのだろう。厳密に物理化学的手法に裏打ちされた自然科学とは異なった展開をしていることはたしかである。

生物多様性を環境問題の一面として解析するなら、人間環境という総体の中で、生物多様性が果たす役割がなにかが問われる。

つらねる科学と科学

現在では、しかし、要素還元的手法にもとづいた成果でないと、少なくとも自然科学の領域では、科学としての価値が評価されない気風がある。だから、多様な現象が観察され、その現象をつらねてなにかが推測された場合でも、印象でとらえられただけでなにも実証されておらず、科学的な推論、結論が示されていないと軽視される。名医の診断は病態の治療に効果があるが、診断例を積みあげるだけでは病気の実態を描きだすことには通じないということか。ある時期まで、現象記載が優先されていた植物分類学などの領域では、多様な現象、事実を拾い集めるだけで、科学的な解析に遅れをとるとみられていた。たしかに、バラバラの現象を記載するだけで、現象の比較から異なった型を選びだして新種の記載をするだけでは、枚挙の技であって科学でない、と批判されてもしようがない面もないわけではなかった。実際、かかわっていた人たちの意識の中にも、より多くの新種を記載することを目的とするような気配がなかったとはいえない。もっともその問題は、現在の科学者が、特定の事実や現象を客観的に、完璧に記載すること‘だけ’に全力を傾注する例が少なくないのと同質のことであり、そのことが当該研究者に十分認識されていないのも同様というのが、もうひとつの事実である。

地球上に生存する生物の種多様性は種の数でいえば膨大である。そのためもあって、これまでの多くの人たちの努力にかかわらず、まだ身近に生きる動植物の種多様性の実態も正確に認知されているわけではない。すでに述べたが、二十数万種が識別されている陸上植物でも、実際には30万種から50万種あると推定される。ここでも、未記載の種はすべてがだれもまだみたことがないめずらしいもの、というわけではなくて、身近なものであるのに、正確な種の識別ができていないために大雑把にひとつの種にまとめられているものが、くわしく研究されていくつかの種の複合体だったとわかるような例が続出する状況にある。具体的に、隠蔽種とよばれる型をふくめ、既知とされていた種が最近になって細分されたような例も枚挙にいとまがない。

種の数の推定は、まだわかっていない数の推定だから、根拠もたしかでないのはいうまでもないが、種の大きさの認識についても、現在の知見からいえばさまざまである。種の細分に偏る人は大きい種数をもちだすし、種の範囲を広く定義する人は少ない種数を推定するのは当然である。種の実体を究める研究が、多様性の基礎調査と並行しておこなわれているのだから、曖昧な定義にもとづいて種数を推定すること自体があまり科学的ではない作業である。しかし、その作業がないと、生物の種多様性の全体像をいまの科学の実力で描きだすことはできない。

生物の種多様性を記載する作業を考えても、いくつもある型を片端から記載してそれで終わるというものではない。分類学という名称から、分類という作業を細分と置き換えてしまう向きもないとはいえない。しかし、自然界に現存する種多様性を記載するということは、バラバラに多様な型を記録することではなく、識別された多様な型の間にある相互関係を明らかにし、その関係性に応じて分類することである。

生物の種多様性についていえば、いまではたったひとつの型から始まったと確かめられている地球上の生きものだが、三十数億年の進化の結果、いま地球上にみられる多様性が実在するのであり、その多様性を理解することは、現に実在する生物種の間にどのような類縁関係があるかを明らかにする作業を必然とする。それが、生物の多様性に向けての知的好奇心が求める解である。

もちろん、数百万か数千万か、あるいは億を超えるほどの数の種が地球上に現存するなら、個々の種を認知する作業も、既知の200万弱の種以外におよぼす必要があり、それは絶大なエネルギーを要する課題である。記載することに専念するだけの人がいたとしても、むだな作業をしていると嘲笑することではない。ただ、記載するだけでは、知的好奇心が充たされるのではないと理解することが基本である。人間らしい知的好奇心は、現象記載だけでは満足せず、多様な現象の間にある因果関係、関係性に強い好奇心をもつはずだからである。生物多様性は、三十数億年前に地球上に姿を現わした単一の型から、進化の歴史をへて形成されたものであると、いまでは科学が明確に示唆している。

生物の進化の過程をもとに種多様性の体系をたずねる作業は、多様な種の個別の解析だけで完結するものでないことはいうまでもない。識別された多様な種の間の相互の類縁をたずね、多様な種をつらねてはじめて解にいたるというものである。そこでつらねる作業が、いまの生物学が適用する解析技術だけで科学的に可能なのか、という問題はまた別の問いかけである。

つらねる科学の基盤

自然科学の飛躍的な発展にともなって、要素還元的解析の在り方、いいかえればつらぬく科学の方法については、科学にたずさわるもののおおむねが理解する基盤的な手法が整っている。要素還元的研究の成果を評価するのは、どのような領域の研究であっても、どのような材料の解析であっても、科学にたずさわる者なら共通に理解しあえるはずである。ただ、得られる解析技術でどこまで問題が解決されるか、それはかかわる研究者の技量に左右されることではあるが。

それではつらねる科学の方法についてはどうだろうか。このことについて、科学における統合の必要性が熱く語られ、文理融合の意義がすぐれた科学者の間でくり返し強調されるにもかかわらず、求められる期待に応える成果を結んだという話を聞かないことにイライラする人が多い現実をみる。

現在すぐれた自然科学者とよばれる人は、なによりも要素還元的解析においてすぐれた成果をあげた研究者である。もっとも、すぐれた研究者は、限られた自分の領域において豊かな知見をそなえていると同時に、広い学識をそなえているのが普通だから、自分が積みあげた成果が科学にどれだけの貢献をもたらしたかがみえている。だから、個別にあげた成果の、それ自体に自信をもっていたとしても、それが科学の体系のうちに占める位置、貢献度を、あらためて自己評価する。そして、できていない成果の位置づけを、科学の体系のうちに模索する。個別の研究成果は、それが技術に生かされるなどさまざまな社会貢献をしていたとしても、科学におけるなにかに答えるには十分からほど遠いのが普通である。すぐれた研究者の多くが、統合の科学や文理融合の必要を説くのは、その事実に忠実であるためである。

とはいえ、要素還元的解析にすぐれた成果をあげた研究者は、つらねる科学を軽視し、その領域の素養を積みあげていない場合が多い。つらねる科学の方法に疑問をもっているのだから、その方法論を真剣に詰めてこなかった場合が多いのは当然である。だから、つらぬく科学としての自己評価を正確にしていたとしても、自分が達成した成果を、科学を通観した座標のうちに位置づけることは得意ではない。つらねる方法論は確立していないのだから、たぶん、つらねる試みをし、つらねる方法を体験しないと、つらねる科学に参画するのは、よほどの人でもむずかしいのかもしれない。

ナチュラルヒストリーとよばれる領域の研究に真剣に取り組んできた人たちは、つらねる科学に貢献してきた。もちろん、個別の事象について論文にしようとするとりまとめには、仮説検証的な追跡を徹底してこず、実証的に詰められていない問題が多いことを認識し、つらぬく科学の視点からは不十分な点が多々あることを認識しながらである。しかし、それでいて自然界の体系を知るのにどれだけ知見を深め、どれだけ問題が残されているかを熟知する。それだけに、つらねる科学の成果を評価することができるし、これから解決されるべき問題点を知る。

(6) ナチュラルヒストリーの方法

多様性を認識する

ナチュラルヒストリーの研究はそもそもの成り立ちからつらねる科学の方法論を必要とするものだった。特定の種を正確に記載してそれで研究が終わるのではなく、近縁種との比較研究を必然とするのだから、対象の種の属性をつらぬく研究と並行して、近縁種とつらねる研究に向かうのは必須である。自然界における諸現象の成り立ちと、多様な現象の相互関係を知るためには、バラバラに多様にさえみえる多様性を、その起源と分化の過程を整理統合し、どのようにして現在ある姿に多様化してきたのか、多様化をもたらした原理はなんだったかを知る必要がある。これは多様な実体をつらねないととらえることのできない事実である。

実際に、特定群の全貌を整理するモノグラフの集成では、その群のすべての種を概観する必要があるし、特定地域の生物相を調査することは、その地域の生物のすべてに注意を注ぐことである。特殊な1例だけをみていては成果がまとめられない研究課題であり、事例をつらねて、みることが必然となる。

自然界にみられる秩序は、最近になって突然整えられたというものではなくて、宇宙の誕生以来整然と積みあげられてきた現象と事物の積み重ねが現在みるかたちに発展してきたものである。現在は結論ではなく、なお進化の途中経過の一断面である。歴史はつねに途中経過だから、そこにほかから圧力がくわわると、新しい展開をつくりあげる。地球も、地史的時間でみれば、つねにあちこちで変化を刻んでいる。いま、生物多様性にみる変化の速度はすさまじい。

その意味で、生物誌を編む作業は、記載された種をつらねるといっても、たんに羅列するだけでなく、とりあげる種の間にある歴史的な背景を追求し、相互関係にしたがった体系の構築（＝分類作業）をするものである。つらねるという作業自体、その実体を知るための解析を必然とする。ナチュラルヒストリーにたずさわる者は、多様な種をつらねる作業をしながら、つらねることの意味を考えてもみずに、自分が対応している課題を意識しないままに、対象とする資料を並列して終わりにしてしまうことさえなきにしもあらず、である。

ヒトも自然が生み出した実体、現象のひとつだから、いま人為とよんでいるものも広義には自然がもたらしたものである。しかし、知的活動が自己増殖を始めてから、人為＝artificial を自然＝natural の反対語と理解するように、人の営為は自然の進化と異なった特殊な像を描きだすと、人の知は理解する。だから、人為を、自然現象とはみずに、自然にくわえられる非自然の営為とみなす。人為以外を自然と定義するのである。このことは別に考察の対象とすべき課題ではあるが、ここでもひとこと言及しておきたい。

生物の種多様性を、時間軸を設定して系統と分化の視点から究めようとすると、多様な型をバラバラに記載するだけではいつまでも解にいたることはない。生物多様性を生命系とよぶ具象として認識するなら、三十数億年の進化の歴史を背景に、地球の全表層（＝生物圏）に展開する大きな実体である。全体をひとつの実体ととらえない限り、群盲象をなでるがごとき理解しかできないだろう。

つらぬいた成果をつらねる——自然誌と自然史の融合

梅棹博士は文化人類学の方法として、つらぬく科学よりもつらねる科学を重視した。多様な情報をつらねることによってみえてくるものを透視し、要素還元的に解明できない領域の知見を深めることに意味があると述べ、そのための正しい基盤情報を得るために、フィールドワークの意義を強調した。

現在では、しかしながら、自然科学のほとんどの領域で、要素還元的な手法にもとづいて実証された成果こそが正しい知識と認知される。だから、つらねる事実はつらぬいて実証された事実でなければならない。ここでいうつらねる科学は、観察された事実をつらねるだけでなく、その現象のよってきたる存在理由をつらぬいて得た事実をつらねる科学でなければ意味がない。ただし、事実のうちには、すぐにつらぬいて知ることのできるものと、現在の研究技法では解析できないものがあることも知る。ここでは、ナチュラルヒストリーの方法について、つらねる調査研究の意味を考えるが、別の視点でいえば、つらねた事実はさらに個々の部分をつらぬかないと、科学的に解けない問題であることはあらためていうまでもない。

つらねる科学の意味が問われるとき、当然のことながら、つらねるべき事実についての認識の正確さが期待される。文化人類学で問われる事実については、精力的な野外調査によって、実見された事実を、可能な限り標本などの実証的な資料の収集によって確かめ、具体化すべきであり、現にそのように進められていると理解する。つらねる事実にわずかでも瑕疵があれば、透視して浮かびあがった像にも不鮮明なところが残るだろう。

自然科学の領域に、事実をつらねる問題意識をもちこむと、まだ要素還元的な解析で実証できていない事実をつらねても、浮かびあがってくる像は得られないと難じられる。実際、総合して体系的な結論を描きだすとされる総説などに、列記された基礎事実のうちに十分検証されないままに資料とされたものがふくまれる例もめずらしくない。

生物誌に記録される事実は、現に地球表層に生存している生きものに関する情報である。現に生存している多様な生きものたちが、たしかな標本資料にもとづいて識別、同定されて記録される。歴史を通じて営々と積み重ねられてきたこの事実の記録は、残念ながら、そのほとんどが古典的な手法によって描きだされた情報の段階にとどまっている。この情報を、正確なデータベースとして確実にネットワーキングする試みは、国際的な合意を得て始められてはいるものの、なかなか期待どおりに進行してはいない（第3章3.3（2））。バイオインフォマティクスの手法を展開し、収集された資料や観察された生物多様性情報を使って生物多様性の自然史を追跡しようという試みは、データの構築に一定の進歩はみられるものの、それを有効に利用する方策の構築に遅れをとっている。

ナチュラルヒストリーは、つらぬく科学をつらねる科学に結びつける展開を必然とするものではあるが、現実には理想的にそのような展開となっているとはいえない。この領域の研究の展開に明確な認識をもっている研究者が多くないためかもしれない。

文理融合とか、科学の統合とか、いま欠落している課題に対するかけ声は小さくない。そのような期待があること自体、科学の展開のために大切なことと考える。しかし、文理融合といっても、木に竹を接いだような事実の積み重ねでは期待される成果につながるとは思われない。文と理の研究成果を混合しただけでは、じょうずに融合することなどありえない。もっとも、文と理にこだわるのはきわめて日本的な発想で、科学の概念をこのように分けることへの疑問ももちつづけている。

かつて、某大学で一般教養のカリキュラムについて話しあっていたとき、本務が終わって雑談を交わす時間になって、ある先輩教授が、自分は数学の枠組みを使って刑法の講義ができるようになったらいいなと思っている、という意味のことをおっしゃったことが忘れられない。自然科学の方法が健全なデータにもとづいて社会現象まで解き明かすことができるようになるのは、たぶん、まだ何世紀も先のことになるのだろうが。もっとも、それがいま期待されている文理融合につながるかどうかもさらに詰めるべき課題ではあるだろう。

そして、生物誌の集成から自然史へと成熟しようとするナチュラルヒストリーを、生物多様性の研究が、つらぬく研究をつらねて展開することによって、必然的に統合的な科学を構築する構造を、ひとつのモデルとして演出できればよいのだが、かつて生物学の王道に立っていたナチュラルヒストリーには、いまはそうするだけの活力がともなっていないのが残念である。ナチュラルヒストリーに透徹すべき研究者の多くも、本来の課題への対応法を見失い、現代科学の趨勢に安易に盲従して、特定の課題の分析だけにこだわる傾向があるせいだろうか。

つらねる科学の意味は、つらぬくことと独立に、観察された事実を真摯につらねることによってみえてくるものの意味を問うことだったと理解する。しかし、ナチュラルヒストリーの在り方を考える場合、自然科学の方法でつらぬいて知る余地を捨ててまで、つらねることに意味があるかと問われる。そこで、実際にはだいぶ違った方法で、つらぬいて知る事実をつらねるといういい方をさせてもらいたい。それはそのまま科学の基本的な考え方だといわれるだろうが、いまの自然科学がほんとうにそのように展開しているかどうか、ナチュラルヒストリーがこの方法を透徹させることによって真理に迫ることを志向したい。

現実に、自然科学の領域では、つらぬく方法に徹することによってすぐれた業績が生まれるし、つらねることに配慮すれば、むしろ成果にゆがみをもちこむと危惧される側面さえある。それに対して、ナチュラルヒストリーの領域では、つらぬくだけでは論文にはなっても、問題に対して応答したことにはならない。つらぬきながらつらねることを、方法として必然とされていることが、科学の統合の方法の確立に示唆を与える立場にあると認識されるのである。

期待に応えなかったナチュラルヒストリー

科学の体系をつくりあげ、最初の科学者ともいわれるアリストテレスは、"Historia Animalis" ＝『動物誌』を自然学＝physica の一環と理解していた。自然科学がそれらしい姿を示したはじまりのときには、1 人の科学者のうちで、個別の事物、事象の記載から始まって、それがつくりあげる体系の認識にまで考察はおよんでいた。

アリストテレス以後も、科学史に残るすぐれた研究者の多くがナチュラルヒストリーの調査研究に関心をもち、その領域の研究者として活動した。科学の進展、とりわけ解析技術の進歩にともなって、種多様性の体系化も、進んだ科学的方法により、さらに調査研究の進展にともなって情報が蓄積され、やがて生物多様性という事実が正しく認識されるまでに発展してきた。

しかし、一方では、膨大な数の種の識別、記載に徹する人も増えてきた、というより、種多様性に関心をもつ人の多くが、未知の型の認知に邁進し、種間の類縁をたどって系統を跡づけることにはあまり関心をもたなくなった。地球上での人の移動が容易になると、文化が進んでいたヨーロッパの生物相だけでなく、未開の地域に生きている生きものたちの姿も徐々に学界の第一線に届けられ、それまで知られていなかった型の記載は順調に蓄積された。

ただし、種差の認知は、いまも200万種の識別にいたってはいない。どうしても、多様な型の認知に追われるのもやむをえない。その結果、分類学の領域では、私が研究室に入ったころでも、より数多くの新種を記載した人こそがすぐれた研究者であると評価される状況がまだつづいていた。

こうなると、類縁や系統に関心をもち、多様性を体系づける、いいかえればつらねることに関心をもつより、とりあえず識別し、記載することに力が注がれる。そして、未知の型をみつけだし、記載し、そのような論文をつくることはそれでけっこう楽しい作業なのである。はっきりした新事実を明らかにし、部分的には科学的好奇心を満足させるのだから。

この種の充足感にはまりこんでいては、分類学という領域が生物学の土俵から離れてしまうのは必然のなりゆきである。実際、私が研究生活に入ろうとした20世紀中葉の日本の生物学界には、そのような雰囲気が漂っていたのではなかったか。こうなれば、残念ながら、ナチュラルヒストリーは科学の舞台から外されてしまうのも無理からぬこととなる。さらに、分子生物学が華々しい成果をあげるようになると、記載本位の人たちは話のあわない人たちとして疎外され、そうなると反動的に研究領域の護りのために、専守防衛の姿勢をとるようになることが、この分野の活性をますます弱めることにも通じていた。

より多くの数の新しい型の記載が、生物学の発展のために緊急の課題のひとつであることはいまも変わらないし、一方ではすぐれた研究者がナチュラルヒストリーの王道を忘れずに、つらねる科学に貢献しつづけていたことも歴史が示す事実である。総体として種多様性の調査研究に貢献していた人が、この領域の研究者間では弱小勢力でしかなかったために、事実の記載でも体系化の研究でも、この分野から生物学に大きなインパクトを与えるような貢献をつくることに遅れを生じていたことをこそくやみたい。そして、それは生物学にとってもたいへん不幸なことだった。分類学以外の領域で成果をあげておられたすぐれた生物学者のうちに、この事実に注目され、分類学の振興に期待を寄せてくださる方が少なくなかったことを、私自身の経験からも頻度高く識りつづけたことである。

自然を識るための基盤情報

ずいぶん進歩した現代科学ではあるが、自然を正しく認識するにはまだまだ基盤情報の整備に限界があり、環境問題への対応も、群盲巨象をなでる状況にあることは現に社会が痛いほど知らされていることである。しかし、ナチュラルヒストリー領域における基盤情報整備では、現象自体のおもしろさに引きずられることが多く、ともすれば個別の記載だけに偏り、研究の進め方としては自然科学の土俵から外れる傾向さえあった。その事実を意識することができないで、多様性に接する好奇心に一途に駆られる人たちも少なくなかったが、やや皮肉なことに、その人たちの活発な調査活動が、結果として自然に関する情報構築に大きな貢献をおこなってきたのも事実だった。

もっとも、生物多様性を解析するためには、まず多様な現象について観察され、情報が整理される必要があることが、多くの科学者から忘れられがちでもあった。

生物多様性についていえば、よくとりあげられる多様性の３つの側面のうち、生態的多様性は機能的な面に重点を置くこともあって、ほかの２つと１列に並べることがむずかしい面もある。

種多様性は種間の異同、階層性の追跡をおこなうことから、科学的好奇心は系統類縁に展開し、多様性はバラバラに存在するものではなくて、原始単一の型から出発した生きものが、三十数億年の進化の過程をへて多様に分化しているものであることが明らかにされる。

遺伝子多様性は種を構成する個々の個体にみられる遺伝的変異を指し、種は上質な工業生産品のように均質な個体の集合体ではなくて、いつでも種形成に転化しえる多様な遺伝子構成の個体の集まりであることを指す。遺伝子多様性は、種内の個体群の間に限ってみられる現象ではなくて、種の階級を超えてもいえることで、種多様性に連続して、生物多様性にみる階層的な構造を表現するものである。

これらの生物多様性の構造を正しく認識するためには、すべての階層にみられる多様な遺伝子構造と、それがつくりだす個体の表現形質（最終的には成体の構造と機能）が完全に描きだされる必要があり、そのためには分子の階級から個体におよぶすべての形質の解析が期待される。ただし、そのための情報構築は、特定のモデル生物を対象とした解析になるのは必然でもあるが、実際にはすべての個体を網羅し、その個体の生涯を通じて観察し、すべての形質を情報として整備されなければならないものである。その意味で、現代科学がもっている基盤情報はごく限定された範囲のものであるというのである。

生物多様性は、生きもののすべての個体にまったく同一のものがないという科学的で普遍的な原則の上に成り立っており、遺伝子が異なっていることも、個体のすべての形質が異なっていることに通じているひとつの現象である。そのうちの、なにが共通であるかを知ることによって、多様性にみる階層も明示しえる。

個々の事実の解析において、現代科学の枠に通じる解析が有効な成果をあげることは当然であるが、同時に、すべてに通じる情報構築も求められる。また、解析が特定のモデル生物を対象におこなわれるとすれば、なにをモデルに選ぶかによって解析して得られるであろう結果も異なってくるし、そこから得た事実を普遍する効率も異なるのは当然である。

端的にいえば、系統を知るために、分子の階級の情報が不可欠だといっても、ある種の情報を得るためには、その種の全個体の全情報を観察するのではなくて、特定の個体について特定の情報を得て、それを対比させて全体を推測するのが科学の手法である。それなら、そのモデルとなる個体はなんであるか、その個体について知りえている情報を、系統上の位置づけとして認識している必要がある。それは最先端の技術だけで知りえる情報ではない。

研究材料として特定の種を選ぶ際には、研究者は既存の種分類の認識に全幅の信頼を置いている。既存の知見への批判は、既存の知見の存在を前提におこなうものであり、それがなければモデルを選定した研究そのものが存在しえない。

生物多様性情報については、科学の歴史を通じて営々と積みあげられてきた大量の情報があり、それが分類体系として集成されている。どのような解析的研究も、その体系にもとづいて研究材料を選び、情報が構築され、新しい知見が得られる。結果として、既存の体系の問題点が指摘されるが、だから既存の体系が不要だったというわけではない。専門家とよばれる人たちは、既存の体系についての知見をもつ人であるが、正しい認識をもっているとは限らない。新しい知見が得られるのは、既存の体系が構築されていたからであり、そのような体系の構築はつねに準備されている必要がある。最先端の技法をとりいれた研究以外は研究ではない、とうそぶく人もあるが、求められるのは最先端の情報整備であって、そのために必要な情報整備があらゆる面において準備されることが肝要である。その意味で、ナチュラルヒストリー領域における正しい情報構築が、最先端の情報構築の基盤としても、ある意味では科学の歴史のうえで、いままでのどの時代に求められていた以上に必要とされているときであるとさえいえる。

2.2　生きているとはどういうことかを ナチュラルヒストリーで問う

（1）生きものを科学する

生きものの科学のうち、人間生活の安全と豊かさを希求するために、技術の基盤として究めるべき課題は多い。現在世界で進められている生きものの科学は、むしろ、物質・エネルギー志向の観点から、その面‘だけ’にふり向けられている観がある。

人が科学を究める基本に、知的動物である人が抱く好奇心にうながされる課題があるとするなら、生物学は、生きているとはどういうことか、という問題を自然科学の手法で解く科学である。この問題は、人が知的活動を始めた最初のころから好奇心をそそる課題だった。もちろん、ここでいう‘どういうことか’、には、だれにでもおとずれる死への不安もこめられていたに違いない。そして、この問いは科学的な問いかけというよりは、哲学の課題と決めつけられることもある（[tea time 10]）。

もちろん、原始時代の人類の生命についての科学的好奇心が現代人のもつそれとずいぶん違ったものだったことはいうまでもない。たぶん、数千年前の人々にとって、生について意識するのは自分が生きているという現実よりも、亡くなった人の生を思いやる場面でのほうが多かったに違いない。生に対する知的好奇心よりも、死に対する畏怖の念のほうが大きく、死に対する怖れが生命を考える大きなきっかけになったと推測される。

霊長類のなかまでも、身内の死は深刻な問題であるらしく、死んだ子をいつまでも離さずに連れ歩く母ザルの行動が記録される。この母子愛は、しかし、生の認識とどのようにつながるか。ボスザルや老いたゾウが群れを離れて孤独死を選ぶ行動は、生の認識とどのように結びつくのだろうか。ヒト以外の生きものの、彼ら自身が意識する生の認識がどのようなものか、いろいろ説明されることはあるものの、実証に結びつく科学的研究はまだないのではないか。それでも、動物が本能的に死を避けようとするのは、恐怖感にもとづくものなのだろうか。植物が、環境の劣化に遭遇した際、枯死するのを避けてさまざまな対応をするのは、神経とそれのもたらす知覚反応のない植物にとって、たんなる生理作用によるものと理解して終わってよいことなのだろうか。

人が生きていることを認知するのは、吾惟う故に、だけだろうか。哲学では現実に存在するものは主体（＝人）が存在を認識するからであるという主張もあるが、自然科学では、その事物、現象の存在を、人が認識するものとしてではなく、客観的な事実として証明しようとする。

認知科学の話題ではなく、少なくともヒトが意識するようになった生きものの生を、現代人はどのように解析し、なにを知るようになったのだろう。哲学の課題として、吾惟う故に吾在り、と断ずるのではなくて、自然科学の課題として、生きているとはどういうことかが人にとってもっとも今日的な、そしてまた永遠の課題である。

（2）生物学・生物科学・生命科学——科学の領域

生きているとはどういうことかを追究するために、生きものの演じる諸現象を解析する基礎科学を生物学 biology とよんだ。ラマルクが最初に使ったということはすでに述べた（[tea time 2]）。bio は‘生’を指し、logy は logos に由来する語で、論理的な解析＝学問を意味する。生物学は、だから生を問題にする学であり、生きているとはどういうことかを解析する科学である。

物質科学で解析するように、ものが示す諸現象について普遍的な原理原則をたずねるのは自然科学の基本である。生きものもけっきょくものから成り立っており、生物も物理化学的反応にもとづいて生を演出している。生きものの物理学や化学は生物物理学とか、生物化学、生化学などとよばれる。

戦前の中等学校（5年制の旧制中等学校）の理科の教科のうち、博物は生物と地学をひとまとめにした学科目である。生きものと地球、宇宙など、具体的な事物を対象に、それらが演じる諸現象を学ぼうとする。物理、化学は宇宙に存在するすべての物質の示す現象を解析の対象とするが、生物は生きているものの特性をたずね、地学は宇宙やその構成要素のひとつである地球の特性とそれが演じる現象の意味を知ろうとする。特定の対象の実像を知ろうとするもので、対象学である（女生徒を対象とする4年制の高等女学校では、理科は全体を包括する1科目だった）。

物象はあらゆる事物の示す現象に通底する普遍的な原理原則を追究し、博物は宇宙や生きものを詳細に観察してその特性をとらえようとする。視点を変えれば、物象では現象を要素還元的に解析し、そのよってきたる原理を解明しようとするのに対して、博物では宇宙やその構成要素としての地球、さらに地球上に生きている生きものについて、事物、現象について解明された知見をつらねることによってその実体を透視しようとする。

自然科学の発達にともなって、物質科学領域で得られた成果からは、科学が実証した原理原則にかかわる知見が技術に転化され、技術の大幅な進歩は、人々の生活に安心と豊かさをもたらした。博物の研究成果の蓄積によっては、地球の安全や人の健康に関する知見がはなはだしく進歩し、人の健康と、人間環境の安全について大きな貢献がもたらされた。

新制高等学校（1947年以降）になってから、博物の教科は生物と地学に分けられた。大学では、生物学科と地球物理学科、宇宙物理学科、地質学科、鉱物学科などがこれらの領域をカバーしている。

[tea time 3]　実態と名称——種の進化と種名の変遷

生物多様性を認識するための基本的な単位としての種は、現在もつねに進化している動的な存在である。一瞬前の種とその種のいまの実体とは同一ということはない。種内の遺伝子多様性は、一瞬たりとも安定していることはないからである。

しかし、種が変異し、新しい種が形成されるまでに、有性生殖をする後生動物や陸上植物などでは、普通、百万年単位の時間を要すると計算される。隔離された大洋島などの特殊な条件下でも、数十万年かかるらしい（Ito *et al.*, 1998；伊藤，2013）。

ここでいう種形成には、もとはひとつの型であったものが2つの型に分化する、かつて種分化というよび名で説明された、やや常識的な型の種形成がある。しかし、種形成という現象には、それだけでなく、種を構成するすべての個体の遺伝子構成が時とともに変動し、種の構造がずいぶん異なってしまって、何百万年前の種の構造からみると別種といってもよいほど変わってしまい、別種になってしまったと認識される種形成もある。後者の場合、種数は変わらないので、種分化という言葉は使えない。

前者の型の種形成がみられると種の数は倍加する（2倍以上に増数することもありえる）が、後者の場合、種数に変動はない。それどころか、後者の型の場合、たとえば化石で得られた何百万年前かの資料と現在生きているものをくらべて別種だと同定できたとしても、もしこの型が連続的にすべての時代に化石で残されるようなことがあれば、どこで別種と区別するか、種差が確立する特定の時点はない。地質時代を通じてみるなら、すべての一瞬ごとに変化を刻みはしても、種差を示す飛躍はどの特定の時点にもみいだすことはできないのである。

このことは、2つの型に分化する場合でも同じで、歴史のすべての時点ですべての個体を観察することができるなら、どの時点で分化が成立したかを明示することはできない。ということは、現在でも、いままさに分化がほとんど確立しつつある状態の種もあるということを許容するもので、そのような種では、集団間の変異を、これから確実に分化の方向に向かうのか、なんらかの条件でもう一度集団間の差が抹消されるような方向に向かうのか、現時点における根拠が不確実でも種の構成を認識することになる。

実際の扱いとしては、多様化はしないで、種の内容が別種に変化するものでも、化石の状態で知る型と明らかに差があれば、別種として別の種名が与えられる。もちろん、現実には、多くの場合、現生種に名前が与えられており、それとくらべて化石は別種かどうかが判断され、別種だと同定されれば新たに命名されるというのが普通のなりゆきである。

種が分化し、多様化した場合には、もとの型（母種）から姉妹種が派生したのなら、母種の型はもともとの種名でよび、派生した型に新しい名称が与えられる。この場合でも、種分化の結果2種になった双方ともが、もとの型と異なった型に変わったのなら、分化した2種のそれぞれにもとの型と異なった名前が準備される。

現生種の新しい型の名前のつけ方には、国際的な約束である命名規約に規定がある。ここでは、もともと1種とみなされていた現生種が、じつは2種の混合だったと明らかにされた場合、2つの型のうち、1種とみなして命名されたときの基準標本を含む型を既存の種名でよび、ふくまないほうの種に新名を与えることになっている。これは、種形成という歴史過程をへた場合の多様化についても同じことであるが、ただ、別々に化石と現生種に名前がつけられており、研究の結果、それらが同種と解明された際には、先取権の有無にかかわらず、現生種の名前が正名として生かされる定めになっている(第3章3.2)。

メタセコイヤ（アケボノスギという和名も与えられている）は、はじめ第四紀の遺体（化石）で認知されていた材料にもとづき、当時京都大学講師であった三木茂博士（1901-1974）が新属 *Metasequoia* をたて、*Metasequoia disticha*（Heer）Miki と命名した（Miki, 1941；三木, 1953；斎藤, 1995)。一方、中国四川、湖北省で水杉（スイサ）とよばれていた種も *Metasequoia* と同属の植物であるとわかり、1948年に静生生物学研究所所長だった胡先驌博士（1894-1968）らが生きている株をもとに、*Metasequoia glyptostroboides* Hu and W. C. Cheng と命名した（Hu and Cheng, 1948)。水杉は三木博士が認知した化石植物と同種であると確認されたため、いまでは（命名規約にしたがって）化石の型も、現生種につけられたこの種小名でよばれる。

種の命名の際には、このような取り決めで円滑な運用が期待されるが、概念を言葉で表現する際、概念そのものが時系列的に変動するのだから、どの名称を用いたら正しく意図が伝達されるか、判断がむずかしいことが多い。

言葉は概念であるといわれる。言葉がないのは、その概念がないからでもある。‘ともいき’という意味で使われる日本語の共生に相当する欧米語はない。これはそれに相当する概念が欧米にはないことを意味する。biology＝生物学で包括していた学の領域を、biological science＝生物科学、さらに life science＝生命科学と置き換えることになったのは、それだけ学の領域を狭義に定義したいということだったのだろうか。しかし、結果としては、生きものを対象としていた科学全体を意味していた生物学＝biology がいまでは基礎生物学を意味するように理解され、むしろ生命科学＝life science の一部であるようにみなされることさえあるというのが、概念を背負っている言葉の使い方の変遷である。

言葉は人々の間で自由に行き交い、概念を伝えながら生きている。生きものの種分化があるとき突然に生じるということもないが、概念の理解がある時点で明確に変換したというようなことは考えられない。

（3）生命を要素還元的に解析する

生きものをつらぬく科学

中等教育の学科目の理科のうちの博物の1分科で、のちに独立して生物と名づけられた科目は、世間ではかつては暗記科目のひとつといわれていた。

私が大学入試に向けて受験勉強をした1950年代初頭でもそうだった。ワトソンとクリックのDNAの構造モデルの論文が発表される直前のころである。

20世紀の生物学がメンデルの遺伝の法則の再発見から始まったことが象徴的であるように、生物学は近代科学の方法で生命現象を解明するために、生命体を物理化学的手法で解析することに注力してきた。生命現象をつらぬいて解く研究が、20世紀に入ってから急速な進歩を遂げ始めたのである。もちろん、その間、博物とよばれるにふさわしい領域の研究も進められた。分類学の分野では、地球上の各地での探検的調査活動も活発におこなわれ、熱帯地方など、列強の植民地にされた地域では、宗主国の研究者らを中心に活発な調査活動が展開された。未開の地の生物相の調査には、知的好奇心の高まりが基盤ではあったが、未知の資源の発見、開発への意図がこめられていたのも事実である。

明治維新で近代化を始めた日本でも、生物学のはじまりのころから、日本列島の生物相を明らかにし、やがて台湾、樺太、千島、朝鮮半島、ミクロネシアと、自国の範疇にとりこんだ地域の調査研究から、第二次世界大戦で一時的に占拠した地域にまで調査対象の環を拡大していた。

そのような生物学の歴史のうちで、日本の植物学の国際的な貢献の最初の例が、イチョウとソテツを材料とした種子植物の精子の発見だった。この業績は国内でも高く評価されて第2回（1912年）帝国学士院賞恩賜賞で顕彰された。まさに、ナチュラルヒストリー領域の貢献というべき、植物の分類体系に大きな実証を与える観察が、日本の植物学の世界に向けての幕開けとなったのである。

20世紀の生物学が、生命が演出する現象の物理化学的解析を深め、一方では地球表層に生きる生きものたちの種多様性の発見、記載を軸に進められていたことは、健全な展開だったといえる。しかし、近代科学の手法による解析にもとづく生物学が、分子生物学とよばれる姿で順調に発展する一方で、種多様性の調査研究は、現象記載に終始する部分が主流となっていたきらいもめだってきた。もちろん、困難な方法論で試行錯誤しながら、進化の事実を実証しようとの試みも展開されてはいたが、その努力が実を結ぶのはずっと遅れてのことだった。その結果、要素還元的な研究と、多様性の調査研究とははなはだしく二極化し、おたがいが協調することはありえないのではないかと思われるほどになっていた。

20 世紀後半の生物学は DNA をキーワードとして発展したが、DNA を扱う研究技法が種多様性の解析にも適用されるようになって、二極化していた生物科学とナチュラルヒストリーの間に再び絆がとりもどされたといえる。問題を解く鍵となる DNA を同定する技術が飛躍的に進んだし、得られたデータを用いて系統解析する推定法も確実に整えられてきた。ナチュラルヒストリーが実証的な科学のなかま入りをしたといってもよい状況になったのである。ナチュラルヒストリーのうちにも、つらぬく技法の確立が実現しつつあるということだろうか。

誤解のないように蛇足になりそうな注記をするが、ナチュラルヒストリーはその時代に応じてつらぬく解析をしていた。顕微鏡が発達すれば微細構造を観察したし、遺伝学の確立にともなって、染色体を指標とした解析もおこなった。ここでは、20 世紀も後半に入って、種を扱う研究が、分子生物学を主軸とするようになった生物学の主流から離れたようにみえていたのが、分子系統学の手法の確立などを通じて、再び相互に会話が通じるような状態にもどったことをいいたいのである。

つらぬいて明らかにする生命の断面

進んだ科学の解析手法を駆使して、生命現象についてはずいぶんいろいろの事実が解明されてきた。生物物理学、生化学などと、物理学、化学という科学の領域名と生命体を結びつける分野名が案出されているが、実態は生物学（それを生物科学といっても、生命科学といってもよいが）の進歩が、生きているとはどういうことかについて、いのちの実体のある面を教えてくれるようになったのである。

個々の生命現象が示される諸断面については、生物学の進歩にともなって、いろいろなことがわかってきた。それはそのまま生物多様性の現状についてもあてはまることである。かつて調査がむずかしかった熱帯や深海での調査も進み、地球表層（少し遅れて展開している深海の生物などについての研究もふくまれる）における生きものの現状について、ずいぶんくわしい調査がおこなわれるようになった。種多様性の現状について、最新情報まで含め、情報整備も進んできた。

ただし、生物多様性に関する調査研究は、どこになにがあるかという現状の情報構築に手一杯という側面があり、個々の現象をつらぬいて解明する研究には遅れをとっているという現実がある。生物多様性の解明のための分析的解析的研究のいっそうの振興が図られることが、現在生物学にとって緊急で不可欠の課題であることは、本書でもあちこちで強調しているとおりである。

そういう時代に入ってきたが、それでも生きているとはどういうことか、という根源的な問題にはまだ満足できる答えは得られていない。要素還元的な研究によって、さまざまな事物、現象に関する事実が解明されてはいるものの、それらはすべて、特定の断面における事実についての実証的説明ではあっても、生きているとはどういうことか、という対象のもつ意味についての問いかけには答えてくれないのである。

政治、経済に関することはすべてを科学的に実証できるものではないといいながら、この分野における学術的な解析もつねに求められている。実際に、人はさまざまな現象に好奇心をもつのと並行して、未知の事象について不安を感じ、恐ろしさをおぼえてきた。未知なるすべてについて、人知の最善をつくして、科学的好奇心に対応するのは人の生存の意味でもある。それは、分析的解析的研究の積み重ねだけでいますぐに解明されるものでないことも、科学は知っている。科学的好奇心に対応するために、分析的解析的な研究だけではない解明の視点を模索することが必要であり、そのひとつとして、統合的な視点の振興が期待されるのである。ナチュラルヒストリーの視点に、さらなる注目が求められる由縁である。

現象の解析と実体の解明

ナチュラルヒストリーの解析も、つらぬく科学の技法がとりいれられることに成功しつつある。

理科が物象と博物に2大別されていたころ、生命とか地球、宇宙はなぜ物質科学（物象＝物理と化学）の対象ではなかったのか。生命体を構成する物質の研究は古くからおこなわれている。生命体には有機物という非生命体にはない物質があることは古くから知られているが、有機物を扱う化学（有機化学）は物象に含まれており、博物の1領域ではなかった。生命体に固有の物象が成立していたのだから、物象と博物は方法論によって区別されたのではなかったはずである。

物象と博物を理科の2つの分科とした根拠がなんだったか、しらべたことはない。しかし、たしかにいえることは、物象では生きものを含め、この世に存在する物質の性状と、それが演出する現象に通底する普遍的な原理原則をみいだすことが基本となっていた。それに対して、博物では、対象は生きものという実体であり、宇宙、地球という現実の存在である。現に生きて行動している生きものとはなにか、まさに、生きているとはどういうことか、が生物学では問われる。そして、その問いに答えるためには、この世に存在する物質に通底する原理原則だけでなく、地球上に発生し、進化してきた生きものの、生きものだけがもっている生きざまが認識されなければならない。

このことは、地学で問われていることを考えれば、もっとはっきりするかもしれない。地学では、生物における有機物のような、地球や銀河系宇宙に特有の物質や現象が研究対象ではない。日本では、層序の指標とされたことから、化石すなわち古生物の研究は地質学の領域と理解されるが、欧米では古生物学は生物学教室で研究されるのが普通である。物理学科や化学科で生物物理学や生化学が研究されるのと同じである。地球を構成している物質や、そこで演出されている現象は、個別には物理化学的な手法で解明されるべき課題である。

しかし、構成している物質の性状や、それが演じる現象を、個別に詳細に研究し、それに通底している普遍的な原理原則を探るだけでは、現実に人間生活に密接に関係している宇宙の姿や、気象や自然災害についての情報が十分に得られる状況はつくれない。いきおい、物理化学的な普遍的な法則だけに拘束されることなく、地球上で生じているさまざまな状況をくわしく観察、記録し、その情報に依拠して、至近の未来、もしくはもう少し先に生じるであろう状況を予測する事業も展開する。

そのためには、対象となるものの実態は、いまたまたまそこにあるというのではなくて、地球ならそれらしいかたちがつくられてから50億年になんなんとする時系列での変化、その存在を許容する銀河系宇宙の在り方など、構成する物質やそれが個別に演出する現象にもとづくだけではわからないそれらの実体に固有の事実が解明される必要がある。長い時系列における四次元的な存在としての地球、宇宙が解析の対象となっているために、ナチュラルヒストリーの視点で得られている断片的な知見が抽出され、統合されなければならない。

物質を対象として解析するのなら、地学は物象と対応する博物の１分科としなくても、物理、化学の一部分でもよいではないか、と問われるかもしれない。しかし、ここでも根本的な違いは、地学では地球とか、宇宙とか、具体的な対象を意識し、気象とか地震とか、具体的な現象を研究の対象とし、その対象のもっている存在意義を解き明かそうというところにあり、客観的な情報解析によって普遍的な原理原則を知ろうとする物理や化学と差別化できる理由がある。その目的の差別化にともなって、研究の視点の差が意識されるのである。

そして、物質を基盤とする物理化学的な研究にもとづいて、今日の人間生活を支える科学技術が大きな進歩を遂げているように、地学の視点で得られた地球や宇宙の、物質の性状やそれがもたらす現象の解析の成果は、私たちの環境について、やらないといけないこと、やってはいけないことをさまざまに実証し、安全で豊かな人間環境づくりに大きな便宜を与えている。それは、宇宙とは、地球とは、という人間の本然的な科学的好奇心による探求がもたらす人間生活への便益でもある。

宇宙や地球とはなにか、は科学的好奇心のもっとも大きな課題のひとつではあるが、同時に、宇宙や地球に生じているさまざまな現象が、いまを生きる人の安全や豊かさに深く関連しているのも現実である。地球のすべてを知ったら、地震も火山噴火もすべてわかるのだから、それまで期待して待て、という人はない。科学が構築している情報がごくわずかであったとしても、そこから地球の動きを可能な限り知ろうと望むのは当然の期待である。科学が取り組むべき課題には、今日的な回答が求められるものと、最終的な解答が期待されるものがあり、それらは相互に深くかかわりあって進行しているものである。

[tea time 4]　博物から生物、地学への展開

博物から生物へ　　第二次世界大戦以前の日本の旧制の中等学校の理科の教科は、はじめ物理化学とよばれ、のちに物象となった物質科学に相当する領域と博物とに二分されていた。博物には植物、動物、鉱物、生理衛生が含まれていた。当時の旧制高等学校の理科は物理、化学、生物、鉱物の4科目で教えられており、旧制中学校よりは細分されたカリキュラムが設定されていた。もっとも、中等学校でも、科目は物象と包括されていても、実際には物理の部分と化学とは異なった教員が担当していたことが多かった。

第二次世界大戦後の学制改革にともなうカリキュラムの改訂で、近代化のひとつのあらわれとして、新制高校の理科では、物象は物理と化学になり、博物は生物と地学の2領域に分かれ、高校理科は全4科目とされた。名称は、地学だけが旧制高校の鉱物から変更されたが、これはアメリカの制度を導入した当時の改革で、earth science とよばれていた科目をそのまま地学と訳したもので、地学という定着した日本語の術語があったわけではないようである。ちなみに、博物に含まれていた内容のうち、生理衛生の部分は、新制高校では家庭科に移された。

その後、理科Ⅰと理科Ⅱという名の教科がつくられたり、基礎理科という科目がもうけられたりもしたが、このような名称の変遷などについてはここでは深入りはしない。

第二次世界大戦を境とする20世紀後半の生物は、それまでの観察、記載を中心とした、博物という用語のイメージどおりの教科から、もう少し科学的に解析した成果を盛りこんだ教科に改変することができるようになった分かれ目の時期をへていた。遺伝の法則を軸とした生物学が順当に発展していたからである。象徴的ないい方をすれば、ワトソンとクリックのDNAのモデルは1953年に提唱され、それから、DNAをキーワードとする生物学が進展したといわれるが、実際は逆に、そのように進展をみせていた生物学がDNAのモデルの確立をうながしたともいえる。

それでも、20世紀の間は、高校までの生物という教科は、一般には暗記科目と承知されており、それだけに、科目関係者間では、教科書や入試問題も、いかに暗記だけではない、科学的な思考を学習し、評価するものに育てるかが、つねに問われつづけた。

そのころ大学の入学試験（国公立大学共通第一次学力試験、当時、現在の大学入試センター試験を含めて）の出題に関係したことのある私なども、生物の入試問題は、暗記した知識だけで答えられるような問題を出さないように、いかに考えて答えを出す問題にするかに意を注ぐように要請された。生物の領域の問題であって、一般的なクイズ問題ではないのだから、考える問題を解くためには最低限の生物の基礎知識は必要なのだが、できるだけ問題文に盛られた知識だけを使って解けるようにというのが当時の出題者には強く求められた。もちろん、単純な記憶を問う問題が能力をためす手がかりになるとは思えないが、その意味ではもっと前に出されていた論述式の問題のほうがよほど知識量だけを問う問題を超えたものだったことも認識したことだった。採点が公平にできるように記述的でない問題で、記憶量の多寡だけを問うのではない問題をつくるというきわめてむずかしい課題に、出題者はつねに立ち向かわされていた。

一方、博物から派出した地学も、はじめは名称からしてすんなりうけいれられてはおらず、また天文、気象、地質、鉱物などの分野の人材教育が、大学の学科、講座の構成にしたがって別々に進められた伝統も相まって、カリキュラムとしての整合性も整わず、そのしわ寄せをうけた高校教員の質の問題もあって、全体として均衡のとれた教育効果をあげていたとはいえない状況が長くつづいた。

博物では現象を観察し、記載することに力を注いだが、そのうち生物学とよばれるようになった分野の研究では、生命体を物理化学的手法で解析し、要素還元的手法を用いて、生きているものが演出する現象を仮説検証方式で解明しようとする。観察、記載だけでは科学といえないものを、弁証法的論理で説明する科学に高めようというのである。

また、時代は科学技術の急速な発展を刻んでもいた。解析的に追究して得られた生命体の事実、それが演じる現象について得られた知見は、さまざまな技術に転換され、人が生きるうえでの安全と豊かさに大きな貢献をもたらすことにつながった。そして、物理学や化学が、よい面で有効利用されるのと並行して、戦争時には有効に活用されて大量殺戮につながったほどの悪い効用を、生物学がおよぼすことはなかった、細菌兵器などの特殊な例外を除けば。ただし、科学技術の進歩が地球の持続性に危機をもたらしつつあることには、しばらく気づかずにいた。

しかし、このような生物学の発展は、物質としての生命体の物質科学としての展開だけでは生命の探究が進歩しているとは認められず、物理学、化学と並列して生物学が独立の領域として科学研究のうちに大きな領域を占めつづけた。物理学の分野では生物物理学の領域が飛躍的に進展し、化学の分野では生化学、生物化学の領域での大きな成果が積みあげられていくというのに、である。

博物と生物学　生物学が物質科学としての物理化学から独立した領域として成立していたのは、生きものは生きていないものと同じ元素の集合体ではあっても、物質の集合体としては特殊な存在であるという前提に立っている。そこでいう、特殊な存在という認識が問題である。生きものと生きていないものとの間に絶対的な差があるかどうかについては、あらゆる時代にその時代の認識に応じた議論がつきない問題であり、現在でもなお差があるかどうかの結論が出ているわけではないし、結論が出ていないならばこそ、生物学という特別の研究領域が成立する。特殊な存在の本質を知るための科学であるといいながら、そういう存在であるかどうかを確かめる科学でもある。

博物とよばれる研究領域では、生物とか、地球、宇宙とか、漠然と認識している客体について、それがなんであるか知りたいという科学的好奇心を充たすはずの活動がおこなわれてきた。対象となる客体の真実の姿を知るために、そのもののもつ性状や、そのものが演じる動きについて、詳細な観察がなされ、記述が進められた。観察、記述だけでは実体を知ることができないからと、科学的な解析法が進歩してくるにつれて、もっとも先進的な手法にもとづいた研究が推進されてきた。

ところが、生きているとはどういうことか、という根本的な問いに向けて探求がつづけられる一方で、生きものの性状を知り、動態についての知見を得ると、それが生命体の安全や資源としての豊かさを増すうえで、きわめて重要な情報を提供することになり、人類にとって不可欠な技術を高度化するための助けとなった。

こうなると、豊かで安全な生を志向する者にとって、生きものについての知見の深まりは、科学的好奇心を離れて、物質・エネルギー志向の生き方にとってきわめて貴重な材料であり、より多くの知見がもたらされることが期待されることになってきた。極端にいえば、生きているとはどういうことか、というような、腹のふくれない科学的好奇心を満足させることなどはどうでもよくて、今日の自分の生命の安全をまもり、今日腹を充たす美味な食料を十分に得ることのほうが主要な目的になって、そのための技術の基盤としての知見が強く求められることになってきた。

科学には、自然界に多様に存在する事物、多様に演出される現象に通底する普遍的な原理原則を解明し、技術の基盤として有用な知見を提供する側面があり、このための研究が推進されることは、社会に期待され、支持される科学の進展にとって大切な役割である。そのために、物質科学の進展が期待されるといういい方もできる。社会が研究に多額の資金を提供するのも、知的好奇心の陶冶のためだけではなくて、物質・エネルギー志向の面で有用な見返りが得られることを期待してのことなのである。

しかし、科学はそれだけでその役割のすべてを全うしているといえるのか。もしそうなら、物質としての生命体の解析は生物物理学、生化学、生物化学とよばれる領域で完遂されえるのかもしれない。

生きものだけを対象として調査、観察、研究がつづけられてきた生物学とはいったいなんだったのか。地球や宇宙を対象としての研究は、同じ物質からつくられている構造体の研究でありながら、物理学や化学の領域における研究となにが異なっていたのか。科学は水だけを対象とする研究領域や、空気だけを対象とする研究領域を、ひとつの研究対象と認識はしても、生物学のように独立の領域として中高校の教科目としてあげようとはしてこなかった。それだけに、生命や地球、宇宙には人の科学的好奇心が集中していたのである。

そして、科学のそもそもの出発点は、生物学についていえば、生きているとはどういうことかを知りたいという好奇心に駆られたものだった。一貫して、この問題は科学の研究対象でありつづけた。生物についての研究教育の分野が、地学とよばれることになった分野とまとめて博物とよばれていたのは、生きもの、地球、宇宙などという客体の実体がなにかを知りたいという科学的好奇心にどこまで答えられるかを問われていたことであった。

生物学が生物科学、さらに生命科学とよばれることになり、生物体の物理化学として、仮説検証的手法で要素還元的に研究が推進され、そこで得られた情報が技術に生かされて人間社会の安全と富の増進に寄与する。そして、博物といわれていたころに中心的だった、個体以上の階級の現象にこだわる生物学の部分は、その存在意義を軽んじられて、社会に有用な生産活動に資する役割を果たしていないとされる。

たまたま、20世紀には、人類が技術の操作を大きく間違ったために、環境破壊を犯してしまった。その歴史から逃れるために、環境保全の科学として、個体以上の階級の生物学の存在意義が認められることがある。

いきなり問題を矮小化するようだが、私が研究を始めたころ、すでに終わってしまった領域とさえ難じられた分類学が、ごく短期間をへると生物の種多様性の科学として認知され、絶滅危惧種の存在に対する警告をきっかけに、生物多様性の持続的利用という社会にかかわりの深い領域として注目を浴びるようになった。しかし、その領域の専門家とみなされることのある私自身は、そういう評価にはなじまず、常勤的な職から身を引いて、対象とする特定の植物群の種多様性の解析にもどったときに、自分の科学的好奇心を満足させる研究活動をつづけることができ、学術論文につながる成果をあげることもできている。

生物科学でも生命科学でもない生物学には現在的な存在意義はあるか。その問いに応ずる答えは、科学は人間社会の物質・エネルギー志向の発展に貢献すればよいもので、科学的好奇心は趣味の世界であり、それを充たす活動は昔の殿様のように暇で金のある人に任せておけばよいというか、科学の目的はあくまで人の知的好奇心にしたがった研究を展開することで、その成果が結果として人の生活を安全で豊かなものに導くと考えるか、で異なってくる。

そして、残念ながら、いま、ナチュラルヒストリーと定義される科学の領域は、この問題に真正面から取り組むだけの実力を発揮することができないでいるという現実に直面する。生命科学とよぶことで力を発揮している領域の科学が、自然界に普遍的な原理現象を次々に解明し、その知見が技術に転化されて人類の安全と豊かさに大きく貢献しているのに対比すると、ナチュラルヒストリーは社会にそれだけの印象をもってうけいれられるだけの活動成果をあげているとはいえないのが現実であると知る。しかし、だからこのまま死んでしまってよいというものではあるまい。自分たちの責任を果たすために、いま目を向けないといけないのはなにか、あらためてその課題を追究したい。

（4）人のつくる生物学

生物学では、生きていること、生命の特性を知るために、生きていないものとくらべて、生きているものの特徴はなにかを問う。同じことを、生きているもののうちでヒトとよぶ種は特殊な生きものかを見分ける際にも考える。

哲学では、Je pense, donc je suis→cogito ergo sum→吾惟う、故に吾在り（デカルト）の文脈で、人は考える葦である（パスカル）と規定する。考える存在だからといって人を万物の霊長と規定するのは、考えるという行為を先験的に最高位に置くことからきている。

自然科学ではこれを直立二足歩行や脳の発達、言語の使用にともなう文化の創造などを指標として定義しようとする。現在人とチンパンジーの遺伝子レベルの差は2%に満たないといわれるが、哲学の定義をまつまでもなく、知的動物であるヒトは霊長目の中でも特殊な存在に進化している現実がある。DNAにみる差はわずかでも、形態上の差異も詳細に記述される。と同時に、ヒトは裸のサルである、と類似が強調される定義さえできるのである。さらに、裸といっても生毛は体表一面に生えている、毛の形状が違うだけで。

自然科学の進歩にともなって、ヒトの特性も、物理化学的手法で詳細に解析されることから、疾病などさまざまな異常への対応もたくみに操作され、ヒトの生存も人為的に管理維持されるようになった。科学の進歩による人命の安全な維持への貢献である。その過程で、ヒトがほかの生きものとどこまで共通であるか、どれだけ種特異的であるかが明らかにされている。それは、生きもののうちでヒトとはなんであるかの事実の解明につながることである。

生きもののもつ特性の解析が、生きているとはどういうことかを解くうえで基本的な事実の積みあげにつながることはいうまでもない。生命体の物理化学は、その意味で、生物学そのものである。それでは、生命体の演じる事象を、生きていないものの現象と対比させながら解析すればそれが生物学であり、生きているかどうかを度外視して物理化学的解析をすればそれは生物物理学、生物化学になるということか。

もっともそういえば、知的活動は、人に固有のものであり生物界に普遍的な特性とはいえないからといって、生きているとはどういうことかを考える際には基本的な課題にならないか。具体的には、生きているということの基本的な特性のひとつに、多様性を生み出す力が含まれる。すべての生物に普遍的な特性だけを並べたのでは、生きているとはどういうことかを解くことにはならない。

自然科学が普遍的な原理原則を要素還元的手法で解析することに邁進し、生物学もその一環として、生命現象の物理化学的解析に成果をあげてきたものだから、生物学の在り方も、個々の現象を要素還元的に解析することに透徹することになってきた。しかし、そのために、生きものにみる現象を生きていないものが演じるものとどう違うかという視点に重きが置かれることになり、生きているという現象を総体としてとらえることを忘れがちになっていき、そのために生きているとはどういうことかという根源的な科学的好奇心に対応することを忘れ始めていた。

ナチュラルヒストリーの復権への期待は、このような歴史的現実を漠然と感じとっている人たちの間に拡がっているのではないか。そして、その期待はまさにいまの科学に求められるものに向けられている。社会が文化よりも物質・エネルギー志向の豊かさを一途に求め、科学自体はその方向への貢献こそが成果であると判定する傾向を強めているからである。

物質・エネルギー志向に凝り固まるのは人の知である。たぶん、野生の動物たちにはそのような偏向は認められないだろう。ライオンはシマウマを餌とするが、定常状態では、絶滅するまでシマウマを食いつくすことはない。自分の生き場所の環境劣化を招来しておきながら、その修復のための経費を値切るのは人という知的生物だけかもしれない。

たしかに、安全で豊かな生への希求はとどまることを知らない。より安全に、より豊かにと、人々の期待は限りなく拡がる。しかし、それだけで満足せず、科学的好奇心にうながされて自然界の現象を追う人たちの層が厚くなりつつあるのももうひとつの事実である。生きものの科学についていえば、それに対応する領域のひとつでもあるナチュラルヒストリーの実力が、科学の世界のうちでまだまだ強力に育たないことに切歯扼腕する面があることは否定できないが。

ヒトの生物学といえば、最新までに得られた科学情報の紹介が期待されるかもしれないが、ここはそのための場ではない。ヒトの起源や現在の民族への多様化と分布の形成にいたる進化、人の健康や安全のための生命科学から社会科学、人文学のすべて、さらに宗教、芸術にかかわるすべてが、ヒトについて人が知り始めている事実である。

2.3 『文明が育てた植物たち』で生物多様性を俯瞰する

この課題の具体例のための、少し長めのまえがきが必要である。ここまで、もっぱら抽象的に、生きているとはどういうことかを解明するために、生物学が取り組むべきかたちを論じてきた。現在の科学は物質の集合である生物体の物質科学としての解析にはすばらしい成果をあげているが、生きているとはどういうことかを、科学的好奇心を充たそうとして追究するはずの生物学はどこへ行ってしまったか、とぼやきに似た表現さえとってきた。

上述の理論的根拠のもとで、それなら、生きているとはどうことかを解明するために、現在の生物学には科学としてなにができるか、現代人は、生きているとはどういうことかという問題を、哲学や宗教と並行して、自然科学の手法でどこまで知ることができるのか、を紹介すべきだろう。

人の本然的な知的好奇心がたずねる‘生きているとはどういうことか’という課題について、まだほとんどわかっていない、とうそぶいているのは知的動物と自称する人としては恥ずかしいことである。だから、科学の成果として、どこまでこの問題に触れることができるのか、自然科学の手法にもとづいて生命を知るために、いま、なにができるのかを実例で紹介することにしたい。

ここで、なにが必要かを抽象的に述べるだけでなく、理論的に構築しようというものに自分自身はどのように対応しようとしたのか、例示するのが研究者としての責任だと思う。しかし、自分たちが描きだそうとしたものを紹介しようとしながら、私は内心忸怩たるものを禁じえない。私たちの小さな試みを述べるまでもなく、現在におけるナチュラルヒストリーの成功例が、たとえば日本における霊長類学の研究などではっきり示されているのに、それでない小さな例をとりあげようとするからである。

霊長類学については、専門的なものも普及書も、膨大な量の紹介があるのでだれでもその実態を知ることができる。ナチュラルヒストリーシリーズには、この分野の著作は含まれないが、関連の名著がいくつも東京大学出版会からも刊行されている（たとえば山極，2012, 2015；伊沢，2014；辻・中川，2017）。それでも、すでに1960年にこの領域の研究が紹介された梅棹忠夫さんによる文明論（梅棹，1960）を超える紹介は知らない。この研究がいつから始まったか決めるのはむずかしいが、宮崎県都井岬の半野生馬（御崎馬）の研究からみても、研究が始まって十年少しという時期に、この霊長類学の創始者でもあった今西錦司さん（1902-1992）らのグループがあげている成果をはっきり見通した梅棹さんの考察はみごとである。その後の研究の発展を見通していたのは、霊長類研究グループのすぐそばで、この研究グループを応援しながら、しかし部外者として論じることができたこの著者だけに可能だったからである。そのまた少し外側で、まったく無関係ではない立場から発展をみせてもらい、グループの中核的な研究者から多大な影響をうけてきた私も、またその成果を理解できる立場の1人かと思っている。

この研究が成功した理由について、上記の著作の中で梅棹さんは研究グループの活動を先導していた伊谷純一郎さん（1926-2001）にたずねるが、伊谷さんの答えは、科学的にやったからです、である。それは、霊長類学の立ちあげのときから、彼らがめざしていたものを一言で表現したものかもしれない。ナチュラルヒストリーを科学する。それは言葉で自然史科学といいかえることではなく、研究実績で示すことだった。ただ、近代科学の王道である解析的還元的研究に大きな成果をあげつつあった生物学の主流の研究者たちには、研究の初期からまっすぐに理解されることではなかった。科学的に研究するという表現が意味する内容は広くて深い。

実際に、今西さんは人間のカルチャーと同様に動物にもカルチュアがあると予言したが、霊長類学の展開のごく初期に、宮崎県幸島の野生ザルの芋洗い行動を詳細に観察することから pre-culture の実在を論証しようとした今西グループの河合雅雄（1924-）博士の論文（Kawai, 1965）が広く学界の定説となるまでに、半世紀近くの時間がかかったのも、実証が説得力をもつまでのもうひとつの現実である。

この分野の研究が、なぜ日本で世界をリードする発展をしたのか。それは、欧米の研究者たちの視点は、人という万物の霊長としての一段高い立場から自然をみたものだったが、日本の研究者たちは、自然と共生する立場から、サルとなかまになることによってサルの社会を理解しようとした点にある。この違いは、ナチュラルヒストリーの研究にとって、気をつけるべき視点であるが、本書でそこまで論を拡げることはためらうところである。ただ、この研究を立ちあげたすぐれた研究者たちと親しくさせていただいた傍観者の立場でいわせてもらえば、現在のこの分野の展開を梅棹さんや伊谷さんがみたらなんと評価するか、気になるところがないわけではない。

これから紹介しようとする私たちの研究例は、個別につらぬいて得た知見を、多様な種の例をつらねてみるとなにが浮かびあがってくるかを推量するものである。個別の観察はあくまで精確でなければならないし、そこから帰納できる確実な結論はなにか、それから推量できるものはなにかが科学的な手法で描きだされなければならない。部分的な分析的還元的な手法での解析が成功していなかったら基盤が崩れる研究であるし、つらねる手法に齟齬があれば、得られる推論に意味はない。

この例はまだ発展途上の研究であるし、特殊な生物群を対象とするものである。ただ、生殖という継代にともなう現象を課題としている。細胞の階級でみる変異の創造は細胞分裂の際に顕現するが、最近では遺伝子多様性とよばれる個体の階級の（種内）変異は、もっぱら継代を通じて姿を現わすものである。その意味でも、生物多様性の実体に近づくために注目すべき現象であると考える。

（1）20世紀末に東京大学植物園で推進した研究活動

私が勤務し始めた1980年代初頭の東京大学理学部附属植物園（のちに大学院理学系研究科附属と改称）には、当時の数え方でいえば1小講座強の規模の研究組織があった。研究室は、東京大学の本郷キャンパスからそれほどは離れていない植物園本園（通称小石川植物園）と日光にある分園（日光植物園）とに分かれていた。さらに、植物のナチュラルヒストリーにかかわる研究者が、東京大学のうちでは、本郷キャンパスの総合研究資料館（現在の総合研究博物館）と駒場の教養学部（現在の大学院総合文化研究科）に所属して、それぞれの機関の研究教育に参加していた。この時期の植物園は、全国共同利用施設ではなかったが、機器の使用法の習得や利用のために、相当の期間出入りする研究なかまも絶え間なく研究活動に参加していた。

個別に研究教育に参画していたこれらの組織の研究集団も、植物園本園の研究集団と有機的に連携したし、ある時期には毎週の植物園本園の研究セミナーに、直接植物園に属しているわけではない関連研究者も参加した。大学院生や、ときには卒業研究生もふくめて、研究面では異なった部門に属する差などみえないかのように一体となって活動が組まれていた。だから、結果としては、1小講座強の規模の組織と複数の個別の研究集団でできると期待される成果を単純に加算しただけではない、より大きな組織が発揮する力を示すことができたように思う。

構成する組織の枠を超えて、全体がぼんやりとまとまるひとつの研究集団として活動できていたが、その内容はずいぶん広いものだった。複数の個別の集団がつくられているし、個別の組織に属している研究者集団が小さくとも独自の路線を追究するのも当然である。伝統的な植物相のとりまとめを、地域の植物相を対象におこない、特定のいくつかの植物分類群を伝統的な比較形態学の手法を基幹として解析する人もあれば、とりあげる植物群の解析に、指標となる形態だけでなく、細胞レベル、分子レベルの形質も適用する人もふえ、また種の階級で分化をとらえるために生態学的視点を重視する研究を進める人（個人の場合も複数の場合も）もいた。種の階級だけでなく、種以上の階級の系統の解析にも、さまざまな手法を用いた研究が進められ、伝統的な手法も適用されたが、当時技法に飛躍的な展開がみられていた分子系統の解析など、先進的な手法を積極的にとりいれた研究もおこなわれた。そのための機器の整備も、時間をかけてではあったが順調に進められた。

特徴は、ほとんどの研究者が、限定された自分の研究課題だけでなく、なかまの研究についても詳細を理解し、得られたデータの処理については、自分のことのようにおたがいが鋭い討議を重ねていたことである。だから、材料の収集の段階から、解析の過程、データ処理の進め方、結論の導き方まで、さまざまな視点からの率直な意見が述べられた。個々の課題は特定の植物群を特定の手法で解析するものだったが、実際はその課題を植物界の中でどのようにとらえるかという俯瞰的な視点を忘れない研究が成り立っていたのだった。

（2）文明が育てた植物たち——問題の所在

個別の研究の成果は関連の学術雑誌などに論文として公表されるが、細分された課題についての成果をとりまとめて問題を俯瞰的にみる総説でも、やはりある限定された範囲で、科学的に確認された情報をもとにして推論し、展開するにとどまる。多様性研究のような基盤情報が限られている領域では、情報構築に格段の努力が期待される一方で、これまでの科学的知見だけでは実証できないと理解しながらも、限られた情報をもとに大胆な推論を試みることで、問題の解析に新たな視点が展開する場合もあると期待される。

そのような試みは、総論としてまとめるためには論理的な展開が危ぶまれることもあるが、そのことを前提としながら、それでも思い切った推論を展開した例として、『文明が育てた植物たち』（岩槻，1997）にまとめた研究の例を紹介してみよう。前提となる、ホウビシダを中心とする無融合生殖型シダの進化に関しては、ナチュラルヒストリーシリーズの『シダ植物の自然史』（岩槻，1996）でもひとつの章を割いて紹介している。

これらの書では、個別の科学的解析の成果にもとづいて、人類が育てる文明の展開が、自然界における生物種の進化にどのように影響しているかを大胆に論じようとした。人為的な環境における生物種の動向は、人為的な影響下にあるものは純粋に自然環境にあるものではないとするなら、すでに自然界における進化ととりまとめることはできないかもしれない。しかし、現在地球の表層でおこっている事象は、多かれ少なかれ人為の影響をこうむっているものだから、現生の野生生物の進化を語るのに、文明の影響を無視することはできない。

ここでも、読者には、どこまでが科学的に実証されていることか、論証しようとする際の論拠はどこまで確実なのか、とりあげられる情報の真贋を評価する鋭い嗅覚を期待する。さらに、この考察が、純粋に科学的好奇心にうながされて解析された成果にもとづいてはじめて成り立った考察であることにも注意をうながしたい。

1980年代後半から90年代にかけて、東大植物園において、種形成過程における植物の単為生殖の意味を追跡していた。種分化の研究を、正道というよりは抜け道として、多様化をたどる維管束植物の単為生殖という現象に注目してとらえ、それを通じて特殊な種の進化の実態に迫ろうとしていたのである。

とりわけ、シダ植物では、日本のシダについては13%もの種が無融合生殖（配偶子の接合がみられないままに配偶体世代から胞子体世代への移行がみられる世代交代の様式。減数分裂の結果、染色体数が半減される普通にみられる過程をへない胞子形成による世代の移行を必ずともなっている）をおこなっている事実が明らかにされ（Takamiya, 1996）、世界のシダ植物では平均で種の総数の約10%とみなされていた数字（Löve *et al*., 1977）と比較すれば、日本ではやや高い比率が認められるということも、この現象に興味をもったきっかけのひとつだった。

研究の出発点は、無融合生殖による種分化を追究するという純粋に生物学的な知的好奇心にうながされたものであるが、この型の種分化の研究を進めるうちに、ここでみる特殊な種分化の現象がヒトによる環境開発と関連していることが推定されるとすれば、人と自然の関係性を問うというまた別の興味にもつながる課題に展開する。種の進化の解析を植物学における科学研究として展開させ、その成果を科学論文で学界に提供しながら、多少の論理の飛躍は覚悟して、種形成の背後にある環境の変遷を、人の文明の発展とのかかわりでとらえることができないか、という視点でみようとしたのである。

この研究を始めたころ、生物多様性と人間とのかかわりを、生物多様性条約との関連で評価しようとしているのに、一般には、生物多様性はその言葉の意味さえほとんど理解されないでいた。だから、この類の科学的な追跡にみる思考が、生物多様性を考えてもらうきっかけになればという期待もあった。

いのちは、それが地球上に現われた初日から変異を生じ、多様化するものだった。その多様化のうちに、いかにしなやかな適応がみられるか、ヒトという特殊な生物が地球表層の環境に人為的な変化をおよぼしたときに、いのちがどのようにそれに対応するのか、科学的な追跡の成果にもとづいて、生きているとはどういうことかという問題を追ってみたかったのである。

（3）シダ植物の無融合生殖

シダ植物の生活環をみると、普通に人目に触れるシダ植物は胞子体の世代で、成熟すると胞子嚢を形成し、胞子母細胞の減数分裂の結果、核相が単相の胞子を形成する。胞子は母株を離れて、条件が整えば独立に発芽し、前葉体とよばれる配偶体を形成する。前葉体は多くの種では細胞層1層の心臓形の、せいぜい径が数mmのめだたない構造体である。分岐した糸状の構造のものもある。

前葉体上には配偶子嚢を形成し、造卵器には1個の卵細胞を、造精器には精子をつくる。成熟した精子は、前葉体につく露などのわずかな水の中を泳いで造卵器に到達し、卵細胞に受精し、受精卵（接合子）をつくる。受精卵は卵割とよばれる細胞分裂をくり返して発生し、やがて新しい胞子体をつくりあげる。受精卵では2個の配偶子の核が接合しており、核相は複相になっているので、胞子体の核相は当然複相である。このようにして、シダ植物では、核相が複相の胞子体と単相の配偶体が交互に現われる、核相交番をともなった世代の交代をする。

この生活環は、コケ植物でも同じであり（コケ植物の場合は、普通コケとよんでいる植物体は配偶体で、胞子体は配偶体に寄生する単純な構造をもつ）、種子植物も、見かけ上は胞子体しかみえず、配偶体は花の構造の中の組織の一部のように単純化はしているものの、基本的には同じ生活環をもっている。藻類、菌類にも似た生活環をもつものがある。

それが普通のシダ植物の生活環であり、教科書にはシダ植物といえばすべてこの生活環をもつかのように記述される。ただし、先述のように、日本の種については13%もの種が、このとおりの生活環をもってはいない。

無融合生殖＝agamosporyは単純にアポガミー（無配生殖）＝apogamyともいい、配偶子の接合の省略を意味する。すなわち、卵細胞と精子が受精しないで、配偶体の細胞が、核相の変動をみないままに、受精卵と同じような発生の過程をへて胞子体をつくる。できあがった胞子体は、だから、核相は配偶体と同じである。当然であるが、胞子嚢をつくっても、その中でおこなわれる胞子形成は減数分裂をともなわないで、単相の胞子母細胞から単相の胞子が形成される（アポガミーには必ずアポスポーリー＝apospory［無胞子生殖］がともなう）。すなわち、この型の生活環をもつものでは、見かけ上の胞子体と配偶体の世代交番はほかの87％の正統派と同じであるが、核相交番はともなっていない。

（4）無融合生殖種の所在——分類

かつての私たちの研究グループは、この無融合生殖型のシダ植物の種形成過程について解析し、さまざまな興深い知見を得ていた。

植物の無性生殖には、栄養体の分体によるものも多様である。植物体では体細胞も全能性を失わず、クローンによる新個体の形成がめずらしくないためである。シダ植物でも、地上部の葉が枯れても、根茎の部分が生き残る落葉樹のような生活をする種も少なくなく、竹やぶと同じように、根茎が切断されればそのまま個体の増数につながる。コモチシダのように、無性芽をつくる型もあって、後に述べるホウビシダ類では、インドネシアのセラム島でみた特殊な型で、特異的に無性芽の誘導がおこなわれている例も観察された（Kato and Iwatsuki, 1985）。

ここでとりあげたいのは、いわゆる栄養分体ではなくて、見かけ上生活環は正常に回転させていながら、実際には減数分裂や接合などの核相の変化をともなう生殖活動がみられない型の生殖で、3倍体無融合生殖型の種が圧倒的に多い。この型のシダでは、胞子形成の過程が有性生殖型のシダと違っており、普通の薄嚢シダ類ではひとつの胞子嚢に64個の胞子をつくるが、この無融合生殖型の種は、ひとつの胞子嚢に32個の胞子が形成される。

その差が生殖型の識別に使える可能性が高いと推測されたので、この指標を用いて、分布域が広く、種の分類が確定していなかったウチワゴケを対象に、予備的に生殖型を識別する観察をおこなった（Yoroi and Iwatsuki, 1977；第3章3.2）。熱帯に広く分布する諸型について、腊葉（さくよう）標本を使って生殖型を識別し、表現形質の諸型と対比させたものである。デンマークのオーフスで開かれた国際シンポジウムでの報告（Iwatsuki, 1979）では参加者の注目も集め、この手法を用いた生殖型の識別はもっと広範囲に適用されるようになった（もっとも、その後も含めて、日本人ほどこの観察がうまくできる、手先が器用で注意深い研究者はあまり多くはなかった）。

胞子の数を検定する方法で膨大な数の材料を用いた無融合生殖型の種の識別にもとづく最初の研究のひとつは、ホウビシダ類を対象におこなわれた。ウチワゴケと同じように広分布の複合種とされていた当時の定義による広義のホウビシダ（日本の型にも、長い間、ラマルクが命名した学名があてられていた；第3章3.2）は、日本の植物については、2倍体有性生殖型と3倍体無融合生殖型という生殖型の差が、形態的にも識別可能である2種をはっきり区別する指標となることが、この観察をきっかけとして確かめられた（Murakami and Iwatsuki, 1983）。

個々の胞子嚢内の胞子の数は、シダ類の生殖の型を識別するのに便利な指標で、生きた植物で生殖過程の観察を確かめなくても、乾燥標本を利用して、いろいろな地域からの大量の材料について比較的容易に比較観察できる便利な手法ではある。しかし、いかんせん、実際の生殖過程を観察しているわけではないのだから、状況証拠として生殖型の推定は可能だが、確実な証拠とはいえない。そのことは、さらにベニシダやイタチシダのなかまなどで、無融合生殖型に多様な変異が生じている事実が観察されるようになって、観察の精度をあげるだけの問題意識は高まっている。もっとも、胞子嚢内の胞子の数の読みは、問題のありかを示すための情報構築の便利な指標として、いまでも補助的には使われる。

この手法も適用しながら、ホウビシダ類の種分化の研究はさらに解析的に進められた。イソ酵素を指標とする遺伝子多様性の解析法が使えるようになると、日本シダの会のなかまに材料収集の協力も得ながら、日本列島に生きる諸型の比較研究が進められたし（Watano and Iwatsuki, 1988）、その後分子系統学の手法の確立にともなって、ちょうど熱帯の各地で野外調査ができるようになった時期だったことにも後押しされ、ホウビシダ類の系統と分類の研究は主として現在は首都大学東京の村上哲明教授によって詳細に進められた。

村上博士はホウビシダ属の種属誌を、この属のすべての種について、地球規模で展開し、ごく初期にシーケンサーを使わずに手仕事で始めたころからの分子系統学の研究も駆使して、モノグラフにまとめあげた（Murakami and Hatanaka, 1988；Murakami, 1995）。その結果、3倍体無融合生殖型は、この属の中で、一度だけ進化した（単元性）のではなく、並行して少なくとも3回は起源していることがたしかな根拠のもとに推定された。すなわち、系統分化にともなって遺伝子突然変異を積みあげて進化してきた種形成の常道をふんだものというよりも、なんらかの突然変異によって、より単純な機作によって3倍体無融合生殖型が導かれるらしいことを示唆する結果となったのである。さらに、この特殊な型の進化は、ホウビシダ属以外の系統でも比較的頻繁に、並行的に生じていたことが確認されている。ただし、この話題について関心をよぶ展開は、ホウビシダ属の各種の解析の過程でみえてくるものではあるが、残念ながらここではその詳細に触れる紙面の余裕はない。

ホウビシダ類の種の詳細な研究は、この属に閉じたものではなくて、研究の遅れているチャセンシダ科全体の研究の推進に貢献する意義も大きかった。ホウビシダ属は東大植物園第三代園長であった早田文蔵博士（1874–1934）によって、独立属を認めることが提唱されたが（Hayata, 1927）、早田説に賛成する人は少なかった（当時、早田博士は動的分類学説を提唱しており、その説への批判が、彼の根拠とした形質に注目する意欲をそがせていた）。時をへて、この群の単系統性を確認するために、早田博士が重視した形質である根茎の背腹性構造を形態的に再検討した。この研究は、村上博士による詳細な研究と独立に、それよりも前におこなわれていた。

根茎の内部構造は切片でみる像を積み重ねて解釈するのが形態学の常道だったが、早田博士は中心柱を手作業でとりだし、そのまま立体構造を示す方法を使った。この方法も、手先の器用さが求められるせいか、日本人以外にはなかなか実行がむずかしいようで、早田博士の方法は、その後のフランス国立自然史博物館のタルデュー・ブロー博士（Tardieu-Blot, Marie-Laure, 1902–1998）によるチャセンシダ科の形態の研究（Tardieu-Blot, 1932）などでも生かされはしなかった。私たちは、ホウビシダ属の系統の単元性を確認するために、この類の根茎の内部構造の観察に、早田博士の方法を駆使して研究を進めた（Mitsuta *et al.*, 1980）。

小笠原諸島に産するヒメタニワタリ属 *Boniniella* は、広義のチャセンシダ属の1型であるが、早田博士によってホウビシダ属とは独立の単型属と認識されていた（Hayata, 1927）。私たちは、ヒメタニワタリについても、根茎の内部構造だけでなく、ほかの形質も可能な限り検定したことで、あらためて単元性が検討の対象となり、小笠原、北大東島と中国の海南島に分布するこの種（複数の種が記載されていたが、単一種であることが確認された）も、じつは系統的にはホウビシダ属に含まれることが確認された（Kato *et al.*, 1990）。ヒメタニワタリは単葉の種であるが、この結論によって、葉面の多様化もチャセンシダ科では並行して進化していることが確かめられた。それから類推すれば、単葉の辺縁で側脈の先端をつなぐ脈を描くオオタニワタリのなかまと、完全に遊離脈をもつコタニワタリなどの単葉の種は平行進化をしてきたものであると認識するのにもうひとつの傍証が得られたことにもなる。

（5）無融合生殖型のさまざま

ホウビシダ属でみる無融合生殖型の種分化へのかかわりを、さらにほかの例とくらべるとどうなるか。

シダ植物のアポガミーは最初オオバノイノモトソウで観察された（Farlow, 1874）。植物の無配偶生殖＝apomixis の研究の深化にともなって、シダ植物のアポガミーの研究も進展したが、オオバノイノモトソウのアポガミーについても、現象についての知見は得られたものの、その実態にはまだわからない問題が残されたままだった。

日本やその近傍に生育する型でも、この種とその近縁種の関係に興味がもたれる例がある。現在兵庫県立人と自然の博物館に所属する鈴木武博士が東大植物園の仲間などの協力を得て解析した結果は、まだ途中段階ではあるが、まず、オオバノイノモトソウには2倍体と3倍体のアポガミーがあることがわかっていたものの、このうち3倍体アポガミー型は核型ではっきりわかる2つの型があることが認識され、その2型は表現型でも区別ができるほど明確に分化したものであることが確かめられた。

くわえて、イソ酵素などを指標としてそれぞれの型の変異を調べると、3倍体アポガミー型の中で識別される4つのクローンのそれぞれに相当する型と、さらにもうひとつのクローンが、2倍体アポガミー型にも認められた。近縁種に2倍体有性生殖型であるキドイノモトソウがあるが、この種についても同じような検定をすると、オオバノイノモトソウの変異型のうち、3倍体型の4つのクローン中、3つまでは、2倍体アポガミー型とキドイノモトソウの交雑によって導かれたものであることが確かめられた。このことから、アポガミー型でありながら種内変異の大きなオオバノイノモトソウは、生殖型、核型で識別される多様性を含んでいるだけでなく、近縁種であるキドイノモトソウと交雑をくり返して、種内変異を積みあげていることがわかった(Suzuki and Iwatsuki, 1990)。

一方、デディ・ダルネディは屋久島に固有のコスギイタチシダの起源について解析をおこなった。この種は、最初に記載されたときから、屋久島の中腹から山頂に向けての地域を南限とするミヤマイタチシダと東南アジアに広く分布し、屋久島の低地にも普通にみられるナガバノイタチシダの交雑によって導かれた自然雑種であると示唆されていた。たしかに、屋久島の中腹は両者が接触する唯一の地点である。知られる限り、ミヤマイタチシダは2倍体無融合生殖型であり、コスギイタチシダは3倍体無融合生殖型である。ナガバノイタチシダには2倍体と3倍体の無融合生殖型と4倍体の有性生殖型が知られていたが、屋久島では2倍体の型はみつからない。

コスギイタチシダの起源はまだ確定しないが、この種には変異が乏しく、イソ酵素などによる検定では遺伝的に均一であること、オシダ属にはめずらしい無性芽による栄養分体をすること、さらにこの型と似た表現型をもつが無融合生殖をおこなわない不稔の株もあることなどが確かめられた。状況証拠から、2倍体と4倍体の有性生殖型の交雑によって導かれる雑種が複数回形成され、そのうちのある株に無融合生殖型が導かれてコスギイタチシダと同定される、種内変異の乏しい型が分化してきたとの推定が可能である(Darnaedi *et al.*, 1990)。

コスギイタチシダはオシダ属の1種であるが、この属にはベニシダのなかま、イタチシダのなかまなど、無融合生殖型が導入されて種の同定が絶望的にむずかしい型が、本州中西部などで旺盛に繁茂している。当然、このうちの諸型にも解析の手は伸ばされており、最近の研究によって、複雑な種内構造が徐々に整理されている。

現在島根大学教授を務める林蘇娟博士がオオイタチシダを材料にして、胞子形成の過程をていねいに追跡したところ、同じ1枚の葉でみられる胞子形成の過程でも、胞子嚢によって変異があることが観察され、そこから得られた胞子から育てた前葉体を大量に追跡すると、3倍体無融合生殖型の個体から2倍体有性生殖型の株が得られることさえあった(Lin *et al.*, 1992)。

オシダ属の生殖型の多様性については、とりわけ日本産種について、最近も詳細な研究が展開しており、2015 年には首都大学東京の大学院生だった堀清鷹博士らがイタチシダ群の複雑な網状進化についてすぐれた解析の成果を公表している（Hori *et al.*, 2014；イタチシダ類の詳細な種属誌的研究は Hori *et al.*, 2018 参照）。これらの種分化の解析によって、これまで外部形態にもとづいて推定されていたベニシダ類の種多様性が、その起源と進化の過程までふくめて正確に跡づけられるようになったといえる。仮説検証的な解析にもとづいて、多様な種の進化の過程が明らかにされてくるのは、種多様性研究の基盤整備でもあり、この領域での研究にとって貴重な貢献である。

（6）無融合生殖型の植物地理と生態

上に簡単に抄録した研究の成果から、ホウビシダ類の 3 倍体無融合生殖型の種は、並行的にいくつもの種群で分化していることが確かめられた。種分化の機作が科学的に詰められたわけではないが、現象から推定できる範囲では、どうやら百万年単位の時間をかける通常の種分化とは異なった単純な機作で導かれるらしいと推定できる。

ホウビシダ類（チャセンシダ科）以外でも、無融合生殖型のシダは数多く知られていたが、この生殖型の種はウチワゴケ（コケシノブ科）のほかに、ベニシダのなかま、イタチシダのなかま、ヤブソテツ属（以上オシダ科）、イノモトソウ属（イノモトソウ科）などでも観察され、この型の無融合生殖の導入は系統群を超えて平行進化していることが知られる。もちろん、日本の種だけでなく、アメリカの乾燥地帯に多い *Notholaena* 属などでも並行して解析がおこなわれていた。

無融合生殖型の種分化の解析は、種の進化の課題として科学的な正確さを期待しながら、植物学における研究として展開した。ということは、種形成過程を科学的に追跡する解析が厳密におこなわれる必要があるが、並行して、その背景には、なぜそのような進化がみられるのかという科学的好奇心がある。もちろんすぐに実証的な答えに到達できる問題ではない。しかし、得られた情報にもとづいて、それなりの推定はしてみるものである。

当時の私たちの研究グループの周辺では、絶滅危惧種の問題もとりあげ、そちらの調査研究でも、日本でもっとも先進的で主導的な活動をおこなっていた。ホウビシダの研究でいえば、典型的な絶滅危惧種のひとつである小笠原母島のヒメタニワタリがホウビシダ近縁の種であることを確認する研究もそれにふくまれている。

日本の無融合生殖型のシダをみわたすと、まず気づくことは、無融合生殖型は地上生のシダにみられるという点である。ウチワゴケはコケシノブ科で、着生植物の範疇と理解されるが、樹幹に生育するだけでなく、湿った岩上や、コケの生える路傍などにも生育する。無融合生殖型のウチワゴケは地上生であると確かめたのではないが、ウチワゴケの例はむしろ特殊なものと考え、このような種の生態も念頭に置こう。日本のシダでは13%もの種が無融合生殖型であるのに、世界中でいえば10%程度だと先に記した。シダの種数が多く、シダの生活に適しているとみなされる熱帯では、着生シダの比率が高く、ウラボシ科、シノブ科、コケシノブ科などの種数が多くなるが、ウラボシ科では無融合生殖型をみない。熱帯ではウラボシ科など着生種の比率が高いことなどを考慮すると（正確に数量的な解析をしたわけではなくて、大雑把で感覚的な推定でだが）、日本もシダの多様性が高い地域だが、ここでは地上生種が中心のオシダ科などが多様性の中核を占めるのだから、無融合生殖型の比率が平均より高いことは納得できる。

無融合生殖型の種の分布から、もう一歩突っこんで、彼らが生育している場所をみてみると、深山幽谷というような場所ではなくて、人里からせいぜい里山とよばれる地域に多い事実に気づく。ヤブソテツのように、属の中核が無融合生殖種であるものでは、人里が分布の中心で、深山には生育しない。ベニシダのなかまは無融合生殖種が中心であるが、数少ない2倍体有性生殖種はホコザキベニシダとハチジョウベニシダであり、この両種は、本州中西部などの人里から里山に分布の中心を置く多様なベニシダの諸型とは違って、ホコザキベニシダは九州以南に、ハチジョウベニシダは八丈島や伊豆半島だけでないことが知られてきたものの、特定の場所に限って分布する。イタチシダのなかまにいたっては、多様化した諸型はほとんど無融合生殖型で、唯一知られる2倍体有性生殖型であるイワイタチシダは奥山の渓谷などを生き場所としている。

多少独断的ないい方で、科学的でないことを承知していわせてもらえば、無融合生殖型のシダが生きているのは、人為の影響が強い場所である。ここで、里山の自然、などといわれる緑豊かな場所は、人の行為によって変貌させられた二次自然（という変な四字熟語で形容される場所）であることもまた再確認しておきたい。ついでに、二次自然という四字熟語は日本語では生きているが、外国語にはできない語であることも思いだしておこう。nature は原始的な状況で、人為で変貌した場所を指すことはないからである。secondary nature という複合語が使われるのは、Habit is the secondary nature などという場合で、この場合の nature は自然環境を指す言葉としてではなく、人の性格を指す言葉である。

（7）進化の視点でみる無融合生殖の利点と短所

生きものは有性生殖という生殖法を進化させてから、進化の速度を飛躍的に速めることに成功した。どのようにして有性生殖が進化してきたか、まだ科学は解をみいだしていないが、有性生殖の進化が生物にとってたいへん有用であったことは結果から確認できる事実である。遺伝子突然変異を積みあげ、有性生殖集団の中で世代ごとに遺伝子の交流を重ね、環境の変動に対応させながら集団内で遺伝子の組み合わせをじょうずに醸しだして新種の形成がみられるまでに、平均して百万年単位の時間を要すると計算されているが、これは進化の速度としては、遺伝子突然変異を単純に積みあげて新しい種が分化するのを期待する時間とくらべると飛躍的に短縮したものらしい。実際、生物進化の初期の十数億年と、有性生殖が進化して以後とみなされる後半の十数億年とをくらべてみると、知られている地史時代の生物進化をみる限り、多様化の速度の違いは明瞭である。

有性生殖が進化の速度を速めるのに効果があるというのに、なぜせっかく獲得した有性生殖というありがたい生殖法を放棄し、13% もの種が有性生殖にあらがう無融合生殖型を生みだし、それが人為の影響をうけたところで繁栄しているのか、その秘密を解く鍵はまだみいだされていない。そこで、確かめられた限りの事実にもとづいてちょっと大胆な推定を試み、その仮説を解くためにはなにを解析すべきかを考えてみた。

有性生殖は進化の速度を速めるためにはたいへん有効な生殖法である。ただし、有性生殖では、卵細胞と精子という 2 個の細胞が合体して 1 個の受精卵をつくり、それが次世代の出発点となる。1 個の細胞がそのまま次世代の出発点となる無性生殖とくらべると、継代に際して資源は2倍量必要という計算になる。

進化の過程はむだを確実に省いて進行している。この場合も、有性生殖の原型としては、同型接合がそれに擬せられるように、単純に2個の細胞の合体から始まったと考えられる。接合する2個の細胞は同形同大で、だから必要とする資源は正確に2倍だった。しかし、有性生殖によって次世代形成をおこなうのに最低限必要なのは、2個の核と1個の細胞である。実際、有性生殖の進化は、異形接合を生みだし、卵細胞と精子の受精にかたちを整える。精子とよぶ生殖細胞は、核と運動器官（鞭毛）にしぼって、細胞質は極端に減らしている。卵細胞のほうも、かたちが大きくなってはいるが、これは次世代の初期発生を支えるための栄養分を貯えてはいるものの、細胞質そのものが巨大化しているわけではない。しかし、それでも、1個の細胞によって継代するのに比して、やっぱり細胞2個が次世代の出発点になるのは、生命の維持にとってきわめて肝要な継代の際だけに、資源の利用面で不利というのは好ましい状態ではない。

自然界の進化がそこに生きる生きものたちの間で粛々と進行していたなら、多少の不利は覚悟のうえで、有性生殖をとりいれ、ただし、生殖細胞は卵細胞と精子という特殊な姿に変貌させて、不利の度合いを可能な限り減らしておけばよかったのかもしれない。後生動物や陸上植物では、そのように有性生殖を進化させて、爆発的な多様化を遂げている。

ところが、そこへ、特別に知能が進化したヒトという種が、文明を高度化させ、地球表層の自然環境を急激に変貌させた。自然の進化に、人為的な作為をくわえたのである。日本列島でいえば、その自然は複雑に刻まれた地形に温暖多雨な気候が恵まれ、多様な遺伝子資源も供給されて、緑豊かな生態系が育ち、それが地味を肥やしてさらに多様な生物を生かせるように進化していた。しかし、部分的にとはいえ、鬱閉していた森林が伐採され、明るい農地などがつくられると、もともと雨には恵まれ、湿度の補給は可能なのだから、強い陽光を享受できる植物たちが旺盛に生きようとする。林床の植物だけでなく、陽地の植物にも、生きる場所が拡がってきたのである。

もちろん、それまでも局地的に限定された陽地で生きていた草本植物などが、新しい生育場所に拡がってはきたが、それだけでなく、新しい生態系に適応する型の生物たちが急いで種形成をおこなったらしい形跡が認められようというのである。

植物では、細胞遺伝的な変異を通じた種形成のみられることが遺伝学上確認されている。倍数性の系列や、自然交雑をおこなった系統と倍数化などの組み合わせが種形成にあずかる例はいろいろと確認されていた。シダ植物でいえば、北米のアパラチア山系のチャセンシダ属の、分類困難だった種群が、カリフォルニア大学の博士論文でワグナー博士（Wagner, Warren Herb, Jr., 1920–2000）によって網状進化の結果生じた現象であると喝破された論文（Wagner, 1954）など、染色体突然変異をきっかけとする細胞遺伝学的な進化は、遺伝子突然変異を通じて生じる定常的な種の進化と並行して生じる種形成のひとつの型と理解される。

進化の機作の詳細はまだ明らかにされていないとはいうものの、さまざまな分類群に並行的に生じている無融合生殖型の進化は、遺伝子突然変異を積みあげた種形成というよりは、突然変異にうながされた1回起源か、比較的単純な機作で生じる現象である可能性が高い。その場合、緊急対応として新しくつくられた人為的な環境に適応しようとすれば、資源の浪費はたとえわずかでも排斥し、この場合、1個の細胞から次世代を形成するような型を生みだしたと推定できるかもしれない。生きものの多様化という、いのちにとってもっとも重要な特性には、普遍的な現象だけでなく、まさに多様な特例があるということが、いのちのしなやかさを示す実例として確かめられる。生きているとはどういうことかを知るための、きわめて重要な事実であり、それはナチュラルヒストリーの手法でこそ解明される課題である。

（8）生物界に普遍的な課題か

無融合生殖型の進化はシダ植物に特有の現象なのだろうか。このことについても、さらに詳細な研究が必要である。

有性生殖を放棄して進化する型は種子植物の間でもめずらしいわけではない。特定の系統群に限らず、さまざまな科で、いろいろな型の無性生殖が報告されている。無性芽の形成などはシダ植物でも例が多いし、根茎などの伸張とその分断による個体の増数は植物では普通にみられる現象で、クローンという言葉がいまのような使われ方をするようになったのも、植物の細胞は全能性を完全に失うことはなく、条件さえ整えば、１個の体細胞から１個の個体を導くことが、理論的には可能であり、実際にもいくつかの種でそのような個体の育成に成功しているためである。

植物の無性生殖一般に話を拡げると、ここでとりあげる話題から逸脱することになるが、種子植物の無性生殖型にも、人里など人為の攪乱をうけた場所で繁茂する種がけっこうあることに気づく。たまたま、当時の東大植物園の研究グループ（広義）のメンバーが解析の対象としていた材料植物のうちでもみられ、ヒヨドリバナ属、ニガナ（キク科）、ヤブマオ属（イラクサ科）などの無性生殖型はその典型例かもしれない。

植物では栄養体細胞が全能性をもっているとか、染色体の倍数性がおこりやすいとか、後生動物とくらべると進化にかかわる表現形質に異なった点がみられる。それに対して、動物の種分化の関連では、行動など生活様式の特殊化が個体群の隔離につながることが多く、種分化の在り方に違いが顕著である。この話題の関連でも、動物では無融合生殖とくらべることのできる生殖型の変化は話題となることがめずらしいが、だからといって、動物ではこの種の進化はみられないと普遍化するのにも無理がある。

（9）問題の拡がりと知りたいこと

無性生殖が進化の流れの中で演じる役割は多様で、この問題に関する研究も多様に展開しているが、本書はそれを紹介するのが目的ではない。その流れの中で、かつての私たちの研究グループで明らかにしてきたことがあったし、その後も同じ線上の研究の展開はみられる。この研究が、一見無秩序のようにみえる多方向への展開をみせたのは、生きているという事実は多様な現象で表出されるものではあるが、生きているということは個々の現象の単純な積み重ねではないという視点から、現象間のつながりを知ることを大切に考えたからである。しかし、個別の現象について、観察をつらねるだけでなく、可能な技術を駆使してつらぬく解析が待たれることはいうまでもない。

この段階で、無融合生殖型がほんとうに簡単な機作で、並行的に頻度高く作出されているのかどうかを確かめることが、この課題の解析にとって必要な研究である。ホウビシダ属では無融合生殖の進化は並行して複数回生じたと推定されたが、コスギイタチシダの例では、自然雑種の形成は複数回生じたと推定される根拠があるにもかかわらず、現生の無融合生殖種は1回起源のものが、たぶん無性的に、無配生殖を通じて、あるいは栄養繁殖によって増数したと推定される傍証がある。

異なった型の間の自然交雑、いいかえれば異系統間の配偶子の合体とその接合子の成長はどうやらまれな現象ではないようだが、それが多くの個体に増数し、種形成にいたるのはよほど恵まれた条件に遭遇したときだけなのだろう。異型間の交雑によって得られた接合子由来の胞子体である個体と、普通に種内の配偶子どうしが接合して得られた接合子が成長した胞子体である個体とで、無融合生殖が導かれる比率に違いがあるのか、導かれるために必要とする条件が異なるのか、無融合生殖型が導かれる機作についてはまだ闇の中である。多様化する事象に通底する法則があるのか、個別に多様なのかも明らかにされてはいない。

この種の解析のためには、現象をつらぬく普遍的な原理がたずねられなければならず、この現象の解析だけについていえば、その研究は生物体を物質のかたまりとみた解析をすることになる。個別の現象の解析は、その限りにおいては、生物体の自然科学であるだろう。ただし、この場合、研究の必要性は知的好奇心にうながされ、すぐに社会の物質・エネルギー志向の役に立つ成果をもたらすと期待せずに推進する研究を展開することになる。それが、いずれ社会の必要とする知見につながることにはある種の確信をもちながらであるが、そのいずれがいつのことになるかは、神のみぞ知る、である。

無融合生殖型の形成のような、自然界の変遷に人為による変貌がともなったときのような変化に緊急に対応した短期的な進化は、駆けこみ進化（岩槻, 1997）とでもよばれるべきもので、自然界の悠久の展開に応じた自然の進化とは識別されるべきだろう。実際、有性生殖を放棄した植物にとって、せっかく加速に成功していた種形成への参画から、再び脱落することになる。とはいっても、百万年単位の進化の話であり、数十年くらいでなんとかなる、どうしようもないほどの困難に直面するという問題ではない。これからの人類が、人為で圧迫して変貌させた自然界の進化に今後どのように対応するか、変化の現状を正しく認識しながら対応策を構築すべきだろう。自分たちの側からだけの都合で活動をつづけていると、やがて周囲と適合せずに、自分たち自身の首を絞めることになる。

いうまでもないことであるが、科学は科学の領域で自己増殖する部分があり、知的好奇心はそれ自体の発展を遂げるのが正道である。科学のための科学として正当に発展して得られた知見が、技術に転用されたり、そこで発達する技術を管理するのに使われたりと、社会のために活用され、社会のための科学と評価されるものである。これまでの経験では、配慮に欠けた技術の転用が結果として人類に悪を働いた事例もあったことも忘れないでいたい。

発想の順序としては、科学的な課題の解析を進め、その成果のどれをどれだけ社会のために活用するかを考える、ということである。無融合生殖型の進化の研究は、生きているとはどういうことかという問題を解く研究の一環として推進され、そこで得られた知見をどのように社会生活との関連で生かすことができるかが問われているか、ということである。ここでは詳述することができないが、研究の詳細な過程についてはすでに紹介した著作を参照してほしいし、このような生物多様性の解析が、人間環境の理解と、劣化への対応としてどう生かされえるのか、評価されることも期待したい。

科学的に実証されたというのではないのに、この段階で、無融合生殖種が人為的な環境で、駆けこみ進化で形成された可能性があると指摘することに意味があるか。そういう質問があれば、2つの返答を準備したい。第1は素直に科学的好奇心に答えることであり、種分化がどれだけ動的に進められるものかの例示となる点である。この例示については、仮説をさらに確実に科学的に実証する夢をよぶ。もちろん、駆けこみ型の種形成については、核相の倍数化など、ほかの変異を起点とする場合もあることをふくめて考える。

2つめは、環境問題への対応について、より確実な考えを支えることである。里山の在り方について、放置して荒廃することの恐ろしさを論じようとすれば、どうせ人為的につくりあげた景観だから、放置して自然にもどれば問題ないではないか、という人たちがある。その人たちに、自然にもどるとしても、安定した景観になるまでには、植生学の常識では400年規模の時間がかかり、そのほとんどの期間で荒廃した景観とつきあわねばならないことを指摘する。さらに、人為的な環境には、駆けこみ進化によっていくつもの種形成がおこなわれているとすれば、400年先に安定すると期待する景観は、自然本来の進化の結果にもどるのではなくて、自然の進化とは異なった要素が入り組んでいる。そういう条件でつくりだされた景観はほんとうに安定したものといえるのかどうか、現在の科学で断定することはできない。もちろん、これは駆けこみ進化ということがほんとうにあれば、という議論であるが、そのような種形成がおこなわれている可能性は、ここで推論するように、けっして低いものではなく、その可能性ぬきに未来を考えることは無意味なのである。

知的好奇心にうながされた研究がすべてそうであるように、この研究もやっとその緒についたところというべきで、今後に残された興味ある問題は多い。それがなにかはここで列挙することではないが、そのような中途半端な段階で、なぜこの課題についての追求を紹介するのか、蛇足かもしれないが、簡単に整理しておこう。

研究面では、種分化の解析の主流派とは別に、種分化の多様性とでもいうべきものの具体的な例を示すことである。しかも、その特殊例を追跡することが、たんにいろいろありますよ、と例示することから、ひょっとすると人間環境の人為的な展開が自然界の種分化になにをもたらしているかを示唆する問題に展開するかもしれないことに話題を拡げることにつながるかもしれないと考える点に意味があるかもしれない。その時点で、進化は純粋に生物学的問題でありながら、きわめて人文社会学的問題につながるのである。生きものの生き方のしなやかさが、自然界の現象から、人為的な現象に渾然一体となる。その当然なことが、自然科学の手法で解かれることに、進化という課題の拡がりを意識するのである。それは、自然科学の手法を用いた解析といいながら、自然に文理融合への対応となっており、それこそがナチュラルヒストリーの研究の本然的な姿であると知るのである。

[tea time 5]　植物の種名を知る意味

無融合生殖種の議論に関連して、大学院生のころに経験したことを参照しながら、分類学の基礎的単位とされる種について考えてみよう。経験談は例示したベニシダ類に関係する話題である。

1950年代末のことだったが、当時小中学校の夏休みの自由研究で植物採集をする人が多く、夏休みの終わりごろに、企業がメセナの一環として主催する植物同定会が開かれ、私たち大学院生が動員されることがあった。けっこう効率のよいアルバイトで、声がかかると参加したものである。

あるとき、つくられていたベニシダのなかまの標本をとりあげて、思わず研究者の態度にもどって、この類はむずかしいので、すぐに名前はいえないんだよね、とつぶやきながら標本をみていると、そばにおられたおじいさん、お孫さんの宿題のお手伝いをされていた人だったのだろうが、私のつぶやきを聞きとがめて、突然、これは普通の植物なのに、こんなものにも名前がつけられないのか、と難詰されたのである。ベニシダ類は形態だけで種の識別をするのは困難で、当時の知見では総括してベニシダとよびながら、実際にはいくつかの型のあることを認識しても、正確な分類にいたることはできないでいた。私のつぶやきはその科学的な問題を念頭に置いたものだったが、難詰された人の感覚では、こんな普通の植物の同定もできないような未熟なやつが指導者としての席を占めているのか、という雰囲気だった。

科学が自然をいかに知っていないかは、一般の人にはそのくらい知られていないことだったし、実態はいまも変わらない。私としても、さっさと、これはベニシダです、といっておけば、キッチリ指導する能力のあるやつだとみなされたはずである。評論家として生きていくのだったらそのように割り切ったほうがよいことくらいはその当時でもわきまえていたのだが、科学の実状を正しく伝達することができないくせに、思わず本音をつぶやいてしまうというのがそのときの私の行動だった。

ベニシダ類の多様性を科学的に解析する研究は、それぞれの時代に醸しだされた問題意識とそれに対応する解析技法にともなって、日本産シダ植物の研究の状況を映しだすように展開している。1959年の『原色日本羊歯植物図鑑』（田川，1959）から、1992年刊行の私どもの図鑑（岩槻，1992）をへて、最近の日本シダの会の英知を集成した図鑑（海老原，2016-2017）へと、それぞれの時代の知見が反映されたとりまとめがみられる。この類の種分化の解析に、生殖法が深く関与していることは、ごく最近の研究例を含めて、その一端をすでに述べたとおりである。

当然ながら、現在の知見を用いるなら、中学生の自由研究の標本でも、ベニシダのなかまで終わらずに、もう一歩詳細な知見にもとづいた結論が紹介されることだろうが、中学生にとって（そして、中学生に付き添っておられたおじいさん風の人にとっても）、その知見の進歩はほとんど意味があるものではなく、ベニシダというのと、○○ベニシダと細分された名前でよぶのと、その違いの意味を理解することはないだろう。

だとすると、自由研究で植物採集をし、標本をつくり、同定会で示された名前をラベルに書きこむというのはなにを意味するのだろう。ナチュラルヒストリーの学習の導入として資料を収集するのなら、違いとはなにかを追究すべきだし、もしそうしないなら、せめてベニシダといっても多様な型があるくらいは確認しておくべきなのだろう。そうしないで、ただ標本をつくり、ラベルに教えられた名前を書きこむだけだったとしても、その植物を意識して採集し、標本にするだけで、ナチュラルヒストリーへの導入になっているといえるのだろうか。

ベニシダ類の解析的研究は、解析技術の進歩を最大限に活用して、最近になって解明が進んでいる。すでに紹介した堀さんらの研究（2014）なども、最新の技法を活用してこのなかまの種の構造を明らかにするものである。種の構造がよくわかってくるにつれて、この類はむずかしいので、すぐに名前はいえない、といった大学院生のころの私の表現は、科学の最先端でいっそう明瞭に響くことになっている。

同定会も、ただ標本に名前をつけるだけでなく、普通の植物のうちにも簡単に名前がつかないものもあることなどを、なぜそうなのかという問題もふくめて論じあえるとよかったのだろうが、当時の宿題への対応は、たんに名前をつけるだけの機会になっていた。このような在り方が、子どもたちにほんとうの生物学のおもしろさを教えることができなかった限界だったと反省するところではある。

もっとも、最近では、たんに標本を集めるだけの宿題が出されることもなくなっているし、自由研究で標本集めをすることも推奨されないようになっている。たぶん、名前を聞くだけの単純な同定会のようなものも期待されないだろう。逆に、中学生、高校生と一緒に生物多様性の実態を詰める学習は、博物館などの活動の中で、まだごく限られた範囲かもしれないが、実質的な展開がみられるようになっている。子どもたちの目が、自然と接するときにいきいきと輝くことは、人の科学的好奇心の芽生えであり、本来それはたくましく育てあげたいものであるが、残念なことは、いまの学校教育体系はむしろそれを圧殺する方向にあることである。

実際、ごく最近になって、学術賞に関連する会合などで受賞者の話を聞いて、生物学に無関係な複数の有識者から、私は高校のころの生物学で暗記を迫られて嫌いになったが、こういうおもしろい話を授業中になぜしてもらえなかったのかと、いまになって残念に思う、などとおっしゃるのを聞くことを一再ならず経験したことである。受験の制度や指導要領をとがめるだけですまない話だろう。

また、人型研究の評価などに関連した会合の後のパーティーで、ある高名な生命科学者との立ち話の際に、種はいまの生物学では定義できないものだ、と話したら、分類学では種は定義できないのだそうだ、と周辺の人にびっくりしたように話されたのを経験して、広義の生命科学者にも生物多様性の基礎はそれほど知られていないのだと驚いた経験をしたことがあったことも付記しておこう。

ベニシダは日本庭園の構成要素として、脇役ではあるが主要な位置を占める。庭園の鑑賞をしながら、ベニシダが日本人の自然との共生の成果として生みだした3倍体無融合生殖型であることを認識し、日本庭園のつくりの意味を考えてある種の感動にひたるのは私の個人的な情感の動きである。しかし、この知的な感動は、経済的な価値に置き換えることのできない人間らしいよろこびであることは厳然たる事実である。

第3章　ナチュラルヒストリーをひきつぐ
——どのように学ぶか

前2章で、ナチュラルヒストリーの発展の経過と研究の実態を追った。そこで、さらにナチュラルヒストリーに固有の問題にしぼって、この領域の知的所産はどのように継承発展させられたのか、それを未来にひきつぐための要点とはなにかを探ってみたい。

歴史の学習は、過去の出来事としての評価で終わるのではなく、それが未来にどのように生かされるかの視点があってこそ意義が認められる。過去に生じた変化を学ぶことによって、いまの自分の行為は、100年先、1000年先にはどのように記録されえるものかを推測し、その行為を歴史的な存在に高めることこそが歴史を学ぶことの意味である。

3.1　ナチュラルヒストリーの教育
——日本における知の継承の歴史

日本列島に住みついた人たちの知的活動は、どこで創始された知をひきついだかにかかわらず、列島の自然を畏敬する生き方に育てられ、長い時間をかけて日本文化を醸成してきた。日本人が多方面から何度にも分けて列島にたどり着いた人たちの混成集団であるとすれば、固有の民族として単元的な文化を育てたというよりも、集団とそれをとりまく環境との相関のもとに、特有の文化が構築されたということなのだろう。

特定の血によってかたちづくられた固定観念に縛られていなかったから、日本人は総体として列島の自然になじんで生き、自然をみつめ、自然からの学びに謙虚で、真摯に生きてきた。実際、日本人の自然観は、文書としても8世紀に成立した『万葉集』に、自然環境としては、それより前に列島を通じて形成されていた里山林の生態に、如実に記録されていると理解したい。

しかし、『万葉集』成立以前の、文献に残る上古の日本で、ナチュラルヒストリーの教育が体系的に進められたはずはないだろう。日本列島の生物の特性や、里山林の生態的意義が列島に住む平均的な人々に理解されていたとは考えられない。それにもかかわらず、『万葉集』に編まれた歌を詠み、里山林をつくって生活してきたのは、科学者や芸術家とよばれるような人々だけではなく、政治経済の指導者に導かれていたわけでもない、普通に生活していた平均的な人々だった。普通の市民が、ナチュラルヒストリーの原理にしたがって生きていたらしいのである。

だからといって、その事実をもとに、当時の日本人の科学的認識は高かったのだと評価することができるだろうか。ナチュラルヒストリーにかかわる知見が、上古やそれ以前の平均的な列島の住人の常識になっていたというのなら、常識とはなにかが問われることになる。正しく評価するためには、科学としてのナチュラルヒストリーの展開と、生活の中で熟成されてきたナチュラルヒストリーの原理に適った暮らしとのかかわりを考えてみることである。

（1）学校で教えること、社会がひきつぐこと

明治維新までの日本の研究教育

教育といえば学校教育の意にしてしまうのはごく最近の傾向だろう。人間が知的活動を発達させ、文化を創造したのは、個人の脳で育てられた知的な蓄積を社会に共有の宝とし、社会全体でひきついできたからであり、その継続性を維持したのが家庭教育や社会教育に相当するものだった。健全な知の継承を目的に、社会の中で体系だった学校教育が施されるのは、ずっと新しい時代のことであり、歴史を通じて整備された学校教育体系が育てられたというものでもない。

学校の記録として最古のひとつに、メソポタミヤで、紀元前2000年ごろのシュメール文明の記録に、「エドゥブバ（＝粘土板の家＝学校）時代」と題する書が残されているという。役人になるための読み書きの修練の場だったらしい。紀元前7世紀に創設された古代インドのタキシラの僧院は最古の高等教育機関とされ、ここでは現在の学位に相当する卒業資格も与えられて

いたとされる。

古代ギリシャではプラトンのアカデメイア（紀元前387年創設）が学校のはじまりである。ここでは体育が奨励されたので、ギムナシオンは体育大学の役割も果たしていたが、そこで付加的に哲学などの授業もされていたのだともいわれる。

一方、中国の官吏養成の機関としては、紀元前124年創設の太学が最初とされるが、大学、小学などの名称はすでに五経のひとつ『礼記』にもみられ、教育のための機構は、西暦でいえば紀元前のころには、もうつくられていたらしい。

日本では空海が庶民教育の場として創設（828年）した綜藝種智院が現在の大学につながる機関とみなされることがある。大学という名称が日本で使われたのは、大宝律令（701年）で官吏養成機関として官制を整えた大学寮（実際には7世紀中に天智天皇がこの種の学校をつくろうとしたともいわれる）を嚆矢とするが、これは知的教育が施されたとはいっても、本質は官吏の資格取得のための制度だった。学ぶという行為よりも、資格取得のほうが優先して評価されたということか。やがて貴族の家ごとに教養を積むための制度が個別に整えられ、公の学校制度が知の継承の場として育つことはなかった。個人がかかわるそれぞれの家庭が、時代に向けての知の継承の役割をになっていたのである。

教育機関の起源と展開をたずねれば、上記のような歴史の記録に行きあたるのが普通である。しかし、ここでいう教育機関は、高等教育にかかわる組織で、いまでも大学がもっている重要な機能のひとつである官界、経済界、学界の指導者を育成するためのものであって、研究活動の中核となって文化を創造し、先導する機関を意味するものではない。実際、大学の知的な創造の部分が明確に意識されるようになったのは、もっと新しい時代になってからであるし、自然科学の分野で大学らしい活動ができるようになったのも、科学の知見や解析法の継承がみえてきた近代になってからといえる。また、教育機関といっても、普通の市民に向けて、知の体系を普及する媒介としての教育制度が整うのは、公的にも私的にも、ずっとのちになってからだった。

江戸時代は鎖国していたから日本では近代科学の展開に遅れをとったといわれる。しかし、西欧の歴史と対応させてみると、ナチュラルヒストリーの領域についていえば、リンネが“Systema Naturae”初版を刊行した1735年は8代将軍吉宗の治世下で、そのころには、蘭学の学習に意欲的だった吉宗の影響もあって、西欧の知識の吸収に積極的な気風が育っていた。キリスト教の宣教にかかわらなければ、書物のもちこみは、いったん規制が緩和されるとむしろ歓迎されるようになっていたようで、訪日する科学者によりもたらされる書籍は、将軍に献呈された場合でさえも、将軍の個人的な所有で終わるのではなく、もっとも先導的な研究者の目に触れるように活用されたらしい。少なくとも、研究者社会（に類するものがあったとすれば）では、ヨーロッパの最先端の知識は吸収できる条件にあったようだし、それを消化するだけの知的基盤が日本には整えられていた。

なにしろ、同じ百万都市でも、江戸はロンドンやパリよりも格段に清潔だったし、江戸の末における日本人の識字率は欧米よりも高かったのである。当時は識字率の統計はなかったという事実を論拠に、日本の識字率の高さに懐疑的な見解もあるようだが、科学的な確証はなかったとしても、さまざまな傍証から、そういってもよい状況にあったとは十分推察できる。江戸時代の寺子屋における教育の実態も、最近ずいぶんくわしく明かされている。

江戸末期にはのちに東京大学に発展する蕃書調所や種痘所が設立された。蕃書調所は1857年に幕府によって設立された機構で、外国の文献の研究教育が目的とされた。1863年には開成所となり、さらに開成学校として、英、独、仏の3学科が置かれた。

種痘所ははじめ1858年に蘭方医82名が共同で私立の施設としてつくった。1860年には幕府からの援助をうけ、接収されて官立の施設となり、西洋医学所、医学所などの名称変遷をへて、東京医学校となった（1875-1876年建築の東京医学校の建物は重要文化財に指定され、いまは東京大学大学院理学系研究科附属植物園の一隅に移され、東京大学総合研究博物館の小石川分館として使われている）。それらの施設では、職員の職名に教授、助教授などの名称も使われていた。やがて両者をもとにして東京大学がつくられるが、江戸時代末期には、大学とよばれる機関はなかったものの、すでに大学に相当する機構があったということもできる。

ただし、これらの学校では、進んだ欧米の文化、文明について文献から学び、蘭学、洋学の枠を超えて、医学の発展と医療行為が推進されはしたが、知的好奇心にしたがった文化の創造に向けての学術は重視されていなかった。科学についての社会的認識が、西欧先進国でも、まだその段階にあったのだった。

このころに、医療行為に関連してではあったが、実用的な薬草とのかかわりで、自然の産物についての調査研究がなされていたことは、ナチュラルヒストリーとのかかわりで記録しておくべき話題である。しかも、本草学の伝統にあわせて、西欧で進んでいた生物誌の調査研究の手法が、すでに江戸時代にしっかりととりいれられてもいた。

一方、すぐれた学者のもとへは多くの若者が弟子入りをし、私塾が江戸にも地方にも数多くつくられた。もちろん、私塾のもとは武芸や漢学を学ぶ道場だったが、江戸も後半になると、知の修練のための道場が普通になっていたらしい。なかなか弟子入りを許されないという話もいろいろ伝えられているように、いつでもだれでも学べるという組織ではなかったが、尊敬する師のもとで、学ぶよろこびを育てる機会は準備されていたようである。すぐれた学者の情報は列島を通じて知られていたし、豊かでなくても、私塾の厄介になるくらいの財政基盤をもつ層も、けっして特殊な富裕層に限られていたわけではなかった。

そして、塾の書生の中から、革新的な意識に目覚める若者たちも育ってきたが、それと並行して、純粋に科学的な志向をもった若者の数も徐々に増えてきた。蘭学や洋学の私塾もあれば、適塾のように、医学を目的としながら、医者以外も育ってくる懐の深い塾もあった。その意味では、塾での教育も、寺子屋で学ぶ子どもたちの学習も、同じように自主的だったのが江戸時代までの日本の状況だった。

ナチュラルヒストリーの領域でも、鎖国中とはいえ、ケンペル、チュンベリー、シーボルトをはじめ海外から訪日するすぐれた科学者たちと積極的に接触し、指導をうける若者も多く、それまでに本草学などで蓄積されていた知見をもとに、いつでも西欧文化に対応できるだけの研究基盤は育っていた。江戸時代後半には、飼育栽培動植物の多様な品種の作出には世界に冠たる成果をあげていた日本で、そのような実績がみられるだけの科学的な素地は整えられていたのである。江戸時代のナチュラルヒストリーの記録については、すぐれた研究が多い（上野，1973；木村，1974；西村，1999 など）。

大学におけるナチュラルヒストリーの発展

明治維新以後の教育体制の整備の一環として、日本でも西欧風の学校教育体系が確立された。1877年には東京大学が設立され、総合大学として、文系、理系の広い分野について研究と高等教育が実施された。動植物学関連の研究教育の詳細な歴史については、東京帝国大学教授（当時）で植物学者の小倉謙ら（1940）、日本植物学会編（1982）、京都大学名誉教授で陸水学者の上野益三（1973, 1987）などの文献から学ぶことができる。

明治維新ののち、日本に欧米風の研究教育機関がもうけられた際、最初の国立大学だった東京大学の母体となったのは、18世紀末から19世紀中葉にかけて幕府が開設した昌平黌、蕃書調所（のちに東京開成学校）、種痘所（のちに東京医学校）の3つの研究教育機関で、発足時の東京大学は開成学校と東京医学校の連合体のようなかたちのものだった。小石川御薬園も、設立直後に東京大学の附属施設となった。大学の母体となる組織はすでに江戸時代にできあがっていたのである。ちょうど、明治に入ってからの義務教育の体制が、江戸時代に自主的に整ってきた寺子屋の組織に全面的に依存していたように。

創設時の東京大学理学部は、数学科、物理学科、化学科（純正化学、応用化学）、生物学科（動物学、植物学）、星学科、工学科（機械工学、土木工学）、地質学科、採鉱冶金学科の8学科で構成され、小石川植物園は附属施設となった。1年は諸学科共通、2年から学科に分かれ、生物学科では4年で動物学、植物学のどちらかを専攻した。講義はすべて英語だった。

植物学担当には矢田部良吉教授（1851-1899）、動物学では2年任期でモース教授（E. S. Morse, 1838-1925）が任用された（Morse, 1879, 1917；モース, 1970, 1983）。当時の生物学は、研究対象をたいてい個体レベルでとらえており、総体がナチュラルヒストリー領域のものだった。宇宙、地球に関する領域は物理学科、星学科におさまっていたのだろうし、地質学、鉱物学は地質学、採鉱冶金学科で研究教育されたのだろう。

モースは大学で専門教育をうけた研究者ではなかったが、幼時から無脊椎動物に関心をもち、すぐれた採集家、観察家となっており、たまたま東京大学創設の年だった1877年に資料収集のため来日し、採集許可を得るため文部省をおとずれた際、日本人第1号東大教授の外山正一（1848-1900、社会学）から動物学教授への就任を請われ、うけいれることにした。のちに東大総長、文部大臣にもなる外山は、植物学の矢田部らと『新体詩抄』（1882）を編むが、2人の間には情報交流の機会が多かったのか、矢田部は東京大学のお雇い外人教師の紹介にも努め、大学ができてからは管理職の役割もひきうけていた。

モースの採用は、動物学の領域にとどまらず、東京大学のためによい効果をもたらしたようだった。創設時のお雇い教授のうちには、たまたま宣教師として日本に滞在していた人などで、高等教育の任に耐えられない人もふくまれていたようで、モースは矢田部らと協力して、これらのうち何人かを解任し、新たに専門分野のすぐれた教授たちを招聘するのに貢献した。美学、哲学のフェノロサ（E. F. Fenollosa, 1853-1908）もモースの推薦で来日している。

モースといえば大森貝塚の発見が有名であるが、これも採集許可を得るために文部省に向かう汽車の車窓からみた景観がそもそもの注目の機会だったのだそうで、その観察をきっかけに日本で最初の発掘調査をおこなった。矢田部をついで植物学の2代目の教授になる松村任三（1856-1928）も、当時は動物学教室の助手で、この発掘にしたがっている。縄文土器、などという名称もモースの論文から始まった。

研究教育に資すための臨海実験所をつくることは外山大臣との最初からの約束だったらしく、実際、少し後になったが、1886年には三崎（神奈川県・三浦半島）に臨海実験所が設立された。

日本で最初に設立した学会のひとつが1878年発足の東京生物学会であり、矢田部とモースの提案でつくられた。しかし、この学会、1885年には東京動物学会と東京植物学会に分かれている。矢田部良吉教授は東京生物学会でも会長に推挙されているが、日本植物学会ではこの名称で独立した1885年を学会の創立年とかぞえる。一方、日本動物学会（1923年にこの名称にあらためた）は東京生物学会創立の年を歴史のはじまりとしている。その後、ごく最近までの長い間日本動物学会と日本植物学会は、同じ基礎生物学の研究者の集団でありながら、緊密に協調することがなかった。切磋琢磨するのはよいことだが、背を向けあうような活動は褒められたものではない。

モースは予定されていたように2年間の任期を全うし、その後は、ホイットマン（C. O. Whitman, 1842-1910）が教授職をついで2年間貢献、第3代教授になって、米英への留学から帰国した日本人の箕作佳吉（1857-1909）が任ぜられた。東京大学が創立され、活動を始めたころといえば、生物学も観察と記載を主とするところで、なにせメンデルの遺伝学の論文がヨーロッパでも学会主流派には認められず、再発見のための実験が3人の研究者によって独立に進められていた時代のことである。

大学が創設されたとき、植物学の分野では、初代の教授は、アメリカ留学から帰朝した弱冠25歳の矢田部良吉が、理学部の25人の教授のうちたった3人だけだった日本人のうちの1人として活動を始めた。矢田部は理科大学（帝国大学時代の理学部）の教頭と東京大学評議官も務め、兼職で東京高等女学校（現お茶の水女子大学）校長の役も担った。

本草学の大家で、『泰西本草名疏』などを出版していた伊藤圭介は、58歳のときに、東大の前身のひとつである幕府の蕃書調所に出仕したが、東京大学が創立されたとき、すでに74歳と高齢だったものの、員外教授という職名（これは東京大学でもその後使われたことがないらしい）を得て小石川植物園に通い、園の運営に助言をするほか、自身の研究を続けた。東京大学の立ち上げの際の植物学の研究は、アメリカ仕込みの若い矢田部良吉教授による植物学教室での研究教育と並んで、本草学の系譜に支えられながら、西欧の植物分類学に明るい伊藤圭介員外教授のナチュラルヒストリー分野のものをあわせて始まったのだった。

大学で研究が推進されるようになってから、学術的な研究の成果は大学の紀要で公表されたし、植物学でいえば、日本植物学会から『植物学雑誌』が1887年に創刊された。その内容といえば、オリジナルな論文は新種の報告などが中心で、初期には国際的な研究動向が和文で紹介される記事が多かった。大学という名称でよばれるようになっても、前身の蕃書調所はもともとすぐれた西欧の文化を学ぶ組織だった。当初は進んだ文化を輸入することに傾注したのはむしろ褒められるべきことだったかもしれない。

しかし、すでに江戸時代にも欧米の最先端の研究に強い好奇心をもっていた人たちがあったことから、大学で進められる研究は、まもなく国際的なレベルで競合し、日本人自身の手による新種の記載もできるようになると、矢田部が「泰西の植物学者に告ぐ」という英語の宣言文を『植物学雑誌』に掲載（1890）し、日本の植物相は日本人が中心になって解明に努めるという意気ごみを公表している。平瀬作五郎（1895, 1896）と池野成一郎（1896）によるイチョウとソテツの精子の発見も、その当時の日本の植物学が国際的に誇る成果で、のち（1912）に第2回帝国学士院恩賜賞で顕彰されたものだった。

植物学の領域では、かたちのうえでは大学の教育をうけてはいなかった平瀬作五郎（1856-1925）、牧野富太郎（1862-1957）、南方熊楠（1867-1941）のようなすぐれたナチュラルヒストリーの学究も育ってきた。

平瀬はイチョウの精子の観察（1894年、論文は1896年発表）によって、日本の生物学の実力を当時の世界の最先端に導くことになった。平瀬は強い科学的好奇心にうながされてイチョウの受精の観察を始め、継続し、精子の観察に成功したが、彼の研究は池野成一郎（1866-1943）によって支えられた。帝国学士院で顕彰をうけたのも池野の強力な支援があったからと伝えられる。その池野は開成学校、大学予備門をへて帝国大学理科大学を卒業し、農科大学の助教授（当時、のちに教授）に就いていた。アカデミーの権化のような人である。池野は平瀬の観察の先取権を尊重し、競合する自分の論文を後回しにして平瀬の論文発表に協力し、帝国学士院賞も平瀬の発見なくして池野の発見なし、の原則をつらぬいた。精子をプレパラート上で泳がせ、それをみた最初の人は平瀬であるが、それを精子と確認したのは池野だとされている。

平瀬は精子の発見の1年後、東大助手の職を辞し、滋賀県彦根中学校教員に転出、その後京都の花園中学校教員を務めた。中学校教員になってからはとくには研究活動に成果をあげてはいない。博物学者として広く知られる南方熊楠によると、平瀬はその後もマツバランの生活環の研究などで熊楠と協力して観察はつづけたらしい（南方，1925）。

西欧風の大学の研究教育体制が整ったのは、明治期において西欧化が整備されてきた歴史の一環だった。この現象はナチュラルヒストリーに関連する部分でも例外ではなかった。植物学の初代教授となった矢田部良吉はアメリカ留学から帰朝したところで、大学の講義も英語だった。植物学を研究し、教授するかたわら、鹿鳴館に出入りし、ローマ字運動を展開し、外山正一、井上哲次郎（東大哲学で日本人最初の教授）と共著で『新体詩抄』を出版する。時流の先端を歩む人で、学内でも要職を担っていたが、東大を途中で去り、のちに東京高等師範学校（のちの東京教育大学、現筑波大学）校長を務めたが、水難事故により47歳で他界した。

矢田部はコーネル大学留学中には生理学など植物学一般を学んだらしいが、東京大学での研究領域は分類学だったし、彼の後をついだ松村任三も（動物学の学習もおこなったが）、植物分類学の研究者だった。もう1人の助教授の大久保三郎（東京府知事だった大久保一翁の息子で、ミシガン大学卒）は伊豆の植物相の研究などをしたが、三好学が留学から帰ってきて助教授に採用された際（1895年）、退職した。三好は伝統に則って新種の記載もしたが、生態学という語を造語したり、天然記念物の保全に貢献したりして、研究対象も、命名にかかわる分類学だけでなく、さらに広い植物学の領域をめざした。

生物学そのものの国際的な規模での進展に応じて、東京大学における植物学の研究内容は多様化し、分類学にくわえて、生理学、細胞学、遺伝学、発生学、形態学、生態学などの分野の研究がさかんになってきた。一方、動物学分野では、若くして渡米し動物学を学んだ日本人初代教授の箕作佳吉が実験発生学の発展に貢献するなど、実験をともなう解析的な研究に重点を置いたことから、伝統的なナチュラルヒストリーの視点は重視されなかった。その伝統は、東京大学の動物学教室のその後の展開にも息づいている。

植物学の研究が狭義の分類学から始まったのは、当時の欧米における研究の在り方にあわせたものだった。そして、やがて20世紀に向けて、生物学の近代化にともない、観察、記載にとどまらず、研究は実験的な解析をともなって仮説検証的に進められるようになった。生物学の研究が、研究室内でも、解析機器の発展にもうながされて、徐々に専門的に分化し、個々の現象についての解析を深めてきたのである。

東京大学の植物学教室でも、頭初から本草学の伝統に乗りながら、欧米式の分類体系を日本風に消化しようとした伊藤圭介が員外教授として研究に参画するなど、江戸時代のナチュラルヒストリーの伝統も正しく継承されていた。そのうえで、矢田部が内外の植物研究者に向けて、日本の植物の研究は日本の研究者が推進する、と宣言したように、自分たちの研究に一定の自負ももっていた。

東京大学では、初期の教官には、欧米に留学し、かの地の進んだ研究の実際を体験した人たちが任じられていた。しかし、独学で研究に貢献した牧野富太郎も、矢田部との軋轢でごく短期間東大への出入りを禁じられた時期もあったが、1893年に助手に採用され、1912年に講師に昇任、77歳（1939年）まで東大の施設を利用して研究をつづけ、また学生実習などは人気のある授業と記録され、後継者養成にも貢献した。

牧野自身はアカデミーから認められなかったといくつかの著作でのべているが、実際は生涯の大部分で東京大学の禄を食んでいたし、日本学士院会員でもあったし、東京大学の学生との触れあいは強かった。ただ、全国のナチュラリストとの交流も大切な部分で、この絆つくりが、のちに述べる京都大学の田代善太郎の貢献とともに、少なくとも植物学関連では、日本のナチュラルヒストリーの特別な強みを育んだ。

帝国大学が京都、仙台などに開設されるのにともない、これらの大学でもナチュラルヒストリー関連の研究がおこなわれた。ただし、1897年に開設された京都帝国大学に動物学科、植物学科が創設される1921年ごろには、東大創設時と違って科学研究は専門分化が進む時代になっていた。京都大学では、1897年開設時の理工科大学のうち数学、物理学、化学の教室を核として理科大学が独立するのは1914年（1919年に理学部に改称）で、1921年になって宇宙物理学科、地球物理学科とともに、動物学科、植物学科が開設された。20世紀も最初の5分の1をすぎたころには、東大の生物学教室の構成にもみられるように、生物学も専門の研究領域への分化が進んでいた。

京都大学の動物学科には動物分類学・形態学、動物生理生態学、発生学の3講座が置かれたが、東京大学で実験を主体とする解析的な研究が推進されていたのをみながらだったのか、生態学の分野などでも活発な研究教育が進められた。

植物学科には、開設当初から植物生理生態学、細胞学の2講座がもうけられていたが、形式上の植物分類学講座の開設は少し遅れ、1929年に初代教授の郡場寛のもとで助教授だった小泉源一（1883-1953；1936年に教授に昇任）が分担して開講された。小泉は植物地理学に関心をもった分類学者だったが、研究、教育に貢献し、すぐれた後継者を育成したほか、九州で中等学校教員をしながら地域の植物の調査研究に貢献していた田代善太郎（1872-

1947）を嘱託で招聘し、ナチュラリストとの協働を推進した。第二次世界大戦まで、東の牧野と西の田代の仲介で、大学の専門研究者と学術的交流をおこなっていたナチュラリストは数も多く、すぐれた人にことかかなかったため、日本列島の植物相の解明に必要な情報構築に大きな力となっていた。もともと自然に対して畏敬の念をもちつづけた日本人の血が、学術的によい実を結んだ好例である。

明治時代にも、ナチュラルヒストリーの研究が大学でおこなわれただけではないことを示す好例がある。植物学についていえば、東京大学でも、後発の京都大学でも、維管束植物を対象とした研究に焦点が置かれていた。しかし四囲を海に囲まれた日本では、伝統的に海藻を資源として活用しており、海藻についての情報も社会に蓄積されていた。この情報をもとに、欧米で一定の成果をあげていた海藻学を日本で展開したのは岡村金太郎（1867-1935）だった。岡村は東京帝国大学植物学科卒業後しばらくは大学院で研究に従事していたが、海藻類の研究にふさわしく、大日本水産会水産伝習所（のちの水産講習所、東京水産大学、東京海洋大学）に就職し、ほとんど独力で海藻研究を国際的に第一線の状況にひきあげ、1936年にライフワークとなる大著『日本海藻誌』をまとめた。

さらにその伝統は北海道大学や東京教育大学（のちの筑波大学）などにひきつがれ、現在も優秀な卒業生によって研究の展開がみられ、日本の海藻学はつねに世界の先端を歩む成果をあげつづけている。

大型菌類（いわゆるキノコのなかま）の研究も、東京帝国大学植物学科を卒業した川村清一（1881-1948）が、帝室林野局をへて千葉高等園芸学校（のちの千葉大学園芸学部）に職を得て、日本における系統立った菌類分類学を始め、生涯をかけた研究成果が『原色日本菌類図鑑』（1954-1955）にまとめられた。これは大型キノコ類の図鑑であるが、菌類全体を対象とした調査研究はそれ以後さらなる展開を遂げることになる。

菌類のうちでも、病原菌などは医生物学の領域で研究されたし、東京帝国大学植物学科を卒業した白井光太郎（1863-1932）などによって研究が始められた植物病理学の分野は、実学の領域と考えられて、大学ではもっぱら農学部で研究された。

明治維新以後の西欧化、いわゆる近代化は、社会現象だけでなく、科学の領域でもよく似た展開を記している。西欧の進んだ文明をみて、隣国の清の国家の崩壊を目のあたりにして、国をあげて推進された富国強兵への動きは、一方的な西欧崇拝とその反動としての皮相的な国粋主義に凝り固まった。長い歴史で培ってきた日本人の能力をところどころで発揮しながらも、西欧的な物質・エネルギー志向の豊かさへの一途の追究に目を奪われてしまい、自然と共生する生き方を過去に置き忘れることにつながってしまった。

日本列島の生物相を自分たちで解明するという動きは、日清・日露の両戦役の勝利や日韓併合によって明治期後半に拡大された国土について、拡がった日本帝国の全版図におよぶ生物相の調査研究に発展した。樺太、千島、朝鮮半島、台湾などの生物相の調査は精力的に進められ、それ自体は地球規模での種多様性の調査に大きな貢献となるものだった。さらに、第二次世界大戦に展開する時局に応じて、南洋の資源開発の一環として生物をみる動きさえ始まってはいたが、熱帯アジアの生物相の研究に本格的に取り組むだけの実力はまだ整ってはいなかった。

核型分析によって栽培植物の起源を探索する調査活動なども、日本人研究者が先端を切る領域だったし、進みつつあった遺伝学の知見を活用した作物の品種改良にも着実な成果をあげてきた。生きものについての調査研究で、日本人研究者の貢献は、研究の質の高さにおいて、昭和初期には世界の第一線に参画するようになっていた。

藩学と寺子屋

初等中等教育に対応する藩学、寺子屋は、当該藩の力の入れ方によって多少内容が変わっていたかもしれないが、いずれにしても武士階級のための公共教育機関としての藩学と、町人、農民を対象とした私立の寺子屋が列島を通じて準備された。藩学は藩の経済基盤、教育方針、それになによりもすぐれた師匠の有無などによってさまざまなかたちで発展したが、武士階級の子弟を対象に、武芸と、儒学を軸に四書五経の素読などが中心の教育がおこなわれた。明治時代になって中等学校、旧制高校などに変身したものもある。もっとも、武士の子弟のうちにも、とりわけ次男以後の男性は家督をつぐ機会が乏しく、江戸時代も後半になれば、能力をもてあます者は江戸へ出たり、各地のすぐれた師を求めて、住みこみの塾生となって学問に傾倒する例も、わずかな数かもしれないがあったし、そうすることが許されてもいた。

町人、農民の子ども向けには寺子屋が発達したが、これは読み書き算盤を修得するために、自然発生的に育ってきた制度で、地域の人たちの自主的な活動だった。このような学習施設のおかげで、日本人の識字率は高まり、知的好奇心は刺激された。しかし、寺子屋はあくまで日常生活に必要な、実用的な技術としての読み書き算盤に重点を置くもので、第一義的に知の啓発を目的とする機関ではなかった。教科書として、往来物と総称されるさまざまの書が刊行され、広く普及していた。とはいえ、実務に即した修練だとしても、知的な修練は人の知的感覚を陶冶することにつながる。江戸時代後半に、日本文化がかたちを整えてくるのも、このような教養の高まりに無関係ではない。

藩学にしても、寺子屋にしても、初等中等教育に、科学的な視点がくわわるという余地はほとんどなかった。自然に対する情感は、日常生活の中で磨かれ、とくに深い科学的好奇心を抱く人たちは、あらためて蘭学や洋学を学ぶというのが江戸時代の日本人の姿だった。しかし、寺子屋が地方にまで普及したことで、一般の人々の識字率があがり、知的好奇心が刺激されたために、日本人の文化学術への意識の高まりに大きく貢献した事実には注目したい。260年におよぶ江戸時代を通じての平和が、市民生活における文化の高さを生みだしていたのである。

意識的に科学教育がおこなわれたわけではないので、封建時代の江戸期には日本人の科学的な好奇心が自主的に高まることはなかった、という総括もあるようだが、それは皮相な見方ではないだろうか。なによりも、寺子屋への就学率は世界でも突出して高く、たとえそこでおこなわれたのが実学の修練だけだったとしても、日本人の平均的な教養を高めた点では大きな効果をもたらしたに違いない。封建社会であっても、平和な日々が250年を超え、知的な活動が高まると、そこに生きる人々の知的好奇心が展開するのは当然のなりゆきである。『万葉集』の時代から顕著だった日本列島の住人がもつ自然志向の生き方が、高い文化に支えられたからこそ、江戸の日本文化の高まりの中には、飼育栽培動植物を高度に発達させた部分も育ったのだと説明したい。

江戸時代にすでに日本のナチュラルヒストリーはそれなりの展開を遂げて

いた。その基盤となっていたのは、本草学に根ざした自然の理解の深まりだっただろうし、学習基盤の広まりが、科学的好奇心の高まりを支えていたのだろう。

明治になって総合大学がつくられると、高等教育をうける機会を得た一握りの人たちだけではあったが、科学を学ぶことができるようになった。しかし、それは一握りの人たちのためだけのものというよりは、底上げされた文化の意識の中に育った頂点の一握りだったとみなすほうが正当である。明治維新によって制度としての大学がつくられたころには、すでに、科学に関心をもつ人が育つ社会の基盤も整っていたのだった。

大学とナチュラルヒストリー

大学における研究に、ナチュラルヒストリーの課題をどうなじませるか、むずかしい問題もある。

大学における科学の教育は、科学的思考の修練に重点が置かれる。そのために、既存の知識体系が、入口から最先端に向けて論述され、学習される。知的学習にとって、ある意味ふさわしい学の体系である。しかし、最近では大学は社会にすぐに役立つ人材の養成機関とみられる傾向も強い。すぐに社会に有用な役割を果たさない文系学部は再編成すべきであるという考えは、理系に適用すれば、知的好奇心に忠実な課題にこだわるよりも、有用な技術に転化できる基盤研究を期待する方向に導かれることになりやすい。教育機関としての大学には、既成の知識の伝達が重視され、知的好奇心の展開と独創的な解明への能力育成は後回しにされる。高等教育機関としての大学は、知的に社会を先導する人格の育成が期待されるはずなのだが。

ナチュラルヒストリーの領域に蓄積してきた知は、体系的に論述する対象となりにくい。中等教育の題材としても、どうしても事実の羅列になりがちなので、知の体系というかたちでは伝達のむずかしい課題である。むしろ、直接自然になじんで、自立的な学習によって知的好奇心を錬磨する題材である。だから、座学で学力をためす試験問題をつくろうとすると、丸覚えが期待されて理科的でないとされてしまう。大学のカリキュラムの中でも、生物学の基礎知識として不可欠とされながら、知的継承はあっても、知的好奇心を刺激し、科学的思考を修練する材料を提供するのが、講義などの座学中心ではむずかしい。ナチュラルヒストリーの知とは、実習などを通じ、実践活動を通じて、資料標本なども扱い、体を使って科学的好奇心を励起し、解析のおもしろさを体験することで、科学の教育に成果をあげることに向けられるのが望ましい。

かつては、日本の大学で進化論の講義がおこなわれていないことが指摘されることがあった。進化論が進化学とよばれるようになったいまでは、いくつかの大学で進化生物学の講義も開講されており、東京大学教養学部には進化学コースとよぶサブプログラムも設定されている。私も、京都大学で「進化」を冠するリレー講義を担当したことがあるし、立教大学に所属していたころに一般教育課程のリレー講義「進化」を組織した際には、その内容を本にして記録している（岩槻ら，2000）。

生物進化の実態はさまざまな領域の講義で論述されており、これを進化学としてまとめて15回の講義に整理することはむずかしいし、いまでは単独でそれを担当するとなれば論外かもしれない。実証主義にもとづく現在のカリキュラム構成からいえば、大学で進化学を論じるとすれば、どこまで理論に徹するか、実物にこだわるか、内容の決定はむずかしいのかもしれない。しかし、それをナチュラルヒストリーの視点で考えるとすればどうなるだろうか。

私が学生だったころ、それはもう半世紀以上も前のことになるが、京都大学理学部では徳田御稔「進化論」が開講されていた。すでに、京大での講義にもとづいて岩波全書『進化論』（1951）が刊行されていたが、私が受講したころ（1956）には『続　二つの遺伝学』『改稿進化論』の準備などの思索がおこなわれていたのだったか、2時間の講義時間が30分くらいで終わることがしばしばだった。それでも、進化論を論じる意欲に満ちた講義は、受講者にそれなりの感動を与えていたのではなかったか、ミチューリン農法に染まってしまうかどうかの批判は別として。講義からうけるものは、人によって違うのだろうが、人が語りかける講義では、紹介される事実の伝承だけではなくて、それを語る研究者の個性の影響をうけるのが肝心なのだから。

京都大学で、ナチュラルヒストリーへの志向が強かったことは、戦後まもなくのころの動向にもうかがえる。第二次世界大戦中に内蒙古の張家口に西北研究所をつくって活動していた今西錦司を中心とする人たちは、戦後京都へもどってから、その名も自然史学会という組織をつくり、『自然と文化』という会誌を刊行した。藤枝晃、中尾佐助、梅棹忠夫らが活動の中心となったこの学会での活動は、その後の探検文化の発展に強い指標を印象づけたものであり、ナチュラルヒストリーの総説から無視することのできない動きである。

戦後に展開する探検の伝統はここに始まり、ヒマラヤ地域の探検の報告をつくる組織を生物誌研究会とよんだことでも自然史にかかわるものとわかる。ナチュラルヒストリー研究のモデルともいうべき自然人類学の研究は、今西の主導で始まったものだった。

京都大学のカリキュラムに早くから進化論という講義題目がとりあげられたのも、一過性の話題ではなく、そういう雰囲気を無視して理解できることではない。大学紛争が吹きあれていた1970年代初頭に、伊谷純一郎さんたちと京都大学で「進化論」をカリキュラムに復活させたころには、数人でリレー講義をするかたちにならざるをえなかった。

（2）博物館等施設とナチュラルヒストリー

欧米ではいまでもナチュラルヒストリーの研究に博物館等施設が果たしている役割が大きい。博物館等施設が基本的には研究を基盤とするものであると、社会的にも共通の理解があり、博物館等施設で研究を推進する体制が整っているためである。

ただし、たとえば関連施設の植物園についていえば、ヨーロッパではいまでもその名のとおりbotanic（植物学的）な施設であることが多いが、北米では、植物園とよぶ施設のうち、研究を設立の目的の第一にあげるところは1割程度にすぎないという調査結果もある。

ヨーロッパでは、植物園は国立の機関だったり、大学附置の施設だったりすることが多い。もともと、研究のために設立されているものなのである。それに対して、北米では、私立の施設が多い。これは研究機関をふくめ、機関の維持にどのようなかたちで責任をとるかについての考え方の違いがはっきり出ているためでもある。ヨーロッパで、20世紀の後半になって、国公立の博物館などの人員削減がおし進められたことがあったが、国際的な貢献の大きいことを諸外国の関係者から政府に訴えてほしいと要望されたものだった。外国の研究者の要望が政府や公共団体の意向にどのように影響をもったかは知らない。

私立植物園では、入園料収入を基盤に運営する例が多く、集客に注力するところが少なくない。いきおい、そういう施設では演出によって集客を図る意図が前面に出る。それに対する市民の反応の在り方も、それぞれのお国柄がうつしだされるものである。

ミズーリ植物園は北米ではもっとも古く、1859 年創設である。この植物園、歴史とともに寂れ、1970 年代初頭には、学位をもつ研究員が２人しかいないという弱小植物園に堕していた。1971 年にレーブン博士（P. H. Raven, 1936-）が園長に赴任して以来、急速に研究施設として充実し、1980 年代中葉には学位をもつ研究員の数は 50 人を超えるという状態になっていた。いつのまにか、研究活動でも普及活動でも北米でもっとも活発な植物園に成長し、イギリスのキュー植物園と肩を並べる存在とさえいわれるようになった。いまでは、ミズーリ州とセントルイス市も経費を負担しており、私立の機関といいながら、経営も安定している。

アメリカの場合、安定した経営のためには、外部資金の導入が必要であるが、大学も私立が主力であるように、学術・文化に関する事業などに寄付する社会的風潮が強い。事業などの意味が理解されれば、外部資金の導入が困難ではない状況がつくられているのである。もちろん、そのために、事業者の側には十分な説明が求められるし、事業などの内容と意義が理解されなければ、機関の活動が困難になる。

日本では、明治維新の際の設定で、学術・文化は公共の施設で維持発展させられるものになった。市民が寄付によって学術・文化を支えるというかたちをとらなかった。相撲にタニマチはあっても、文化は税金でまかなう体制をとったのである。文化が市民のものでなく、官製であるというのも変なものではあるが。

福井県朝日町（現越前町）に福井総合植物園プラントピアが建設されたのは 1994 年だった。この地域の植物の調査活動に情熱を傾けていた若杉孝生さんが創設園長をひきうけ、準備にあたった。地方の町がもうける施設だから、公立で毎年度寄付を募る必要はないが、予算の額には恵まれない。予算の額が少ないことが周知されたとしても、公立の機関に寄付をする善意はあまり期待できない。若杉さんは、それまでに自分の活動を通じて構築していた人脈を活用して、国内の多くの友人（その多くはいわゆるナチュラリストたちである）にそれぞれの地域の植物の提供を依頼し、たいへん高い割合で協力が得られたので、植栽する植物については設計どおりの状況がつくりだされた。植物園の開園は中京地区で大きく報道され、得がたい地域の植物園だということで、初年度には予想を超える60万人もの入園者がおとずれ、植物を楽しんだ。

もっとも、おとずれた人に再訪の期待を抱かせることができなかったのか、2年目には、入園者が激減した。そこで、町では事業にてこいれを、と町役場から新園長を出し、集客のための方針の転換がおこなわれた。園庭にバーベキューのための場所をつくるなどして人をよぼうとしたのである。しかし、入園者は一向にふえなかった。何年か経って、再び若杉園長が復帰し、今度は落ち着いて本来の植物園活動が展開するようになった。爆発的な入園者数は期待されていないが、だからといって経費がかさむので閉鎖するという危機にも面していないようである。最初の盛りあがりが、とんでもない誤解をまねき、淡い夢を抱かせたが、いまでは実状がうけいれられているということである。その後若杉園長は引退し名誉園長となり、小さいけれども存在感のある植物園が、（合併で拡大した規模の）町立の施設として運営されている。

公立の施設だからといって、経営が安定しているということはない。植物園の展示が地域の人々にどのように認識されるか、しっかりした視点をもって対応することが必要である。そして、そのことが、地域の生涯学習支援につながるのである。学術・文化に関する施設に限らず、国公立の施設には官の意識が強かったことは、近年ずいぶん改善された。博物館等施設についても、それは例外ではない。

博物館といえば、薄暗い建物の中に見慣れないものが陳列され、個々の陳列品に読みにくい解説がつけられている、と、ごく最近までの博物館について多くの人が感じていたようだ。高度成長期に安易な目的のもと建てられた施設でも、同じような陳列が試みられ、あまり入館者がないまま、むだな建家の建設だと非難の的になっていた。

バブルがはじけて、世の中が落ち着いてからだっただろうか、博物館の職員が博物館らしい活動に熱意を燃やすようになったのは。上から目線で、陳列物を解説文で教えようとするだけではなくて、陳列物によって来館者の関心がどれだけ励起されるか、そのきっかけづくりに知恵を出し、そのための活動を構築するようになったのである。

博物館等施設の特徴は、すぐれた研究者が活発な研究活動をおこなっているところであり、貴重な資料標本類を所蔵していることである。資料を有効に活用して、生涯学習支援に実をあげ、シンクタンク機能を発揮することができる施設なのである。その役割を、キッチリ果たすのが、館員の務めである。

博物館にとっては知の普及の活動がもっとも基本となるものである。これは、教育とよばれる活動によってではなく、学習をいざなうことによって可能となることで、入館者の目をいかに自主的な学習にいざなうかというところに成果が問われる活動である。その意味では、寺子屋でおこなわれた活動を見習うとよい。

寺子屋の学習とくらべると、明治になって学校制度が確立され、義務教育制度が敷かれてから、西欧に追いつけ追い越せの富国強兵に貢献するための教育効果はあがったかもしれない。しかし、博物館等施設の充実に遅れをとったのが現実だったように、国民全体の自主的な学習意欲を高め、市民の科学リテラシーの向上を図ることには遅れをとった。むしろ、遅れをとることが一部の人たちには、そうとはっきり意識していたわけではないのかもしれないものの、望まれていたのかもしれない。

経済的な目的から、博物館等施設も、国公立の施設から、法人組織にしたり、指定管理者制度を適用したりと、制度改革が進んでいる。制度の改革も必要かもしれないが、どんな制度になってもそれを効率よく運用できるように、関係者が博物館等施設の役割を正しく認識し、そこで演じられる活動に参画することがまず必要だろう。

博物館関係者の意欲が高まろうとしたところで、実際によくみるように、やる気が盛りあがった施設があれば、あそこは放っておいてもキッチリやるから、ちゃんとやれていないところにてこいれする、という方針がとられるのと、やる気があるところに注力し、その意欲を効率的に伸ばしていくのと、社会にとってどちらがためになることか。ナチュラルヒストリーの振興と、生涯学習支援について、科学リテラシーの高度化のためには進めるべき対応策が注目されるところである。

3.2　自然史資料標本

ナチュラルヒストリー関連の機関といえば、大学にくわえて、博物館とその関連施設があげられる。博物館といえば、まず普通の人の意識にのぼるのは展示された資料で、実際のところ、博物館の資料は展示を目的に収集されるという面もある。大学博物館や国立の博物館のように研究を主目的としている施設は当然として、公私立の博物館など普及活動、生涯学習支援などを主目的としている施設でも、その基盤には学芸員の研究活動が不可欠で、いずれも大量の自然史関連の研究資料標本を管理維持しているところが大学などの普通の研究教育機関と異なっている特徴である。資料標本のうちには、展示に使われる材料、研究の対象として保存、管理された標本もあれば、関連施設の動物園、水族館や植物園のように、生きものを飼育栽培して、展示に用いたり、系統保存の資料としたり、研究材料とする機関もある。

自然界に存在する事物はすべて自然史資料標本のもとになりえる。とりわけ、研究材料として所蔵される標本は、無作為に収集されたものと期待されることもある。しかし、実際に博物館などに収集されている標本は、まったく無作為に研究目的の資料として収集されたものとは限らない、というよりそのような自然界からの抽出標本のほうがめずらしい。研究資料として利用する際には、扱う標本がどのように収集されたかも理解しておく必要がある。

資料標本となる対象は、自然界に存在するすべてのものである。生きものであることもあるし、地学の資料など生きていないものもふくまれ、地球上のものだけでなく、月の石など、宇宙から収集されたものも、最近では入手される機会がふえ、その関連の研究にとって貴重な資料標本とされる。

「標本」は『広辞苑』では定義の３つの項目のうちのひとつに、「生物学・医学・鉱物学などで研究用または教育用とするため、個体またはその一部に適当な処理を施して保存したもの」とある。博物館の資料標本で、実際には展示に供されるものも、当然標本にくわえて問題はない。展示は社会教育のための用途だから、教育の一環である。しかし、辞書の定義にみるように、標本といってまず考えられる用途は研究と教育のためである。

（1）自然界を代表する資料標本

自然界に存在するすべてのものを対象とするといい、普通は人工的なものは自然史資料標本にはふくめない。工場で生産された製品は自然物ではないので、自然史系の博物館には収蔵されない。人工物は科学博物館とよばれる科学技術系の博物館に回される。しかし、自然物と人工的なものの差は判然としないこともめずらしくない。とりわけ、現在のように、地球上のあらゆるところに人為の影響がおよぶと、人の影響をうけないものがほとんどないからである。

生物については、普通、対象とする地域に生息している自生の生物が自然物とされる。飼育栽培動植物は育種とよぶ人為によって作出された品種と考えられ、地域の生物相の構成要素とはみなされない。自然物由来で、現に生きているものであっても、人の営為がくわわっていると自然物ではなくなると判断するのである。

野生種を食用や薬用などに利用するなど、人の営為による野生生物の生存への圧迫は自然環境破壊として厳しく批判される。それに対して、食用などのためにとくに人為的に育てられた型（飼育栽培動植物）を計画的に殺傷して食用などに供することは当然の生産活動、経済活動の一環とみなされる。特定の動物を食さない宗教的慣習や、ベジタリアンとよばれる人たちが肉類を食用にしないのは、特殊な例である。野生種を利用しながら、生存数の管理を科学的に制御し、結果としては野生種の生存を維持し、自然と共生する生き方をしていても、野生のままで人為的な育種の手がくわわっていない生物を人のために殺害するというだけで批判する人たちもいる。それも有害動物などの殺害には、日常的に積極的にかかわっている人たちが。さらに、森林に生きている動物たちと、水産物とでは、殺傷についての一般の理解はまったくといってもよいほど異なっている。

飼育栽培されていない野生生物であっても、元来生きていた場所から人の営為にともなって移住した生きものは、外来種とよばれ、地域の生物相の構成要素ではない。移住した場所で世代を重ね、もはやその場が生来の生活場所となっていても、である。

しかし、植物のうち、史前帰化植物といわれる種は、意識的にであれ無意識にであれ、文字の記録に残されるより前に、原始時代の先祖たちの人為によって導入されたものと解釈され、人工物ではなく地域の植物相の構成要素と記録される。文字の記録に残されていないだけで、実際は人の活動にともなって導入されたものなのだが、文化が確立されるより前の人の活動は、野生動物種としてのヒトの活動とみなすということだろうか。

その解釈はどうであろうとも、現実に対象とする地域の生物の自然の姿を正確に理解するためには、史前帰化植物とよばれる植物たちの生きざまも、その由来に沿って正しく位置づけられることが肝要である。その意味で、人為がくわわっているから自然史資料の範疇から除くというのではなく、むしろ自然史資料の範囲を広く解釈し、人為のくわわった資料も部分的にはふくめる態度が健全なナチュラルヒストリーの振興のためには必要である。

実際、具体的に、栽培植物の資料標本のあるものがふくまれている博物館もあれば、栽培植物の標本が展示される植物園も多くあり、そこでは園芸植物などが美しく飾られ、主要な構成要素であることはめずらしくない、というより、むしろ最近の植物園では多数派だというべきか。

いずれにしても、自然史資料標本は、自然界に存在するすべての自然物を代表する資料である。ここでいう自然物はできるだけ広義に理解し、ある程度まで人工の要素がくわわっていても、場合によっては参考資料というくらい自然の性質から離れていても、自然史標本の範疇にくわえて収集保存するのが望ましい。

（2）資料にもとづく研究

ナチュラルヒストリーの研究には、資料標本が不可欠である。しかし、なんでも研究資料になるとはいえ、自然史資料とはなにかを整理する必要もある。

博物館等施設で資料標本を収集し、管理維持する意味のひとつは、研究用の資料の確保のためである。しかし、すでに大量に収集されている博物館等施設収蔵の自然史資料標本は、自然史の研究課題に応じて系統的に収集されたものだけではない。特定の研究課題のために収集された膨大な資料のうちには、博物館などに収蔵するにはふさわしくないものがふくまれる場合もあり、記録の必要性の高い特定のものを除いて廃棄されることもある。ある目的にしたがって収集された材料には、自然界における分布の状態からみて偏った例の抽出になっていることがあり、自然史資料としての普遍性を欠くものがあるためである。

収集される資料標本は、その標本ができるだけ多くの情報を背負っていることが期待される。個体、あるいは個体の一部なのではあるが、その個体の形状をできるだけ多面的に語る標本が期待されるのである。植物標本だと、たとえ個体の一部を採取した標本であっても、採集の時期などにも配慮され、植物体のできるだけ多様な部分がふくまれ、花や果実など、その植物のもつ形質をできるだけ多く代表しているものが期待される。もちろん、樹木で根、茎、葉、花、果実などすべてをそろえる標本をつくろうとすると、容積的に膨大になって、収蔵に困難をきたす。できるだけ大量に収蔵できるように、ひとつの標本は限られた容量であることが期待される。

生きものについていえば、自然史資料標本が必要とされるのは、生物多様性の研究材料とするためで、後で述べる実例にもみるように、できるだけ分布域全域から、多様な個体変異を包括した資料が収集されることが望ましい。樹木などの場合、1 個体を完全に知るためには、生きている個体を材料に用いればよいのであり、自然史資料標本としていつでも全体を収蔵しておく必然性は乏しい。

そのような目的のために、植物の標本だと、1 枚の台紙に貼りつけることができる程度の大きさが好まれ、国際的に標本の規格のようなものができている。標本の台紙の大きさに多少の違いはあっても、この形態の資料標本が、大量に収蔵し、利用するために、情報をもっとも効率的に示せるためである。さらに、標本の大きさを一定の範囲内におさめることにすると、同一条件で採取した複数ある標本については他施設と交換しあい、より有効な資料の活用が期待されるという利点もある。

もちろん、このようにして収集された標本が、あらゆる研究の資料として有効であるとは限らない。研究教育に沿って一般的に有用であることを期待するのである。その王道から離れた研究が、ナチュラルヒストリーにとっても大切であることはいうまでもない。そのような研究に必要な資料は、その研究にあわせて収集する必要があり、それはどんな研究にとっても不可欠の課題である。自分がいま詰めようとする研究に直接役に立たない資料は不要なものだというのは身勝手ないい方だろう。

このような標本を、あらゆる地域のあらゆる条件の地点から、できるだけ大量に収集する。もちろん、専従の研究者が収集できる範囲は限られている。昔は探検とよんでいた辺鄙な地域への調査活動などで、資料標本の収集に専従する人も多かったし、現在でも資料収集にほとんど専従している人もある。かつて、探検的に未開地の植物資料を収集した人たちをプラントハンターとよんだこともあった。収集専門家のうちには、専業の生物学者ではなくて、ナチュラリストとよばれる人も多く、すぐれた資料標本の収集はこの種の人たちの努力に負っている部分が大きい。

標本のうちには、地域の収集家が大学や博物館などの専門家に同定依頼のために送ったものもあり、このような場合には、正確な同定ができるように、個体の形質ができるだけそろった標本が送られる。同定依頼で送られた標本が新種記載の際の基準標本になる場合もめずらしくなく、この種の標本も研究上きわめて貴重な価値をもっていることが多い。

収集を目的にしたもの、同定依頼などで送付されたもの、収集家（が亡くなってからその遺族など）が寄託したもの、などが積みあげられるので、博物館などで大量の標本が集積されている施設では、系統立った収集になっていないことが多い。どうしても、希少な型、特定の変異をふくんだ個体などが、収集家の興味を惹くし、同定依頼の対象になるので、実際に自然に生育している状況と、資料標本の分布はかけ離れていることもめずらしくない。もちろん、研究者はそれを前提に、収蔵されている標本から、可能な限りの情報を活用し、なにが真実かを明らかにしようとする。標本がなにを語り、なにを語らないかは項をあらためて整理しよう。

自然史資料標本としての形状は、対象によってさまざまである。植物では上述の腊葉（さくよう）標本の形状が基本で、場合によっては大型の腊葉にしたり、もろい花などや、容積のある種子、多肉植物体などを補助的に液浸標本などにする例もある。昆虫では展翅標本などの状態が多く、脊椎動物の多くは剝製と液浸標本の状態で保存される。鳥類では、剝製だけでなく、卵や巣の標本も収集される。標本の保存の形態は研究の対象とする生物群によって、それぞれの生物にふさわしく、さまざまな様態であるが、共通して必要なのはパスポートデータ（自然史の研究者間ではラベルデータという呼称も通用する）とよばれる基本的な採集の状況が記録されていることである。詳細な採集場所（最近ではGIS情報などがつけられることが多い）、採集日時、採集者名などにくわえて、生育地の状況や標本に残りにくい形質（色や香りなど）を可能な限り記載しておくことが期待される。

（3）資料標本の利用

研究とのかかわりでいえば、大学などでは後継者養成の教育活動が重要な役割になる。ナチュラルヒストリーの研究の項でも、資料標本について触れているが（第２章2.3）、後継者養成の場でも、資料標本は不可欠である。後継者養成には２つの面があり、ひとつは優秀な若者にこの領域の研究に目覚めるきっかけを与えることであり、もうひとつは、この領域の研究を志向する若者に、基礎的な研究方法の修練の機会を与えることである。

ナチュラルヒストリーの包含するさまざまな課題に科学的好奇心を目覚めさせるためには、自然のもつ不思議さに気づかせ、感動をいざなうことがもっとも有力な方法である。このために自然史資料標本が、人が費やす百万言よりももっと強力な効果を発揮する点は、後で博物館の展示の項で述べるとおりである。

ナチュラルヒストリーを専門的に研究しようと意図する人の修練とは、その人が実際に研究活動を模索し、自分の学習によって独創的な問題意識をもち、解析方法を切り開くことである。そのためには、研究資料としての標本類は不可欠であり、それは研究の項で述べることでもある。

ナチュラルヒストリーの普及には、学校教育での役割と生涯学習を支援する博物館等施設の役割がある。学校教育では、幼稚園から大学まで、自然の理解を進める教育はすべてナチュラルヒストリーに関係する。知的な資産の継承のために、知育に重点が置かれる学校教育では、教える事項が多くなりすぎて、座学に多くの時間が費やされる。さらに問題なのは、初等中等教育が入学試験のための予備校的役割を担わされ、知識の修得が最優先されて、真の人間性を陶冶する教育の基本が軽視される傾向さえ生じていることである。学校教育の場で、人を育てることよりも、社会的な成功を得るための準備活動に重きが置かれているところがあるようなのだ。これでは、自然をよりよく理解しようとする意欲をもたらす機会が与えられる場ではなくなってしまう。自然の一要素として生きる人間としてはきわめて危険な状況にある。

学校教育のためのカリキュラムそのものが絶望的な状態にあるというのではない。それが実行される際に、理想的なかたちで運用されていないのが気になる点なのである。そして、自然に関心をいざなう教育のために、初等中等教育にたずさわる教員の多くが、その自然の基本的な理解に遅れていることが指摘される。さらに、その前の教員養成機関において自然を正確に理解するための教育が十分に施されていないし、施されるだけの体制が整えられていない点に現状の問題がある。

このことも、突き詰めていえば、ナチュラルヒストリーを志向する研究者の層が薄く、そのために教育系の大学などで教育活動に従事するすぐれた教員を満足に供給できていないところまで問題をさかのぼらせることになってしまう。ぼやきの循環論になってしまわないように、もう一度、ナチュラルヒストリーが後継者養成に果たす役割に目覚める必要があり、そのために資料標本の充実が期待されることに触れると同時に、初等中等教育で、少しでも自然現象に素朴な好奇心をもつ次世代を育てる方策に力を入れる必要のあることを強調したい。

具体的には、子どもたちに実際に自然に触れる機会を増やすことであり、直接自然に接することがむずかしかったとしても、資料標本などに触れる機会を増やすことが基本である。本の図やテレビの画面でみた恐竜を、博物館の複製標本でみたときの子どもたちの感動の大きさは、そのことを如実に示している。せっかくの感動を一過性で終わらせてしまい、好奇心の展開につなげられないもうひとつの現実に切歯扼腕（せっしやくわん）することはあったとしても。最近、博物館などの活動に参加する子どもたちが、親の期待以上に、積極的に自然物への関心を展開し、深めている例をみる機会が多いだけに、このような科学的好奇心が、まだ老成してしまわない若者のこころのうちで開拓される機会が増えることを期待したい。

学校教育のための自然史資料標本の準備には、大学を除いて、むずかしい問題がある。これは、地域の博物館などを充実させ、自然教育における博学協働を推進することで解決が期待される点である。資料という本モノに触れることによって、自然に対する好奇心を陶冶することは学習環境にとって最低限の必要である。

ナチュラルヒストリーの社会的役割を考えれば、自然史資料標本の展示が重要な意味をもつ。博物館の生涯学習支援は自然史資料標本の展示をきっかけとする。ナチュラルヒストリーの普及活動に努め、生涯学習支援やシンクタンク機能の発揮に効果をあげようとする博物館等施設では、収蔵されている資料標本のもつ意義が大きい。というより、博物館というと一般の人がうける印象は、資料標本が展示されている場所、というくらいである。

博物館もそうであるが、生きた資料を展示する動物園や植物園ではとりわけ、集客を考えると、展示をいかに魅力的にするかが重要な課題となる。ほかではみることができないめずらしい生きものを展示するのは、昔からもっともよく選ばれる手法である。しかし、それだけでは集客のための展示につきることになる危険性があり、生きものの姿をいかに魅力的に、しかもその生きものの性状を正しく紹介するかたちで展示するかが研究される。

生きものの展示と違って、資料標本の展示によって生きものの姿を示すためにはまた異なった展示の手法を必要とする。最近、生物多様性の持続的利用が社会的課題となっていることについて、博物館等施設が普及活動に貢献しているが、そのための展示にはさまざまな工夫がほどこされている。

かつての博物館の展示は、まさにめずらしいものを陳列し、ややむずかしい解説が並べられており、博物館にもつ一般人の印象も、薄暗い部屋で見慣れないものが陳列され、解説文を読んで勉強する場所、というようなものだった。展示する側も、普及活動は収蔵資料の値打ちを教えるものというような、どちらかというと、どうぞ勉強しにきてください、といわんばかりの姿勢があったこともあながち否定できることではない（かつては、あらゆる公の機関は民を導こうとするものだった）。

最近では日本の博物館も役割を正しく認識している場合が多く、せっかく収蔵している資料標本の展示は、来館者をいざない、そこから実物に触れ、自然の神秘に好奇心を抱く糸口をつくろうとするものに仕たてあげる活動が進んでいる。ただめずらしいものを陳列するだけでなく、一歩踏みこんで、資料をきっかけに自然の神秘に気づき、興味をかきたてる活動を、私たちは展示から演示への転換という表現で説明しようとしている。展示＝exhibitionを、示すだけでなく、演技＝performanceする演示に展開しようというのである。

演示という言葉は、既存の用法では、英語でいう demonstration で、座学で講演だけでは説明しきれない場合、図表などを援用したり、模擬実験などを加味したりしてわかりやすくすることをいう。逆にパフォーマンスは音楽や演劇でいう演奏、演技であり、動的な部分に焦点があたる。

博物館でいう演示は、資料に動きを与え、資料になにかを語らせよう、それを人間が助けようという意図を実現するものである。実際に野外で自然物を手にしながら指導する側とされる側が好奇心を共有し、得られる感動を、知識がより多い側と少ない側とが一緒になって味得しようという場合もあるし、博物館所蔵の資料標本を用いた同じような活動、さらに、博物館の資料を地域にもちだして、出前展示→演示とでもいうような活動をおこなうこともこの範疇にふくまれる。大切なことは、知識の多い側が一方的に知識を少ない側に転移するだけでなく、自然物、その標本から得られる感動をより大きく意識し、それから誘導される科学的好奇心を深め、読み解くために、必要な知識を活用するように、指導されるのではなく自主的に学習することである。能動的な学習があってはじめて知的好奇心は陶冶される。

演示とよぶ活動のためにも、ひきつづき静的な展示のもつ意味を生かすためにも、資料標本は必要不可欠である。研究目的で収集されている資料がそのまま転用されてすぐれた展示がおこなわれることもめずらしくないが、展示で（とりわけ演示では）標本が疲弊、損傷することも考慮しなければならない。ということは、研究用資料標本が必要であると同時に、展示用に特化した資料標本の収集もまた必要である。貴重な研究用の資料標本は、疲弊がはなはだしくなれば語る情報量が限られてくるし、損傷が激しくなればもはや標本としての用をなさなくなってしまう。もちろん、研究にも展示にも活用する標本もあるだろうが、備品相当の物品として収蔵される必要のある研究用資料標本と並んで、消耗品的に破損を気にしなくてすむ展示用の資料標本をもつ必要も今後大きくなることだろう。はっきり用途を区別すべき場合には、その差ははっきり認識しておく必要がある。

（4）自然史資料標本と文化財

ここでは資料標本を自然史資料標本と限定して語っている。標本は自然界の事物を人工的に管理維持するかたちで博物館などに所蔵するものとする。しかし、博物館などに所蔵される資料といえば、文化財のほうが一般には知名度が高い。実際、文化財は文化財保護法によって、その名のとおり保護されているが、自然史資料標本は、ナチュラルヒストリー関係者が好みに応じて収集し、収蔵されているものという程度の認識で遇されることが多い。

日本の文化財保護法は、1949年に法隆寺金堂の放火による火災で、貴重な壁画が焼失した事件をきっかけに検討され、制定された法律である。文化財は有形文化財、無形文化財、民俗文化財、記念物、文化的景観、伝統的建造物群の6種類に整理され、このどれかに指定された文化財を保護することとされている。それまで、関連の法律として、史跡名勝天然記念物保存法、国宝保存法、重要美術品等の保存に関する法律があったが、これらの対象とするものは文化財保護法にふくまれ、文化財保護法の施行（1950年）によってこれら3つの法律は廃止された。自然史に関連のある史跡名勝天然記念物の対象となるものは、文化財のうち、記念物の範疇にふくまれている。

天然記念物はドイツに留学した三好学が、ドイツのNaturdenkmal（＝自然記念物）の概念を導入したもので（三好，1915）、生きている生物が対象とされる記念物である。すぐれた美術工芸品などが国宝や重要文化財などに指定され、文化財に認定されるので、一般人の文化財に対する理解は拡がっている。天然記念物についても、相当広範囲の人になじみ深くなっている。しかし、自然史資料標本については、これまで法律などによってとくに保護しようという動きはなかった。

東日本大震災（2011年）の際に、いくつかの博物館等施設が大きな被害をうけ、標本の修復に全国の博物館が動いたのを契機に、自然史資料標本の位置づけをはっきりしようという動きが、日本学術会議の中に小委員会をもうけて検討するかたちで顕在化している。よいかたちで、自然史標本の意義を国として認知し、保全に責任をとる方策が講じられるよう期待される。2011年の災害の際には、被害をうけた自然史資料標本についても、修復などに関して文化財担当者が文化財を広義に解釈して適用し、自然史標本の修復などにも多少の予算措置がおこなわれたし、博物館関係者などが個別の機関の枠を超えて修復に協力した（布施，2012など）ので、最悪の事態は防がれた。

（5）標本に期待できること、できないこと

生物を対象とした研究に限定しても、資料標本は研究上不可欠の材料である。

生命の実体を知るうえで、生命体のもつ多様性とはなにかを把握しなければならないが、そのためには、現に生きている生物がどれだけ多様であるか、実物をもとに認識するのが近道である。生きている状態で認識するのは現に生きているところで観察するのが最善だが、地球上に生きているすべての生きものを対象として比較しようとすれば、地球上のすべての生育地をたずねることはむずかしく、手元に世界各地の生きものの標本を集めると実物がみられてよい。もちろん資料標本は生きていない状態が多いから、その標本からどれだけの情報を読みとるかは研究者の側の能力による。

生物学の研究は、生物が多様であるという基本的な原則を前提に、特定のモデル生物を材料に用いて推進される。モデル生物を対象とする解析的研究は、混ざりもののないよくわかった系統を材料として研究される。この場合、研究材料を研究室などで飼育栽培し、必要な管理条件下で維持した材料が用いられる。

しかし、モデルを用いた解析は所詮モデル生物について知ることである。そこで得た知見を生物の特性として普遍化するためには、解析する現象が生物多様性の視点からどの側面に属する現象であるかを認識しなければならない。そのためには、生物多様性の実態を知っておくことが不可欠の要件である。そして、系統上も、生活する地域でも多様な生物の比較研究にとっては、特定の個体をモデルとした解析が必要であるだけでなく、多様な材料の対比、比較検討が不可欠であり、それは資料標本の援用なしには推進ができない研究である。

（6）生物多様性の基礎研究

生物多様性の研究もまた、観察可能なモデルを用いておこなわれる。同じように、そのモデルの生物多様性の実態における位置づけは不可欠の作業である。ここでは、へたをすると循環論におちいる危険性があるので、そうならないための着眼点を見定めておかなければならない。

特定の現象を解析する研究には、純系に育てあげられたモデル生物を使う。それに対して、多様性の研究には、モデル生物にもとづく研究が必要であるのと並行して、多様な変異をもった材料も用いることになる。ここでいう多様な変異には、多様性の諸側面である、遺伝子多様性、種多様性、生態的多様性、生物体を構成する諸形質の多様性などのすべてをふくむ。種の研究のためには種間の類縁と種内変異がともに解析の対象になり、そのためには遺伝子多様性に関するすべての情報が必要である。系統の解析には、種多様性の全貌が対象となり、その際、種間の類縁から、系統間の類縁まで、さまざまな階級における異同の解析が不可欠である。当然のことながら、種の存在は生態的多様性のうちに位置づけられており、それが解析されない限り種の実体を正確に知ることはできない。

これらの分類群間の比較解析のために、生きたモデルを用いた解析が有効な情報を提供することもあるが、具体的に地球上で生存している各個体の有様を総体としてとらえることも不可欠の課題である。そのために、科学でいま可能な解析のひとつが、大量の標本を援用して実際に生きている生きものの多様な生きざまを知ることである。

実際、地球上の多様な生物は標本の状態で比較観察され、どこにどのような生物が生きているかの情報が蓄積されてきた。このようにして得られた科学の知見が、現に150万-180万種の生物種を認知していると整理される。しかし、これは陸上植物や脊椎動物の主要分類群を対象とした知見が中心であり、いまでも、昆虫類とか海産無脊椎動物、菌類などでは種多様性に関する知見はごく一部が得られているのみであると認識されており、深海性の生物にいたっては、最近になってやっとその多様性の一端に調査の手が入り始めたところと理解される。どれくらい多様であるかは、まさに今後の調査研究に委ねられているところである。

（7）標本の研究と生きた材料にもとづく研究

研究用の資料標本にもとづく研究には限界があると主張し、あくまで生きた生物の比較によって解析しないと多様性の実態は解明されないと、バイオシステマティックスのすすめが1930年代ごろに強調されたことがあった。標本にもとづく研究の限界を示したものだったが、この主張の基盤には、遺伝の法則の再発見以来遺伝学の手法による解析が飛躍的に進み、核型解析によって種の類縁が追跡され、種分化の過程が明らかにされていたことから、細胞分類学的解析が種の研究にとって最強の武器であるように信じられていた側面があった。たしかに、染色体に関する情報を得るためには生きた材料が不可欠だったし、また、問題にされ始めた生態型の実体を知るためには、比較栽培が有効な資料を提供することもたしかである。生きた材料による解析が不可欠であることを、標本にもとづく研究をしている人たちも否定したことはなかったが、だからといって生きた材料にもとづく研究さえすれば標本にもとづく研究は不要とは考えなかった。

具体的に標本にもとづく研究が、生きた材料では処理しきれない情報を提供する例はいくつでもあげられる。少し古い例だが、私たちも関係した例で述べてみよう。ナチュラルヒストリーシリーズの『シダ植物の自然史』（岩槻, 1996）などでも紹介しているので、ここでは標本のもつ研究上の有用性にかかわる部分を中心に紹介する。

コケシノブ科のシダ植物に、ウチワゴケという広分布種がある。日本列島でも、北は北海道にまで分布していて、熱帯と南半球を分布の中心とするこの科の植物にとってはもっとも北にまで拡がっている例のひとつである。分布域は広く、西はアフリカ東部から東はポリネシアにまで記録されている。19 世紀にすでに多様な型にいくつもの名前が与えられていることからも、この種の表現形質にみる変異が、とらえどころがないほど複雑である事実はよく知られていた。ただし、すでに区別されていたさまざまな型は、そのほとんどが識別不能であることを、表現形質の比較から、この科の研究に大きな貢献をしたコープランド（Copeland, 1933, 1938 ; [tea time 9]）が予測していた。

イギリスのベル（Bell, 1960）とブレースウェイト（Braithwaite, 1969, 1975）は、ポリネシアのウチワゴケを生材料も得て研究し、生殖様式や染色体を解析して、ウチワゴケには有性生殖型と無配生殖型があることを認め、それぞれの型は、無性芽をつくる性質などで生殖型と並行して表現形質でも異なっていると整理し、広義のウチワゴケは 2 種に整理できると結論づけた。

コケシノブ科の研究に関心をもっていた私も、この科の前葉体の研究で成果をあげていた鎧禮子さん（当時聖徳大学）と共同で、ウチワゴケについてもさらに研究の範囲を拡げたが、その際とりわけ注意したのは、生殖型と表現形質を結びつけて2型に整理できるかどうかという点である。少なくとも、蓄積されている標本の外部形態にもとづいた観察では、2型に区別することは、コープランドが述べているように、絶望的にむずかしい。

世界の各地から種内変異に相応する生材料を収集して生殖型や染色体などを観察するのにはたいへんなエネルギーを要し、いますぐにそのような研究に注力することは研究上有効かどうかを考えると、手をつけることが躊躇される。しかし、標本は広い分布域の各地から大量に蓄積されているので、表現形質の変異はていねいに比較できる。だから、標本を用いて生殖型を予備的にでも観察できれば、必要な資料は容易に得られるはずである。

世界の各地から収集されている資料標本にもとづく予備的観察（胞子嚢内の胞子の数を読みとることで、有性生殖型と無融合生殖型は識別される）によって、ベルとブレースウェイトが結論づけたような2型の識別は不能であると予測された（Yoroi and Iwatsuki, 1977）。日本国内で実際に生育している材料にもとづく詳細な観察が可能であるという利点を活用し、変異にあわせて各地で得た材料での解析を加味して、ウチワゴケの種の構造は簡単に2型に整理できるようなものでないことを明らかにしていたが、その際、標本から得られた情報が重要な役割を果たしていることは明白だった。問題は、標本からどのような情報を引きだすか、という研究者の姿勢にもかかわることである。この研究でも、生殖型の識別など、かつては生きた材料でしか知りえないと思われていた形質も、乾燥標本の比較から明らかにし、結果として資料標本の有用性を示すことができた。

蛇足かもしれないが、その後も進歩を続ける解析手法も活用しながら、ウチワゴケの種の構造についての研究はさらに発展しており、種内で変異している系統群の間の交雑が頻繁におこなわれて、分化と収斂の反復がこの種の構造を複雑にしていることなども解明されている（Nitta *et al.*, 2011）。当初2型に整理できたと思ってしまったのは、自分が野外調査でみた生きた材料だけを対象とし、結果として扱った材料が限られてしまっていたからで、これはさまざまな地域から大量に収集されてきた標本にもとづいて修正ができる問題である。そして、多様性の解析では、特定の材料で得られた結果を同じ種の話題だからといってそのまま当該の種全体に普遍化できるものではないのは、遺伝子多様性にもとづく常識でもある。

同じ手法は村上哲明らによるホウビシダ属の研究でもいえる（Murakami, 1995）。そもそもこのホウビシダ類の研究に深入りするきっかけは、彼が学部の卒業研究でホウビシダの生殖型と表現形質の変異との相関に取り組んだことから始まる。大学によって違うが、当時の東京大学や京都大学の植物学教室では、学部の卒業研究は4年時の後半におこなわれていた。ところが、年度の後半はいまの学制では秋以後だから、野生植物を使った生物多様性の実習にとっては生材料の調達に苦労する時期である。もちろん、それにあう材料を選べばよいのだが、なにかの都合で材料が先に決まっていると、季節の都合にあわせた解析をおこなわなければならない。村上氏の場合も、すでに決まっていた大学院の進学先でのテーマとの関連で、チャセンシダ科を材料にすることが望まれていた。そこで、資料標本を活用する課題はなにかということで、ホウビシダ類の種多様性の解析をテーマとした。

1980年ごろにはホウビシダも旧世界の熱帯に広く分布する変異の多い広域分布種のひとつと認識されていた。もちろん、いくつかの型を識別しようと、名前が与えられた例もあるが、大方を納得させるだけの情報は整っていなかった。前葉体の観察から、日本産種に無配生殖型が確かめられている（百瀬, 1967）のは、ウチワゴケの場合と似ている。この種についても、まず生殖型を弁別し、その型が種内でどのように分布しているかを、これも大量に収蔵されている標本を使って、胞子嚢内の胞子の数を検定した。その結果、この場合は有性生殖型と無配生殖型が、表現形質で統計的に有意な検定結果が出るくらい明快に区別されることがわかった。生殖型の分化が種形成につながっていることが確かめられたのである。

ホウビシダの研究については、その後に大きな発展がみられるのだが、それはこの話題から離れる部分がある（第2章2.3）ので、ここでは集積された標本で、生殖型の差のような生物固有の形質が予察できるということに触れるにとどめておこう。ただし、ここでも、枯れた資料標本から生きている状態を知ることはできない、などと断言することは控えておこう。むしろ、世界中飛び回ってホウビシダの生殖型だけを検定して歩くのはたいへんな作業であるが、資料標本さえ整えられていれば、大学4年生の冬学期のうちに、知りたいと思っていた世界中の諸変異型の生殖型の違いを予備的に検定することもできるのだということを強調しておきたい。

もっとも、資料標本から多様な情報を得るというのは、いうほど容易な話ではない。この方法による生殖型の検定も、技術的にそれほどむずかしい作業ではないが、手先の器用さと慎重に観察する忍耐力を必要とし、根気のいる作業ではある。結果をみて感心してくれる人はけっこうあるのだが、この方法を用いて無配生殖型の検定をする観察に取り組む人は日本人以外にはあまりいない。

また、標本による検定はあくまで予察であり、結論ではない。原始的ないくつかの科を除いて、薄嚢シダ類ではこの方法が適用されるのかと思っていたら、どうしても矛盾する結果が出てくる材料がある。あらためて解析してみると、ホングウシダ科では、胞子形成の過程がほかの科のシダと違っていることがわかり、この科では検定結果の読みとりが異なることを確かめる研究（Lin *et al.*, 1990）も成立し、多様性の形成過程にひとつ追加する結果をともなったというような例にも遭遇した。事実に遭遇して、有効な解析法を案出すべきであり、簡便法による予察は最終的な実証のためには、より確実な手法による確証が不可欠であることはあらためていうまでもない。

ここにあげた例でみるように、資料標本は死んだ資料ではあるが、それが生物の特性を知るのにいろいろな情報を提供してくれることがある。しかも広域にわたって分布し、多様な変異型を生じる事実は、生きた材料で検定できない形質、形状を資料標本室で情報提供してくれる。その情報をどのように引きだすかが研究者の資質に期待されるところである。化石はまさに死んだ生物体の遺物であるが、この標本からかつて生きていた生きものについていろいろなことを解明しているし、さらに、この標本から抽出される資料でDNAを検定する技法にさえ進歩がみられる。もちろん、できることに限界はあるが、情報を引きだすのは引きだす側の創意と技術に依存することが大きいことは忘れてはならない。

一方、生材料を収集するのは容易でないこともある。特定の形質の検定のためだけに、世界中を飛び回ることなど、あまり効率的でないことも少なくない。実際に資料を生きた状態で集めるにしても、それがどこにあるかの所在情報も、具体的には標本などに記載された情報を根拠にする。もちろん、これは情報をデータベース化すれば別の検索も可能になることではあるが、それはまた次節のデータベース化のところで論じる話題である。そして、データベース化された情報を確かめるためには、情報だけでは役に立たず、基盤となった資料標本が有効に機能することもまたここで触れておくべきことだろう。

先ほどの例でも、最終的には世界中のホウビシダ属の材料を、識別されていた種のすべてについて、実際に栽培して比較、研究しようとし、既知の種では最後にブラジル産の1種だけが必要という状況になった。たまたま1992年秋に、私がリオデジャネイロで開催された植物園の国際シンポジウムで基調講演を委嘱されたことがあった。リオの植物園の標本庫で、標本のデータを調べてみると、リオから西へ数十kmの場所に野生している。リオから日帰りで行ける距離である。あらかじめ滞在を1日延ばすことにしていたので、採集された場所の詳細を知り、リオデジャネイロ植物園の人たちの協力を得て、容易に生植物を得ることができた。治安状態からも、外国人が1人で行けるような場所ではないということだったが、植物園から安全についての配慮をいただいたことはありがたいことだった。これも、資料標本にもとづく情報がないと、そのように効率よく作業が進むとは限らない例のひとつである。そして、生植物の詳細な所在を知るために、資料標本の情報を活用するのは、この分野の研究者なかまでは常識である。

地球上の生物多様性はどのような現状にあるか、その基礎調査の過程で全貌を把握するためには、まず世界各地で現地調査を進めることが不可欠であるが、すべてが生育場所で片づくことではなく、資料標本を持ち帰って資料の整った研究機関などで慎重な比較検定をおこない、現状を明らかにする。もちろん、標本から得られる形質にもとづいて知る情報に限りがあることはいうまでもない。資料標本にもとづいて全貌はどうなっているかを知り、そこから派生してくる問題を、それぞれの問題に応じ、並行して、必要に応じて生材料も入手して、詳細に解析するのが科学的解析にとっての常識である。

そのために、特定分類群ごとに、地域ごとの、あるいは地球規模のレビジョン（特定の分類群について、対象地域に産するすべての種を列挙し、その特性や種差などを、これまでに得られたすべての情報にもとづいて記載した総説）をまとめ、基盤となった資料標本を記録する。その成果をさらにあらためて検討する場合には、必要に応じて以前に研究された資料標本（authenticated specimens）を再検討し、その結果を新しい情報と照らしあわせて、知見を改訂、更新する作業を重ねる。

このような作業の集成が、いま地球上でどのような生物がどこに生きているかの科学的な知見をかたちづくっている。いうまでもなく、最終結論が出ているのではなく、つねに研究の途中経過である。だから、途中経過の再検討のためにも、研究対象となった資料標本はすべて基盤情報として管理維持される必要がある。資料標本の扱いに慣れていない人が貴重な資料を破損しないように、資料の利用に特定の約束ごとなどが適用されるのは、そのような貴重な資料標本の管理の責任にもとづくものである。

現地調査や資料標本にもとづく調査研究は、生物多様性の全貌を把握することを目的とする面が強く出てくるもので、個々に知られた知見をつらねて総合する型の研究といえる。そこから派生するさまざまの問題は、「つらねる」だけでは解決されず、個別に深く「つらぬいて」解析される必要がある。その解析によって得られた知見は、あらためて総合的に集成され、次回のレビジョンの機会に生かされ、科学的な知見として人知の高まりに貢献する。

（8）命名上の基準標本

収蔵されている資料標本のうちには、命名上の基準標本がふくまれる場合があることも、自然史系、とりわけ生物系の資料標本を理解するうえで重要な点である。

世界の共通用語となっている生物の学名は、20世紀の初頭から、動物と植物とそれぞれ独立に、並行して進んできた国際的な命名規約の制定によって、世界に通じる約束ごととなっている。これは文章化された成文法ではあるが、科学分野におけるものだから、罰則をともなわない道徳律である。国際的に認められるものではあるが、いわゆる条約や国際法ではない。しかし、いまでは、世界中の科学者がこの規約にしたがっており、規約に反する名前はたいていの科学者には使われないので、やがてなかったことになってしまうのが現状である。

命名規約では、生物の分類群（種や亜種など）の名称は、特定の標本に命名されたもので、その標本と同じ分類群に属する個体のすべてをその名称でよぶ（タイプ法）。

私が最初に新種を記載した例は、修士論文の抄録を『植物分類地理』に掲載した論文（Iwatsuki, 1958）で公表した *Abrodictyum boninense* である。この種はヘゴの樹幹に着生する特殊なコケシノブ科のシダであるが、それまで東南アジアの熱帯に広く分布する *Abrodictyum cumingii* の1型と考えられ、この学名で通用していた。しかし、*A. cumingii* では葉面の細胞（コケシノブ科では、ほとんどの種で、葉面の細胞は1層に配列される）が、長楕円形でそろって並んでおり、せいぜい2列程度だから、短い細胞壁が脈のような見せかけをとる。ただ、詳細にみると、小笠原産の型だけは、細胞の配列がほかの産地の例のように整序することがなく、ほぼ長楕円形のかたちをつくり、3-4列に並びはするものの、ほかの地域の型のようにきっちり配列されることはない。植物の概形はよく似ているものの、この種の特徴である葉面の細胞のかたち、配列は明らかに異なっており、小笠原の型が特殊化したものであることは疑う余地がない。そこで、*Abrodictyum* を属として認識したこの形質の特殊化を指標に、小笠原の型を新種と認識したのである。

Abrodictyum cumingii は Presl が Cuming のフィリピンでの採集品にもとづいて記載した種だから、東南アジアに広く分布する型がタイプであり（新種を記載したときには正基準標本をみていなかったが、後年これも実物で検定した）、小笠原の型に新しい名前が必要となった。そこで、京都大学のハーバリウムに所蔵されていた標本のうちで、もっとも妥当なものとみなした1枚を基準標本に指定した。だから、*Abrodictyum boninense* とよばれる植物は、この基準標本と同じと同定されるものである。現在のところ、東南アジアに広く分布する型はすべて *A. cumingii* であり、*A. boninense* と同定されるのは小笠原の型だけで、逆に、小笠原の型はすべて *A. boninense* と同定される。

ちょっと余談になるが、基準標本に指定したシートには、9個体が貼りつけられている。命名規約では、基準標本に指定されるシートのすべての植物をタイプと認識することになっているために、この場合には9つの個体がタイプになる。標本のうちには、いくつかの個体が同一の台紙に貼られている例で、誤って異なった種の植物が並んで貼られているものもないわけではない。このような標本がタイプに指定された際には、そのうちのどの個体に名前がつけられたのか確定しないと、名前が決まらない。さいわい、*A. boni-*

nense の場合には、原記載の論文では、この標本から、いちばん大きな個体の写真だけを掲載している。このような場合、原記載の著者の意図は明らかだとして、この標本を最狭義のタイプと認めることが多い。もっとも、記載された形質が、写真などで示された標本のものと一致しないような例もあって、タイプ法でも一律に機械的に学名が決定されるとは限らないなど、命名にはむずかしい問題が絶えない。

こうしておけば、はじめ、種の範囲を広くとっていたものを、研究の結果いくつかの種に分ける結論が導かれた場合、もともと使っていた種名はどの型のものかを自動的に決めることができる。たとえば、日本でホウビシダにあてていた種が、生殖型などの形質を指標として２種に区別されれば、どの型にもともと使っていた学名をあてるかで混乱が生じないように決める必要がある。もともと使っていたホウビシダの学名は *Asplenium unilaterale* Lamarck で、これは進化論の用不用説で著名なラマルクがインド洋のセイシェル諸島で採集された標本にもとづいて、『百科全書』（拡張阪）で発表したものである。だから、セイシェル諸島産の型がこの学名でよばれるべきで、それと区別された無配生殖型には *Asplenium hondoense* Murakami & Hatanaka という学名が新しく与えられた。

正基準標本（タイプ標本＝holotype）は１点だけあるのが原則である。複数あれば、それが混乱を招く危険性もある。しかし、逆に、具体的には戦乱などの影響で失われてしまった例がいくつもあるなど、事故などで失われてしまう危険性がある。その場合の対応もふくめて、基準標本の補欠のようなものをつくっておくこともある。副基準標本についても、動物と植物で解釈が違う（動物と植物で、命名規約が別につくられている）など、ここで詳細な説明はしないが、消滅した場合の代理（新基準標本＝neotype）のつくり方にも規約では有用な示唆がなされている。

基準標本は世界で通用する生物名の正確さを維持するための貴重な資料である。後で述べるように、生物についてのデータベース、さらにそれを用いたバイオインフォマティクスの発展のためには、多様な生物に命名されている名称が正確に使用されることは最低限の基盤である。そのために不可欠な基準標本が、多くの場合、研究の都合上、ほかの資料標本と一緒に収蔵されている。実際、研究に活用されなければ意味がないわけで、利用上の便宜と、保全上の貴重さが両立するような管理がなされているのである。このような貴重な資料も含まれているのが自然史資料標本であるが、その理解が、どちらかというと一部の研究者間にしか行き届いていないのはちょっと心配なことでもある。

念のために説明を加えておくが、命名上の基準標本はその種を代表するよい標本を意味するものではなく、最初に命名された際に使われた標本である。だから、種にとっては、変異の極端型になっている場合もありえる。基準標本をみればその種の性質がわかると誤解している向きもあるようだが、ここでいう「基準」は命名上に限るものであり、その実体を正しく認識する必要がある。

（9）環境指標としての資料標本

自然環境に圧迫をくわえる人為の影響が深刻になり、とりわけ、生物多様性の動態を絶滅の危機に瀕する種をモデルに把握しようとするようになってから、資料標本のもつ環境指標としての価値が評価されるようになった。

生物誌の記録は、文字情報として残されているものもあるが、地域でつくられた記録などでは、種の同定に不正確なものがまじることがあるし、種の認識が変化して、かつての記録がそのまま役に立たない事例もめずらしくない。しかし、資料標本が博物館などに収蔵されていると、同定を再確認することをふくめて、特定の種がどの時期にどこにあったかを確認することが可能である。もちろん、化石の記録と同じで、過去のすべての情報が再確認可能というわけではないが、意外に絶滅に追いやられる希少種などは、よく記録に残されていたりする。

また、今後の生物多様性の動態を記録するためにも、資料標本が果たす役割は大きい。とりわけ、絶滅の危機に瀕している種については、生きた状態で確保すること（生息地外保全）も必要であるが、資料標本のかたちでも、将来必要とされる可能性のある研究材料として確保しておきたいものである。すべての絶滅危惧種を生きた状態で施設内保全ができるかどうか、いまの科学が責任をもてることではない。

(10) 資料標本の収蔵、維持・管理と研究

標本は個体、種などを代表するものである。だから、収集には個体、種を代表するものを選ぶ必要があるはずである。しかし、実際に収集される標本は、はじめから意識して個体や種を代表する材料を選定したものではない。逆に、ある程度無意識に収集された資料であり、そのことに相当の意味もあるのだから、研究の際には標本の特性を意識したデータの集成が不可欠である。

自然史系の博物館等施設は資料標本を収蔵し、研究対象としていることがその組織の特性である。標本の収集、整理、保存、管理は、この領域における研究の基盤整備として重要な意味をもつ。逆に、一次的な研究対象となった資料を標本のかたちで保存することによって、研究の結果を再検討し、さらに深め、高めることを保障する。

歴史的に貴重な標本のうちで、たとえば著名な収集家の標本にはその採集地などが記録されており、具体的な採集の年代記などが残されている場合が多い。著名なコレクションを中心に博物館等施設が創設されることさえめずらしいことではない。日本でも、(公財) 山階鳥類研究所は故・山階芳麿博士のコレクションをもとに創設された研究所であるが、もちろんいまではさらに広範囲の収蔵品をもち、多様な研究活動が営まれている。首都大学東京の牧野標本館は牧野富太郎コレクションをもとに創設された機関であるが、いまでは植物標本一般が積極的に蓄積されている。

前述の基準標本 (type specimens) はいうまでもないが、論文に引用されたことのある標本は authenticated specimens として、命名の記録であり、また先行研究の再検討のための資料とされることがあり、関係施設にとって保全の義務をともなう重要な標本である。もちろん、まだ研究されていない資料標本は未知の形質などをふくんでいる可能性もあり、研究資料として貴重である。

大量の標本が保存されている博物館等施設では、標本の管理に細やかな気配りを必要とする。だからといって、標本は日常的に活用されるというものではなく、何年も利用されずに積みあげられているものだって少なくない。私が 1969-1970 年にロンドンの自然史博物館とキュー植物園で研究に従事し

た際、半世紀以上も前に採集されたタイの標本を、それぞれの施設の貯蔵室からもちだしてもらって研究材料とさせていただいた。未整理だった大量の標本を同定し、これらの資料は私たちの『タイ国植物誌』の研究の貴重な材料となったが、次にこれらの標本館をおとずれたときには、その標本は収蔵庫のそれぞれの種のカバーにおさめられていた。同定されるまで標本は、採集に関する情報を記入したラベルなどは整備されたかたちで、貯蔵室で研究者を待っているのであるが、これらは半世紀後に研究資料として意味をもつことになった。厳しい先頭争いをする科学の世界で、半世紀も眠らせておくことはたいへんなむだと思われることもあるが、ナチュラルヒストリーの研究にはそのような時間的なズレも覚悟が必要なことがめずらしくない。

私がイギリスで研究したタイ産の標本が採集されたころとくらべて、現在のタイの自然は開発などの影響を大きくこうむっている。最高峰のドイ・インタノンにしても、私たちが最初に調査した 1965 年や 1967 年のころにはメ・クランの滝から山頂まで、足だけを頼りに 1 週間の時間を要する場所だったし、そのときみた熱帯地域の常緑林の美観は私たちをうっとりさせてくれるすばらしいものだったことがいまでも脳裏に刻まれている。しかし、いまではドイ・インタノンは山頂まで車道がとおり、2 時間もあれば、チェンマイの街から車で山頂に到着する。もちろん、植生も大きく変貌している。私たちの 1965、1967 年の収集品も、いま同じだけの種がそろうかどうか危なっかしいものである。

1990 年代に、私たちの研究班はベトナムの北のサパ山系から、南のメコンデルタまで、5 回にわたって（私自身は一度は参加できなかった）調査する機会があったが、ここでも 1939-1951 年に刊行された“Flore général de l'Indo-Chine”7-2 に記載されているシダの種が全部そろえられるというものではなかった。逆に、そのころまでに明らかにされていなかった新知見はいくつか観察されはしたのだが。

これらの事実は、自然環境の人為による変貌が地球規模で急速に進んでいることを示しているが、歴史的な収集品と対比させながらその変遷を跡づけることも、現在のナチュラルヒストリーが提起すべき問題のひとつである。もっとも、このような社会的課題に対する直接的な貢献については、資料標本のデータベース化と、そのデータの活用による追跡、推測が有効な働きをする可能性があることを、次節で述べたい。

(11) 生きものを研究する――生命のもつ普遍的原理と多様な表現

資料標本を博物館等施設が保有するのは、第一義的には研究に資するためである。ナチュラルヒストリーの調査研究には資料標本が不可欠である。資料標本がありさえすればよい（十分条件）とはいわないが、資料標本がなければ種多様性の研究は成り立たない（必要条件）といえる。

生物が多様な形質をそなえていることを前提に、特定の形質とそれが演じる現象について正確な知見を得るために、モデル生物を用いて解析することはいまでは常識になっている。この場合、材料は遺伝子構成までふくめて変異と無関係のものであることが必須で、同じ種の材料というだけではなく、遺伝子多様性にも注目して、特定の系統を用いる。このような材料を用いて解析を深めるのであるが、そこで得られた情報がその種について、さらに生物一般に、どのように普遍化され、法則化されるかは、生物多様性に関する知見にもとづく。

生命現象の解析には、そのような手順が不可欠で、それは機械製品のように品質の統一されたものについての知見とは異なった研究法を必要とする。

つらぬく研究とつらねる研究の協働こそが、生きているとはどういうことかの探求の王道であることは、本書ではフーガのように反復して現われてくる主題である。そのための種多様性研究にとって、自然史資料標本が必要不可欠の材料であると認識したい。ナチュラルヒストリーにはこの面でも大きな貢献が期待される。

3.3　ナチュラルヒストリーとバイオインフォマティクス

こころならずも、この節はカタカナ言葉の表題になってしまう。ナチュラルヒストリーのほうは、この本の表題で使っていることから、ここでだけ自然史とか自然誌と特別に読みかえることはしない。バイオインフォマティクスのほうは生命情報学（生物統計学、生物測定学などのよび名もある）などと日本語にして説明されることもあるが、この分野の研究がより一般的にバイオインフォマティクスとカタカナ表記で紹介されることから、ここでもわかりにくい日本語を使うよりも、そのままのカタカナ書きを使わせてもらうことにする。

（1）生物多様性のバイオインフォマティクス

節の表題にナチュラルヒストリーとうたいながら、具体的な話題としては、ナチュラルヒストリー全般と情報科学との統合ではなくて、まず、生きものに焦点をあてて考える。

バイオインフォマティクスという言葉はバイオとインフォマティクスを合成した語である。バイオはいうまでもなく生きもので、biology＝生物学のbio-である。インフォマティクス＝informaticsは直訳すれば情報科学だから、バイオインフォマティクスは日本語に直接に置き換えれば生物情報科学となる。しかし、この日本語は、使われることもあるが、あまり広く通用してはいない。

言葉のうえでは、生命現象を情報科学の手法で追跡する領域すべてを指すことになるが、現在のところ具体的に進行しているのは、分子生物学の発展にともなって、遺伝情報と結びつくかたちで研究が進んできた背景があるので、分子生物学の領域の特定の研究であるようにうけとられる向きさえある。しかし、科学的な必然性を考えれば、情報科学と結びついた解析は、生物多様性の領域でも、不可欠であるというより、推進が強く期待される。

数量分類学などと訳されたnumerical taxonomyも、ある時期、形質の分類学的評価を大量の数値を扱うことによって客観化しようと試みた手法だった。しかし、より基本的な系統進化の研究にとって、バイオインフォマティクスによる解析は適用が期待される大切な手法のひとつといえるだろう。

進化論と進化生物学

進化論とよんで、当初は理論として認知された生物進化の研究成果は、具体的な事実による検証などをへて、evolutionary theory＝進化論からevolutionary biology＝進化学、進化生物学とうけとり方が変わってきた。いまでは進化生物学などという表題の学課目をカリキュラムに設定する大学も少なくない。

これは、化石の証拠がふえ、さらに化石にもとづく解析法が進歩して、進化の実態が実証的に示される例が多くなったために、理論的に進化の事実を論証するだけでなく、科学的な事実として過去に生じたことを証明する度合いが深まったことを根拠としている。しかし、実証できる証拠は限られており、化石は運よく遺存していたものが得られるだけだから、過去の歴史をすべて化石によって再現することはできないのも事実であり、たまたま発見される化石の量と質によって発展が左右されるという限界もある。

そこで、過去に生じたことを、現在得られる事実から科学的に推定する方法がないかと模索される。まず、過去に演じられた歴史的事実を、物質的基盤でふり返ることができないか期待される。その方法を示唆するのが、分子系統学で用いられるようになった手法である。

生きものは遺伝情報に支配されて生命を親から子へ継代する。もちろん、その遺伝情報が発生過程で発現する際に、環境によって情報が修正されて表現形質に育つところは、生物の進化をつくりだす自然の妙味である。分子系統学は、遺伝情報が盛られている核酸の塩基配列を比較し、その差から遺伝的距離を推定して、現生生物の系統間の結びつきを推定する。そこで、現在までにわかっているあらゆる情報集成の機構を盛りこんだ差異の推定法を案出し、そのモデルにあわせて系統の推定をおこなう。そして、系統間の距離、つながりの関係が跡づけられるなら、系統分化の際に生じた形質の変動の推定も可能であるはずである。

実際、未来に生じるはずの現象を、現に入手される情報にもとづいて科学的に予測する方法が進歩しているのは天気予報の場合である。これから生じる事象だから、どんな条件で大きな変改が生じることがあるかもしれないというのに、明日の天気、来週の天気どころか、何カ月も先の長期予報さえ試みられ、日進月歩で精度があがっている。この予報、現在の天候に関する詳細な情報をスーパーコンピュータに記録し、その情報にもとづいて、それがこれから先、時系列に沿ってどのように変動するかを予測する。あらゆる気象条件が記録されていれば、次に起こりえる気象が高い確度で予測できる。もちろん、あらゆる気象条件が記録されていたら、という前提があり、実際天気予報にかかわる気象の記録は、必要不可欠な事象を中心に、いまでは測定も詳細にわたっている。

天気予報の延長として、長期的な気候変動の予測も進められている。地球温暖化という課題で話題にされ、地球環境の問題としていまでは注目をあびる課題である。しかし、地球規模での気候変動の予測となると、気候変動に関する政府間パネル（IPCC）などの国際的な機構が予測する数値についても、まだ異論をのべる研究者もある。それでも、どれだけの精度でいえるかの検証をふくめても、自分たちの現在の行動が未来の地球にどのように現われるか、責任をもつためにも、科学者にはより正確な予測をする責任がある。ただ、自然現象だけでなく、将来の人間活動の予測も必要な基礎データであり、その予測は、人がどれだけ自制できるかの条件もふくめなければならず、むずかしい面もある。

同じことは、生物多様性がもたらす地球環境の変動についてもいえる。そのために、生物多様性にかかわる情報を集積し、そこから過去を知り、未来を予測することが、科学的にどこまで可能かが模索される。

生物多様性が人間生活に与える影響を予測することは、われわれの生活態度に関連の深い実際的な課題として重要である。ここでもこの課題を、わかりやすく社会のための科学の面からとりあげるが、生物多様性にかかわる情報の集成は、もうひとつの、科学的な好奇心をくすぐる問題にもつながる。純粋に科学的な課題として、なのである。むしろ、科学的な課題として今日的であり、それはまた社会の要請に貢献する成果をもたらすものでもある、というのが本来の筋書きである。

過去に生じたことをいまから完全に跡づけることはできない、と系統が自然科学の解析法では不可知だと固執する人は、現に系統の研究にいそしんでいる人たちのうちにさえ少なくない。たしかに、過去に生じたことを完全に実証的に再現することは、不可知論者のいうとおり、タイムマシーンが想像上の機器でしかないとすれば、ありえないことである。

ところが、至近の過去のことなら、あらゆる記録を総動員すれば、ある程度まで正確に再現できる。とすれば、現在得られる情報をできるだけ大量に、正確に認知し、それをもとにすれば、過去に生じた事象を再現する、少なくともありえた姿を推定することは、ある程度の正確さで期待できることでもある。これから生じる未来についての予測が可能であるとすれば、すでにあった過去をさかのぼることは、もっと確実に再現可能といえるだろう。

系統を科学的に追跡する

系統を科学的に追跡するとすれば、どのような手法がありえるだろう。19世紀までは、かたちを主体とする指標形質の比較によって系統を推察することができるだけだった。その比較を、形態形質の個体発生の過程と対比させる評価の方法など、形態とはなにかを問う理論的な追跡もおこなわれたが、それを科学的に実証することはできなかった。いきおい、研究者の豊富な経験にもとづく勘に頼る部分が大きいものだった。ただし、勘に頼って推察しても、その推察が正しいかどうかを確認する手だてはない。

系統関係を追跡する実証を求めて、20世紀前半には染色体と遺伝子の関係が示唆され、染色体を指標とする系統の追跡が始まった。中葉以後には、遺伝情報の担荷体としてのDNAに注目が集まり、またこの巨大分子を生物学的に解析する手法も大幅に進歩した。DNAの研究が進むのと並行して、分子進化の中立説（Kimura, 1968, 1983）が提唱され、分子系統学の確立に向けて、理論的にも大量のデータの蓄積の面でも、研究が大幅に進展した。

この領域の研究の進展と並行して、このような研究の基盤としての、生物多様性情報の地球規模でのデータベース化と、それにもとづいたバイオインフォマティクスの確立への要望も高まってきた。一方では、その情報を、先述の環境問題での社会的要請につなげるという期待があったし、さらに研究者のうちには、生物多様性の起源と展開をどこまで実証できるかという科学的好奇心への刺激となるものだった。

成熟した個体のもつ形質は、親から与えられた遺伝情報が、環境との相互作用のもとに発現し、発生、成長を刻んできたものである。遺伝情報を正確に認知し、それが成体に育ちあがる過程でどのような環境に反応し、どのように発生、成長に結びつけるかのすべてが解明されれば、遺伝情報と成熟した個体のもつ形質との関係性は解けることになる。現在の科学の力では、遺伝情報のもつ力の全貌解明にはほど遠いし、その情報が、どのような環境に応じてどのように形質を発現してくるのか、その反応はごく一部しか解明されていない。

解析の技術の急速な発展にも支えられて、遺伝子をきっかけとする形質発現が進化の過程でどのように変遷してきたかを追跡しようという研究が進んでおり、エボデボ（evolution＝進化と development＝発生の両語の頭を結びつけた造語）とよばれるようになっている。この分野の発展は、まさしくナチュラルヒストリーにおけるつらぬく領域の典型ともいうべきであり、項をあらためてとりあげる。

しかし、系統の実証性についての問題は、解がないということではなく、必要な情報が収集されるとすれば、その関係性の解明に、無限の可能性が期待されるところである。もちろん、不可知と決めつけることは空疎な論議をおこすだけだとはいわない。ただ、可能性があるとすれば、できるところまでその可能性を追究するのが科学的好奇心の赴く先である。実際、科学者はその夢に向かって歩みを続けている。

［tea time 6］ IOPI（国際植物情報機構）と "Species Plantarum（地球植物誌）"

私も、バイオインフォマティクス領域の研究の推進が必要であると考える者の1人として、いくつかの国際的な事業にかかわってきた。積極的に参画した、そのうちのひとつが International Organization for Plant Information（IOPI）で、この名称、無理に和訳すれば国際植物情報機構とでもいうことになるだろうか。

この機構は、ハーバリウムに蓄積された植物標本が大量になってきたので、その情報をさらに構築、整備して電子情報化し、データベースのかたちで国際的な利用の便に供しようという意図から、最初欧米の大きなハーバリウムの間で連絡機構の樹立が検討された。そのような機構を国際的に組織化し、そこに集約される資料をもとに、地球植物誌のような情報誌を編集しようという話しあいが始められたものである。

20世紀末のころ、ハーバリウムの所蔵標本のデータベース化で先進的な試みを始めていたのは、ロンドン西郊のキュー植物園とセントルイスのミズーリ植物園である。IOPIにつながる動きを主導したのもこの両園で、1990年11月にキューの園長のギリアン・プランス博士（G. T. Prance, 1936-）とミズーリの園長のピーター・レーブン博士がよびかけ人となって、キュー植物園でIOPIの設立の会合が企画された。

その当時、日本で植物標本のデータベース化に先進的な活動をしていたのは東京都立大学（当時、現首都大学東京）の牧野標本館である。しかし、まだ情報が未熟でここへの連絡はなかったのか、あっても参画する意欲がなかったか、ここをふくめて日本からはほかに参加する人はなかった（そのころには、ナチュラルヒストリー関連の国際的な会合などに参加する日本人はたいへん少ない状態が続いていた）。

その会合に、私はよびかけ人2人のよびかけに応じて出席することにした。たまたま、その会合の直前にパリに滞在しており、帰途の日程を調整してその会合のための時間をとることができた。さらに、当時は1993年に迫っていた国際植物科学会議IBC XIVの事務局長として、関連の人が集まる会合にはなるべく顔を出して、宣伝に努めることにしていた。この会合でも、両座長にあらかじめ依頼して、ちゃっかりとIBCの準備状況の紹介をさせてもらった。

IOPIは国際的な任意団体の学協会のひとつとして無事発足し、私も指名されて創設理事会メンバーの1人にくわえられた。この会合の模様は、そこから帰国した直後にNHKテレビの朝の時間帯のインタビューで紹介してもらい、学界内でも紹介に努めようとしたが、国内の研究者仲間の間に積極的な参画の気運を盛りあげることはできなかったし、そのための資金獲得ができなかったことも意欲の刺激につながらなかった。ただし、この事業の意義に賛同していた私自身はその後の理事会などにもできるだけ参加し、のちには理事会の副議長にも指名された。

植物誌を電子媒体で整えようという企画は、この時点では、国際的な機構で議論しても、実際の事業はほとんど進まなかったが、参加したメンバーの多くは紙媒体で全世界の植物誌を編纂しようという意欲が強く、地球植物誌編纂のための小委員会の活動が一歩先に進んでいた。“Species Plantarum : Flora of the World（地球植物誌）”は、この種の国際事業に協力的なオーストラリアで編集事務がひきうけられ、1999年に編集の方針を示した序論が刊行されて以来、11の科についてとりまとめが出版された。しかし、順調に船出したかにみえたこの地球規模の事業は、まもなく資金が枯渇したうえ、編集事務局をひきうけていたオーストラリアで事業の続行ができなくなり、数年後から宙に浮いたままになっている。

IOPIの事業が、地球植物誌に注力し、それも継続発展できないでいるのは、2001年になって国際機構としてのGlobal Biodiversity Information Facility（GBIFと略称され、地球規模生物多様性情報機構と邦訳される。次項参照）が発足したことも影響している。GBIFについては、ひきつづき次項で紹介する。

（2）地球規模生物多様性情報機構 GBIF

ナチュラルヒストリーの研究対象として、生きものにかかわる部分は、最近では、生物多様性というくくりで論じられる傾向が強い。生物多様性の持続的利用が社会的な課題となり、生物多様性条約のような国際条約が締結されて、隔年に締約国会議（Conference of the Parties；COP と略称される）が開かれ、生物多様性の動態とその将来についてが人類とのかかわりで論じられ、事業化されるので、その基盤としての、生物多様性の科学における成果が必要な情報とされている。科学はいつでも、人の科学的好奇心によって励起される活動であるが、その成果が人間生活にとって大きな貢献を果たすものだとすれば、社会貢献の基盤としての科学の振興も期待されるのである。

生物多様性条約が発効し、20 世紀が幕を閉じようとしたころ、OECD（経済協力開発機構）のうちにもうけられたメガサイエンス・フォーラムで、生物多様性にかかわる情報の構築と整備について論じられ、1998 年に、生物多様性関連のデータベースを地球規模でとりまとめるべきであるとの勧告がまとめられた。日本もこの提案を積極的に支持する方向で、アメリカと同額の分担金を拠出する約束をした。

2001 年にカナダのオタワで GBIF の設立の会合が開かれた。この機構、3 年間は試行期間として組織化、事業の推進をおこない、その時点で国際機構による評価をうけてさらなる展開の可否が問われるかたちで発足することになった。

GBIF の構造

20 世紀のうちに、生物多様性にかかわる情報についての重要性が認識され、さまざまな検討が始められていたし、個人的な調査研究活動だけでなく、学協会をつくった活動もいくつか並行して組織されていた。国際的な機構も、任意団体としてではあるが、いくつかの団体が活動を始めていた。先に述べた IOPI も、具体的な成果物もつくり始めていたそのような機構のひとつだった。

ただし、それまでの活動はすべて任意団体、いいかえれば NGO によるものだった。学会活動は、特殊な国を除いて、NGO の形態をとる。それに対して、GBIF は契約に参加した国が拠出する資金をもとに活動する国際機構である。当初は、日米両国が毎年 70 万ドル、ドイツが 50 万ドルなどの拠出をすることになり、OECD 加盟国を中心に、13 カ国が資金を拠出し、それらが運営委員会で投票権をもつ参加国（議決権参加国）となって発足した。

GBIF の組織がやや変則的なのは、投票権をもつ参加国にくわえて、資金の拠出はしないが活動に参画する国（準参加国）と、すでにもっているノウハウを提げて活動に参画する国際機構や学協会などが参加団体、associate membersとして参加するかたちである（すでに、国際自然保護連盟IUCNがよく似た形態で活動を展開していた）。実際、運営委員会は満場一致の結論を得るまで議論を詰めることを原則としているし、準会員国、団体も運営委員会の会合では議決権参加国と同等の発言権をもち、実際には人事以外に多数決で決めることはない。NGOをふくめて、議論には対等に参加するかたちをとるが、科学的事実を基盤とするこのような会合ではそれは必然のかたちでもある。具体的な活動についての議論は、どうしても、定期的な人事異動に左右される国の代表者よりも、この領域の活動に執念を燃やしている人が主導する学協会代表の意見が強く出る場面が多い。そのおかげで、それなりの活動が構築されているのも事実である。2017年末現在の参加団体総数は94に達している。

GBIFの活動

実際にGBIFがやっていることはなにか。正確にはGBIFのホームページ（在デンマークの事務局から発信されている英文のもの〈http://www.gbif.org/〉があるし、日本ノードから日本語で発信されている情報〈http://www.gbif.jp/v2/〉もある）などを参考にしてもらいたいが、ここではナチュラルヒストリーの視点からの簡潔な紹介を試みてみよう。

GBIFのような国際組織を立ちあげようとしたのは、個別で生物多様性のデータベースの構築と利用の在り方を模索している任意団体はいくつもあるけれども、全体を統一して、世界的な規模でひとつにまとめる力のある組織はない、という現実に直面してのことだった。しかも、生物多様性の情報は、この領域の国際的な事業の基盤として、緊急に必要な社会的課題であると認識されている。だから、GBIFが取り組むべき課題は、統一されたフォーマットにしたがって既存のデータベースを地球規模で統合し、地球規模の情報を構築し、それにもとづいてデータベースの活用の手法を模索することである。

データベースの統合については、フォーマットをあらかじめ確定しなくても、提供されたデータを特定のフォーマットに変換することもずいぶん容易になっていることから、どうしたら既存のデータベースを提供してもらえるかを議論するほうが早い。立ちあげ時には、3年目に事業内容が評価されることになっていたので、事業成果の評価の委員会が活動を始めるまでの2年半くらいの間に、相当の実績を積みあげる必要がある。だからといって、運営委員会とその下部機構を組織してGBIF全体の管理体制を整え、事務局を設置し、実動できる体制を構築して具体的な活動に取り組むまでにはそれ相応の時間を必要とする。運営委員は資金提供国の政府代表であり、常勤ではないので、頻繁に集まることはできない。

時間的な制約のもとで、とりあえず船出したが、準会員で参画しているNGOの団体は、積極的な発言はするものの、自分たちの主体性を大切にするためもあって、すべてがデータの提供に積極的というわけではない。だから、GBIFとして独自のデータの構築をすることが当面の課題となる。参加国の研究機関などに、諸機関に既存のデータを登録するようによびかけるのが最初の活動になり、たしかにデータの構築は進んだ。3年目の事業評価をうけるまでには、なんとか2億を超えるデータが蓄積されるまでになった。

もっとも、生物多様性に関するあらゆるデータを、といいながら、上のような方法を通じて早急に集められるデータといえば、博物館等に集積されている資料標本に関するデータと、観察データが主力になる。とりわけ、欧米の主要な博物館等では、標本データなどはすでに個々の機関として相当程度まで電子化されているし、GBIFの創設にあわせてデータベースの充実のために注力しようという機運も盛りあがっている。

データの構築にそれ相応の成果をあげたとはいうものの、問題がないわけではない。まず、構築されたデータの質の問題である。これは構築する側の責任に任されるので、標本ラベルのデータが機械的に電子化されるだけの場合が多い。不足の情報が補完されることもないし、データそのものが再評価されることもまずない。ということで、充実した内容のデータもあるが、データのうちにはこれでだいじょうぶかと心配されるものもないわけではない。まさに玉石混淆であるが、提供されたデータを再評価する体制を整えることはむずかしい。データを構築し、提供する側のモラルに一方的に依存するだけというのが現状である。このことは、標本データだけでなく、観察データの精度についても同じことがいえる。

もうひとつの課題は、データの構築も緊急の問題であるが、得られたデータをもとにどのような利用が可能であるかを社会に問う大切さである。資金を投入する以上、どれだけ役に立っているかを目にみえるかたちにすることが、今日では緊急の課題とされる。ナチュラルヒストリーに関するデータは、これまで、データベースをつくることにそれなりのエネルギーが注がれはしたものの、整えられたデータベースを利用して、社会に貢献したとわかりやすい成果をあげたという例は必ずしも多くはない。もちろん、話題をナチュラルヒストリー全般に拡大すれば、天気予報の精度をあげたり、地震予知について模索が進んでいるなど、それなりに社会に貢献している例がわかりやすいが、生物多様性関連の情報については、めざましい利用効果が評価されるような例はまだない。

GBIF でも、得られたデータをもとに、なにが推定でき、どのような効果が得られるか、試行の例を積極的に求めようとしてきたが、データベースの利用の面では、社会に向けてわかりやすく成果を誇るところまではいっていない。生物多様性の情報については、情報の範囲がまさに多様で、多様な構成要素（種や個体、特定の細胞から多様な生態系など）の特異性が生物多様性の本質にかかわることでもあることから、データの数が限られている範囲では、それを利用して科学的な推量などができる範囲は限定され、そのことが従来も、データベースの構築には積極的であっても、活用の面では成果が乏しかったことに通じるものだった。データの数が限られていると利用効果が得られない、というのが関係者のいいわけになっていた側面は否めない。しかし、大型の国際プロジェクトとして組織される GBIF には、いつまでもそういういいわけは許されるはずがない。

ごく最近になって、GBIF のデータにもとづいた研究成果が論文となってけっこう頻繁に刊行されるようになった。まだ試行的な研究が主流であるが、それらの研究から、まもなく GBIF のデータにもとづいたすぐれた研究の成果がもたらされる予感が得られる。

GBIF と私

このような機構が必要だと考えながら、実際には設立の準備段階でお手伝いできていなかった私も、2001 年の設立総会に向けて役員に立候補するよう示唆され、オタワでの設立総会に参加することになった。実際に機構の運営に責任をもつ運営委員会の副議長に立候補を要請されたのだが、聞くと、設立準備に大きな貢献をしていたオーストラリアの昆虫学者エベ・ニールセン博士（E. S. Nielsen, 1950-2001）が立候補しているということで、それまでこの機構に直接の貢献をしていなかった私としては、高額拠出国日本の推薦というだけでは、どうみてもあまり勝ち目がなく、気の重いオタワ行きだった。さらに、こういう会合では、動物関係の研究者が主体となり、植物学の関係者はあまり顔を出さないのが通例で、その意味で、IOPI の関係者など、この領域での私の知人はほとんどこのオタワ会議には参加しておらず、ロビー活動をする余地もあまりない。ところが、オタワに着くと、驚いたことに、ニールセン博士がオタワに向かう旅の途中で物故したというニュースに接した。結果として、候補者が 1 人だけになって、私は副議長に選出された。

この会合で、GBIF にエベ・ニールセン賞をもうけることが議決され、生物多様性の情報に関する活動に貢献した若手研究者を顕彰することにしたが、第 1 回の受賞者には筑波大学の伊藤希博士が選ばれた。

ついでに、余談であるが、さっそく副議長の私に課せられた仕事が、4 カ国が立候補していた事務局の設置場所を選定するための現地調査委員会の座長役である。委員会といっても、フランスのシモン・ティリエ博士（Simon Tillier）とアメリカのピーター・アルツバーガー博士（Peter Arzberger）の 2 人を加えた 3 名である。急ぎ、そのころの私のスケジュールにあわせてもらって、日本のゴールデンウィークの 1 週間に、立候補していたアムステルダム、コペンハーゲン、マドリード、キャンベラの 4 都市をめぐる強行軍の旅をしたが、某国の懇親会の席では、こういうミッションではたいてい動物学者が責任者になるものなのに、なぜ今回は植物学者が座長なのか、と問われたものだった。

結果として、事務局はコペンハーゲンに置かれることになり、私はその結論は正当だったと感じたし、その後のデンマークの強力な支援を評価している。ただ、投票の過程では、私たちの予備調査の成果が、国の代表の投票行動にどのように反映したのか、国際会議でよく感じる疑問をこのときにも強く感じたものだった。

組織の構成や、活動の立ちあげに、私もお手伝いをしていたが、実際に活動が始まると、進行する事業の具体的な内容についていけない場面がしばしば生じた。

私は、生物多様性のデータベース構築と活用を推進する事業が、生物多様性のバイオインフォマティクスの基盤として、ナチュラルヒストリーの研究面でも、社会貢献の面でも、現在における緊急に重要な研究課題だと考えていたが、関連の研究者のうち、とりわけ日本では、そのことに注力しようという人は限られている、という現実に不安を感じていたので、自分にできる範囲でこの事業に貢献しようとして、IOPI のお手伝いもしたし、GBIF の立ちあげにも参画した。

しかし、私自身はインフォマティクスにくわしいわけではなく、その分野の研究に没頭したこともない。だから、技術的な問題の論議ともなると、理解できない話題が出てくるのはやむをえないことだった。だからといって、運営に関与し始めると、早々に手を引くというわけにはいかない。日本国内でも、インフォマティクスにくわしく、それでいてこの課題に問題意識をもつ人が育ってくることを期待しながら、とうとう運営委員会に2期関与することになってしまった。

はじめの想定と異なり、結果として、日本国の姿勢にも左右されることになった運営委員会の2期の任期を終え、次の世代の人たちに後を委ねて、私自身は2005年にはGBIF運営委員会での役割から退任した。ただし、だからといって生物多様性のバイオインフォマティクスを無視するようになったわけではない、研究者の立場としてそれにどう参画するかは別の話である。

GBIF と日本におけるナチュラルヒストリー

はじめは積極的な参画をめざしていた日本だったが、その後の政策の変更もあり、GBIF への分担金は伸びが許されていない。その結果、予算の範囲では割りあてられた分担金を負担できなくなり、いまでは、投票権のある参加国の地位からおりることになっている。もっとも、GBIF の活動から手を引くというわけではなく、形式上は準参加国であるが、可能な限りでの資金拠出はおこない、資金面では依然として米国に次ぐ大きな貢献をしている。

いうまでもないことであるが、日本からのGBIF への参画は資金面だけの話ではない。GBIF が発足して以来、関連の機関や政策担当者らの理解を得て、ごくわずかかもしれないが、この領域に向けての補助金などの手当もなされるようになり、ナチュラルヒストリー関連の研究者のうちにも、データベースの構築に積極的な参画がみられるようになった。

もともと関心をもつ研究者はあったのだが、小規模な博物館等では、成果が直接、当該博物館に貢献するわけではないこのような活動が、管理者に歓迎されない傾向もあった。それが、GBIF の活動が始まるのに呼応して、国が協力している国際協力事業であるということから、中小の博物館等に所属している研究者たちが、それまで個々人の努力によって構築していたデータベースなどを提供する例がふえ、当初ほとんど貢献できていなかった日本からのデータ提供が徐々に量的にも積みあげが進み、こういうことになると日本からのデータには質の高いものが多いことから、GBIF のデータとして貴重な貢献が進んでいる。

むしろ、規模の大きな機関のほうが、資料のデータベース化に遅れをとっており、またデータの提供そのものに消極的な場合があったりして、貢献度が必ずしも高くならないのはあらためて反省させられるところである。

GBIF も発足して年月をへて、蓄積されたデータ量も相当の数に達している（2017 年 11 月現在、だれでもみることのできるデータが 8.7 億余）。また、これにもとづいた研究論文も順調に刊行されている。データ登録数は、日本からも順調にふえているが、このデータを使った利用のほうでは、まだ日本からの貢献は遅れている。蓄積されたデータを活用したバイオインフォマティクスのすぐれた研究報告が出ることが、この分野の研究の意義を周知することにつながることであり、成果が期待される。

進化の研究は、生物多様性に限らず、地球そのものの進化を解きあかすことであるし、それこそがナチュラルヒストリーの研究である。この解析には、得られた情報を最大限に活用し、統合的な考察をくわえることによって真実を跡づけるが、解析を客観的に詰めるために、インフォマティクスの手法の適用が不可欠なのである。

天気予報が準備され始めたころには手作業に頼るばかりで、感覚的な予測のほうが有力なくらいだった（そのころにも、古老などの予報の精度はけっこう高いものだった）。いまでは、データ処理のための機器は急速に高度化しているし、推定のための科学の進歩も著しい。大量のデータを駆使して、予報の精度は急速に高くなっている。生物多様性のバイオインフォマティクスについても、まだデータの構築が期待されるところとはいうものの、すでに蓄積されたデータを用いた研究活動の推進が不可欠である。必要とするデータ量が蓄積されていないからよい論文にはいたらない、というのはいいわけにすぎず、利用可能なデータを用いた最先端の研究は今日なされるべきものである。現に、相当数のデータは蓄積され、周辺機器や統計学の急速な進歩があるとすれば、それらを活用して具体的な標本や観察データをもとにしたバイオインフォマティクスの研究を推進するのは、ナチュラルヒストリーの現代的課題としてもっとも夢のあるもののひとつといえるだろう。

（3）エボデボ、進化発生生物学

エボデボ＝Evo/Devo という言葉は、Evolutionary Developmental Biology、直訳すれば進化発生生物学で、進化＝Evolution の Evo をエボ、発生＝Development の Develo をデボとよんで、語呂がよいようにくっつけた造語による。

進化はもともと進化論という概念として生物学の領域に導入されたものであるが、生物学の研究者は自然科学者として、進化という現象の実証を期待する。ところが、時系列をともなう現象で、しかも種分化では百万年単位の時間を要するのだから、実験で証明するのはむずかしい。それを、遺伝子を解析する技術が使えるようになって、仮説検証的に示すことができないか試みようとするものである。

一方、もともと発生学は受精卵が成体にいたるまでの個体の生活史の初期段階を課題とする研究領域で、対象は個体だった。近代生物学では、生活史のうちにみられる特定の事象に焦点があてられ、実証的な研究に成果をあげてきた。しかし、この領域の研究者には、個体にみられる時系列の変化の意味が、科学的好奇心を駆動するものらしく、技術的に可能性ができてくれば、体制など、個体全体を意識した解析も進められるようになった。

進化の事実を確かめるために、ヘッケルが反復説を唱えたように、個体発生の過程が系統発生の過程を反映していると期待する考えはあった。しかし、遺伝子の働きが明らかにされてくると、遺伝子そのものや、それがつくりだすタンパク質はよく似ていても、それらが形質を発現するためには、発生の段階で遺伝子の働きを制御する機能をもった遺伝子（ホメオボックス遺伝子）が現われ、生物体の多様性はその遺伝子の作用によるスイッチの入り方で大きく左右されることがわかっている。

遺伝子を扱う分子生物学の技術の進歩はめざましく、たとえばスイッチ機能をもった遺伝子のタンパク質を彩色し、生物体内で実際に働いている状態を具体的に写真にとることなども可能になった。胚発生が可視化されるのである。

エボデボでは、このような解析技術の進歩を活用し、遺伝子の類似差異を明らかにし、表現形質に反映される制御のされ方で生きものがどのように多様化するかを解析し、系統の追跡をおこなっている。系統が近くても形態が大きく異なっていたり、離れた系統のものでも表現形質が似ていたりするのは、遺伝子の差が直接現われるのではなくて、形質発現に制御機構が働いていることが多い。

分子系統学の手法を活用して、遺伝子の類似による系統の遠近を追跡する研究に実証性を高めることは可能になり、研究データが大量に蓄積されるだけでなく、それを用いた系統の推定法にも進歩がみられた。エボデボの方法の適用によって、進化を跡づける研究はいっそう実証性を高めている。

エボデボとよばれる領域の研究は、動物を材料として活発に展開されている。ナチュラルヒストリーシリーズでも、倉谷（2004, 2017）に実例の紹介がある。ここでは、植物を対象とした研究例を紹介してみよう。ただ注意しておかねばならないのは、動物と植物における発生様式の差である。後生動物では、受精卵が卵割をおこなって胞胚→嚢胚と進み、分化、成長が進行する。植物の場合には、茎頂、根端に胚的性質が残り、屋久島の縄文杉のように数千年の年齢をへた個体でも、茎頂、根端では発生初期と同じ現象を演出する。後生動物の体のつくり（＝体制）の説明には、エボデボの領域では、体制という伝統的な言葉は使わないで、body plan という英語をそのままボディプランとカタカナで表記して使うことが多くなっており、最近では植物の体制もこのカタカナ言葉で説明されることがある。

植物の形態形成についての研究のひとつの例は1997年の国際生物学賞の受賞対象となった研究で、花器官形成のABCモデルとよばれる例である。アメリカのマイエロヴィッツ（E. M. Meyerowitz, 1938-）らとイギリスのコーエン（E. S. Coen）らのグループがシロイヌナズナとキンギョソウを材料とした研究を共同で発表した（Coen and Meyerowitz, 1991）。

花器官は、下部から外花被（＝萼）、内花被（＝花弁）、雄蕊、雌蕊が配列されているが、それらが螺旋状に配列されているものも、3数性、5数性の放射相称を示すものなどもある。これらの要素の発現には、MADS-box遺伝子と名づけられた特定の遺伝子の働きによっていると突きとめられた。MADS-box遺伝子には3つのグループが識別され、それぞれA、B、Cの3群と認識され、Aだけが働くと外花被が、AとBが働くと内花被が、BとCが働くと雄蕊が、そしてCだけだと雌蕊が形成されることが確かめられた。

この遺伝子の働きをABCモデルという。ただ、この遺伝子は花器官が形成される被子植物に特有のものではなく、裸子植物はおろか、花の咲かないシダ植物やコケ植物でも確認されている。シダ植物などでこの遺伝子がどのような働きをしているのかはまだ解明されていないが、花の形態形成を支配する遺伝子は、花が進化する前の段階の植物で、なんらかの働きをする遺伝子としてすでにつくられていたものが、花を咲かせる働きを進化させたものとみなされる。

もうひとつの例として、基礎生物学研究所の長谷部光泰博士らの研究グループの貢献をあげておこう。植物の形態形成を支配する遺伝子の働きについては、最近の研究でさまざまな事実が解きあかされつつあるが、そのうちでも、長谷部らは一貫して、植物の体制の多様化が系統の分化とどのようにかかわりあっているかと対比させて解析している。この考え方は、例示されている事実に動物関連のものが多いが、長谷部の著書（長谷部, 2015）などからも読みとることができる。

[tea time 7]　フンボルトのコスモス

フンボルトのナチュラルヒストリー　ナチュラルヒストリーの領域に近代科学の手法をとりいれた最初の1人にフンボルト（F. H. Alexander von Humboldt, 1769–1859）の名前をあげることができる。ダーウィンやメンデルの少し前の人であるが、刊行された著作は同時代である。

私たち植物の種多様性の研究にかかわる者が、最初にフンボルトの名前を知るのは、彼が30代の前半に、ボンプラン（Aime Bonpland, 1773–1858）と組み、南米で広範囲な自然誌の調査を進め、その成果を35巻の大著にまとめ、その一環で植物の基盤的な研究をおこない、Humb. and Bonpl. の著者名でたくさん発表した学名のどれかに触れたときである。その範囲では、彼も種多様性研究に貢献した1人という理解にすぎなかった。

フンボルトは大学で植物学、地質学を学び、最初鉱山監督官の職につくが、まもなく探検家として自然の調査研究に取り組む。自分で実際に5年も滞在した南米の調査の成果をまとめる研究は、植物の種多様性の記載の範囲にとどまらず、生来の好奇心にうながされてか、ゲーテなどとの交友にうながされて科学的好奇心を縦横無尽に展開させたためか、文化人としてプロイセン（ドイツ）での自然科学の発展への貢献につながり、とりわけ、生態学や地理学の分野ではそれらの領域の祖と記録される。

自分自身の野外調査にもとづいた成果である。集積された資料標本にもとづく研究がもたらすものも大きいが、自然と直接接することによって学びとる成果には創造的な視点がある。フンボルトの場合も、植物の生きざまを自然の背景のもとでみて、植物地理学の視点から、多様な植物の生き方に通底する普遍性に気づく。当然、そのころはだれも注目しようとしなかったものの、現在では地理学や生態学の基本となっている視点が生きてくる。まさに、ナチュラルヒストリーの視点で生きものをとらえようとしたといえるだろう。

フンボルトは文化人として洗練された晩年の1845-1862年にわたって、『コスモス』＝“Kosmos : Entwurf einer physischen Weltbeschreibung”という5巻の大著を刊行する。日本では後期高齢者とよぶ年齢に達してから執筆され、最後は死後になってから刊行されたものである。副題は「自然科学的な世界の記述の試み」である。基本は自然科学の視点にもとづいているものの、神学的世界観のもとで、地球の自然を体系化して理解しようとし、自然環境と人間の関係を考察する。自然をみる目は典型的にナチュラルヒストリーの視点に立つものだし、それが彼の宇宙観、kosmos の思想である。

なお、プロイセンの政治家で言語学者として著名なカール・ウィルヘルム（K. W. von Humbolt, 1767-1835）は実兄である。

コスモスの花　植物のコスモス（秋桜）はメキシコなど新世界の熱帯の高原に分布する植物で、国際植物命名規約にしたがってラテン語で、カヴァニエス（Cavanilles, A. J. 745-1804）が Cosmos と命名した。カヴァニエスはパリで研究生活にかかわってから、スペインにもどり、マドリード植物園の園長も務めた。フンボルトとも交流があった。

コスモスは宇宙の秩序を意味し、混沌＝caos（カオス）の反対語である。この花に宇宙の秩序の印象を抱いた意味については、花の構造が整然としている、などと説明されることもある。明治時代に入ってから日本に導入され、和名には秋桜という名称も使われる。

CとKのコスモス　日本語のカタカナ表記でコスモスといえば、まず秋桜と書かれる植物を思いだす。さらに、ラテン文字で表記しようとすると、英語で書くのが普通だから、cosmos である。英語表記で kosmos が使われることはあまりない。

一方、フンボルトの書名は Kosmos である。この書はドイツ語であり、ドイツ語ではコスモスは Kosmos である。デンマーク語のようにドイツ語の系列の単語の多い国でも kosmos と書くらしい。しかし、cosmos と c で表記する国のほうがどうやら多数派のようである。

日本では、cosmos が植物名を思わせるようになったためか、この表記が広く使われ、哲学的な説明を必要とするときに、わざわざそうと断ってギリシャ語表記からきた kosmos と書く。k 表記のコスモスにはそれなりの思いがこもっているということである。しかし、それをわざわざフンボルトの著作名と結びつけると牽強付会のおもむきもみえてくる。

kosmos はギリシャ語起源であるが、この語が文献に残されている最古の例はヘラクレイトス（Herakleitos，紀元前 540 ごろ–紀元前 480 ごろ）の『自然について』の（完本は残されていないが）断片中である。ただし、kosmos の概念は彼に影響を与えたピュタゴラス（Pythagoras ho Samios，紀元前 582–紀元前 496）の思想にさかのぼることができるともいう。ギリシャの宇宙観は、プラトン、アリストテレスにいたるまで、宇宙生成以前のカオス（＝混沌）に対応するコスモスという図式にまとめられる。当時の世界観にもとづいて、整然とした秩序をもった宇宙（天界）を指したのである。もちろん、ここでみる科学の知見は現在とは異なっているのだから、科学として論じることは生産的ではないが、天界を安定したものとみる考え方がコスモスという言葉に秘められているのである。

ギリシャ語で kosmos だったのが、ラテン語で cosmos になるのは両語の表記の差である。ギリシャで使われた kosmos は、混沌（＝chaos）の反対語だったが、地動説によってコペルニクス的転回をへて、歴史的な遺物となった。ただし、いまでも宇宙という意味で使われるし、cosmetic、cosmology、cosmopolitan などという派生語も生きている。

フンボルトが使った Kosmos は、統合的な視点で宇宙に存在する地球をみようとした意図を示した表題としてだったのだろう。科学が、専門分野でつらぬいて研究を構築し始めたころに、得られた先進的な知見をつらねてみえてくるものを、自分自身の研究体験をふまえてまとめようとしたと考えられる。そのような視点に達することになったのは、素直に自然と直面し、当時適用可能だった手法を駆使して観察、解析に努めてきた経験と思索がもたらした成果だったのだろう。

コスモス国際賞の理念——人と自然の共生　　私はこの書の執筆中に、2016 年度のコスモス国際賞を受賞した。この賞は、1990 年に大阪市の鶴見緑地で開催された国際花と緑の博覧会の理念を継承するために設立された公益財団法人国際花と緑の博覧会記念協会が主宰する国際賞で、1993年から毎年1件（個人か団体）に授賞されている。

学術賞ではあるが、特定の研究分野を指定して、その分野で顕著な業績をあげた人を顕彰するというのではない。賞の理念を、記録集などを引用して紹介すると、授賞の対象は、

「花とみどりに象徴される地球上のすべての生命体の相互関係およびこれらの生命体と地球との相互依存、相互作用に関し、地球的視点からその変化と多様性の中にある関係性、統合性の本質を解明しようとする研究活動や学術に関する業績であって、『自然と人間との共生』という理念の形成発展にとくに寄与すると認められるもの。

上記の観点から、以下の点を重視する。

(1) 分析的、還元的方法ではなく、包括的、統合的な方法による業績であること。

(2) 地球的視点に立った業績であること。特定の地域や個別的現象に関するものであっても、普遍性があること。

(3) 直接的な問題解決型ではなく、長期的な視野をもつ業績であること。」

である。

本書ではナチュラルヒストリーの現在像を描きだすことに努めているが、図らずもコスモスという語を、ライフワークの集成でもある大著の表題に用いたフンボルトが、ナチュラルヒストリー領域で、ひとつの時代を画した巨人であることを思いださせてくれる。

包括的、統合的な方法による研究の集成に努め、自然と人間とのかかわりに注目したフンボルトの業績が、ナチュラルヒストリーの成果であったことを思いだす次第である。

第４章　ナチュラルヒストリーを学ぶ
――生涯を通じた学習で

歴史的発展を跡づけながら、ナチュラルヒストリーの現状を総覧してみた。整理した現状にもとづいて、ナチュラルヒストリーのさらなる発展を期待し、この領域の研究に参画し、成果をあげるために、なにをどのように学ぶのか、学習のあるべき姿を追うことにしよう。

ナチュラルヒストリーの研究は、大学や研究所で推進されるだけでなく、博物館等施設でも活発におこなわれている。日本における研究の現状をたずねながら、ナチュラルヒストリーの学習の在り方を考えたい。

4.1　日本におけるナチュラルヒストリー

ここまで、ナチュラルヒストリーの研究を日本における状況に重きを置きながら紹介してきた。しかし、科学に関する問題はすべて特定の民族のものではなく人類の課題として、地球規模で理解されなければ意味がない。

科学に地域性はないはずだが、自然環境についての個別の調査研究には地域性が出てくるのはやむをえない。その意味で、日本語で準備している本書では、日本のナチュラルヒストリーが世界をリードしている、あるいはリードすべき点はなにか、世界から遅れており、追いつくべきことはなにで、そのためになにをすべきか、について言及しておきたい。

先進国の文化を見習いながら固有の文化を育ててきた日本では、ナチュラルヒストリーの領域でも、同じような歴史をつくってきた。平安時代の医師、深根輔仁が延喜年間（10 世紀）に『本草和名』を編んでいるが、これも唐の『新修本草』を範とし、当時の先進国唐で使われていた薬物の名を和名で同定したものである。それ以後、日本の本草学は日本の生物などを観察し、発展するが、形式は中国の本草学にならっていた。

中国起源の本草学が日本では日本列島にあわせて育ったが、江戸時代に入って欧米の博物学の新風が導入されると、既存の知見は欧米風の体系に沿って編みなおされた。伊藤圭介はチュンベリーの“Flora Japonica”を翻訳して『泰西本草名疏』(1829)を刊行し、飯沼慾斎の『草木図説』(草部 1856-1862、木部は北村四郎編, 1977)はリンネの体系にあわせて編まれた。諸々の文化の展開と同じように、先進国の進んだ文化をとりいれて和風に消化するというよい伝統が、ナチュラルヒストリーの領域でも花咲かせたのである。

自然とのつきあいでいえば、日本人は自然を自分たちのための資源とみなす習慣をもたず、自分たち自身も自然のひとつの要素として、自然と共生する生き方を生きてきた。自然の産物にはそのすべてに神が宿るとみなし、それらとのつきあい方も、自分たちと対等の相方とみる態度をとりつづけた、少なくとも明治維新のころまでは。

江戸時代後半に飼育栽培動植物に多様な品種を作出したのも、特定の天才が資源の有効活用のために新品種をつくったというのではなくて、動植物とともに生きる人たちが、生きものの多様な姿にとりつかれ、多様な生きざまに惚れこんで生みだした多様性だった。だから、まったく役に立たない生物種にも多様な姿をみいだしたのだろう。マツバランの多様な品種の識別、同定など、どこからみても有用な資源として利用しようという物質・エネルギー志向の視点はない。

明治維新で西欧文明に追いつけ追いこせと、物質・エネルギー志向の考え方をとりいれ、富国強兵につながる施策を強行するようになってから、日本人の伝統的なものの見方、生き方は大きく偏向することになった。ここでも、欧米先進国の文化をとりいれたのだが、今度は日本文化に同化させることができずに、ほとんど西欧文化に飲みこまれることになってしまった。

自然科学はアリストテレス以来の自然学の系譜に則って進歩し、いまやそのために人類の富と安全が維持される方向で機能している。しかし、ナチュラルヒストリーの領域に限ってみれば、あまりにも大きな情報を扱う領域であることから、近代自然科学の手法をなかなか活用することができずにいた。やっと20世紀後半になって、理学の手法を中核とするようになった生物学、地学のうちでも、この領域ではまだ歩みが遅れているのを否みきれない。しかし、実物についての具体的な知見が語られるナチュラルヒストリーの領域の研究の推進は、自然科学の急速な進歩がみられるいまこそ強く期待されるところである。

ナチュラルヒストリーの近代科学との融合というような大きな課題は、たぶん、近代科学の流れの中に埋没している欧米の科学者よりも、その流れを後から学び、とりいれてきた日本の科学者のほうが、客観的にみつめ、構築していく方向にあっているのかもしれない。科学の統合化に向けて、新しい視点の開拓が期待される。

ただし、そのためには、創造する器の育成が不可欠だろう。学校教育の過程でナチュラルヒストリーの知の継承が確かめられ、独創性を涵養するための自然との触れあいが、博物館等施設によって推進されることが期待される。ナチュラルヒストリーの知の継承は、蓄積された知の修得だけでなく、その知の活用法の修得によって成し遂げられるものである。学校教育だけでなく、生涯学習を通じての学びが期待されるし、それも特定の天才を育てる教育だけではなくて、基盤となる社会での知の蓄積と普及向上が期待されるところである。

いずれにしても、私たちは自然のうちのひとつの要素として生きている。万物の霊長である人が自然を資源として持続的に有効利用するという視点だけでなく、人もまた生物多様性のひとつの要素として自然のうちに生きている状況で、自分をふくめた自然を正しく理解するという視点で、ナチュラルヒストリーの推進を図りたいものである。

ごく最近において、ナチュラルヒストリーの研究活動が日本でどのように展開しているか、それを探るよい手がかりのひとつが、本書もふくまれることになる東京大学出版会刊行のナチュラルヒストリーシリーズをみることである。このシリーズは1993年に名古屋大学糸魚川淳二名誉教授の『日本の自然史博物館』から刊行が始まり、不定期とはいいながら継続して出版が続けられ、最後の本書が50冊目である。その内容は多岐にわたるが、執筆した著者の所属によって研究活動の拠点をみてみると、いちばん多い（34人）のが大学で、それも理学部（10人）が多い（理工学部、教育学部、人間総合学部、環境情報研究院などの所属となっていても、出自が理学関連の場合もあるし、私自身がそうであるように、長い間理学部に所属していたものの、一書の執筆時には放送大学勤務だった例もある)。現在の日本では、総合大学の理学部が、ナチュラルヒストリーの調査研究においても、もっとも活発に貢献しているところなのである。後継者養成をふくむ学習の機関としても、総合大学が実際に中心的な役割を果たしているのだろうか。その背景を、日本に近代的な高等研究機構が整えられた明治維新以後の展開で追ってみよう。

学ぶといえば、普通、学校での学習が想定される。教育を話題にする場合でも、家庭教育とか社会教育から入ることは、それを目的とする特定の場合を除いて、まずない。これはしかし、知的動物である人の活動としては偏った解釈なのではないだろうか。たしかに、知の伝承のために、今日では学校教育が主幹であることはいうまでもない。しかし、私たちの学びは、すでに母の胎内にいるうちに始まっており、死んでからもなおのちの世代に影響をおよぼす。後世に名を残すほどの巨人だけでなく、市井の人々でも、亡くなったお祖母さんがこういっていた、などというのはだれでも口にすることである。知的所産は、学びによって獲得されるので、遺伝情報のように個体内に閉じて継承されるものではなくて、個体間の交流を通じて、社会のうちで成熟し、その成果が社会のうちに蓄積され、そこで伝承されるものだからである。

そういいながら、ナチュラルヒストリーの調査や研究の体系だった話題をとりあげるとすれば、話は大学、研究所から始まることになる。大学などでおこなわれる調査研究から始める話が、「受精卵のときから幽霊になるまで」([tea time 10])展開する個々人の生涯の学びもしくは知の伝達とどう結びつくのかが本章の話題である。

研究といえば、日本では研究推進を目的に設立された研究機関よりも、大学で展開する部分が圧倒的に大きい。研究に関与する人数も大いに関係することだろう。大学の学部、大学院研究科は機構上は教育機関であり、国立大学法人の教員の職種は教育職だが、総合大学院大学の理学部の教員などは、教員という身分を意識するよりも研究者としての自分を考えるほうが多い。私の場合、京都大学、東京大学など博士課程をもつ総合大学に所属していた期間が長いので、その雰囲気を平均以上に顕著にうけとっていたかもしれないが。

大学の教員は高等教育に従事するのだから、すでに蓄積された知識を継承するだけでなく、既存の知見にもとづいてさらに新しい知識を獲得し、構築する力を養う人を育てる役割を担う。すなわち、百科事典をそのまま頭におさめたような博識な人が期待されるのではなく、現に研究の第一線に立てるように、知の創造に貢献する人を育てる教育が求められており、そのためには教員自身が独創的な研究者であることが期待され、そのような人こそがすぐれた高等教育の担当者だと考えられる。だから、大学の教員の選考には、候補者の、研究者としての資質が最低限の資格として厳密に評価される。現実には、大学に職を得ようとする人は、教育者として活躍するよりも、研究者としてすぐれた業績をあげることを目的とするようになったりする。極端な場合、大学内で、教育にかかわる委員会の用務までを雑用とよんだりすることさえある。

ナチュラルヒストリーの領域の研究でも、その傾向は同じように認められる。ナチュラルヒストリーにかかわる研究機関といえば、欧米風の基準でいえば国立科学博物館がその代表のひとつであるが、少し前までは、諸大学で推進される研究教育に比して、国立科学博物館の実績は、たとえば植物学の領域などでは、学界で必ずしも高く評価されてはいなかった。大学人が自分たちを高等教育担当者というより研究者と考えることが多かったのと並行して、博物館関係者はわが国の研究を主導しようという意欲に乏しかったといわれてもしようがない状況にあったのではなかったか。実際、国立の研究所が集まって総合研究大学院大学をつくったときも、国立科学博物館はそれに参画していなかった。体制上の問題もあったが、当時の所属研究者の姿勢も関係していたことだった。

日本におけるナチュラルヒストリーの研究や教育の至近の過去の状況を理解するためには、少し前にさかのぼってその背景を探ることが避けて通れない。

江戸時代には、鎖国下といわれながら、海外からも相当量の情報が導入され、少なくともナチュラルヒストリー分野の研究に関心をもつ人々には活用され、消化され、日本の自然の調査研究に正しく適用されていた。この時代には、蘭学（オランダの学問）だけが導入されていたようにいわれるが、蘭学という看板のもとに、日本をおとずれた主要な研究者たちのうち、ケンペルとシーボルトはドイツ人で、チュンベリーはスウェーデン人と、いずれもオランダ人ではなかった。科学に関しては、オランダに窓を開いたといいながら、当時唯一の先進地域だったヨーロッパに向けて、情報の交流に事欠かない状態だった。そのため、ヨーロッパで進んでいたナチュラルヒストリーの研究の全貌がほぼ正確に紹介されており、日本の研究者に正しく移転されていたのである。訪日していた人たちが、日本列島についての正しい知見に科学的好奇心を展開していたように。そして、極東の未開国での植物学の基礎的な調査研究が、チュンベリーという当時もっともすぐれた碩学の1人によるものだったように、この領域の日本の研究史は恵まれたものではあった。

科学における知見が日本で展開していたのと並行して、江戸時代後半における飼育栽培動植物の品種の多様化もまた目を見張るものがある。少しのちの明治時代に、アメリカでバーバンク（Luther Burbank, 1849-1926）が、ロシアでミチューリン（Ivan V. Michurin, 1855-1935）がそれぞれ現場で培われた園芸家としての個人の天才を発揮して多様な品種を生みだしたのとくらべ、日本では、江戸時代後半に、飼育栽培動植物に関心をもつ大名や商人をはじめ、広い範囲の人々が新品種作出に関心をもち、成果をあげた。多様な品種を認識し、作出する動植物の範囲は、生活にかかわるいわゆる有用動植物に限らず、多様であること自体を観賞する対象に拡がった。

わかりやすい例をあげれば、日本列島ではめずらしい希少植物であるマツバランも、その特異な形状に興味がもたれたためか、古くから栽培され、多様な品種が作出されていたようで、この種（野生種としては日本にはマツバラン *Psilotum nudum*（L）Beauv. 1種が知られるだけである）の諸型が整理され、1836年には『松葉蘭譜』が刊行され、120もの品種が図示、記載された。食用、薬用などの有用性にはまったく関係がなく、花も咲かない、地味で特殊なマツバランのような植物についてさえ、図説書が刊行されるほど、知的好奇心にうながされた愛好者の間の関心が強かったのである。最近はともかく、200年前にマツバランのような特殊な植物の栽培に情熱を傾けたのは日本人だけだろう。

しかも、この『松葉蘭譜』に図示された「文龍山」系統の変異体は、胞子嚢が枝の先端につき、腋生のマツバラン一般と異なっている。この形質は形態学的に関心をもたれるもので、現に最近刊行された何冊かの植物形態学の著名な欧文の教科書に、この変異型が、写真を添えて紹介されている。

順調に解明への道を歩んでいた日本のナチュラルヒストリーの調査研究であるが、明治維新の文明開化にともなって、科学研究は大学などの高等研究機関に委ねられることになった。そこでどのように花開くことになったか、日本の大学におけるナチュラルヒストリーの研究の歴史は、生きものの調査研究を中心に、第3章で述べた。

（1）大学におけるナチュラルヒストリー

明治時代に日本に大学が設置されてから、江戸時代に培われていた基盤の上に、近代科学は迅速にとりいれられ、国際的に対応できる科学が日本でも構築されるようになった。日本の植物は日本人が研究すると宣言された（Yatabe, 1890）ように、実際、日本人研究者の日本の自然の観察は、全国各地で活躍するナチュラリストたちと協働を演じながら、順調に進められていた。全国各地といういい方も、時流に応じて、台湾や朝鮮半島、千島列島、ミクロネシアなどにもおよび、とくに植民地政策に協力したというのではなく、むしろ純粋に科学的好奇心にうながされて、調査研究の対象地域を拡大し、成果をあげていた。

大学における研究者の数が充実していたというわけではなかったが、それでも対象地域の拡大に応じて、正確で詳細な調査研究が展開した20世紀前半など、ナチュラルヒストリーにかかわる研究者の割合が相当大きかった。大学で進められる基礎研究は、特定の領域に偏るようなことがなく、さまざまな分野で、国際的に誇れる成果が得られるようになっていたといえる。

ただし、順調に展開していたかにみえるナチュラルヒストリーの調査研究に、問題点がなかったわけではない。問題点のひとつとして、研究があまりにも個別に進められた点を見過ごすわけにはいかない。科学研究は、発見の先取権が栄誉のすべてを担う。いきおい、研究者は、競争相手より一瞬でも早く真理を確かめ、公表しようと競い合う。新種の記載などはその典型例で、ある時期には、なかま内でも資料をみせあわずに、公表してはじめて標本を公開したというような伝説もしばしば耳にすることだった。

偏向した研究の進め方は、研究環境にゆがみをもたらすことになる。池野成一郎が平瀬作五郎の成果を評価し、その顕彰に力をつくしたことが美談として語られるわりには、ナチュラルヒストリーの研究者間の協働には偏りが生じるようになっていた。

問題を抱えたまま、第二次世界大戦時から敗戦直後にかけて、日本における基礎研究はあらゆる領域で大きな打撃をうけ、ナチュラルヒストリー分野もその例外ではなかった。大戦時には、東南アジアに占領域を拡げ、資源の調査に国策が注力されようとはしたものの、担当する人的資源も、研究を支援する体制も整ってはおらず、戦時にはわずかに文献の整理などが進められた程度の進展しかみられなかった。大戦直後は、海外からの文献なども日本に入ってこず、国民生活の貧窮も度をすごしており、大学で落ち着いて研究ができるという状況ではなかった。自宅を出て各地の大学で学んでいた学生が、主食の配給が途絶えたこともあって、自宅近くなど、もっとも通いやすい大学へ自由に転学できるという状況にさえなっていた。自宅が東京で、地方の大学へ進んでいた人が東大へ転校できたことをうらやむ人はあるが、寮の夕食で、飯の丼の代わりに粗目の砂糖が盛られた皿が出てくる生活を試みようという人はいないだろう。

しかし、敗戦の混乱の底から、やがてたくましい経済復興が進行したように、学術研究の面でも、可能なところから活動が再開された。身近な自然の観察は、大学などの職業的研究者によっても、市井のナチュラリストによっても、着実な歩みを再開した。京都大学からヒマラヤ・ヒンズークシへ大型の調査団が送りだされたのは 1953 年だったし、関西を活動の拠点としていた植物分類地理学会の丹波小金ヶ岳採集会に、高校 3 年の私が参加したのは 1952 年のことだった。

私自身が経験していまだに忘れられないのは、1950 年代も後半に入ったころ、それほど不便ではない兵庫県の三室山の調査に数人でおとずれたときだったが、昼になって、旅館でつくってもらった弁当を開いてみると、赤ん坊の頭ほどの握り飯だけが入っていて、おかずはなにもついておらず、さすがにそれを食べるのに辟易したことがあった。ずっとのちの話であるが、1980 年になって私がはじめて北京をおとずれたのは、まだいわゆる四人組の裁判がテレビで中継放送されているころで、文化大革命の混乱からたちなおっていなかった中国では、研究所の食堂から洗面器のような食器に山盛りに御飯を盛って部屋にもどる姿がみられたのだった。どこでも貧しい時代には米飯だけを栄養源にする生き方に慣らされていたのだった。しかし、美食に恵まれなかったとしても、研究意欲は盛りあがっていた。

戦後になって、日本の生物相の調査研究が、植物についていえば、（当時は中国での調査ができる日がくるとは考えられないような政治状況下にあったので）まずは日華植物区系区で日本と対極にあり、日本の植物と関連の深いヒマラヤ地域の植物相の調査研究から始まり、さらに東南アジアの熱帯にも調査研究の輪を拡げ、1960年代に入ってからは、研究を地球規模で展開するだけの基盤の構築と能力の開発が進められていた。海外でも地域の生物相の解明に貢献できたのは、科学研究費補助金海外学術調査（1963年創設）を得て現地調査が実施できるようになったのが大きな支えだったことはまちがいない。

京都大学の東南アジア研究センターは1963年に学内措置で設置され、1965年に官制が整った（その後、2004年に東南アジア研究所に改組され、2017年からは東南アジア地域研究研究所となっている）。地域研究を標榜するといいながら、創設当時は地域研究といえば人文学、社会科学を対象とするものだったその枠を破って、このセンターでは当初から自然科学の研究もふくめた東南アジアの地域研究をめざした活動を展開した。私たちも生物相の調査研究という分野からその地域研究に参画した。私たちが貢献できたのはわずかだったが、学んだものは大きく、のちに自分たちの研究にさまざまなかたちで生かされている。

私が実際に大学で研究教育に関与するようになったのは20世紀後半に入った直後である。1953年からは学生、大学院生として、1963年からは教官として、支援要員から始めて研究室の責任者（1972年に教授に昇任）を務めるようになった。いろいろな立場から、大学における研究教育に参画する経験をへてきたのである。

明治以後のナチュラルヒストリーに順調な発展の歴史があったにもかかわらず、私が大学の理学部で研究にはじめて参画したころ、生物の分類学の領域はすでに大学での研究対象としては時代遅れであると決めつける雰囲気が強かった。生態学の分野などが華やかな展開をみせていたころだったが、分類学はもう終わった領域という気分もあった。むきだしでそのようないい方をされる研究者さえあった。大学でナチュラルヒストリー関連の研究にたずさわっておられた方々の多くも、戦前、戦中の、対象地域の拡大にともなう調査研究の活発さから、研究費の限界を含めて、研究対象地域が狭くなった国内に閉じこめられた際に、当面するナチュラルヒストリーの展開をどのように進めていくのか、閉塞的な状況にもあったし、その状況を打開していくすべを探すのに当惑しているという状況にあった。課題は多様に拡がっていたはずだったが、未開拓の地域の基盤的な調査に傾注していた当時の研究者にとって、解析されるべき課題がなにかがはっきりとはみえていなかったようだった。

私の場合も、分類学はこれからの研究領域ではないと先験的に決めこんでいて、大学へ入学した当初は、もっと別の、当時の学生の頭で大切と考えた課題の追究を意図していたのだったが、学習の進展とともに、多様性の生物学にどんどん関心が深まっていき、大学院では植物分類地理学講座に所属することを選び、その選択に対する自己責任から、研究の意義について終始理由づけを必要としながら歩んできた。私自身のこの専攻課題の選択までの経過については、別のところで触れたことがある（岩槻，2012b）。

20 世紀に入って早々に、遺伝の法則が生物界に普遍的な原理であることが確かめられた。それまで、生物学の研究は観察と記載にもとづく論理的推量による説明で納得していたが、物理化学的な解析の方法をとりこむことも少しずつ可能になってきた。仮説検証のための解析による現象の追究によって、現象に通底する普遍的な原理原則を描きだそうとする手法で、生きものに固有の現象が科学的に少しずつ解明されてきた。

分子の階級での解析に焦点をあてて追究する生きものの研究は、物理化学の研究者にも容易に理解ができるもので、生物学の理学としての位置づけが定まるようになった。それにともなって、観察と記載から推論する方法は理学的な評価を期待する向きからは軽視される傾向が生じるようになった。古い生物学に対して、新しい生物科学を構築しようというわけである。

生物固有の現象の因果性が科学的に解明されることによって、そこで明らかにされた原理にもとづき、生物材料を有効に利用する技術が開発されるようになった。生きものに関する技術ということで、バイオテクノロジーという言葉も用語として一般にまで通用するようになった。

そしていま、科学の専門分野の細分化が、生物学の世界でも顕著な現象となり、実証された結果だけが重んじられ、技術への転化が急がれる雰囲気の中で、いまだに地道な調査にもとづき、観察、記載を基調としている研究が理学のうちで軽んじられる傾向さえある現実に直面する。研究者にとって、ナチュラルヒストリーの研究とはなにか、日本における科学研究の流れの中で、もう一度その真実を追ってみるところへきた。20世紀中葉以後の生物学の急速な発展をみながら、それでいて、生きているとはどういうことかに答えることができるのは、自然科学の側面からはごくわずかであることに思いを致しながら。

科学研究の成果は、細分された問題のひとつを実験などによって仮説検証的に解析し、仮説を結論づける実証を得て、問題の解が得られたときにまとめられる。それは極端に細分化された課題については有効な解決法であるが、問題の総体に迫る推論を得たいときには直接的に役に立つものではない。ただし、確認された事実を技術に転化することによって、人間生活に大きな便宜をもたらすことはめずらしくない。科学の社会的な意義からいって、このような問題解決もまた社会の要請に応えるものとしてきわめて大切である。極端な場合、戦争に向けて科学が貢献している部分も大きい。

理学の研究にかかわっていると、よくわからないままにではあるが、社会科学の論文などは、限られた情報を手がかりに、ありえる姿を推量するだけで、論理的に実証し、確認した像を描きだしてはいないものが多いので、これでも論文かと思ってしまうことがある。しかし、ナチュラルヒストリー関連の調査研究については、それと同じ流れのものが多いこともまた日常的にみるとおりである。たとえば、種多様性の総体を俯瞰しようとすれば、現在知られている範囲では、ごくわずかに認知している事実をもとに全体を推量することができるだけである。それにもかかわらず、結論を得たかのような表現で分類体系が描かれる。理学の領域で、科学的な活動でないとみられることがあったとしても、その誤解を解くのはむずかしい。

研究手法の格段の進歩にともなって、新しい分野での解析が進められるのは科学の当然の流れである。しかし、それなら古くから使われていた手法で研究する課題はすべて終わっているかと問われると、たとえば種多様性の研究については、既知の種の数は地球上に現生するもののごく一部であると推定される程度にしか進んでいない。その研究にしても、つねに新しい解析の視点や研究方法の導入が必要であるのはあらためて強調するまでもないが、伝統的な手法にもとづく研究もまた着実に進められない限り、生きものの科学に健全な進展がありえないというのも、科学が直面している現実である。

（2）科学を専業としないナチュラリストによる調査研究

少し変な題名である。non-professional naturalists という言葉があるが、その言葉で表現できる人たちが、日本のナチュラルヒストリーの領域では大きな貢献をしてきているのだが、この英語に相当する日本語がない。本書では、ときに形容詞をつけることもあるが、広義にとってナチュラリストという表現をとらせていただく。日本のナチュラルヒストリーを語る際に、専業の科学者の貢献と並んで、ナチュラルヒストリーの調査研究を、生活の糧を得る手段とはしないものの、自然の探求に強い科学的好奇心を抱きつづけ、調査研究に貢献してきた人たちを見過ごすことはできないのである。

日本における明治以後のナチュラルヒストリーの研究の展開のうちで、大学などで研究に専念する者と、地域の自然に愛着をもちながら基盤的な調査を継続発展させてきたナチュラリストとの協働が、科学のさらなる近代化が進むのにあわせて、よいかたちで発展させてこられた事実を無視して通りすぎることはできない。そこで、このようなナチュラリストがもたらした日本におけるナチュラルヒストリーへの貢献とはなにかを考察する順番になってきた。

日本列島の生物相の調査研究は、明治時代になってからも本草学の系譜を発展させながらつづけられた。たとえば各地域で組織された植物同好会などは、明治時代になってから牧野富太郎や田代善太郎らによって始められたか、少なくとも牧野らの影響をうけてつくられたものが多い。江戸時代からの本草学の伝統は、西欧で発展していた近代化にともなって、大きく変貌を遂げたというのだろうか。それにしても、明治維新とよばれる国家の組織的な改変があったとしても、自分の周辺の自然についての好奇心を鋭くする人たちは、その維新の区切りとは無関係に、列島の各地で活動をしていたのだった。

関西では、京都大学で小泉源一教授を助けた田代の影響をうけた同好会などが多く、地域を代表するナチュラリストたちが、大学の研究者らと緊密に交流しながら調査研究を展開した。牧野の調査もそうであるが、東大、京大などでおこなわれた調査研究は、各地でその地域のナチュラルヒストリーを詳細に調査研究していた人たちの協力なしにはありえなかった。と同時に、各地で展開された調査研究の主宰者たちは、大学と緊密に協力することによって、最先端の研究調査の状況を知ることができたのである。日本列島の自然史を解明する調査研究は、大学などで専門的に課題に取り組む研究者と、科学的好奇心だけに忠実に身近な自然の動態を詳細に観察する人たちとの、それぞれの特性を生かした理想的な協働によって展開されてきた。その良好な関係が、地域のナチュラリストたちの調査研究の質を高めることにつながっていた。

この面における牧野の活動については、牧野自身の膨大な著作によって牧野側からの視点の記録があるし、関係者の誰彼の書き残したもので別の角度からの記録をたどることもできる。晩年の自叙伝（牧野，1956, 2004）は、彼自身が自分の歩みをふり返った興味ある読みものである。田代の活動は、『田代善太郎日記』（田代，1968-1973）に詳細かつ客観的に記録されていて、当時の人々の動きがていねいに記録されている。

牧野は各地の採集会などに出かけ、実地指導をしたが、その指導ぶりが多くの同好者を育成するもとになった。牧野が創刊した『植物研究雑誌』（1916年創刊）は新種の記載や新記録の報告が積極的に登載されて国際誌として評価されると同時に、和文の論考を中心にして、ナチュラルヒストリーの普及、振興に利され、国内の同好者の育成に資すことになった。牧野自身は生涯のほとんどを東京帝国大学の教官として過ごした国家公務員だった。『植物研究雑誌』は学会が刊行するものではなくて、最初は牧野の自費出版だったが、1933年刊行の9巻からは生薬学の泰斗だった朝比奈泰彦博士を編集委員長（その後、原寛博士、柴田承二博士、大橋広好博士とひきつがれている）とし、生薬学関連の民間企業である津村研究所（現株式会社ツムラ）が刊行を主宰してきた学術雑誌である。

遅れて1932年に、京都大学の教官を中心にしてつくられた植物分類地理学会が発刊した『植物分類地理』も、大学の教員が新種などをすばやく発表する場とされたが、同時にページの半分は和文の記事とすることを原則とし、国内で読者を確保して経済的に独立することが期待された。文学における同人雑誌のような体裁だったといえる。学会のその経営方針は、私が大学に籍を置くようになってからも長い間継続されたもので、学術雑誌そのもののインパクトファクターが重視されるようになるまでの間、学会活動が先端的な研究活動を発表する年会の開催、学術雑誌の刊行を軸とするのと並行して、普及活動のために雑誌を利用し、定期的に採集会を催してナチュラリストとの交流にも積極的に活用されていた。どこかからの補助を頼るようになると、その補助が途絶えたときに刊行ができなくなるので、可能な限り自力で経営が成り立つ運営をしよう、というのが立ちあげのときの精神だったと聞いている。

もっとも、その方針はやがて時代にあわないものとなり、植物分類地理学会は 2001 年に日本植物分類学会と合併し、『植物分類地理』はいまでは、それまで学会誌をもっていなかった日本植物分類学会の機関誌として、欧文だけの純粋な学術誌になり、学会からは日本人の会員だけを対象にした和文誌『分類』が、それとは独立して刊行された。ただし、この学会も、ほかからの出版助成は得られないままに、会費中心に刊行がつづけられている点は、植物分類地理学会のころと同じではあるが。

金沢大学の研究者の呼びかけでつくられた金沢植物同好会によって 1952 年に刊行された『北陸の植物』は、のちに誌名が『植物地理・分類研究』とあらためられ、かつての『植物分類地理』とよく似た精神にしたがって刊行がつづけられた。同好会から改称されていた植物地理・分類学会も、2018 年から日本植物分類学会に合流し、『植物地理・分類研究』という誌名は新しい日本植物分類学会の和文誌にひきつがれることになった（田村・鈴木, 2017）。

日本列島の生物相は、大学における研究を中心に知見を拡大したが、基盤情報の多くの部分は、地域の生物相を精査するナチュラリストたちから提供されたものであることは特徴的だった。自分の住む地域の生物相に深い関心を寄せる日本人の心情は、『万葉集』の時代から記録に残されているとおりである。時代が下ると、自分をとりまく自然環境への関心は、情緒的な鑑賞と並行して、科学的好奇心による探求も進められる。それも、自分の周辺の動植物の多様性に関心をもち、すでに命名されている名前を知って、地域の特性と、生きものの豊かさを楽しむ趣味的な関心をもつ人から、正確に生物相を記録し、その動態を追い、そこで展開する生物圏の生活を観察しようという科学的好奇心をもつ研究志向の人まで、幅広い好みが展開する。

実際、昭和に入って調査研究のレベルが高まったときには、各地の地域植物誌などがあいついで刊行され、それに大学の研究者がかかわって、よい報告書が数多くつくられた。そのうちには、土井美夫『薩摩植物誌』(1926-1931、鹿児島県の植物誌)、宇井縫蔵『紀州植物誌』(1929、和歌山県の植物誌)、吉野善介『備中植物誌』(1929、岡山県の植物誌)、前原勘次郎『南肥植物誌』(1931、熊本県球磨地方などの植物誌) などの名著もある。

もちろん、調査を進める人たちのうちには、多様な型のうちにまだ記録されたことがないものを追い求め、新種を発見するよろこびを得る望みも大なり小なりあって、研究者側も、ちょっとした変異型にまで名前をつけて発見者の栄誉心をあおる傾向もなかったとはいえない。それも、きっちり発表されて名前が記録されたものはまだよいが、口先でいわれただけでついに正式には発表されない名前が、地域を中心にあちこちで流布するという現象もけっこう残してしまった。それが、一般的な理学の研究者から、いい加減な対応をしているようにみられたことがあったのも、残念ながら否定はできない。

しかも、新しい命名へのこだわりは、研究者にも波及しており、発表した新名の数が研究者としての実力であるように誤解された風さえ一部には生じていた。新しい型の発見は生物多様性の調査にとっては基礎的な情報であり、それが好奇心と栄誉心をない交ぜて促進されたことはむしろ褒められてよいことであり、また、学名に発見者の名前を残すことは、発見者の努力に敬意を表する意味ですすめられてもよいことでさえあるのだが、どこにでもみられるように、少し度にすぎた傾向に眉をひそめるような事例があったのも否定できない。

[tea time 8]　日本のナチュラリストの貢献

日本におけるナチュラリストの貢献を理解するために、もう少し non-professional naturalists の話題にこだわりたい。この種のナチュラリストたちの生きざまに触れることは、日本のナチュラルヒストリーを理解するうえで、避けて通れない課題である。

南方熊楠は履歴書といわれる書簡のうちで、イギリスのビクトリア朝に使われた literary men (鶴見和子 [1979, 1981] は literati という語で紹介している) という言葉を使って、ダーウィンなどのように豊富な私財に恵まれ、思いどおりの研究をつづける生活を理想としている。

いまでも、ナチュラルヒストリーはアマチュアの楽しみだと思っている人たちがあるらしい。報酬なしの活動の成果が、科学の分野で大きな貢献となっているということに、殿様の趣味というような印象をうけることがあるのだろうか。いうまでもなく、健全な趣味として、自分の周辺の自然に関心をもつことで、どんな人にでも生きる楽しみがもたらされる。大学などの研究機関に、この領域の研究者としての定職をもつ職業的研究者ではない、在野で自然を真剣に観察している人たちを指す適語をみいだすのはむずかしい。愛好家（ファン）という表現もふさわしくない。

アマチュアに対して、プロは professional の略語である。profession は職業だから、プロは職業としてその業にたずさわる人を意味する。その仕事に従事して、生活の糧を稼いでいる人である。アマチュアも、もともとはスポーツ関連などで、報酬を得ないでその業にたずさわる人を指した語だから、いいかえれば non-professional である（スポーツ界ではノンプロはアマチュアとは区別される用語となっている）。報酬をうけないで、という意味ではボランティアに通じるところがあるが、ボランティアという語には篤志家という意味あいが強い。いずれにしても、その業についての熟練度が高いか低いかは問わない語である。

アマチュアという言葉の定義もむずかしい。日本語ではアマチュアは素人である。素人といえば、やはり熟練度が低いという意味あいが強くなる。アマとプロという言葉の対応から、素人のアマチュアに対してプロを玄人という。玄人はその道に深くたずさわっている人で、名人、巧者、達人とか通（つう）という語に通じるのだろうか。玄人は英訳すると expert になる。その道に深くたずさわっている人は、職としてその道にかかわっている人と同義ではない。しかし、玄人といえばプロでもある。その辺、言葉遣いは多少融通無碍に、というところがある。

ダーウィンは生涯定職につかなかった。non-professional だから、上の整理にしたがって彼の立ち位置を定義すればアマチュア＝素人ともいえる。しかし、ダーウィンを指して進化学の素人という人はない。ダーウィンが進化学の素人なら、ベテランといえる人はない。もっとも、『種の起原』刊行から150年以上経ったいまでは、ダーウィンの議論の枝葉に難点をつければ、彼の議論が満点でないことはだれにでもわかる。しかし、だから彼はアマチュアだ、と決めつける人はだれの支持もうけないだろう。

もっと身近に、日本の例でいえば、ナチュラリストの代表格は南方熊楠だろう。しかし、ナチュラルヒストリーの領域で熊楠のことを素人だとはだれもいわない。熟練度が低い素人だと考える人はいないからである。

牧野富太郎も世間の常識では無職の著述家ということのようであるが、彼の場合、一時矢田部教授、松村教授らとの軋轢から東大に出入り禁止となったことはあるものの、それ以前、1884-1889年は大学への出入り許可で便宜を得ていたし、31歳の1893年には助手（当時、帝国大学）に任用され、1912年に講師（当時、東京帝国大学）に昇任、77歳の1939年まで47年間も東京大学の教官であった。だから、牧野はここの用語を使えば完全に官学に属した職業的研究者だった。さらに、晩年には日本学士院会員でもあったから、日本のアカデミーの中心にいた人である。その経歴と業績によって、文化功労者の制度ができたときには第1回目に顕彰され、亡くなったときには文化勲章の栄誉をうけている。東大助手で帝国学士院恩賜賞をうけた平瀬作五郎の例（第3章3.1（1））もあるが、大学における職種の上下と研究成果の評価は別の話である。

牧野は学歴がないので東京大学からは排斥されたとか、終身専任講師で冷遇されたとかいう話が広く伝わっている。前者は、矢田部良吉教授との日本植物誌出版などに関する軋轢から、牧野が3年あまりの間東大への出入り差し止めになっており、松村任三も牧野排斥の方針にしたがったとされることを指している。当時の正確なやりとりはいまから確かめる術がないが、牧野の書き残したものをていねいに読めば、彼がけっこう個性的で、関係者が協力して新しい研究体制を構築しようとしていたころに、それを支える側に立とうとした人でなかったことも読みとれる。大学のような共同体は、自分と気のあう人だけを集めて個性的にことを進めていくのにふさわしい組織ではない。それも、新しい大学の制度ができて、研究体制をどのように構築するか模索していたころである。

松村の業績を牧野と比較した論議もあるが、そこでは、のちに東大に細胞遺伝学講座を開設する藤井健次郎らを育て、池野や平瀬の裸子植物の精子発見につながる植物学の近代化を指導した実績は無視されている。牧野の業績がメディアにはうけいれやすいものだっただけに、平瀬がイチョウの精子発見というすばらしい業績をあげた直後に教室を去った歴史の検証などは十分なされているとはいえない。教室を去った後の平瀬と、研究面で協働したのは、純粋に在野の南方熊楠だった。

もっとも、25歳の若さで教授に採用された矢田部自身も、当時の欧化思想に邁進し、活動が狭義の科学の外に拡がっていたからか、科学行政に積極的に貢献した初期の活躍の時期をすぎると、やがて東京大学を非職となり、最後は事故死に終わる結末を迎える。非職になった理由なども、資料で明らかにされることがなく、この辺の事情がどうなっているのかよくわからない。

幕末には蕃書調所頭取や最後には若年寄となり、維新後には東京府知事も務めた大久保一翁の息子という名家の出だった大久保三郎助教授も、アメリカで学んだ経験もありながら、ドイツへの留学から帰朝した三好学と並び立つことができず、やがて大学から去る。大久保の場合は、3年後には大学に復帰した牧野のような活躍がなかったせいか、大学を去ると同時にほとんど忘れられた存在となっている（ヒメウラボシ科のシダ植物にオオクボシダ *Xiphopteris okuboi*（Yatabe）Copel. があり、彼の名は植物名には永久に残される）。

牧野がすぐれた研究者であることは明治のころにも高く評価されていたのか、出入り禁止は3年で終わり、やがてまた帝国大学の専任教員にもどる。牧野について、ここでもうひとつ触れておきたいことは、東京帝国大学で長年講師を務めていたが、彼の植物分類学における独創的な貢献は明治時代の、世紀の変わり目、彼の30歳前後の数年間に集中されることである。このころ、牧野が数多くの新種を発表しているが、種多様性の認識は正確で、記載もわかりやすく、個々の種の系統的な位置づけを含めて、当時の世界の最先端の知見にあったものである。ほとんど独学で研究を始めた人としては、抜群の成果をあげていたといえる。欧米にも、研究機関に属せずに、独学で成果を世に問うている人があり、自国語で読み書きのできる人たちには文献にあたるのも容易かと推定するが、こういう人たちのうちには、のちの人が迷惑するような報告を重ねた人だってめずらしくはない。最盛期の牧野の業績に、そのような瑕疵がほとんどないというのは賞讃されるべきことである。

牧野の研究は種属誌の領域で正確な貢献を重ねたことで精彩を発揮する。種多様性の研究の基盤として、多様な種が正確に記載されることが肝要であることは、ナチュラルヒストリーの根本義であるが、だからといって正確な種の記載だけで種多様性が解明されるわけではない。多様性のうちにみる普遍的な原理を追究するためには、系統的な背景に沿って種多様性を認識する必要がある。牧野の正確な観察は、系統の追跡のための重要な示唆を与えるものではあるが、その研究には種の階級の記載、差の大きさの認識をもとに、属や科への分類には鋭い感覚が示されはしたものの、生物多様性を統合的に追究しようという視点はなかった。

後年の牧野の活動は、オリジナルな研究成果を世に問うものではなかった。1926年に“The Journal of Japanese Botany（植物研究雑誌）”を創刊し、時代を牽引する姿勢を示したが、そのころからの論文には最盛期にみせた面影がない。もちろん、その後も、植物知識の普及に関しては既述のとおりの大きな成果をあげつづけたし、『牧野日本植物図鑑』のような金字塔を打ち立ててはいる。もっとも、国際植物命名規約に反抗することを公言するなど、個性の発揮もさかんで、それが人々の関心を惹きつけたという面もなかったわけではない。南方ほどではないにしても、牧野もまた奔放に生き抜いたことが、学者には非常識なところがあったほうがよいといわんばかりの日本的発想にとってのよい偶像だった面もあったかもしれない。だから、一貫して東京大学の禄を食んでいたのに、あたかも在野の研究者だったような紹介をされることにもなるのだろうか。

植物学教室でこういう展開がみられた傍らで、動物学教室でみられた石川千代松教授と斎藤弘吉の関係については、東京大学総合研究博物館の遠藤秀紀教授による要領のよい紹介がある（遠藤，2015）。在野の日本犬研究者であった斎藤は、自分は帝大の学閥に軽視されたと記し、当時の帝大教授石川千代松がいかにイヌを知らないかと、文章に書き残している。大学のアカデミズムにうけいれられず、そのことに憤懣やる方のなかった斎藤だが、やがて、世間からはイヌのことなら斎藤に助言を仰ごうという時代がおとずれた。東大では専任講師以上に昇任することのなかった牧野の名を冠した植物図鑑が一世を風靡していたのとよく似た状況だったのだろう。

これらは東京大学における実例だが、日本のナチュラルヒストリー分野で大きな貢献をした人たちのうちにも（ダーウィンなどとは違って、生活のためにもほかの職についてはいたものの）、ナチュラルヒストリー関連では報酬をうけていない人たちが少なくなかった。これは生物学でもより解析的な分野にはあまり例をみないことで、だからナチュラルヒストリーの領域には殿様が数多く関与していた、などといわれることもある（科学朝日編，1991）。生活が安定していた人たちのうちで、科学的好奇心の強い人がその能力を発揮するのに好適な領域だったということか。高価な実験器具などを整えなくても、独力で調査、観察ができるのがナチュラルヒストリーの分野の特徴だったと理解されているのである。必要な器具に高価なものがなかったとしても、調査や、収集した資料の管理維持には莫大な経費を必要とするし、実際にもてる巨万の富をそれに費やした人もあるのだが、なぜか、そういうことさえ豊かな人の贅沢な趣味とみなされる。そして、研究面での貢献によって生活の資を得ていないこの種の人たちの調査研究の成果が、内容的に科学の世界への大きな貢献であっても、観察と記載に徹底していたために、この種の貢献をアマチュアの成果とみなしてしまう風潮をもたらしていた面も否定できない。

ナチュラルヒストリーがアマチュアの趣味で究められる領域であるとされたのは、かつては高価な実験装置などを必要としないとされ、大学や研究所でなくても、資料を収集し、簡単な器具を用いて観察すればしらべることができる、と、意識的にも無意識的にも考えたくなったためらしい。ナチュラルヒストリーに向けられる目の在り方がそこにみえていたのかもしれない。欧米では、芸術も鑑識眼の高いパトロンたちに支えられて高度化されてきた。直接に社会に効果をもたらす領域と違って、知的な遊戯に近い純粋な科学の展開のためには、政治や経済の権力者だけでなく、個人的に余裕のある人たちの趣味的な後援が不可欠という歴史をそこにみる。それが、かつてのナチュラルヒストリーにもみる歴史だったのだろう。それが、いまでもその状況をつづけてよいのかと問われることになるのである。

特定の事象を解析するためには物理化学的に確立された手法を用いる。それに対して、自然を総体としてとらえるためには、つらぬくだけでなくつらねる手法（第2章2.1（5））が必要となる。解析のために実験装置を必要とし、得られたデータについて考察するためには、すぐれた研究者集団に属しているのが有利である。科学の高度化は、必然的に専門分野の職業的研究者を必要とすることになる。しかし、地域の自然を、経時的に正確に認識し、記録するためには、専門的研究者だけでなく、普通の市民でもあるナチュラリストたちの情熱的な成果が貢献となる。日本の自然の認識においては、こういう市民の貢献が大きいが、これは伝統的な日本人の自然観に支えられている現実でもあるのだろう。

もちろん、ナチュラルヒストリーにも近代化は不可欠である。この領域の科学における意義は、自然を総体としてとらえ、統合的に理解しようとする手法にある。多様な現象を記載することだけが目的ではなくて、その現象の間にある関係性に注目しないのだったら、それこそ素人の趣味と難じられることだろう。明治のころに日本にもたらされた分類学も、すでに系統を念頭に置いた分類体系をめざしていた。日本のナチュラリストのうちには、その意味では、ナチュラルヒストリーの理念とは無関係の人があったことも事実である。

日本の non-professional naturalists＝ナチュラリストの生きざまについては、ダーウィンの例と殿様生物学の例の対比だけではわからない側面がある。それを理解するために、『万葉集』の時代を思いだしてみよう。『万葉集』にとられた歌のうちに、広い階層の人たちが素朴に自然を詠んだものが多いのは古典の記録としては世界でもめずらしいもので、日本人の自然との交わりの深さ、実利的な関係だけでなくて、心の琴線に触れるつきあいをしてきたことはそんなところにも如実に映しだされている。現在の科学者が、自然科学の目で『万葉集』を読めば、そこに non-professional naturalists＝真に自然を愛しているナチュラリストの心の貢献が映しだされていることを知る。もちろん、8世紀には生態学はまだ成立していないのだから、系統立った生態学の議論はされていない。しかし、当時の自然を論じる第一級の資料が提供されているのだから、その情報構築に貢献した人たちはすぐれた non-professional naturalists＝自然の理解者で、自然の観察家だったというべきである（服部ら, 2010）。

その後、文字に残しはしなかったが、里山をつくって人と自然の共生を演じ、江戸時代末まで中大型の動物をただの1種も絶滅に追いやることがないというみごとな生物多様性保全を維持してきた日本列島の住人たちは、里山林を維持することによって、non-professional naturalists＝自然愛好者、自然保護家としての貢献を具体的に実録してきた。奥山と人里の緩衝地帯として里山林を維持してきた日本列島の環境保全の在り方は、本書で詳述すべき話題ではないので、別のところでとりあげる。

20世紀後半に入って、過度の開発が生物多様性を危機に追いやり、その保全が地球にとって緊急の課題であることに気づいた研究者たちが、直面している現実を社会に訴えるために、絶滅危惧種をモデルにした生物多様性の実状の調査研究をおこなった。出足は欧米よりも少し遅れたが、日本でも1980年代に入って絶滅危惧種の調査研究が始められた。維管束植物の調査はその先頭を切っていたが、調査にあたることのできる研究者の数は日本列島の植物の多様性に比して、はるかに劣勢である。しかし、ありがたいことに、日本には列島の隅々にいたるまで、自分の生活場所の周辺の生きものたちの動態を日常的に詳細に観察しているナチュラリストたちが活動している。これは万葉時代からの伝統というべきだろうか。調査にあたった専従の研究者たちは、この人たちの膨大なデータを糾合して、短期間のうちに国際的に誇れるレッドリストを編みだすことができた（我が国における保護上重要な植物種および植物群落の研究委員会植物種分科会，1989など）。その後も、日本の絶滅危惧種の基礎調査から保全活動まで、国としても環境庁（省）が主宰して進めているが、少なくとも植物に関する部分では、専従の研究者（日本植物分類学会）とナチュラリストの協働がその後もひきつづき理想的に進められている。

生物の種多様性を対象とする調査研究は、高価な研究機器を使って実験室内で解析的に推進されなければならない事象も山ほど積みあげられているが、それと同時に、実際に地球上に生きている生きものたちがなにであるかという基盤情報の構築もまた緊急に推進が期待される。これは限られた数の研究者たちだけに任せておいて早急に解明される事実ではない。ダーウィンや殿様方のような非職業的研究者の貢献とはまた違った、数多くの専従研究者の科学への貢献が期待される。

ナチュラリストの貢献をそこまで拡大して考えるのなら、もう一度、日常生活のために里山林を維持することによって、結果として生物多様性保全に貢献した生き方の意味を思いだしたい。生態学を学んで日本列島を地域割りし、生物多様性を保全したというのではなくて、生活の結果として生態学の期待する姿を描きだしていたのである。結果として里山林が育ち、生物多様性が高くなっていたと説明するのは容易だが、これは実際には日本列島の自然とそこに住む人たちの相関関係が生みだした調和だったともいえる。だとすれば、生活者の科学リテラシーを高めることによって、地球に生きるヒトの生活を持続的にすることが期待できるのではないか。ナチュラルヒストリーに関心をもつことは、その意味でも、職業的研究者による研究の推進と同時に、より広く科学リテラシーを高めることへの期待につながるものである。自然を直視し、そこから自然の１要素として進化の歩みを進めてきたヒトのあるべき生き方を学ぶのは、生きものの１種としてのヒトが知的動物として進化してきた意味である。

ナチュラリストの活動に意を注ぐのは、それから生活の資を得ないで科学に貢献することをよしとする（日本のメディアなどの）好みにあわせた論議になるかもしれない。現代生物学の礎をつくったメンデルとダーウィンは、ともに生物学で生活の資を得た人ではなかった。メンデルは神父（大航海時代の植物ハンターたちの多くは聖職者だった）だったし、ダーウィンは職につかないで生涯を調査と思索、著述に費やした人だった。職がなにであったかよりも、科学にどれだけ貢献したかに意味がある。

日本で貴重なのは、自然のすべてに好奇心を抱く人々の層が厚いことであり、これは日曜ナチュラリストを生みだすエネルギー源でもある。日本には、欧米にみられるような、科学研究に寄付するパトロンはあまり出現しない。財産の寄付については、その現実にはいまも大きな変化はみられないが、ナチュラリストが科学の基盤情報構築にもたらしてきた貢献は、知的な資産を無償で提供する寄付行為に通じるものということもできそうである。その知的な資産の構築が見失われつつある現実は残念なことではあるが。

（3）博物館におけるナチュラルヒストリー

明治時代に研究体制が確立される過程で、大学における先端的な研究と並行して、博物館における研究の必要性も、伊藤圭介に学びのちに官僚となった田中芳男（1838-1916）や、東京帝国大学農科大学教授の白井光太郎らによって強く主張された。内国勧業博覧会などが、パリやロンドンの万国博覧会の国内版として催され、産業についての知見を広めるのに役立つ風潮も育っていた。

自然史系博物館としては、わが国でもっとも伝統があるのは現在の国立科学博物館であるが、ここは1877（明治10）年に上野山内に新館が竣工したときを創設とうたっている。もっとも、その前身としては、早く1871年に文部省博物局の展示場が湯島聖堂内にもうけられ、翌年には、文部省博物館の名のもとに、博覧会が公開されたと記録される。1875年には東京博物館と改称され、すでに博物館としての運営が始まっていた。

ちなみに、博物館関連施設でもある東京大学附属植物園は、1638年創設の徳川幕府御薬園に淵源をもち、そのうち、1684年に白山御殿内に移された南薬園がいまの植物園の母体となる。1875年には文部省博物館附属小石川植物園となったが、1877年1月、博物館が教育博物館として出発した直後の4月に、新しく設立された東京大学の附属施設に移管された。

科学博物館のほうは、その後組織の形態にも変動があり、関東大震災の際に施設も標本も壊滅的な被害をうけた不幸などもあって、博物館としての活動が定着するのは1949年になって文部省設置法で国立科学博物館となって以後のことである。

しかし、その後も、ナチュラルヒストリーの調査、研究が、大学と類似の研究機関で推進されているのと比して、博物館における研究には、個々にはすぐれた研究者もあったが、総体としては活発な成果がみられなかった。日本を代表する自然科学系の博物館がそういう状態だったから、博物館といえば、一般には埃まみれの資料が積みあげられている建物、という印象が強く、日本ではとくに、社会から自然科学の研究機関として認知されることのない時期が続いた。

総合博物館で、文化財などの資料の研究が進められることは理解しても、自然科学の研究が博物館でおこなわれるとはほとんどの人が思ってはいない状況がいまでも部分的にはつづいている。日本で博物館が自然科学関連の研究機関として少し注目されるようになったのは、国立民族学博物館が設立（1974年；開館は1977年）されたころからである。ただし、この博物館、文部省でも研究機関を扱う局（当時は学術国際局）の所管で、だから、研究員は教育職と同じ教授、助教授などの職制をもっていた。そのような職制をとりいれることが新機軸だったが、どうやら、世間では教授といわなければ研究する人と認めない雰囲気があったのだろうか、その後も国立歴史民俗博物館（1981年設立）など、同じ形式の博物館がつくられた。いまでは、これらの博物館は総合研究大学院大学の主要な構成メンバーとなっており、主体は博物館という名称をもちながら、高等教育機関としての大学の役割も、実質的にも名目的にも担っている。しかし、総合研究大学院大学が設立されたときも、国立科学博物館はその構成機関には入らなかった。

一方、後発の兵庫県立人と自然の博物館（1992年設立）では、公立の機関ではあるが、設立時から、研究員の多くを大学教員とする形式が整えられた（本章4.2（1））。

国立科学博物館は、研究を目的とする博物館と規定されながら、所管が文部省社会教育局（改編されて現在では文部科学省総合教育政策局）で、研究関連の局の機関でないということからか、研究員の活動さえも、科学的好奇心にうながされて展開したというよりは、行政官として事務的に進められることさえあった。もちろん、これは機構のせいだけではなく、そこで活動している研究員や、管理職の職員の個性に影響される面があり、大学の構成員であっても、研究教育への貢献を第一に活動していた人ばかりでないことは周知の事実である。

自然史系の博物館としては、国立科学博物館のほかにも、大阪市立自然史博物館（1974年開館）のように、前身である旧・自然科学博物館の展示活動が1950年には始められたほど歴史のある機関があり、そこでは設立当初から、きびしい条件下であっても調査研究活動に成果をあげてきたが、その後、いわゆるバブルの時期などに設立された地域の博物館等施設には、建物をつくることが主眼で、構成員に研究活動を期待することなど、ほとんど問題になっていなかった施設さえあった。これは、博物館相当施設として、動物園や広義の植物園がつくられるときの考えも同じで、その意味では生涯学習支援といえば成人教育のための特殊な施設、機構の役割と思われる雰囲気さえあったのだった。

そして、それは明治維新に際して、日本の文明の後進性が強く意識され、西欧文明に追いつけ追いこせの姿勢から、富国強兵に資する知的教育優先で学校教育体制を整備し、教育によって知的基盤を高める施策が集中的に推進されたことにも影響されている。西欧に追いつけ追いこせの姿勢は、修得に遅れをとっていた西欧風の科学技術を学ぶのには成果をあげたが、追いついてしまったときには、そこでどうすればよいかに迷う期間があったように、独創性を育てる知育には欠落しているものがあった。

たしかに、明治以後の教育体制によって、日本人の知的基盤が高められた事実は注目に値するが、それと並行して、日本人のすぐれた伝統だった自然と共生する生き方が見失われ、知的好奇心によって研ぎすまされる独創性が鈍らされたのももうひとつの現実だった。やっと最近になって、博物館等施設を有効に活用し、博学協働で学齢期もふくめた生涯学習に精励して、与えられる教育効果を満喫するだけでなく、自主的な学習効果を得る動きが、まだごく限られた範囲とはいえ、芽生えているのは希望のもてることである。

千葉と兵庫の自然系博物館

自然系の博物館として、千葉県と兵庫県にそれまでとは違う規模の博物館が準備されたのは1980年代、日本経済がバブルに酔っていたさなかである。どちらもそれなりの財政規模をもつ県であるし、当時の知事が自然史系博物館の建設に積極的という好条件をそなえていた。もちろん、そこで提唱されたのは、伝統的な自然史博物館そのままの姿ではなく、千葉では生態学との協調を重んじた博物館を志向したし、兵庫では市民に向けた貢献を志向し、生涯学習支援とシンクタンク機能の充実という、時代が博物館に求めている要請に積極的に対応しようとしたものだった。兵庫県立人と自然の博物館の20年の歴史は、同館編集の『みんなで楽しむ新しい博物館のこころみ』(2012)、とりわけ創設の経緯についてはその第6章に示されている。

両博物館ともに、40人を超える数の専従研究員を擁し、すぐれた研究員が集まって華々しく活動を始めた点では甲乙をつけがたいものだった。千葉のほうが少し早く発足し、また地理的に国の中枢に近いこともあって、社会的な知名度からいえば一歩先んじていた。兵庫のほうは、地域では創設当時からその活動が評価されてはいたものの、初期には地域を超えて活動が周知される度合いは低く、自然史系の博物館が時代にあわせて発展している実状が全国によく理解された状態ではなかった。

千葉では、規模のうえでは従来の地域博物館を超えたものがつくられはしたものの、研究員の身分などは従来の枠を抜けだせなかったこともあって、研究員の活動に行政職員として一定の制限がかかることになり、せっかく研究活動や生涯学習支援に活躍していても、博物館員に向けての社会の印象を大きく変えることにはつながらなかった。

兵庫では、過半数の研究員の身分を大学籍にすることになった（本章4.2（1））ので、研究員のシンクタンク機能や生涯学習支援の実施が、大学の教員と同じ感覚で展開された。実際に大学の教員だったのだから、それで当然だったし、実際それらの活動に、有能な研究員の貢献は、多くは消極的な普通の大学教員とはくらべものにならないほど精力的だった。その成果は関係者には高く評価されることになったが、残念ながら、県立の施設らしく、活動の重点が兵庫県内やその周辺に偏っていたので、実状が全国的に広く評価されるまでには時間がかかった。

兵庫の博物館では、世紀の変わり目から、創設10年をめどに、博物館活動の原点にもどるような改革に向けて、内外からの助言を参考にしながら自主的な検討がおこなわれ、新展開とよばれる活動が設定された。館員のうちでも、シンクタンク機能の発揮や生涯学習支援にはじめのうちはあまり積極的でなかった研究員でも、今日的な博物館活動に目覚め、研究活動に根ざしたせっかくの能力を、普及活動に応用することにも前向きの活動を推進するようになっている。

もっとも、残念なことは、このような活動の成長期になって、全国的な地域の財政の絶望的な厳しさに直面し、とりわけ阪神・淡路大震災（兵庫県南部地震）以後のもろもろの影響のもとで、兵庫県全体の職員の人員削減や予算減などの影響を、博物館ももろにうけることになった。これは博物館員の活動でなんとかなる問題ではない。

二十余年前に博物館が創設されたのは当時の財政的な余裕に支えられたものではあったが、兵庫の場合、博物館の建物は、「ホロンピア'88」とよばれた博覧会の際の建物を活用して発足しており、博物館のための施設として新設されたものではないという問題を抱えたままである。目下のところ、若手をふくめ、館員の努力によって成長が支えられてはいるが、現在手を拡げている範囲の活動を長期的に維持しようとすれば、基盤となる研究員の研究活動が制限されるのは必然で、研究をしなくなった研究員ではシンクタンク機能の発揮や生涯学習支援の活動は理想的に進められるはずはなく、博物館活動自体の劣化につながる危惧もないわけではない。

博学協働とナチュラルヒストリー

教育分野において学校教育が占める割合は、とりわけ日本においては、絶対的に大きい。たとえ博物館の格段の充実が図られたとしても、抜本的な教育体系の変更がない限り、博物館等施設が教育に貢献する役割が補助的なものにとどまることは、量的な差からみてもやむをえぬことだろう。ただし、量的にわずかであっても、博物館等施設が果たす役割が、学校教育だけでは達成しにくい部分を占めることが、最近の博物館活動からみえてくる。

博物館の特徴は資料標本など、研究材料としての実物を収蔵している点にある。学校では、資料を収蔵することに特殊化した部分はふくめにくい。大学などで、研究者が活用している資料標本などを収蔵する機構をもとうとすれば、博物館類似の施設である大学附属博物館をもつことになるが、ここでは生涯学習支援やシンクタンク機能の発揮よりは、博物館らしい基礎的な研究活動の振興こそが期待される。しかも、総合大学のように広範な知を集積することが期待できるところでは、収蔵されているものを介して多様な研究領域を統合する研究を創出することこそが期待される（次々項参照）。

博学協働という言葉が最近よく使われるようになっている。博物館の特性を生かし、学校と協働を構築することによって教育の成果を高めようという期待からである。ただし、博物館を利用した学習活動では、日本では博物館職員の能力が期待され、協力を求められる度合いが強い。ヨーロッパの博物館や植物園では、クラスの生徒を引率してきた教員がはじめ何分か話をし、やがて生徒が一斉に散って実物を活用した学習をし、約束の時間に集合場所へもどって教員を中心に観察の成果を話しあう、というような情景を普通にみる。

保育園から小学校にかけて、教員は子どもたちの知的関心をかきたてながら、知の基盤を植えつけるというたいへん重い役割を負わされている。しかも、たいていは全教科を負担するが、それだけでなく、知的教育には閉じずに、子どもたちの集団生活への適応も、さらに元来は家庭や社会が担うべき徳性の教育まで、最近では学校に委ねる傾向が強い。自然の事物や現象に驚きをみて、好奇心を陶冶する部分は、博物館等の施設がひきうけ、学校教育と補完しあうのが望ましいことだろう。子どものやわらかい脳が、自然からの楽（学）習に成果をあげるのは、学校教育で、クラスで1人の教員にすべての知的活動の責任をおしつけ、団体生活に馴化する社会教育まで期待するような環境では、理想的な成果をあげることはむずかしい。

また、中学校や高等学校では、最近では、学校自体が受験に集中する傾向が強い。暗黙のうちに偏差値という数値目標をもうけ、保護者たちも将来の安定した職業をめざした有名校への入学という目前の成果を期待する。実利の権化のような状態は、元来教育の場でみるべきものではないのだが、それが大多数の保護者に求められる現実なら、いたずらに嘆いていても解決のできる問題ではない。実務の修練を主目的とした寺子屋でできていた学習の意義も問いなおされるとよい。

もっとも、たとえば人と自然の博物館で10年以上続けられている「共生のひろば」という発表会では、中学生、高校生のたいへん興味深い調査研究の成果がいくつも発表される。しかも、それにかかわった生徒たちが、それなりに受験の成果もあげている、などという話を聞けば、十把一絡げにいまの中高校生は、などと論評することが真っ当な生徒たちに対してたいへん失礼なことであると反省することでもある。とりわけ、学習意欲の高い子どもたちと、科学的好奇心を陶冶する学習仲間になることのできるすぐれた教員が、わずかとはいえ実在することを知る場合には。

大学生と博物館との関連でいえば、これはもう教えられる立場から脱却して、自分自身の頭で学習を構築すべき人たちの話だから、博物館等施設へ出入りしても、なにかを教えられることを期待するのではなくて、収蔵され、展示されている資料に触れることで、己の知的好奇心を刺激し、そこから自分の学習を構築することをこそ期待したい。自分で考え、行動する人に対して、博物館の研究員が手伝うことも多々あることだろう。はじめから教えられることだけを期待するような態度でなかったら。大学生に関する博学協働は、むしろ大学教員と博物館員との共同研究などが醸しだす新しい知見が学生にどういう影響を与ええるかをこそみたいものである。

ただし、学校から博物館との交流を求めることは、少しはあるようだが、中学生から大学生くらいの年代の博物館等施設への入館者数はけっして高くはない。文系の博物館の事情はよくわからないが、自然史系、科学技術系では、この年代の入館者を格段にふやすことが、真の意味の博学協働を振興することであることを認識し、彼らがいそがしい勉学の時間を割いてでも博物館をおとずれようとする意欲をもつような展示やイベントを企画することが、博物館に課された今日的な大切な役割であると思うところである。ナチュラルヒストリーのおもしろさは、その意味では、この年代の人たちの自然への関心を深めるよい材料であるのだから。

教育といえば学校教育しか思いうかばないような、最近の日本にみる雰囲気はなんとかしなければならない。知的動物としての人は、生涯学ぶ生きもののはずである。それも、教えられるだけでなく、そこから自分の学びを構築する生きものでありたい。先駆者から知的な伝達をうけ、教えられることを学ぶことに転化するのは、文化を構築した人の特技である。すでに構築された知的な集積のうちから、おもに座学などによって学ぶものは多い。しかし、学ぶよろこびから、積みあげられた知を有効に活用し、新しいなにかを構築し、創造することに、人は興奮するほどのよろこびを感得する。

博物館で、自然に触れるきっかけをつかみ、座学から体験学習に発展させ、教わるから学ぶに軸足を転換することができれば、保育園児や小学生でも、高校生や大学生でも、それぞれの年代に応じて、自分の知的好奇心を深めることに努めるようになるだろう。科学リテラシーは、すでに整えられた知的な集積を学ぶことだけでなく、自分の独創によって構築するものであり、ナチュラルヒストリーの学習は、あらゆる年代にそれなりの問題意識をよびおこす好適な材料であると認識することである。

自然系の博物館と教育

明治維新以後の日本における学術体制の整備の出発のころから活動が展開されている国立科学博物館を軸にして、自然科学系の博物館としては、科学技術系の博物館と自然史系の博物館がいくつか設立され、整備されてきた。とはいっても、明治以後の日本の教育学術体制は学校教育を軸に設定され、それによって欧米の先進文明に追いつけ追いこせの教育の推進が図られたために、生涯学習支援の体制も、博物館等施設の充実も後回しにされていたきらいがある。その流れは、富国強兵の看板をおろしてからの第二次世界大戦後でも、基本的には変わっていない。それは、しかし、教育に対する市民の考え方だけでなく、意識的でなかったとしても、ナチュラルヒストリー関係者の姿勢にもかかわっていたことではないだろうか。

江戸時代には寺子屋が、実用的な知識、知的技法の涵養のための施設であるのと並行して、社会教育の場としても機能していた。と同時に、子どもの養育を寺子屋に一任しようとはせずに、家庭でも社会でも、子どもたちをみんなで育てようという雰囲気があったらしい。

明治以後の学校教育制度では、知的教育の施設として充実され、教員などの養成はその知育に重点が置かれたものの、教育という名の役割の一切が学校に丸投げされ、家庭や社会が元来担うべき課題まで学校におしつけられてしまうことになった。その傾向が、第二次世界大戦後にいっそう極端に偏ってきたのはなぜだろうか。モンスターペアレンツとよばれる親たちが出てきたこと自体、きわめて不自然なことで、子どもの特性は元来家庭や社会のうちで磨かれることが望ましい。地域の子どもたちが、地域社会のうちで、それ相応の社会構造をもちながら成長することがなくなったら、ヒトという動物種のつくる社会生活がなくなったようなものである。

学校では知の継承が求められ、教育という名のもとに、その字義どおり、教える側が教えられる側に既存の知識を伝達することに主力が注がれた。教師は児童生徒に勉強を求めたが、勉強はその字面が語るように、強いて勉める活動で、自ら好んでのめりこむ活動を期待しているわけではない。むしろ、学校教育では、自分勝手な行動に熱中することは禁じ手でさえあった。その現実は、教育、勉強というような語を用いるようになったことで裏書きされている。その点、つくられた学校の多くは江戸時代の寺子屋の機構、施設をひきつぎながら、教育の方針は義務教育が法制化された明治以後徐々に異なったものになっていたといえる。その変化には、いうまでもなく、有益な改善もあったが、むずかしい問題も多くもちこんだことを見過ごすわけにはいかない。

明治時代に制定された学術体制はその目的を達成し、日本人の基礎学力は高まり、極東の島国の文明は時をおかずに西欧に比肩するように育ってきた。しかし、指導者とよばれる人たちに従順にふるまう日本人は、一途におぞましい戦争に向かう歴史を描いてきた。一等国への夢を抱くとは、結果として奈落の底に導かれることだった。もっとも、一億総懺悔といいながら、その歴史の本質は時間とともに忘れ去られ、ほとぼりが冷めると、またしても、戦争によって富に恵まれようとする人たちにあおられて、武力の強い国へのあこがれが目覚めてくるものらしいのだが。

理系の博物館としては、日本科学未来館（2001 年開館）など大型の国立の博物館をはじめ、科学にもとづく技術を記録する博物館、天体観測のできる宇宙博物館などがけっこう求められ、実際に開館されて人気を集めている。ナチュラルヒストリーの領域の博物館としては、1960 年ごろから、道府県や市区町村などの地方公共団体が主宰する施設があいついでつくられた。日本にそれくらいの経済的な力がそなわってきたことと、やがて深刻な環境問題などがもちあがって、もっと地球を知るための知見を得る場が求められてきたためでもあった。

自然史系の博物館のうちには、福井や群馬の博物館のように、恐竜に焦点をあてる館もあるが、これは恐竜という対象動物化石が幼少年の関心を強く惹く利点を活用し、集客を期待してのものである。地域につくられた博物館は、もっと地域密着型でもよいのだろうが、地域の自然の特性は博物館の調査研究や展示にとって有用であるはずなのに、現実には来館者をふやす役割を後押ししてはいない。地域の資源を有効に利用する方策がみいだされていないのなら、早急に有効な活用法が検討されるべきだろう。

ごく最近になって、日本の自然史系博物館でも目にみえる地域貢献がおこなわれるようになっている。一般的な展示によって、不特定多数の市民に来館をよびかけるだけでなく、課題を設定して生涯学習を支援したり、求められるシンクタンク機能を発揮したりの活動である。生物多様性の持続的利用が政策課題ともなる現在では、博物館が情報構築に貢献し、具体的には絶滅危惧種のレッドデータの集成の中核になったり、また生物多様性国家戦略に対応する地域の戦略づくりの力となっていたりする場合もある。その際、科学的な根拠として、自然史標本が活用されるのはいうまでもない。ただ、地域の博物館では、科学的根拠となるだけの自然史資料標本を蓄積しているところは少なく、この面からの貢献はまだまだ実力を整えてからということになるのだろうか。

大学附置の総合博物館

博物館の館員が後継者養成に貢献する機会もふえてきた。大学院の専門家養成の課程に、個々の研究機関が対応するだけでなく、大学などと連携する制度が整い、規模の小さい研究機関所属のすぐれた研究者が後継者養成の教育に関与しやすくなった。東京大学が国立科学博物館などの研究員を併任教員としてうけいれる組織をつくる際には私もなにがしかの貢献をしたが、このような制度が拡がって、孤立していた研究者にも高等教育に関与する機会がつくられることになったのは、せっかくの能力の生かし方として好ましいことと思っている。もっとも、制度が始まってすでに二十余年をへて、どれだけの効果があがっているか、こういう制度の効率の評価は短時間ではかれるものではないといいながら、一度キッチリ評価がなされるべきころなのだろう。

このような背景のもとで、大学博物館の制度も、形式は整ってきた。東京大学で総合研究資料館が発足したのは 1966 年のことで、全学のそれぞれの専門分野ごとに維持管理されていた資料標本などをまとめて管理し、研究の便に供しようとしたものだった。かつては、個々の研究者が自分の研究領域関連の資料標本を手元に置いて研究に利用していたが、量がふえ、維持管理の経費、人手が単一の研究室の枠を超え、さらに教授の交替にともなって廃棄においやられる例が頻発するなど、全学で責任をもつ必要に迫られての対応だった。しかし、博物館という組織が大学内で認知されるにいたらなかったためもあってか、資料館という位置づけにとどまっていた。

関係者の努力もあって、資料館という名称のもとでも、研究活動に進捗がみられ、組織としても徐々に充実を重ね、1996 年に東京大学総合研究博物館として設置に関する規定なども整えられた。この組織は、2018 年現在、教授、准教授らの専任研究員が 10 人を超える規模の機関に整備されている。ただし、当初期待された資料の収容についてはまだ十分な床面積が確保されておらず、植物標本の三割余は、資料館として発足して半世紀以上へたいまも、理学系研究科附属植物園の建物に仮置きされた状態である。

つづいて官制の整えられた京都大学総合博物館（1997 年設置、2001 年開館）も、自然史、文化史、技術史を包含した組織として整備され、北海道大学総合博物館（1999 年設置）や九州大学総合研究博物館（2000 年設置）も研究活動に貢献している。

ただ、大学の中では、博物館といえば、関係者以外の多くからは、展示と結びついて理解されるためか、個別で専門性の高い研究に閉じこもって、社会との直接の接触の乏しい大学の、社会に開かれた窓口の機能を果たすことだけが期待される傾向が強い。

大学で推進されている膨大な研究の社会への貢献の総体は、文化の進展を支えているもので、博物館でおこなわれる研究に関連した展示で瞥見できるようなものではない。もし、大学の役割を社会に向けて公開展示しようというなら、既存の博物館の枠を超え、総合大学でいえば全学部、研究所を包括するような広報の方法を構築しないと正しい理解が得られるものではない。それを、既存の博物館の展示で代用しようとしても、市民の満足が得られるだろうか。千葉や兵庫の博物館の項で述べているような、公立の博物館等の生涯学習支援の意義と比較しても、ここで博物館の役割を、市民と大学の接点のひとつにして、公開講座と博物館の展示とで大学の市民サービスは達成されたと考えるようでは、大学と市民の間の知の交流はありえない。ここでも、研究者には社会のための科学への意識の高まりを期待したい。

大学の総合（研究）博物館は、その名の示すとおり、大学の研究機関のうちで、学部を超えた知の総合化を図ることのできる機関である。かつての教養部にもそのような性格は期待されたのだが、残念ながら教養部はジュニアの学生の教育機関と位置づけられるものだから、そこで知の統合が描きだされるようなことはなかった。高等教育の場としては、教員側に意欲があればもっと違った発展がありえたのだろうし、ほんとうはもっと根本的な意味があったのだろうが、ここでは日本に liberal arts が定着しないという問題に触れる紙幅の余裕はない。

大学の博物館は研究機関と位置づけられている。その構成員は、自然史や文化史の研究者である。もともと研究資料にもとづいた統合的な視点に立った研究を推進してきたはずの人たちの集まりである。日本の学術の世界で、必要性が叫ばれるだけでなかなか具体的な姿が現われてこない文理融合をふくめ、学の統合に向けた動きが演じられる可能性のある、いまでは唯一の組織なのかもしれない。大学博物館に、真の学の統合とはなにかを問いかける試みが芽生えてくるのを期待したい。もっとも、かつてのナチュラルヒストリーの研究者には、自分が専門とする材料（特定の生物群など）の研究だけに深化し、自分の殻に閉じこもって、視野を拡げることを拒む人が少なくなかっただけに、そのような姿勢が今後も続くようなことがあれば、大学の総合博物館ででも、研究者の数にあわせて学の細分化が徹底するだけで、個別の領域に閉じた成果が出ることで終わってしまうことになると危惧される。

私立大学にも、社会教育センターをもうけたり、関連の学部に博物館を附置しているところがある。しかし、研究機関としての博物館を構築しようという動きは残念ながらみられない。学校法人が所有する資料の保存や展示を通じて大学の資産や実績を示す窓口としては期待されるようであるが、ここを突破口としてなにかが構築されてくると期待される予兆は、いまのところ認められない。

大学附置の博物館関連の研究機関である首都大学東京の牧野標本館は、牧野富太郎の収集した標本を核としてもうけられた植物の種多様性研究の拠点である。設立されたのは牧野の死の翌年、1958年で、40万点といわれる膨大な標本が、新聞紙にはさまれ、未整理のままの状態だったのを、研究資料として整理し、基準標本などはデータベース化も進めて、植物の種多様性研究の拠点として整備されている。2018年には別館が増築され、150万点の標本を収蔵できる標本庫が完成している。組織としては、大学附設の研究施設であるが、日常的な管理運営には理学部の教職員がかかわっている。内外の研究者が資料を有効に利用して研究実績を積みあげている。都立の施設の特長を生かし、小笠原諸島の植物の研究などにも力が注がれている。

規模の大きな大学では独自の博物館等施設をもつことが多くなってきたが、ごく最近までは個々の研究室に研究資料などをもち、担当の研究者の在任中は活用されても、異動、退官などの後は散逸する場合も多く、大学内のまとまった施設に保存され、活用されることはめずらしかった。最近になって、博物館等施設にひきとられる事例もふえてきて、せっかくの資料は担当者が去ってからも利用に供される体制が整ってきたが、まだそのような救済も個別の事情で進められるだけで、とくにナチュラルヒストリー関係では、研究資料の管理が組織立って保障されるような状態にはなっていない。救いは個々の研究者に資料の散逸を防ごうという気分が盛りあがっていることで、これまでは、どちらかというと、個人的な資料の取り扱いに難渋することも少なくなかったが、これからは研究資料の管理についての情報交流や協働体制の構築が進むことが期待される。

大学の附置博物館といえば、人と自然の博物館も兵庫県立大学の附属施設を兼ねた組織で、大学博物館の性格もそなえている。博物館自体は、事務系統では兵庫県教育委員会の下部組織であり、大学とは別である。一見複雑な組織の矛盾を超克して、県立博物館としての活動と大学附置研究所（博物館）としての活動を、組織の特性を生かしてどのように活性化させるかが現に日常活動のうちで検証されているところである。

この組織は、2012年度末で担当の研究者不在となった神戸の頌栄短期大学所蔵のおよそ25万点の植物標本をひきとり、植物部門の資料標本の充実を図り、それにもとづく活動を発展させている。このコレクションのデジタル化については、私がいただいたコスモス国際賞の賞金の一部を提供しており、やがてデジタル化が完了して公開し、使用の便に供されるはずである。

博物館関連施設におけるナチュラルヒストリーの研究教育

博物館関連施設といえば、植物園や動物園、水族館などが対象になる。私は動物園、水族館などについてはくわしくないが、さいわいナチュラルヒストリーシリーズには、石田戢『日本の動物園』(2010)、内田詮三・荒井一利・西田清徳『日本の水族館』(2014) があり、研究面もふくめて動物園、水族館の事情が詳細に紹介されている。

日本のナチュラルヒストリーの活動に深くかかわる植物園からの貢献についても、ナチュラルヒストリーシリーズにおさめられた『日本の植物園』(岩槻, 2004) で詳細に述べてきたので、ここでは簡単に抄録するにとどめる。日本では、一般に、植物園は美しい花をつける植物を植栽、展示し、市民に憩いの場を提供する施設と認識されているし、実際そのような役割は植物園にとって欠くことのできない重要な要素である。さらに、動物園、植物園と名称の類似もあってか、植物園もしばしば遊園地として動物園と対比される。

諸外国の事情をみると、植物園のうちには歴史的にも研究機関として発展し、それなりの貢献をしてきた組織がめだち、現に植物の研究資料館（ハーバリウム）のうち主要なものの多くが植物園に附設されている。世界の植物の種多様性研究の中心機関でもあるキュー植物園をはじめ、エジンバラ植物園、コペンハーゲン植物園、ベルリン・ダーレム植物園、マドリード植物園、ニューヨーク植物園、ミズーリ植物園、リオデジャネイロ植物園、シドニー植物園、ボゴール植物園、シンガポール植物園、カルカッタ植物園、ペラデニア植物園など、先進国、開発途上国の別を問わず、例をあげればきりがない。

日本には植物園に相当する機関の数は多く、2017年現在公益社団法人日本植物園協会に所属する機関は112園である（1990年代には、協会の正会員園は百四十余園あった)。同協会は1947年に任意団体として発足し、1966年から法人格をもつ団体として活動している。所属機関には、戦後に創立されたものが多く、機関名も植物園にこだわらず、フラワーパーク、フラワーセンター、植物公園などの名称を使うところも少なくなく、また大学の薬学部に薬用植物園の附設が義務づけられていることから、薬用植物園の数が多い。

日本の植物園には、自治体によって設置され、都市公園の機能を補完すると同時に、花と緑を供給する機関として機能しているところが多くを占め、ナチュラルヒストリーの調査研究にも力が注がれているのは、大学附置や国立など一部に限られている。もっとも、協会に参集して活動するようになって、植物園の連合体としての成果をあげるべく、絶滅危惧種の施設内保全などに貢献する共同事業が活発に展開しており、その関連の調査研究をふくめて、協会として成果をあげており、多くの加盟園が、都市公園の機能発揮にくわえ、社会貢献につながる事業に協力し、貢献している。

しかし、それにしても、後述するように、ナチュラルヒストリーの調査研究を先導してきて、現にその中核となっているキュー、ニューヨーク、ミズーリなどの海外の主要植物園とくらべると、日本の植物園の活動に見劣りがするのは、ひとつは規模の大きさにもよる。日本で最大の専従研究者数を擁する植物園は東大植物園であるが、2018年現在の教員数は5人、それにくらべて学位をもつ研究員の数が、キューでは附設のジョドレル研究所所属をくわえると140人、ミズーリでも五十余人に達する。欧米では、研究者数に相当する研究補助要員の確保が定常状態にあり、それを支える予算規模などをふくめ、日本との差は引用を躊躇（ためら）うほどで、当然その量の差は研究成果に確実に表われる。

ただし、専門的な課題に力を注げば、規模が小さい組織だからといって成果の大きさは必ずしも連戦連敗というものではない。成果の質について実例をあげれば、1990年にミシガン大学で開かれた国際シダ学会でのシンポジウムの例がある。そのころ園長だった私がシダを材料とした研究をしていたこともあって、東大植物園での研究テーマの中核のひとつがシダを対象としたもので、材料のよさを生かして多様な研究が展開していた。それぞれの研究が評価されていたため、そのときのシンポジウムの口頭報告者が全部で三十人弱だったうち、4人が東大植物園のメンバーだった（日本からはほかに当時の東京都立大学の2人が別のテーマのシンポジストとして貢献した）。研究員が充実している大きな研究機関からつねに斬新な貢献がつづくとは限らない。

6年に一度の頻度で国際植物学会議が開かれるが、1987年のベルリン大会がベルリン・ダーレム植物園が事務局となって開催され、1999年にはミズーリ植物園が事務局担当だった。アジアではじめて1993年に横浜で開かれた際には、東大植物園の園長だった私が事務局長を務めたこともあって、実質的に東大植物園がお世話をすることになり、限られた数の構成員は、準備期間から整理にかけて、用務に忙殺されることになったが、5000人近い参加者を迎えた国際会議はつつがなく執行された。

とはいえ、ある時期に盛りあがりをみせることは可能であっても、人的資源、活動費用の差は、一時は華々しくても、汗をかくだけで長期間保障できるものではなく、持続的にはなりきれない。

日本の植物園の広義での社会貢献も、花と緑の展示による憩いの場の提供というわかりやすい側面だけでなく、絶滅危惧植物の保全への貢献というめだたない面ででも成果をあげている。自生地で絶滅の危機に瀕している種を施設内で増殖し、可能な限り自生地に植えもどすような施設内保全への貢献は植物園のもつ植物栽培技術の有効な応用であり、そのために生きた絶滅危惧種を栽培しているので、この問題の社会への周知に向けて、社会教育の効果をあげる恵まれた環境をもってもいる。日本植物園協会の、協会としての最近の事業の核のひとつに、絶滅危惧種対策が盛られているのは、この条件を活用してのものである。

植物園も、戦後の急速な経済成長期に自治体が設立した施設には、日本には不十分な状態にある都市公園的な機能を強調したものが多かった。いそがしい市民に、植物による癒しと楽しみを準備しようというわけである。しかし、その楽しみは徐々に楽（＝学）習に向けた機能をもとうとし始めている。

もともと自然との触れあいを重んじてきた日本人の血が、過度の開発によってあまりにも人工的になった都市環境で、なんとなく緑の豊かな場を欲し、そこで楽しみながら科学リテラシーの向上を図って、自然との共生をあらためて意識しようということである。まだまだ植物園からの働きかけは十分とはいえないが、植物園等施設と市民との連帯がさらに強まることを期待したい。そこに、ナチュラルヒストリーの視点が居場所を定めてくると、これは人と自然の共生にとって、地球の持続的な利用に向けて、望ましい展開となるはずである。

ナチュラルヒストリーの発想と解析技法

本書では、統合的な視点の確立のために、多様な生きものの総体を解析の対象としてきたナチュラルヒストリーの視点を学ぶことの意味を強調している。これは、解析的分析的研究に成果をあげる修練を積んでいる近代科学の多くの研究者には得られない発想の修得である。

当然のことながら、生きものの解析的研究に取り組む人たちのうちにも、分析的解析的研究だけでは研究に限界があることを認識する人がある。多細胞の個体を総体としてみて、個体が形成される過程を研究対象とする発生生物学者のうちからエボデボとよぶ解析法（第3章3.3）が育ってきたのは、ある意味では当然の研究の発展だろう。ここまでをナチュラルヒストリーの範疇にふくめて語れば、この領域の研究者たちは当惑を感じるかもしれないが。

しかし、ナチュラルヒストリーの研究者も、つらぬく科学の手法に徹底して、個々の現象を分析的、解析的に研究することが、近代科学としての貢献にとって、ますます必要になるだろう。すべての人の意識のうちに、統合的な視点が大きな場を占めることだけが求められるというのではないが、ナチュラルヒストリーの正道が科学の推進に大きな貢献となることが、科学の進展にとって不可欠であると強調したいのである。もっとも、つらぬくことに専念し、その成果に酔ってしまうと、せっかくのナチュラルヒストリーの視点から離れ、統合的な視点を失ってしまう危険に直面することにはなるが。

JT生命誌研究館の中村桂子さんの主唱する生命誌の研究は、分子生物学者が、DNAの多様性に注目しながら、生物界を総体としてとらえる試みを展開する。生化学者によるこのような研究の構築を大いに期待するところであるが、この考え方が生化学者の大部分の人たちには正しく理解されていないのが残念な現実である。

エボデボにしても、生命誌にしても、古典的なナチュラルヒストリーに飽きたらない人たちの貢献であるが、ナチュラルヒストリーの領域でも、分子のレベルの解析法が適用可能になれば積極的に吸収し、生きていることの解析に利用しようとする。生物学のうちに、ミクロとかマクロとかの領域を設定するのではなく、可能な解析技法を有効に活用し、生きものを統合的にみる研究を展開したいものである。

（4）社会に支えられるナチュラルヒストリーの振興

ナチュラルヒストリーの研究教育にとって、研究費、教育関連事業費の問題は深刻である。とりわけ、科学の主流が物理化学的手法にもとづく解析によって、仮説検証的に進められる実証的な成果を第一義的に求めるようになってからは、現地調査や研究資料の管理、維持に関する費用の支援には厳しい環境になっている。2004年に法人化されてから、国立大学などの校費等経常経費の削減がおこなわれ、研究費だけでなく、教育に要する費用さえ外部資金の助成が不可欠の状況が出来（しゅったい）しており、大学人からは資金獲得のために働く時間で研究時間が圧迫されるという嘆きさえ聞こえてくる。

科学研究費補助金などによる研究助成

ナチュラルヒストリーの研究では、解析的な研究の部分がどんなに拡大することがあったとしても、現地調査は不可欠の条件のひとつである。その意味で、日本のナチュラルヒストリーの研究にとって、科学研究費補助金に、1960年代から、海外学術調査の領域がもうけられ、紆余曲折はあるものの、いまでもその領域が設定されていることが、大きな支えになっている。これは外国にもあまり例をみない領域設定であるが、科研費にも厳密な単年度経費の使用が規定され、大型研究のプロジェクトが限定されていたころにも、現地調査の研究にはそれにふさわしい配慮もされ、そのために有効に活用もされてきた。

かつてもうけられていた科学研究費補助金海外学術調査の領域では、日本でとりわけ特徴的な発展をみせた自然人類学や文化人類学の分野でめざましい成果をあげてきた。生物の種多様性の基礎調査の領域でも、これとめだつ話題は多くはないものの、着実に貢献を重ねてきたといえる。この研究費目では、現地調査の性格上、調査地域の研究者と共同研究し、開発途上国の研究の振興にも寄与しようという活動が積極的におし進められたので、広い意味での国際共同研究にも大きく貢献をしていると評価している。この研究費を活用した共同研究の延長上に、研究者養成に参画し、多くの留学生が日本にまねかれているのも顕著な現象である。

民間の研究助成や顕彰事業

欧米では、博物館等施設の管理維持にとって、民間からの寄付行為は大きな力となっている。というよりは、あの大英博物館さえ医師スローン（H. Sloane, 1660-1753）の個人的なコレクションがイギリス政府に遺されたことから始まる（議会が遺族に２万ポンドだけ支払うという条件で遺贈された）。ワシントンのスミソニアン博物館も、その名を冠しているようにイギリス人科学者のスミソン（J. Smithson, 1765-1829）がアメリカ政府に遺贈した基金によって創立された。

寄付に対する考え方の違いか、税制などの恩恵が乏しいという実利性の差のせいか、それともほんとうの意味のお金持ちが日本にいないためか、日本ではこのような例はあまり多くない。鳥類研究の公益財団法人山階鳥類研究所は山階芳麿博士が自分のコレクションをもとに創設された研究所であるし、個人的な蒐集標本が、コレクターの死後遺族から博物館等へ委託される例はめずらしくはない。東北大学学術資源研究公開センター植物園に設置されている津田記念館は、名古屋の津田弘氏が植物分類学の振興を期して寄贈された芳志を核に建設されたハーバリウムで、1987年に開館された。しかし、調査研究などのための費用の博物館等への寄付となると、たいへん限られてくる。

最近になって、環境関連のNGO/NPOへはけっこう広い層から寄付が寄せられるし、国立・公立大学の法人化にともなって寄付のうけいれの体制も整えられてきた。なかなか改築が認められなかった東大植物園の大温室も、多くの人の寄付によって、2016年から改築工事に入っている。

企業の社会貢献のひとつとして、学術への寄付行為もそれなりに認められてきたところである。もっとも、だからといって世界第３位の経済大国としては、学術のための寄付が、直接技術に貢献する領域を除けば、まだまだ限られた範囲にとどまっているのは、学術文化に対する一般の認識がその程度であることを裏書きしているのだろうか。それとも科学の社会に対する知的貢献がその程度にとどまっているということか。

科学研究を助成する財団などもふえてきているが、ナチュラルヒストリー関連の研究者の企画が採択されるような助成は必ずしも多いとはいえない。そのような状況下で、ナチュラルヒストリーの研究に限って助成事業をおこなっている公益財団法人のひとつを紹介しておきたい。

藤原ナチュラルヒストリー振興財団

この財団は築地市場で活躍された藤原基男氏が遺贈された基金をもとに、1980年に設立された。はじめは東京都教育庁認定の財団法人として、高等学校への生物学教育用備品の寄贈などを主目的に活動された。1992年に文部省（当時）所管の財団法人に改組され、ナチュラルヒストリーの研究への助成を始められた。2012年には、法人制度の改革にともなって、公益財団法人に組織替えされ、研究助成を軸とする活動がつづいている。

藤原氏は築地で魚介類を取り扱って手広く事業を展開されていたと聞くが、基礎研究への助成に強い関心をもたれ、研究助成財団の核にするようにと高額の遺贈をされ、ナチュラルヒストリー領域の教育研究に資する財団が発足した。

この公益財団法人の研究費助成は、そのほとんどを基本財産の利子などに依存しているため、預金利子などが低迷している間は助成総額も伸び悩んでいた。助成は主として個人（か、ごく少人数のグループ）を対象におこなわれ、個々の助成額は100万円未満とそれほど高額ではない。しかし、毎年ナチュラルヒストリー領域の研究者に贈られている助成は、大学院生をふくむ若手の研究者にはとりわけ力強い応援となっている。助成をうける研究者には、博物館等施設に所属する研究者の割合が高いのも、ナチュラルヒストリー領域の研究助成の特長を如実に示している。

研究費の助成にとどまらず、ひきつづき高等学校への理科教育用備品の寄付や、普及のための公開シンポジウムの開催など、学校向け、一般向けの事業もおこなわれている。活動の詳細はホームページ〈fujiwara-nh.or.jp〉で紹介されている。

博物館等施設の管理形態の変更

博物館等施設におけるナチュラルヒストリー関連の研究者の活動は、最近ではずいぶん社会からの認識を高めるものになっている。しかし一方では、近年、それが支援されるどころか、経済的な理由が圧力となって、公立の博物館等施設が、半官半民といううたい文句のもとに、法人化されたり指定管理者制度が適用されたりして、収益事業に活力を注ぐことが期待されるようになった。

国立、公立の機関は、日本ではとりわけ明治の改革のうちの負の影響もあって、上から目線で市民を縛る傾向が強かった。博物館等施設でさえも、官の意識が強まってくると、市民の科学的好奇心をそそる活動よりも、館員が望む行動に走る傾向が、たしかになかったとはいえない。国立大学でさえ、一部の領域では、研究活動の名目にかくれて、社会的貢献が乏しいと批判され、有効に機能する部分にだけ経費が重点配分されるようにという名目のもとに、多くの機関では経費の縮小による束縛が強められている。博物館等施設でも、生涯学習支援やシンクタンク機能の発揮のような、本来の活動を支える基盤的な研究にかかわる時間とエネルギー、資金の余裕がほとんどないような状況に追いやられている現実がめだっている。

博物館等施設の半官半民化によって、どれだけの影響が生じたか、客観的な評価はむずかしく、数字に置き換えて証明することはできない。それは、研究と社会貢献の活動などの性格にもよることであるが、それだけでなく、最近の博物館等施設で、館員の意識の高まりが、社会に向けて目にみえる活動を振興しようとしていたときに、組織の改編がおこなわれたという事情もあるためである。もし、たら、を入れないで、現実の動きをみながら、どのような組織が望ましいのか、科学的に観察される必要があるだろう。

人と自然の博物館の場合、大震災などの影響下で、県政全体における厳しい経費の削減や人員の削減に直面しながら、それなりの成果をあげつつあると、かつて関係者の1人だった立場で自負してもいるが、20年の歩みを自己評価しており（兵庫県立人と自然の博物館編，2012；ほかに館の資料としてのとりまとめもおこなった）、ナチュラルヒストリー関連の組織の在り方のひとつの事例として参考になると思われ、次節で紹介する。

4.2　大学と博物館の協働

大学院博士課程のある大学と連携することで、博物館職員でも、有能な人は後継者養成に貢献する道が開けていると述べた。博物館のうちには、（狭義のナチュラルヒストリー関連の範囲とはいわないけれども）国立民族学博物館や国立歴史民俗博物館のように、博物館と号してはいても、その機関自体が総合研究大学院大学の主要な構成メンバーになることで、研究、普及の活動と並んで、大学院教育にも主体的に参画している機関がある。相当の規模を有する博物館を、研究機関と理解するなら、博物館という形態で大学院教育に取り組み、後継者養成に貢献するのも、博物館等施設のあるべき姿だろう。

ただし、国立の大型の博物館なら、研究を設置目的の主幹に置くことができるが、自治体所管の地域の博物館等は、規模が相当大きくなったとしても、設置基準では普及活動が設立目的の中心に置かれ、研究はそのための基盤の活動と認識される。そのような条件下にあって、研究と普及活動を両立させようとして新しい組織が希求されたのが、兵庫県立人と自然の博物館の例である。

（1）公立博物館の組織——人と自然の博物館を例に

日本の博物館の研究員

少し前までの日本の博物館、少なくとも自然史系博物館では、一般に規模が小さいこともあって、限られた数の館員にさまざまな業務への対応が求められ、研究職員に本来期待される調査研究や生涯学習支援などの用務が円滑に進められる状況にはなかった。

そのうえ、法的に確認される設置目的も、国立科学博物館だけは研究機関と認識され、研究成果にもとづいた普及活動が期待される機関（とはいいながら、組織の位置づけからも、個人ベースのものはともかく、機関として大学などとの交流は必ずしも円滑とはいえなかった。総合研究大学院大学ができても、その構成にくわわることは考えられなかった）であるが、公私立博物館等では、普及活動などが主務であって、そのために必要な資料の収集管理やそれにもとづく研究が期待されているところである。

さらに博物館職員は研究職、学芸員など身分が行政職に区分されているので、大学の教員（教育職）のように研究業務のための自主的な活動が認められていない。研究員の身分上の制限が、日本の博物館の調査研究やシンクタンク機能発揮の活動の制約になっていた部分は無視できない。

大学教員の身分だと、教育公務員特例法とそれにともなう慣習で、一般職員に比して研究教育のための自由度が大幅に確保される。欧米などの自然史系の博物館では、学芸員には研究者としての活躍が期待されているし、日本の大学教員のような自主的な活動が許容されていることもあって、実際に多くの学芸員は大学教員を上回る科学上の貢献をおこなっており、学界からそれだけの評価をうけている。実際に、シンクタンク機能を果たし、社会に向けての貢献も大きい。それに対して、日本の博物館職員には研究を推進するにあたって形式上の拘束が多く、社会的にも研究機関としての博物館の認知度は長い間必ずしも高くはなかった。

わかりやすく、日本の博物館職員の身分的な差別について実例を拾いあげてみよう。勤務時間については、教育職の職員にはある程度自由が認められ、自宅研修もほぼ自在におこなわれていた。かつては、文系学部の教員など、講義や会議のあるときか図書館などを利用するときに研究室に現われるだけで、ほかは大学に出ることがほとんどない人もいたといわれる。実験を要する理系の多くの学部では、自宅で実験をするわけにはいかないので、実験室で活動する時間が多く、この点では文系学部と異なってはいた。

教育職の場合は、昇任や科学研究費助成の採択の際などに、研究上の実績（主として論文や学会発表などの成果）が重んじられるので、研究業績をあげるために自分の責任で時間配分をする。生物系の研究の場合は、生きものを扱っていて、その生きものの固有のリズムにあわせた計画を設定する必要もある。だから、想定されている勤務時間以外の深夜などにも働き、その代わり、講義や実習などの業務に差し支えのない限り、勤務時間帯に研究室にいないこともめずらしくない。そうといわないままに、裁量勤務制を実行していたのである。

それに対して、行政職員の勤務実績の評価には、日常的な業務についての具体的な成果は客観的に認知されにくいという理由もあってか、結果として勤務時間にどこまで忠実にしたがっているかの評価に重みが置かれ、遅刻欠勤などにはマイナス点が課されることになる。

教員には出張の自由も大幅に認められていた。かつては外国出張だけはあらかじめ教授会などの承認を得ることになっていたが、それも数がふえてからは手続きが簡略化され、調査などで勤務地外（外国もふくめて）へ出かけるのは、管理職の教員以外は、最低限の用務をこなしてさえおれば、ほぼ本人の意図どおりに認められていた。しかし、研究員であっても、行政職の職員の日常の行動は管理責任者の指示にしたがっており、職場の慣習や担当者の意図で実状はさまざまだったようだが、教員の場合のように原則当人の自主性と責任に任されるというほどの自由度は認められていなかった。

研究助成金の使い方も、行政職の職員の場合はさまざまな制約をうけていたが、大学の教員などは、助成金にかかわる経理の指示にしたがってさえおれば、ほぼ自由に使われていた。ただし、それが仇となってか、少数のふしだらな研究者が不正を犯し、助成金の使い方一般に疑念の目が向けられるほどの不祥事があったのは残念なことである。とりわけ、研究費が潤沢に支給される領域などでは、当該年度内に使いきれないために、単年度経理の体裁を整えるために、業者との間で不正なやりとりがなされていた事例さえあった。

特定の研究領域について専門的な知見をもつ人は、外部からの求めに応じて専門的な知識の提供をする（＝シンクタンク機能を発揮する）ことがあるが、その際の謝金などのうけとりも、教員は報告が求められはしても、ほぼ自由に認められているが、行政職の職員は個人で謝礼をうけとることは原則許されていない。教育職の研究者の専門的な知識は研究者個人のものとされるが、行政職員の場合はもっている知識そのものが機関に属すると解釈されているのだろうか。

その結果奇妙なことがおこることになる。後述するように、人と自然の博物館では、研究員に大学籍の人と教育委員会傘下の学芸員とがある。ふだんは机を並べて同じような活動をしている異なった身分の、しかし能力に関しては拮抗している2人が、外部の同じ委員会の委員を委嘱された場合、同じように会議に出席し、同じように貢献していても、大学籍の研究員は個人として委員会出席謝金をうけるが、教育委員会傘下の学芸員は謝金をうけとることはできない。

そういう区別（ここまでくれば差別といってもよいかもしれない）があったので、日本では博物館の研究員（原則として行政職員）にある種の被害妄想的な意識が浸透していて、博物館学芸員に大学の教員に対する漠然とした羨望のようなものがあったのは否定できない。欧米などでは博物館の学芸員は、実力に応じて、社会的にもそれなりの敬意をうけているが、日本では博物館を研究機関として認知する雰囲気が乏しかったのも、こういう傾向に拍車をかけていたかもしれない。

人と自然の博物館の試み

1990年代初頭に、兵庫県に人と自然の博物館が設立されるにあたって、この身分上の制約を打開することが検討された（兵庫県立人と自然の博物館編, 2012）。正面から取り組むとすれば、博物館の設置に関する法律を改定すべきものであるが、社会的な理解が十分進んでいるわけでもない条件下で、法の改正をめざすとすると相当の時間とエネルギーを要することになる。こういう場合、法の規定に沿う範囲で可能な形式を整え、実質的な貢献ができるかたちで、まず具体的な成果をあげることを期待するのは実際によくみられる対応策である。実績を積み重ね、社会的な認知を得ると、必要な法の改正も困難ではなくなる。

1980年代の末に設立準備が始まった兵庫県の新しい博物館は、自然史系博物館としては、日本ではこれまでにない規模（1989年に同規模の千葉県立中央博物館が開設されていた）をめざして計画されていた。生涯学習支援への貢献やシンクタンク機能の発揮もふくめて、欧米に比肩できるだけの博物館づくりをめざすなら、いままでどおりの組織では形式上の制約が多すぎ、せっかく任用されようとしている40人規模の研究者にとっては活動の制約が多すぎる。

設立準備の中心になった研究者側に、この課題に注目する人があった。すでに1977年に開館されていた国立民族学博物館は大学共同利用機関として設置されており、研究者の身分も大学の附置研究所と同じように、教授、助教授（現准教授）、助手（現助教）の名称を使っている。もちろん、教育公務員特例法の適用をうける。博物館という名称の機関ではあるが、そこの研究員はこれまでの博物館学芸員と形式の異なった待遇をうけているのである。

国立民族学博物館にならって、1981年に設立された国立歴史民俗博物館も、同じような組織で船出する。しかし、国立の組織と違って、公立の施設にはそのような形式にあわせる法的な根拠はない。そのような状況下でも、たくみな運用の術をみいだす知恵者がいるもので、人と自然の博物館の設立にかかわった人たちが検討し、選択された様式が、博物館の研究員を県立大学の教員にするという組織である。そうすれば、博物館における研究調査の活動を、県立大学の教員にやってもらうことになり、教員の身分で活動が可能になる。

具体的には兵庫県立姫路工業大学（当時、現兵庫県立大学）に新しい附置研究所をつくり、その研究所を博物館内に置いて、研究所所属の教員も日常的な活動を博物館でおこなう、という方式が案出されたのである。大学の附置研究所の教員が博物館員と同じ活動をするのは、むしろ自然史系の博物館にとっては望ましいかたちである。

そのような形式を考えても、ほかに実例のない組織づくりを実行するためには、関係部署に説明し、理解を得る必要があるが、その活動にふさわしい人たちがそろっていたのもこの場合の大切な必要条件だった。実際、障害となると思われた規制に妨げとなることはなく、前例がないという日本では重大な障害となりえる問題も乗り越えられて、兵庫県立人と自然の博物館の看板と並んで兵庫県立姫路工業大学自然・環境科学研究所の看板も掲げられ、研究所の教員（当然、教授、助教授、助手などの身分である）が博物館へ通って、兼務のかたちをとった博物館員としての活動が展開された。

それでも、研究員で採用されるべき人の全員を大学附置研究所所属とすることはできなかった。当時は博物館をつくるためには、設置の基準として、博物館学芸員を一定数確保しておくことが求められていた。大学の研究所を新設することが目的ではなく、博物館をつくろうとしているのだから、それに必要な数の研究員は博物館専従の学芸員とする必要があったのである。いまではその設置条件は変更になっているが、いったん採用されると、身分の変更は行政機構にとってなかなかたいへんなものらしい。その結果、同じ職場で同じような活動をする人たちの間に、先述のような身分上の差別をひきずることになっているのが現実である。

新しい形式を整えるためにはいくつもの形式的な整備を必要とすることは

常識である。人と自然の博物館のこの形態の整備にもずいぶん精力を要したようであるし、そのむずかしさはいまからでも容易に想像できるものである。ただし、困難もあったが、このような形式が整えられたことで、この博物館所属の研究員には、大学教員の身分に対する偏った日本風のひがみが生じることがなかったのは、博物館の活動にとっては追い風となるものだった。

だからといって、所属の研究員全員が理想的な博物館活動ができていたかどうかはまた別の話である。条件が整っていたからといって、すべての人が理想的な活動をするのだったら、世の中もっともっとよくなっているはずである。逆に、厳しい条件下にあっても、その枠のうちで大きな効果をあげる活動を積みあげていける人もある。つまるところは、対応する人の資質と意欲にかかわることであるのはどの世界でも同じことだろう。

この形式にしたがって、大学教員の身分で博物館活動をしている人たちには、身分上の有利さが日本の博物館のうちではどれくらい価値のあるものか、十分理解されているとはいえないようである。そのことを、実際に当事者たちに反復話すのだが、もちろん、もっと悪い条件のことを知ったからといって役に立つことがあるわけではない。あってよいことでもない。

もっとも、このように物語るのも、もはや過去への反省といえるかもしれない。最近では、若手のうちに大学の職より博物館員の職を選びたいという人も現われている。この問題に関心をもちつづけた私は、この変化をすばらしい状況の進化とうけとってもいる。

さらに、博物館における研究者の活動が、大学教員の活動と同質のものであることが理解されるようになると、行政職員であっても運用で可能になる範囲で、勤務の形態に自由度が許容されるようにもなる。このことが、博物館員の活動の評価の軸の再確認とあわせて、博物館活動の活性化につながっているところも無視できない。

（2）博物館と連携する大学院——東京大学の進化多様性生物学大講座

人と自然の博物館で、大学附置の研究所を博物館内に置く組織の形式は、設置準備が具体的に始まった1989年から実際に博物館が開設された1992年までの間の準備期間のうちに整えられた。このためには、博学協働に向けての萌芽が、その当時すでにきざしていたという背景も後押ししていたのだろう。いまでは博学協働という言葉もある程度認知されるようになっているが、当時はまだ大学をふくむ学校と博物館の協働による教育活動は表立った注目をあびることはなかった。

人と自然の博物館の開設の少し後になるが、相前後したころにできあがったのが、国立科学博物館などと東京大学が連携する生物多様性の後継者養成を目的とする大学院の部局（大講座）をつくる構想である。この大学院大講座は、結実したかたちは、東京大学大学院理学系研究科生物科学専攻（当時）に進化多様性生物学大講座（当時）を設置し、国立科学博物館研究員と、国内の大学の生物多様性関連の教員で、大学院博士後期課程の指導にかかわっていない人を一定数併任教員に委嘱し、すぐれた大学院生の指導を東大の教員と協働で進めようという構想であり、具体的に1995年度に発足した。

この構想、千葉大学学長や大学入試センター長などで活躍された丸山工作さん（1930-2003）が、動物の種多様性の後継者養成のための組織的な基盤がなくなっていることに危機感を抱いて、現に大学などで研究活動にたずさわっているものの、博士後期課程のある大学院で指導する機会をもたない研究者の力を活用し、関連分野の研究者が活躍している科学博物館等とも連携して、すぐれた後継者養成の組織ができないかを模索されていたものである。植物学分野では当時も博士後期課程に関与する小講座がいくつかの大学院で、具体的にナチュラルヒストリーの後継者養成の成果をあげていたことから、組織上の危機感はそれほど深刻ではなかった。組織とは別のところにいろいろな問題はあったが、それはここでの話題とはまた別の話である。

丸山さんたちも、はじめは動物多様性関連だけで独自に新しい組織づくりを模索されていたが、しばらく努力をされたものの、働きかけられた候補の大学などでその期待に応える組織づくりに成功する例がなかったそうで、やがて植物学も一緒に広く生物多様性関連の組織づくりに取り組もうという強い働きかけがあった。京都大学で同僚であったのち、同時期に別々に関東へ移動してからも、学会関連や学術会議で協働することの多かった丸山さんと私との個人的な絆も、ここでは活用されている。

いろいろの方策を試みられた丸山さんから、やっぱり動物学領域だけで新機軸をうちだすのは無理で、生物多様性を前面にうちだして推進したい、ということで、それも東京大学から手続きできないかとの提案をうけることになった。

東京大学から、というのにはむずかしい問題もあった。時期的には、東京大学大学院理学系研究科で、それまでの学部主体の組織を大学院主体の組織に転換する概算要求が認められた直後で、そこでまた組織変更の申し出をすることなど、普通では検討もされないはずである。それでも実現したのは、連携相手の国立科学博物館からの働きかけも強い追い風となったし、文部科学省でも、大学院教育の多様化に向けて、組織に自由度をもたせることに意欲的だったことも時の利だったといえる。

関連の時代背景もみておこう。複数の機関をつないだ大学院としては、文部科学省所管の研究所をつないだ総合研究大学院大学が、博士課程だけの大学院として、1988 年に創設された。国立民族学博物館や国立歴史民俗博物館は、この大学院の主要な構成メンバーである。博物館という名称と、大学院という組織の融合に抵抗感はなくなっていたはずである。しかし、国立科学博物館はこの大学院には参加していなかった。その理由は、いろいろな人にたずねても、形式的な説明はあっても、私の頭で理解できる科学的な根拠のある回答はついぞ得られなかった。

大学だけの連合でいえば、博士後期課程をもたない複数の大学が連合して新しい博士後期課程の大学院を設置する例として、連合学校教育学研究科や連合農学研究科などがつくられている。

よく似た名前で紛らわしいが、京都・宗教系大学院連合は形式的にひとつの研究科や専攻をつくるのではなくて、既存の 8 大学の学部、大学院が連合し、単位互換などが円滑におこなえるようにしようという組織である。組織としての連合大学院がつくられることが、このような連携を推進する側面からの力となっていたのだろう。

連合大学院、連合研究科の活動が評価されたのだろうか、もう一歩進んで、複数の大学の間で連携して大学院をつくることが可能になり、実例がふえてきた。大学間だけでなく、研究所も連携にくわわり、研究所も文部科学省所管の研究所だけでなくほかの省庁所管の研究機関や私立の機関も大学と連携することが可能となってきた。その意味では、東京大学の進化多様性生物学講座には、国立の機関だけでなく、規制緩和の先進的な試みとして、公立私立の大学教員が参画できる枠もつくられた。

ナチュラルヒストリー関連の研究組織についても、講座制などでまもられていたものが崩壊していた状態に多少の補正はかけられたものの、こういう状況は形式の改定だけでなく、最後はそれに参画する人に依拠する。むずかしい環境下でもそれ相応の成果が出せる場合もあるし、安泰な形式にまもられていても結果が出せない例だっていくらでもある。とりわけ、ナチュラルヒストリーのための条件の補正（とても整備とはいえないが）などは、当事者の努力というよりは、外からみた人の危機感に支えられていた面さえあり、この分野の研究者たちの意欲がそれで爆発的に高揚することはなかった。

ナチュラルヒストリーの振興にあたっていまもっとも求められることは、この手法による研究の意義がより広く認識され、現象に関する確実な事実が解明されることであり、そこから科学的に推量された科学的好奇心への対応が、人々の科学リテラシーの向上に資することが理解され、それによってナチュラルヒストリーへの関心が高まり、現代科学に貢献することである。

4.3　地球規模でみるナチュラルヒストリーの研究

日本におけるナチュラルヒストリー研究の現状をみると、それが世界的にはどういう位置にあるのか気になるところである。しかし、世界のこの領域の研究の過去と現在を追っていけば膨大な事実が積みあげられることになってしまうが、ここではそのうちほんの象徴的な部分だけをつまみ食いしてみたい。

（1）欧米におけるナチュラルヒストリー

自然科学の研究が、ヨーロッパとアメリカで格段に進んでいることは、ノーベル賞の受賞者の数などからも具体的にみえることである。もともと、ルネッサンス以後のヨーロッパにおける科学の近代化が、いま風の自然科学を構築し、発展させてきた。もちろん、自然科学の恩恵を期待して、世界の各地で調査研究に取り組む姿勢があるのだが、いまのところ質量ともに、欧米がこの分野の先端を切っていることに疑いをもつ根拠はない。

自然科学、という視点でいえばそのとおりであるが、ナチュラルヒストリーと話題を限定すればどうだろうか。現在理解される自然科学の、要素還元的な解析にもとづく仮説検証的な手法に厳密に対応するというなら、生物の個体を総体でみようとするような試みは科学ではないと批判されてしまう。個体を構成する物質が示す現象の一断面の、物理化学的な手法による解析こそが科学であるとされるからである。その傾向はアメリカなどでも、研究費の配分の割合に顕著に表われている。

そうはいいながら、生物の生きざまの全体像をとらえ、個々の生物を理解しようという試みも、それなりに活発に推進される。総体をみるといっても、そうするだけの手法が確立されているわけではないのだから、ナチュラルヒストリーの研究ではどのような生物がどこに生きているかという情報の探索を手がかりにして、生物相が当面の研究の対象となる。アメリカでは、宗教的な意味もあって、進化を教えることに抵抗のある州もあるということだが、これは科学とは無関係の偏向で、全体としては生きものの理解のために進化の研究も第一線で進められている。生命を統合的に理解しようという動きも顕著で、統合生物学 integrated biology を志向する研究グループ（学科）までつくられる。しかし、この領域ですぐれたと評価される研究が、細分化された課題についての実証的な成果の積みあげであることも、もう一方の現実である。

具体的に、生物相の調査といえば、欧米では種多様性がそれほど高くないということもあって、種形成の過程を含めて、基礎的な情報構築には先頭を切っている。多様な種を列記するだけでなく、地域の特性をふくめて、種多様性の起源と展開の経過が確かめられる。欧米の研究者が地球の全域にわたって、生物多様性の基盤的調査に貢献している成果も顕著である。さらに、解析的な研究で、種多様性を超えた普遍的な原理原則がたずねられるのと並行して、多様な生物が個々に示す固有の現象についても注目され、特定の種や種群の総合的な研究も推進される。

生物界に普遍的な原理原則を追究するためには、特定のモデル生物を材料として対象とする現象の解析をし、その結果を生物界にどのように普遍化するかを検討する。しかし、逆に、特定の生きものを選び、その種の生きざまをたずねることで、多様性の意味を問う研究も進められる。ワラビのように、なんでもない普通の植物を対象に、この特定の種の植物の個体上で演じられる多様な生きものの生態を観察したロートンら（J. Lawton, 1943-）の研究は、2004年の日本国際賞の授賞対象ともなった。

イングランド北部の嵐が丘の秋の荒涼たる風景は、一面のワラビの枯れ葉でいっそう寂しさを強調するが、イギリスではワラビの新芽を食用にする習慣もなく、この種は厄介な雑草扱いにされる。飼育されているウシなどの草食動物は、生きているワラビを食べないが、牧草にまじるワラビは食べ、これを食べるとがんが多発するという報告に関心がもたれたこともあった。このワラビ、植物体に蜜腺をもってアリをおびき寄せ、食虫性昆虫の襲来を防ぐ護衛役としているが、ロートンら（Lawton, 1976）はワラビを舞台として演じられる生物集団を観察し、種間の共存と競争を詳細に描きだした。これを起点として、さまざまな種の集団の生活を、実際の野外での観察と、特定の現象の実験室内での解析を組み合わせ、大量に集積されるデータのパターン解析や数理モデルを用いた解析などもおこない、生態的多様性の解析にナチュラルヒストリーらしい視点を生かせた研究を進めた。

これは生きものとの触れあいに関心をもつナチュラリストとしての彼の個性が研究面で生かされた成果といえ、このような研究に根ざしたロートンが、その後科学行政にかかわって、エコトロンのような大型環境制御実験装置の開発に取り組んだり、鳥類の保護活動に成果をあげたりという貢献もおこなったのだった。

ヨーロッパにはこのようなナチュラリストの伝統を生かした研究がさまざまなかたちで展開しており、『マレーシア植物誌』の編纂に貢献するオランダや、『タイ植物誌』の中心に立つデンマークなど、経済大国とはいえない北欧の国々も、生物多様性の基盤研究に中核的な役割を果たしている。地球規模生物多様性情報機構（第3章3.3（2））も事務局はデンマークのコペンハーゲンに置かれ、この国の積極的な貢献がこの事業の展開に大きな力となっている。

ナチュラルヒストリーの研究の推進には、いうまでもないことであるが、欧米では、博物館の貢献が基本である。イギリスではロンドンの大英自然史博物館や地質博物館は華麗な歴史に裏打ちされ、規模も膨大であるし、それだけに収納資料も桁違いである。同じことはパリの自然史博物館やワシントンのスミソニアン博物館についてもいえ、現に基盤研究に大きな貢献をしてもいるが、さらに研究の展開を期待する自然史資料標本の蓄積量も膨大である。

私が英国文化振興会（British Council）の奨学金を得て大英自然史博物館にはじめて滞在し、研究に従事したのは1969-1970年のことで、タイ国植物誌のシダ植物を担当して標本の調査をおこなった。そのとき、地下の未同定標本貯蔵室から、1900年代初頭にカー（A. F. G. Kerr, 1877-1942）がタイ全土で採集した標本をはじめ、20世紀初頭のタイのシダのコレクションがごっそりもちだされ、研究を任せてもらった。そのような研究資料が、関心をもつ研究者が現われればすぐに提供できるようにキッチリ整理されたかたちで、（半世紀以上も）貯蔵室に積みあげられていたのである。

もちろん、同じことは、のちにパリの自然史博物館へ何度かおとずれたときにも感じたことだったし、欧米のハーバリウムをたずねるごとに、その恩恵に浴したものである。ハーバリウムは、パリやロンドンのほかにストックホルムなどのように独立の自然史博物館にある場合もあるが、所属としては、大学附置（ハーバード大学、カリフォルニア大学、シカゴ大学、コペンハーゲン大学など。オランダのライデン大学やユトレヒト大学などのハーバリウムは、1992年に、オランダ国立植物標本館に統一された）の場合と、とりわけ生きた植物と一緒に置くということから、植物園に附置される場合も多い。

植物学の面からいうと、植物園などの研究機関がナチュラルヒストリーの研究に果たしている役割は大きい。イギリスのキュー植物園は、世界でもっとも活発に植物相研究に貢献するハーバリウムを維持するほか、ジョドレル研究所を附置し、種の特性の解析にも積極的に貢献している。細胞分類学が話題になり始めた1930年代には、そのための研究室を強化したし、化学分類学が話題になる1960年代には、ベル（E. A. Bell）教授を園長に迎え、研究所にもその分野の研究者を充実させた。分子系統学が解析技法として使えるようになると、1992年にチェイス（M. W. Chase, 1951-）をアメリカからひきぬいて研究室の主宰者とし、データの構築に大きな貢献をした。おもてに現われた植物園の一般向けの活動の振興と並行して、基礎研究への貢献にも最先端の貢献をつづけている。

ごく最近になって、欧米でも植物園の活動に、経営を支えるための収益を求める向きが強くなり、直接収入につながらない事業などは圧迫される傾向がみられ、基礎研究への貢献なども、資金でも人的資源でも、厳しい現実にさらされている。

（2）アジアにおけるナチュラルヒストリー

中国のナチュラルヒストリーが本草学のかたちで展開したことは、本草の日本への導入との関係ですでに述べた。中国には自国の自然の産物を貴重な財産と認識する伝統があり、財産目録を編むような意識で本草の伝統に則る自然の調査研究は進められている。だからいわゆる文化大革命時の、文化に厳しく、基礎科学の研究はほとんど停止状態だった期間でも、生物誌に関する研究はそれなりにつづけられていた。もっとも、研究者が下放によって研究を強制的に中断させられたり、収集していた鉢植えの暖地性植物が、ブルジョア科学の資料だといって、長時間にわたって温室から外に放りだされ、厳寒の北京では一夜のうちに壊滅的な打撃をうけた、というような事例もあったりしたそうではあるが。

ナチュラルヒストリーの研究といいながら、わかりやすい例として、植物の種多様性の調査研究の状況をみてみよう。現在中国でも、最先端の生命科学の研究にエネルギーが注がれるのは、バイオ産業や医療との関連もあって、ある意味では当然であるが、それと並行して、種多様性に恵まれた自然の記録づくりも積極的に進められている。

中国科学院傘下の研究所には、まだ中国が貧しかったころから、数多くの研究者が生物相の調査研究に従事していた。すでに1959年に始められた『中国植物志』編纂の事業は、はじめは中国人研究者によって中国語の植物志刊行の事業として進められ、巨大な国土を有する中国だから、各省でも省単位など地域ごとのとりまとめを出版したりしていた。アメリカの研究者と共同で英文版“Flora of China”を刊行する事業も、世界中の関係研究者の協力を得て、2013年には一段落するという成果をあげている。現に得られている情報整備の完成を至上命令としたために、まだよくわかっていない部分までまとめあげてしまった部分もあり、できあがった内容には厳しい見方をする向きもないではないが。

中国の植物に関する現在科学の知見はまだまだ不十分であることは承知しなければならないが、確実に前向きの歩みは進められているところである。

この植物志編纂は、中国の植物を明らかにするという事業であると同時に、地球規模での植物の種多様性の研究を大きく進める基礎情報の提供となることはいうまでもない。私の研究にとっても、自分たちの現地調査にもとづく大陸部東南アジアの種やヒマラヤ域の種の再検討をおこなうにあたって、自分自身も少しはお手伝いした中国の植物の研究成果が大きな助けになるのは当然である。

中国で、植物誌のような種多様性の基礎調査や比較研究は活発におこなわれているとはいうものの、それを基盤にした生きものの全体観の把握、ナチュラルヒストリーの視点での生命の解析という方向での研究の萌芽が育つという兆候はない。伝統的な手法による種多様性の事実の認識のうえに、なにが創造されていくのか、今後の発展に期待したい。21 世紀に入って経済成長の顕著な中国で、科学の面でも大きな進展がみられるのはさらなる期待をふくらませることである。

中国の生物相は南西部の四川省、雲南省でとりわけ豊かであるが、これは地球上の温帯域でももっとも豊かな遺伝子資源に恵まれているヒマラヤ域の生物相の一端であるためである。そのため、中国南西部からヒマラヤ域にかけての生物相の調査は、地球の生物の種多様性の解明にとって肝要な課題である。事実、ヒマラヤ域の生物相の調査は、いわゆる探検の時代から、欧米の研究者によっても科学的好奇心の対象になってきたし、資源の獲得にとっても重要な調査の目標とされてきた。ヒマラヤの植物相はキュー植物園長も務め、ダーウィンとの交流でも著名なフッカー（息子）による 1850 年代の調査から本格的な調査研究が始まり、日本人研究者による調査も、戦後になって、初期におこなわれたような単独で長期滞在する研究者の調査スタイルから、やがて現地調査の研究班が継続して派遣されるようになり、いまでは研究も種属誌の枠を超え、多様に展開している。

ヒマラヤ域をふくむ南アジア全体の調査としては、インドやセイロンの植物が注目され、これはこの地がヨーロッパからの東洋制覇の拠点であったこともあり、当時風の資源獲得の基盤として、そうはいいながら直接に手をくだす人にとっては科学的好奇心の対象として、種多様性の基礎的調査は進められていた。もっとも、インド亜大陸を通した植物誌、動物誌の編纂は、計画は何度も立てられるようであるが、実現はしていない。

東南アジアも、ヨーロッパからの東洋航路が開発された初期には天然資源としての動植物への関心から、やがてそれにうながされるように探検家から派生したナチュラリストたちによる調査が進められ、種多様性の基礎的な知見が積みあげられた。しかし、なにぶん熱帯域の生物多様性の拡がりは並大抵のものではない。一握りのナチュラリストの科学的好奇心で解明できる範囲は限られている。現に利用されている資源を活用することは容易でも、潜在遺伝子資源としての生物多様性を有効利用するだけの基盤的な知見は、現在にいたってもまだ科学が整えているとはいえない。

東南アジアのうちでも、大陸部はイギリスとフランスの植民地が大部分だったこともあって、旧宗主国の研究者の意欲に支えられて、種多様性の基礎調査も進められた。しかし、もっとも生物多様性豊かな島嶼部の調査は遅れていた。太平洋域のポリネシア、メラネシア、ミクロネシアなどは島が小さいこともあって、調査が遅れているといいながら、人の往来にともなってそれなりに資料も得られていた。しかし、地理的区分でいうマレーシア地域（国名のマレーシアとは区別する）は、大きな島については、とりわけ内陸部は、旅すること自体が困難で、地域の自然についての情報の収集はむずかしかった。マレーシア植物誌も、1951年に始められた事業が国際的な協働にもとづきながら、徐々に進行してはいるものの、まだ3分の1程度の達成率にとどまっている。どこになにがあるかという基盤情報の収集にしてその程度の進行状況にとどまっているのである。

[tea time 9]　フィリピンで活躍したコープランドのナチュラルヒストリー

19世紀末にアメリカ西部で生まれ、ヨーロッパで生物学を学習し、アジアの熱帯で研究と科学行政に貢献したコープランド（E. B. Copeland, 1873-1964）について、科学する人のひとつの生き方をみてみよう。ダーウィンやメンデルのようにだれでも知っている生物学者ではないが、シダ植物を研究対象としたコープランドから学ぶことは大きい（Wagner, 1964）。

はじめに、なぜコープランドか、について触れておこう。私がシダ植物の生きざまに関心をもった最初のきっかけは、創設時の奥丹波の新制中学校に理科部をつくり、まったく自己流で山歩きを始めたとき、理科担当でクラブの顧問だった吉見一先生が、花の咲く植物をよく知っている人はいるが、シダ植物を知っている人はほとんどいない、とおっしゃったのにうながされて、指導者もないままにシダの標本をつくったことだった（岩槻，2012a）。

高等学校へ進み、生物班で活動した間にも、少しシダの標本をつくり、それは趣味だといいながら、大学へ進学したとき、誘われてしだとこけ談話会に参加し、そこで田川基二先生の本格的な講義に接した。そのとき、分類体系のテキストに使われていたのが、コープランドの名著“Genera Filicum”＝『シダ類の属』だった。この書、コープランドのシダ研究の集大成ともいうべきもので、1947 年に刊行されており、私がこの談話会に参加したのは 1953 年だから、当時の最新刊書である。談話会そのものが 1950 年発足だから、最初の田川先生の講義はシダ植物のうちでもマツバランやヒカゲノカズラのなかま（シダ類＝ferns と区別して fern allies という）だったようだが、シダ類の講義に入ってから（記録では 1951 年初頭）は、この権威者による新刊書がテキストにされるのは当然だっただろう。

その後、趣味といっていたシダ植物を、専攻する研究対象にしようと決めてから、しだとこけ談話会で私が最初に話す側に立ったのは、シダ植物の分類の研究史を紹介する話だったが、その要約に相当するものが、ガリ版刷りだった談話会の機関誌『しだとこけ』に残されている。若気のいたり、というか、突っこみの浅い研究史を、よくも連載したものだと、いま読みなおすと全部消してしまいたいような衝動にも駆られるが、その研究史のうちに、コープランドの 1929 年の分類体系の論文に触れたものもある。この論文で、種より上の階級の体系づくりの基本について、コープランドが naturalness と usefulness について触れている。大学院生だった私のこの文章は、科学としての必然と、利用のための便利さについてのコープランドの議論を、これから研究者の仲間入りをしようとしていたころの私の頭で整理したものだった。そして、本書を通じて流れる考え方が、すでにそこにみられるように読めるのである。

私は修士論文でコケシノブ科を扱い、それは学位論文の仕事に発展することはなかったものの、のちにまた本格的に取り組むことになる材料だった。これも 1930 年代にコープランドがこの材料を使って彼らしい分類学を構築したことが私のよい教科書になっていたためである。彼の 1929 年の論文をよりよく理解するための素材として観察を始めたコケシノブ科が、私の実際の研究材料の中核を占めるものとなったのである。

スタンフォード大学を出たコープランドはドイツのライプツィヒ大学とハーレ大学に留学し、生理学を専攻してハーレ大学で 1896 年に学位を取得する。しばらく米国内で教職についてから、フィリピンの政府顧問を委嘱され、1903 年にマニラに赴任する。時代は米西戦争が終結（1898 年）し、アメリカの植民地となり、反米闘争がおさえられはしたものの、まだ反米ゲリラの活動が続いていたころである。

コープランドが学んだころの植物生理学といえば、栄養、体内輸送、走向性、気孔の働きなどがおもな課題で、実際コープランドもこれらの問題に対応している。そのような生理学を学んだ目で熱帯の植生をみたコープランドが、最初に真正面から取り組んだ課題は、ミンダナオ島西部のサンレイモンの、海に面した丘陵地の植物の生態だった。1907年にまとめられた論文は、生理学者の目で個々の植物の生態を調査しながら、植生にみられる個生態学的挙動を描きだそうとする意欲的なフィールドワークの成果だった。気孔の働きなどを手がかりに、植物の生きざまを追う姿勢などもほのみえる。

しかし、その後、研究はシダ植物の分類学に深入りする。最大の理由は、フィリピン大学農学部の創設にかかわり、科学行政に拘束されることがふえ、会議やうちあわせが断続的に入るものだから、継続的な観察を必要とする生理学的な実験に集中することができなくなったことである。実際、コープランドは抜群の記憶力に恵まれており、会合などから自室にもどると、机上に拡げた標本や文献を用いて、そのまま出かけたときの研究を継続することができたという。

とりわけ、農学部がマキリン山麓のロスバノスに1909年に発足してから1917年まで、フィリピン大学農学部の創設学部長の務めを果たしたコープランドにとって、植物生理学の教授として講義などはしたとしても、実験室にこもって継続した実験を続ける研究課題に取り組むことはむずかしかっただろう。

もうひとつの現実的な理由は、サンレイモンの生態学調査などの経験から、材料となる植物の同定が困難で、種名を決めるのがむずかしい現実に直面し、生態学の研究を展開するためにも、研究対象の植物を正しく認識するためにも、種多様性に関する基礎的な知見を整える必要性を痛感したことである。まず分類学的な情報量の増大を図らねばならない、という切実な問題意識が、彼の研究を種の同定に向かわせ、しかも研究の遅れていたシダ植物を研究対象とするようになったのだった。うまい具合に、キャンパスはシダ植物の種多様性豊かなマキリン山の麓にある。研究のためのフィールドへのアクセスのよさは抜群である。

農学部長としてのコープランドの業績についてはくわしいことは知らない。しかし、有用植物に関する研究論文もいくつか発表しており、また、在任中の経験などをもとに、“Coconut”（1914）や“Rice”（1924）の表題の書も刊行している。マクミラン書店から出版されたこれらの本は、のちのちまで、当該領域では教科書として利用されたらしい。すぐれたフィリピンの農学者の養成に彼が果たした役割は大きいという。しかし、ここでは農学についての貢献には深入りはしない。

大学で学部の創設に貢献したのと並行してめだった科学行政の成果として、

科学上の成果を公刊するための“Philippine Journal of Science”の創刊と発展にも大きな貢献をした。実際、彼のシダの論文（私にとってもっともかかわりの深いコケシノブ科三部作をふくめて）の多くがこの雑誌に掲載され、世界に発信された。

ただし、論文をこのフィリピンの雑誌に掲載したことから、コープランドに不利な点も出てくる。彼はハーバード大学のハーバリウムで研究に成果をあげたウェザービー（C. A. Weatherby, 1875-1949）への追悼文で、ウェザービーの論文におよそあやまちがないことに兜を脱いでいる。たしかに、コープランドの論文には不注意なあやまちが頻出する。ただ、その多くは印刷技術の欠陥から出たものや、不十分な校正によるもので、最終的には著者である彼自身の責任でもあるが、有能な助手に恵まれない状況で、成果の発表を編集事務局が弱体な雑誌に掲載するよう固執した結果でもあった。

コープランド自身がウェザービーに敬意を表わしているように、公表された論文にあやまちがないように注意するのは科学者の最低限の責任である。しかし、私自身、ウェザービーの論文をデータとしては評価しながらも、それらから励起されて自分の研究に影響のあるなにかが出てきたという経験はひとつもない。それに対して、ミスプリとか、不注意のあやまちが少なくないコープランドの論文から、ほかのだれからうけたよりも大きくて前向きの影響をうけていることを実感する。科学者としてのスケールの差が如実に表われているということなのだろう。表面に表われた形式上のミスを突くだけで、そこに描出されているすぐれた理念を読みとることができなければ、せっかくの論文から、学べるものは限られる。論文とは、たんに観察されたデータを記録するものではなく、科学の本質を展開する個性をこそ伝えるものだからである。それは、自然科学の世界でも、人文学や社会科学でも同じことである。

コープランドは、個々の種の同定に関する詳細な観察をするのと並行して、たとえば、シダ類は南極に起源した、というきわめて大胆な仮説を提唱する（Copeland, 1939）。これは主として旧世界のコケシノブ科植物の全種を検討し終えたころ、その分布の特異性を整理した過程で、自分のもっているシダ類全体の植物地理に関する知見を総合した推論である。シダ類の多様化が活発だったころはいまよりはるかに高温だった南極地域を舞台に、シダ類の多様化は進行したのだったと論証しようとしたものである。もちろん、事実にもとづいて組み立てた実証的な理論ではない。多くの種の現在の分布を比較しているうちに思いついた考えに、なんとか論拠を与えようと知っている事実を並べただけと批判のできる仮説である。ただし、彼の考えを否認する根拠となる事実も乏しい。

当時の植物地理の知見も、解析法も、いまとはくらべものにならないほどの状況だったのだから、論証の過程についても、提起された視点についても、問題点はたくさんあるものの、限られた知見をもとに真実を見通そうとする研究者の真摯な姿をこの推論から透かしてみることである。

もっとも、そのころのコープランドは、彼に適用可能だった解析法の限界にはいらつくこともあったのだろうか、彼の種の同定に対する批判については、説得力のある反論ができないことがしばしばで、ついには、自分の見解を批判するのは、自分と同じだけのフィールドワークを積んでからにしてほしい、とおよそ実証的な研究手法には反する言説を弄することさえあった。しかし、同じではないにしても、実際にフィールドワークを積んでから読むコープランドの論文のわかりやすさはまた格別で、これでは科学とはいえないではないかと苦笑しながら、それらの論文を楽しんだことも一再ならずあったものだった。

植民地国だったフィリピンの農学に着実な地歩を築く貢献をし、そのための大学の創設と初期の開発などの貢献を重ね、植物生理学の学習成果をもとに農学研究の論文も刊行していたコープランドだったが、シダ植物の種属誌的研究にはさらに大きな成果を積みあげていた。その意味では、農学部長という職務を考えると、その職で得る報酬とは別の貢献ともいえる研究だったが、彼にとっては、自分の科学的好奇心に忠実な研究の展開としては、東南アジアのシダ植物の種属誌はまさに彼が取り組むべき研究の課題だったのである。

そういう研究者としての意欲が、晩年カリフォルニアに帰ってから、大学における直接の指導者ではなかったにしても、すぐれたシダ学者だったワグナー（W. H. Wagner, Jr., 1920-2000）を育てる力となったものである。ワグナーは、自分の指導者としては、大学の指導教官ではなくて、コープランドの名をあげていたし、コープランドがもっていたコレクションはワグナーの生涯の拠点となったミシガン大学のハーバリウムに移され、整備され、保管されている。私も研究に活用させていただいた資料である。

私が大学院生だったころ、私の不躾な依頼に応じて、そのころすでに盲目になって引退していたというコープランドから、大量の論文抜き刷りを送ってもらった。その世話はワグナーがやってくれたというのは、後年親しくなってからの彼から直接聞いた話である。

コープランドの影響をうけたワグナーが、時代を先導する業績をあげ、その後のアメリカのシダ植物学を支える研究者たちを育てたように、コープランドがナチュラルヒストリアンとしての研究手法を、20世紀前半にその時代にふさわしく展開した業績は、次の時代の発展にうまくつながるものであると思ってみることである。

（3）地球規模のナチュラルヒストリー

生物の種多様性について、地球上におけるその全貌がどうなっているかを短く表現するのはたいへんむずかしい。全貌を、既知の百数十万の生物種で知ろうと、それらを列挙しようとすれば、それだけでもたいへんな作業である。

すべての生物を総覧しようという期待はナチュラリストの夢でもある。リンネは18世紀の生物学者の目で、当時知られていた世界中の動植物を総覧しようとした。しかし、それ以後、そのような努力をしてみようという意図さえだれももてないでいる。あまりにも情報量が多く、つねに新知見が増加しているため、個人や一機関で達成できる事業ではないからである。

維管束植物は大きな分類群でありながら、比較的まとまって扱える群である。だから、維管束植物を対象とした総覧は、何度か編纂が意図された。リンネ以後にも、固有の分類体系にしたがったすべての種の目録づくりがくり返し試行された。いずれも、それが結論だと信じられたことはないが、そのときの最前線の知見の総覧をつくることが期待された。ベルリン植物園に元気があったころには、“die natuerichen Pflanzenfamilien”＝『自然体系による植物の科』や“die Pflanzenreich”＝『植物の世界』などの事業が進められたし、ド・カンドール（A. P. de Candolle, 1778-1841）の総覧（D. C., 1824-1873）、ベンサムとフッカー（G. Bentham, 1800-1884, J. D. Hooker, 1817-1911）の“Genera plantarum”＝『植物の属』なども刊行された。しかし、そのような総覧の集成も、20世紀の後半に入るとむずかしくなっていた。特定の科や属のモノグラフは継続して出版されたし、地域植物誌はさまざまなかたちで刊行されつづけてはいるが。

20世紀中葉ころからは、紙媒体の出版物だけでなく、データベース化が電子媒体を有効に駆使して進められるようになった。こうなると、生物多様性のように膨大な情報量をふくむ対象については、常時情報を更新することをふくめて、電子情報による集成が注目されるのは当然の流れでもあった。このことについては、くわしくはGBIFの項（第3章3.3）で触れたが、さまざまなかたちで生物多様性の情報の構築、集成が試みられるようになった。

動物の多様な群を包括した地球動物誌は、対象の大きさ、多様さなどがいまの科学が扱える範囲を超えており、現状では早急に編纂の企画を組めるものでないらしいことは理解できる。全体像をモデルで描きだそうとする意味もある絶滅危惧種のリストづくりの基盤も、分類群ごと、地域ごとに分断された情報をもとにせざるをえないのが、得られている知見の現状からやむをえない面がある。菌類や微生物でも、種多様性の情報構築について事情はさらに深刻であるとはいえても、さらなる情報構築は容易ではない。

電子情報処理の手法の進歩にともなって、生物多様性関連情報がより使いやすいかたちに集成されることは期待したいが、科学のもつ知見がいまの状態でも地球生物誌の編纂にこだわり、期待するのは、資料として有用なものをつくるというだけでなく、編纂作業を通じて、生物の種多様性の総体を俯瞰する思考法を確立することにある。事実を正確、確実に把握するためには、対象とする事象を細分し、その内容を解析して理解することが不可欠であるが、それは特定の事象の解析に透徹する。もちろん、生物の場合、そのときどきの知見を最大限活用して、分類体系が組まれており、それは部分的な事象を普遍的な原理にどこまで適用するかの理解のための基準づくりの意味もあるのだが、それにしても実際に全体を通じての普遍的な原理がなにかを知るためには、やはり全体がなにかをみる目がなくてはできないことでもある。それが、ナチュラルヒストリーの視点の特性であり、物理化学的な解析だけでは生きているとはどういうことかの解明にはつながらないことを直視することである。

ナチュラルヒストリーの視点とは、この意味で生物界全体を見通した俯瞰ができるかどうかをひとつの要素としている。私自身も、地球植物誌計画に積極的にかかわることによって、維管束植物という生物群の全体に触れようという試みをしてはいるものの、これも特定分類群を総覧することではあっても、生物界の総体を俯瞰することからはほど遠い。地球植物誌計画は維管束植物を材料とした全体観の獲得への試行とはなっても、生物界の総体への接近は、すでに第3章で触れたように、GBIF で試みられているような地球全体を対象とした、生物界を通じての情報構築でないととらえられない課題である。

情報量からいうと、1人の人の脳では処理できないほど膨大な量であるといいながら、総体を俯瞰することによって正しく対象を認識できるという。

ここでいう情報処理は、しかし、単一の脳で処理しないと統合的な理解にいたらないというものだろうか。情報を構築し、総体の理解にいたる処理をすることは、そのための技術によって成し遂げられると期待される。そして、その膨大な量を支配している法則性こそが、見極めたい真理である。とすれば、必要な情報の構築に全力を注ぎ、その情報にもとづいて、真実とはなにかを追究することであり、情報が完璧に整えられるまでは、真実を知るためには統合的な視点を必要とするということである。

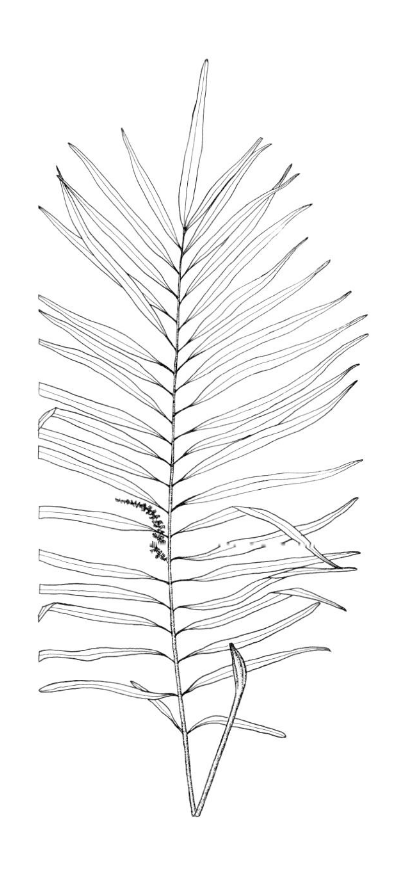

第5章　ナチュラルヒストリーを展開する
――いま必要なこと

急速な科学の進歩のうちで、ナチュラルヒストリーはなにを求め、なにに貢献するのか、過去に貢献したこと、現在発掘していることを基盤に、原点に回帰して現在を確認し、未来に期待するものがなにかを描きだすのが、ナチュラルヒストリーの科学を論じる際に強く望まれる。ここでは、ナチュラルヒストリーの原点に立ちもどり、ナチュラルヒストリーはなにを求めようとしたか、さらに、時代の展開に応じて求めるものがどのように変遷したか、そして、いまナチュラルヒストリーに私たちはなにを求めるのか、なにをみいだそうとしているのか、これまでの議論を受け、これから展開すべき課題を整理してみよう。

5.1　現代科学と知的好奇心

科学の成果は、究極において、自然に関する人知の全貌を描きだすはずである。究極というのが、どんなかたちで、いつの時代になるかは、予測の在り方が人によって大きな幅のあるものではあるが、これは科学が終わりを迎える日にみられるというに等しく、おそらく何世紀も先の出来事に違いない。そんな日がくるはずがないと、不可知論を唱える人もないわけではないし、それまでに人類は絶滅すると危惧する人もあるが、ここでは、いつになるかはわからないとしても、いずれは解明されるという立場で論を進める。解明されるとはどういうことかも、ここでは問わないことにして。

人の知的好奇心は自然現象を個別の事実として確認することで充たされる部分もあるが、普通は自然の全貌を知ることに向かうものである。生きているとはどういうことか、地球、宇宙とはどんなものかを知りたいとの知的好奇心は、人にとってもっとも魅力的な問題意識のひとつだろう。それは生命のある断面を知り、地球、宇宙の個別の断面を知るだけでもある程度までは充たされ、知的満足を得る（実際、部分的な現象にしか興味をもたない人が少なくないのも現実である）のだが、全貌を知るまで完全には充足しない好奇心でもある。もっとも、自分たちの目の黒いうちには科学的に解明されえないことはまず確実だから、いま生きている自分にとっては不可知論者の結論と同じであるといえないこともない。

そして、何世紀も先になってすべてが解明されてから（そのとき生きている人たちが）全貌を知れば（いまの自分たちも）満足できるというのではなくて、いま生きている自分たちはまだごく限られた事実しか知らないとしても、自分たちこそが全貌はなにかを正しく知りたい（＝推定したい）と期待するのが好奇心である。

現在の科学、とりわけ自然科学では、研究成果は、実証にもとづく確実な積みあげのうえに構築された結果であることを期待するが、要素還元的な課題の立て方からいっても、必然的に、領域を細分し、課題ごとに解析的な追究をおこなう。そのため、実証的に解明された自然界の個別の現象は、より安全でより豊かな生活を志向する人々の期待に応えるべく、それに関係する生産活動の基盤の技術などに転用される機会が多い。物質・エネルギー志向の強い現在社会では、物質的な豊かさや安全につながる技術の基盤としての科学的知見は尊重されるのである。当然、技術の基盤としての科学が重点的に推進される。現在では、進んだ技術のほとんどが科学によって解明された知見にもとづいているため、技術の基盤としての科学の意味は社会にとってきわめて重要である。

これは、純粋に科学的好奇心から発する科学の解明とは多少のずれのある研究の推進の姿でもある。だから、科学の発展は、科学的好奇心にもとづくだけでなく、技術への転用をめざした事象の解析に向かうことが多く、科学の推進という場合も技術に転用できる科学の推進に置き換えられることがいまでは主流であるといえる。その効果のもっとも顕著な例が、戦争時に科学は大きく発展するといわれる点で、いのちをかけ発展させる軍事研究が技術を発展させ、その基盤となる科学の振興に寄与している。

人の社会の豊かさや安全に直接に役立つものではなくても、人の科学的好奇心にしたがって発展する科学こそが、長期的視点でみれば人の社会を豊かにし、安全にする科学の基盤を高めたものであることは歴史が証明していることであり、それはいまも変わらぬ常識だろう。メンデルは生きている間に育種に成果をあげてブルノの産業に貢献することはなかったが、彼の科学的な成功の大きさに敬意を表さない人はない。

それにもかかわらず、現在の科学者の多くが、当面の社会の要請にあわせることを優先し、社会における科学リテラシーを高めて真の科学の発展をめざすよりも、当面の物質的豊かさなどへの寄与を第一義とするのはどうしてだろうか。矮小化された政治家が、国家、国民のための政治を忘れて、次の選挙の票数だけを気にし、経済人が株主に向けての次の年次報告の数字だけを重視するように、科学者の社会も当面の科学行政に戦術的に対応するだけで、知的好奇心を充たすための長期的戦略を見失ってしまっているのではないかと心配でもある。科学の社会におけるスキャンダルを、特定の人の行動と納得するだけでなく、それを生みだす背景にも注目する必要があるだろう。

すぐれた科学者の集まりでこのような話題を話しあっていると、ほとんどの人が科学の推進の意味で共通の理解をしているように思うが、実際に現実に科学の社会で進行している事実がその考えに沿っていないのは、政治や経済の世界でも基本的な論理が簡単に無視されることがあるのと同じように、人間の行為の業(ごう)とでもいうべきものだろうか。

技術の基盤としての科学が、社会を安全で豊かにするためにきわめて大切になって以来、科学の社会的貢献を技術の基盤として理解する場面が圧倒的に大きくなってきた。これこそが、科学を理系に閉じこめ、芸術を文系の領域の活動と規定して、知的作業として科学と芸術を同じ場に置くべきことを忘れてしまうことにつながっているのだろう。だから、技術の基盤としての科学は政策的にも強く推進されるが、知的活動としての科学は、純正な芸術の振興が図られるのに比して、政策課題としては見失われてしまう傾向がある。政策担当者だけでなく、科学者のうちにも、理系の世界に埋没してしまい、その傾向に拍車をかける人が少なくない現状こそ、文化の課題として危惧されるところである。これがきわめて日本的な現象でもあることは、理系、文系の領域差を日本のようにはっきり意識するところはほかではあまりみない事実と符合する。

考えてみると、ナチュラルヒストリーは純粋に知的活動としての科学的好奇心にもとづき、文系とか理系とかの区別を超え、人の知的好奇心に直接反応する領域である。この研究が進んだからといって、その成果がすぐに生活に直接に役に立つ技術に転化されるとは期待しない。むしろ、当面は、環境保全のような、生産活動の面からいえば制限的な働きかけに使われるだけかもしれない。実際にはそれが、未来の人の生活までもみすえた大切な問題提起だったとしても。ナチュラルヒストリーの振興の基本的な意義としては、科学の基本に立ち返って、現在社会全体における科学リテラシーを高めることを再考するきっかけをつくってくれることにもつながるだろう。

自然の認識を、人はそれぞれの時代に、そのときに知っていた認識のすべてを動員して理解しようとしてきた。あらゆる時点で、人の認識はそのときもっている知識のすべてを動員して展開をつづけてきた。アリストテレスの知見も、ダ・ビンチの認識も、ダーウィンやメンデルの理解も、その当時の最先端のものではあったが、さらに知識量が豊富になったいまからみれば、それらはすべて古典的な事実認識だったとする。そして、現在の科学者たちも、ちょっと先の未来からみれば古典となるはずの事実の解明のために、大きな努力を注ぎつづけている。

ここでいう科学的好奇心について確認しておくことも必要である。現在自然科学に積極的に貢献している人にとって、科学的好奇心は、知識の現状を整理したうえで、いま知りたいことはなにか、に直面した解析の意欲である、という考えがある。たしかに、それが自然科学者にとって、現実にみる科学的好奇心かもしれない。ただし、ここで反復して述べている科学的好奇心は、もう少し基本にもどった、人間の知的活動が求める好奇心で、たとえば、宇宙とはなにか、とか、生きているとはどういうことか、という全体観への好奇心である。すでに細分化、専門化された課題についての好奇心ではなく、人の知的活動にともなう本然的な科学的好奇心が、いま、どこかへ置き忘れられようとしていることについて、科学はそれでよいのかという指摘をふくめて、の問題提起である。

5.2　ナチュラルヒストリーの目でみる生命

（1）生命を科学する

科学における統合

アリストテレスは知ることを、フィジカ＝自然学とメタフィジカ＝形而上学に区別した。アリストテレスの概念は（彼自身が提唱した概念ではなくて、彼の著作を整理する過程で、のちの人によって体系化されたものだとしても）、その後の2300年の間の人知＝文化学術の発展の基盤となるが、やがてはっきり分化して発展するフィジカもメタフィジカも、アリストテレスのうちでは一体化したものであったことは忘れられている。哲学者と分類されるアリストテレスが、たとえば動物の形態を観察したことが、アリストテレスの提灯（ウニ類の口にある咀嚼器官）という形態学用語に明示されているのは象徴的であるのだが。

しかし、これだけ学術が発展し、人が複雑な知見をもつようになった現在、すべての知的情報を一体化して理解することは可能だろうか。アリストテレスがいま生きていたとしたら、彼が哲学の主流を先導しながら、生物学の教科書に載るような学術的貢献を新たに積みあげることができるのだろうか。

私が直接に論を交わしたことのある限られた数の人々のうちにさえ、素粒子物理学の権威でありながら俳人としてこの領域の一画を主導する有馬朗人さんや、細胞学で赫々たる成果をあげながら歌人として知る人ぞ知るの永田和宏さんのような方々がある。しかし、文理両面で先導的な成果をあげるこれらご両人にしても、アリストテレスが残したと同じような広範囲の領域で業績をあげることはできないし、それこそが、ギリシャ時代と21世紀の文化学術の違いである。

もっとも、ここでできるかできないかを話題にするのに意味があるのではない。人知は個別の事象についてばらばらに存在していては、個別にその特性に応じて活用されることはあったとしても、人の根源的な科学的好奇心に応える役割を果たすことはできない。個別の事象を明らかにするために、実証的につらぬく研究が推進される必要のあることは、あらためて強調されなくても、現在科学界のすばらしい発展ぶりをみれば納得できる。しかし、人の科学的好奇心にもとづき、自然の総体を見通す科学の構築にいまの科学はどれだけ力を注いでいるか。それとも、注がなくてもだいじょうぶなのだろうか。

ナチュラルヒストリーがめざすところは、個別の事実を総覧することであると同時に、個別の事実をつらぬいて自然の実態を見通すことである。それなら、個別の記載は不可欠であったとしても、それをつらぬくことが科学的にはどういうことであるかを、理論的にも実践的にも追究し、記録すべきだろう。

科学における統合的な視点の確立はいろいろな機会に説かれる課題である。生物学の領域では、名称に Integrated Biology を標榜する大学の部局や研究所が出現し始めたのも、もうだいぶ前からである。しかし、実際には、すぐれた科学的業績は還元的解析的研究に集中している。研究業績が技術に転化されることが期待されているためだろうか。科学的好奇心に刺激されて解析される研究が評価されないというのではないのに、この現実はなにを語るのだろう。

統合的な科学の実例はなにか、説明がむずかしいところであるが、ナチュラルヒストリーが必然的に統合的な視点を期待していることはすでに述べたとおりである（[tea time 2]）。ナチュラルヒストリーの領域では、基盤としての自然界の現象を詳細に記載し、認知しようとする。記載すること自体には、その現象のよってきたる存在意義はなにかについて直接答えを与えてくれるとは期待されていない。科学的好奇心という視点からいえば、現象がいかに多様であるかを知り、感動を得る作業である。

しかし、自然界の現象は個々ばらばらに存在しているのではなくて、すべてが自然の悠久の流れの中で相互に関連性をもちながら形成されたものであり、相互に関連性をもちながら進化発展している。生命に関心をもつなら、生きものの多様性に気づき、現に実在する多様性をみることで大きな感動を得るものである。

多様な姿で存在する生きものは、もとをたずねれば単一のかたちで地球上に出現し、40 億年になんなんとする進化の歴史をへて現在みるだけの多様性を生みだしたという歴史的事実を知るなら、多様にみえる生きものが示す諸現象、遺伝子の階級でも、種の段階でも、さらに生態系の姿ででも、それらが40億年になんなんとする進化の過程をへて形成されたものであり、相互に関係性をもつものであるという事実に納得する。

多様な現象は多様である事実をみせつけるだけでも人を楽しませる要素があり、それらを詳細に観察し、より多くの事象を列記するだけで十分の知的満足を得る人も少なくない。一方で、多様な事象の記載は、多様に実在する事実を知るだけでなく、その多様性がもたらされた背景に好奇心が向き、その過程とその結果もたらされた多様な姿の間の関係性が明らかにされると、その事実にあらためて自然の神秘さを感得する。多様な事実を列記することで好奇心が充たされるのはそれ自体よいことであるが、それだけでなく、個別の事象をつらねることによって、その実体を追跡する研究が成り立つ。

もちろん、ここで数行の言葉で表現するほど簡単な作業ではない。すでに言及してきたように、人の歴史を通じて営々と多様な生きものたちの姿を記録しようとしてきたが、科学が進歩しているといわれている現在でさえ、地球上の生きものの想定される種数からみて、楽観的にみてもその1割も認知していないとみなされる。それも、識別するだけの段階の作業が、である。多様であるという事実を、さまざまな階層の多様性、さまざまな現象における多様性にまで掘り下げて記載する作業さえ、いつになったら終えられるか、その見通しを立てることもできないでいる。

いわんや、それらの間の関係性においてをや、である。多様な事象の間には、必ず関係性があると知ってはいるが、それならどの事象とどの事象にどんな関係性があるかと問題にすれば、多様な組み合わせの関係性のごく一部について、断片的な知識は積みあげられてはいるものの、その全体像をみるには、これまでに明らかにされている情報はごくごく限られている。

多様性については、個々の事象の違いがそれぞれに異なった違い方をしているうえに、相互の関係性もまたそれぞれに異なっている。それこそが多様性の本質であって、これを個別に追跡するだけでは、すべての事象を記載し終えるまでにどれだけの時間とエネルギーを要するか、想像することさえできない。当然、知りえた事象をつらね、俯瞰することによって、そこからみえてくるものを描きだす作業をしないと、自分たちが知っているはずのことさえ明らかに認識しないで終わってしまうことになる。

アリストテレスの『動物誌』（紀元前4世紀）以来、生物誌はさまざまなかたちで数多く編まれてきた。しかし、どれひとつとしてすべての事象を整理して編まれた著作はないし、それを期待する人もいない。われわれがいかに生物多様性を知らないでいるか、その知らなさ程度の実態が、漠然とではあるものの普通の人々にも理解されているためである。それならばこそ、いまでも、新種がみつかったといってはニュースになり、ある種の絶滅が危惧されるといってはまた別の個別のニュースになるのである。

特定の事象について科学が科学的手法によって解析することの意義とその現在的課題は理解したとして、人の知の振興のために、知りえた断片的知見のすべてをつらね、総体を俯瞰し、科学的手法で正確に組み立てることがいまはできないにしても、自然の実体を見通さなければ、私たちの生の安定も豊かさの確保もありえないだろう。生命科学とか環境科学の領域ではとくに、近代科学の手法を駆使して積みあげられ、論理的に構築された事実にもとづく対応だけでなく、統合的な視点で推定した真理（と信ずるもの）にもとづいて、多少試行錯誤的に、事象に対応することもまた不可欠であり、実際人はそうやって自分たちの知を活用してきた。

種の生物学と無性生殖種

分類学を「多様性の生物学」という表現で示したのは1990年代になってである。この表題を私が最初に教科書に使ったのは1993年のことだったが(岩槻，1993)、そのころにはこの表現はなかなかなじんでもらえないものだった。しかし、英語でいえばBiology of Species Diversityというような表現になるはずのこの書では、生物界の分類体系を紹介するだけでなく、種多様性という現象に普遍的な原理をみようとした。

教科書、解説書といえば、確実に証明されている事実を紹介することに力点が置かれる。学校の教科書には、定説となって30年経っていない事実は掲載すべきでない、などといわれたこともある。しかし、分類体系は、既存の知見の集成ではあるが、結論が出ていないことを体系のかたちで表現しているのだから、仮説である。それを教科書で紹介するのだから、何年か経って新事実が明らかにされ、異なった体系が提起されたときには、以前の体系（＝仮の結論）は誤りだったと理解される。ほかの領域なら、仮説の段階で結論のような表現をすることはないが、分類体系の場合、試験問題に出されるので暗記しなければならないほどの結論風の扱いとなってきた。実際には、どこまでわかっており、どこまでは仮説かをもっと赤裸々に紹介されるのが科学の教育であるはずだが、長年そうはされてこなかった。種の定義についても同じことがいえる。

エルンスト・マイヤー（E. Mayr, 1904-2005）が生物学的種概念を明確に定義したのは1942年である（Mayr, 1942）。この書では、表題でも、動物学者の視点で種を論じる、ときっちり断っている。限定された立場からの定義と断ってはいても、交配の可能性を種の定義の根拠としていることから、有性生殖種以外にこの定義を普遍化することができない、などと論評されることがある（岩槻，2012aなど）。

科学は普遍的な原理原則を追究するものだから、種概念も生物界のすべてをつらねて定義されるべきだという期待が先験的に存在する。分類学で種を定義する際にも、生物界に普遍的な定義を求めているにもかかわらず、いつでも、現在の科学の知見の範囲ではそのような定義を与えることはむずかしいと逃げをうって終わりにする。

生物はその起源のときには有性生殖をすることはなかった。進化のある段階（いまから10億年以上前と推定される）で有性生殖をつくりだし、それによって進化の速度を急速に速め、多様化が促進された。その後に進化して地球上に生を得るようになった、現在の私たちがみる進化、多様化が進んでいる生きものたち、後生動物や陸上植物などの多くについては、マイヤーが定義したように交雑可能性を種の定義の基本とする認識が可能である。

といっても、たとえばシダ植物の約1割（日本産種については13%ほど）の種が、有性生殖を放棄した生活環をもつ生を生きていることにもすでに言及した（第2章2.3；岩槻，1997）。ここで扱った種には、マイヤーの定義は直接的には適用できない。だから、生物界に普遍的に適用できる定義を期待しようとしたら、生物学的種概念は不完全な定義だということになる。蛇足になるかもしれないが、このなかまだけについていうなら、マイヤーの定義を援用して、維管束植物の有性生殖種についての普遍的な種の定義をあてはめた取り扱いが可能である。有性生殖を放棄した維管束植物で議論するのと、微生物などの、本来からの無性生殖種の場合は、この定義でもまた別の論理を必要とする。

種多様性は、もともとひとつの型から多様化してきた生物界にみる現象だから、分類学ではそれらをひとつの体系に整理しようとする。この分類学の期待からいえば、不完全な体系化が現在風の定義となってしまい、完全な証明を積み重ねることを期待する科学の技法としては、その精度が高くない状況は批判の対象になる。それでも、種多様性の生物学という視点でこれをみれば、由来が知悉されているわけではない多様な現象なのだから、たったひとつの定義で包括することができないという考えが正論になる。そこで、多様に分化した生きもののすべてに普遍的な現象と、多様であることを演出する現象の差別化が進められる。

ここでは、微生物における種と、後生動物や維管束植物で認知されている種を、ひとつの概念で整理することが生物学としては正しいかどうか、の検証はしない。生物多様性の基本的な単位としての種が、科学の論理の中ではいかにも流動的であるという事実に触れたいだけである。

有性生殖は生命の歴史からみれば、系統の多様化がみられ、多様化の速度を速めたころにつけたされた形質である。しかし、現在私たちの周辺でもっとも多様化している後生動物や陸上植物、真菌類は基本的には有性生殖種だから、現実の地球上にみる種の動態は、有性生殖種の動態である。そのため、有性生殖種を通じて理解可能な種の構造の定義は、生物界を通じての種の定義のように聞こえる。無性生殖種における種の定義は、有性生殖種の定義から類推し、それを準用すればよいというわけである。

しかし、有性生殖を確立して現在旺盛に生きている生物の姿がつくられたとしても、生物は基本的には有性生殖をすることで成り立っているわけではない。生活の都合上適応的だから、有性生殖を獲得してから多様化し、有性の生物に育ちはしたものの、有性生殖は生きるための基本的な形質ではない。生きるために世代の交代を速め、簡便化し、多様性を導入するのを容易にした機作である。

それにもかかわらず、現在生きている生物の種を語るうえで、有性生殖種の示す動態が基本的な生物の定義に適用されようとする。生きているとはどういうことかをたずねるときには、有性生殖という特殊な生きざまを獲得した生きものたちは、すでに特殊な進化を遂げた生き方を示すものだと知りながら、生きものにとって種とはなにかを考察する際に、有性生殖種の在り方を材料に考えてしまう。生きものがいま生きている状況にとらわれすぎている側面でもある。いま生きている生物への対応という、人にとっての有用性が科学に強く期待され、生きているとはどういうことかを問う科学的好奇心は、科学の世界でも二の次にされる現実が反映されているのだろう（そして、人の文化が歴史を忘れて現在だけを問題とする傾向も、より広くおこなわれている）。

生きているとはどういうことか、を問うときに、バクテリアで知りえた生命を、そのまま私の生命に置き換えることはむずかしい。生命という生きものに普遍的な現象はバクテリアにもヒトにも共通に認められるものの、バクテリアの生きざまとヒトの生きざまは根本的に異なっているともいえる。その差は40億年になんなんとする進化の歴史がつくりだしたものである。バクテリアに基本的な生はヒトでも同じであると、DNAの科学が証明した。しかし、バクテリアを対象とした生物学だけでは、ゾウの鼻が動く原理を説明することはできない。そこに、生物多様性のもつ特性が、生きているとはどういうことかを究めるうえで不可欠の意味をみる。

生物学的種概念を拡大し、種間のDNA配列の差の程度を種間の距離としようとしても、種差は分類群によってずいぶん差があって、ひとつの数字を適用することはできない。生物多様性という現象は、特定の法則にしたがって多様化した現象ではなくて、多様に多様化した現象なのだから、当然のことである。

それなら、多様に多様化して現に生存している生きものに通じる普遍的な原理原則はありえないというのか。そう問われると、逆に、20世紀の生物学が分子遺伝学の成功によって、すべての生きものに通じる遺伝現象を科学的に追跡することができたことを思いおこす。生きものはすべてDNAに載せられた4つの塩基の配列によって、細胞レベルでも個体レベルでも、親の性質をまっとうに子に伝え、生きるという現象を維持しつづける。

だから、生命に普遍的な原理原則はある、という。ならば、生物が種として生きているのなら、種の普遍的な定義は可能なはずである。ところで、有性生殖種で認識されている種の概念を、有性生殖を進化させていない生物に適用しようとすることには無理がある。有性生殖種でありながら、都合で有性生殖を放棄しているシダ植物の無融合生殖種などこそ、有性生殖種に適用される生物学的種概念を応用して種の構造を論ずべき材料なのだろう。

もっとも、種というのは後生動物や維管束植物、菌類など、有性生殖を通じて種分化の速度を速めて多様化してきた生物群にみられる現象を整理するためにもちだされた概念である。その概念がある程度まで生物界をうまく説明するようになってから、より原始的な生きものたちの存在、在り方が明らかにされてきた。むしろ、種多様性の概念で整理したい生きものの根源的な意義を、あらためて生きものの基本的な在り方を通じてみる必要が生じたということである。その歴史的な関係をしっかり認識したうえで、さまざまな生物群における種多様性を解析することにしたいものである。

蛇足を怖れずに無融合生殖をするシダの種についてもう一言触れておこう。無融合生殖によって継代しているシダ植物の種は、元来有性生殖をするように進化していたものが、なにかの都合で有性生殖を放棄した生活をおこなうように特殊化した型である。有性生殖をしないという意味では微生物の多くと見かけ上同じであるものの、その生活の実態はずいぶん異なっている。特殊化した型の生活は特殊化していないシダ植物の種の概念から根本的に離れる姿を示しているわけではない。

分類体系と生物界の俯瞰

分類学とよぼうと生物の種多様性の科学と表現しようと、この領域の科学は多様化している個々の種の実体を明らかにしようとするのと並行して、対象とする種の近縁種にも必然的に目を注ぐことから、けっきょくは属の階級にも科の階級にも問題意識が拡大し、いずれは分類体系を問題にすることですべての生物に関心が注がれる。個々の種についても、限定された地域での問題意識から出発したとしても、種に向けての関心は当然その種の分布域全域におよび、さらに近縁種の分布域に拡大する。けっきょくは地球の表層のすべて（＝生物圏）が研究対象となってしまうのがこの領域の研究における必然である。

ナチュラルヒストリーの研究は、生命を扱う際には必然的に地球の生物圏全域を対象とし、生命の歴史の三十数億年の全過程を追究の対象とする。いうまでもないことであるが、個々の研究者すべてが生物圏全域で、生命の全歴史を語るなどということはありえない。個別の研究は、特定の地域で特定の歴史の断面で進められるだろう。ただし、この分野の研究者の問題意識には、全生物圏、全系統がすべて重くかかわっているという指摘をするだけである。

対象とする問題を自分の狭い感覚のうちに閉じこめ、井の中に閉じこもってしまうことも、日常的な研究の進行の過程では可能である。日本におけるナチュラルヒストリーの研究については、趣味的に自分の好みに限定した観察が優勢となっていたと非難されたことも、ある部分あたっているとさえいわねばならない。もっとも、これはナチュラルヒストリー分野でめだっていただけで、この分野に限った現象ではないのだが、ここはそれを云々する場ではない。

ナチュラルヒストリーの調査研究は、個々の現象を還元的に追究し、その現象のよってきたる実体を実証的に解析することを基本とするが、そうして事実を解明するだけでは成功とはいえず、その資料をもとに、関連の事実と対比させ、事実をつらねてはじめて体系にいたることができる。研究そのものが、つらぬくだけで完結せず、つらぬいて得た成果をつらねる作業が必然として求められているのである。

研究の方法としてのこの枠組みは、ナチュラルヒストリーを正当に追究する研究者には、つらぬく科学とつらねる科学を併合させる作業を自然に実行させている。還元的手法で個別の現象を理解し、その成果を技術に転化させるという現在科学の主流の方法の優勢さが、科学的好奇心の陶冶のためには得られた事実を俯瞰して対象の実態を正しく理解しようという方向への発想を忘れさせようとしていることを、ナチュラルヒストリーの方法ははっきり注目させてくれる。

もちろん、あらゆる領域の科学研究において、当面している課題に限定して、いうなれば井の中の蛙の心境で、その問題を解析するということはないし、そのような解析でよい成果が得られることはまれだろう。大きな研究グループにおいて個別の研究者のうちに、与えられた課題を与えられた技法で解くだけの技術者に徹して作業能率を高めている人があることはここでは問題とはしない。課題の解析のためには、周辺の科学的知見、それが得られた手法が貴重な参考になるだろうし、すべての事象、あるいは少なくとも同類の事象に普遍的な原理原則について知られている事実が解析のたすけになることはいうまでもない。だから、すぐれた科学者といわれるほどの人のすべてが、広い領域の科学の成果について該博な知見を有しているのは常識である。

ただ、ナチュラルヒストリーの場合は、個別の課題の追究が、多様な種のうちの特定のものを対象として展開することが多いので、へたをするとその特殊な材料だけに閉じた考察をいざなうことがある。研究者のうちには、それで満足してしまう場合も、残念ながら、まれではない。特定の課題に埋没し、それで能率よく多様な種の記載に徹する人が、正確な情報構築に貢献することも現実にめずらしくない。

しかし、多様性の研究は、研究として展開すれば、必然的にとりあげている材料を生物の体系に位置づける作業を求める。このため、生物界の体系のすべてを俯瞰することがつねに求められているのである。それが、ナチュラルヒストリーにおいて必然的に統合的な視点を求められることにつながる。解析の対象とする生物群について、これまで解析されたすべての情報がとりあげられる必要があるし、そうすることによってのみ、現在の知識にもとづいて体系上の位置づけについて最善の推定を可能にするのである。

さらに、ナチュラルヒストリーはフィジカ＝自然学であるが、メタフィジカ＝形而上学を離れては存在しえないという科学の本質にこだわる領域であるともいえる。この重要な事実は、科学の世界に広く明示するのにまだ成功しておらず、科学界で十分に理解されているとはいえないが、この現実は科学の健全な推進にとっても残念なことである。技術の基盤としての科学の成果は人の社会にとってたいへん貴重で必要なものであるが、知的動物である人にとって、科学的好奇心に真正面から向きあうことこそが真に人間らしい活動なのである。

（2）生命系のナチュラルヒストリー

科学は普遍的な原理原則を実証的に解明しようとするので、個別の事象の正確な因果の解明をめざして解析的還元的研究を深める。しかしまた、科学は人の知的好奇心にしたがって発展してきたものであり、なぜか、という問いに対し、還元的解析的研究だけでは、個別の事象の実体を解明することはできても、現在の知見にもとづいて知りたい事実の総体をとらえることはむずかしいという問題を背負っている。

20世紀の生物学が生命科学とよばれるようになり、DNAをキーワードとして理学の世界に堅実な地歩を刻んだように、生物学のうちで還元的解析的研究は長足の進歩を遂げ、なお遂げつつある。その時期に、ナチュラルヒストリーはどのような成果をあげ、あげようとしてきたか。

生命系

生きているという事実を語るとき、人はまず自分の生を考える。多細胞の個体の、知的な要素を含んだ生である。しかし、生物学は生を細胞の段階で問題にし、分子の階級で解明しようとする。生きものは物質的基盤のうえに成り立っているのだから、物質に還元してそこに通底する普遍的な原理原則を解明しようというわけである。そうやって解明された事実にもとづいて、生についてさまざまなことを知ってきたし、その知見を技術に転換することによって、バイオテクノロジーの発展が人の社会の豊かさと安全に大きな貢献を果たしてきた。

ナチュラルヒストリーは生きものを個体かそれ以上の階級でとらえることにこだわり、個体が集まって種として生きていることの意味をたずねつづける。ここでは、生物学の根本的な課題である、生きているとはどういうことかを、物質的基盤だけでなく、40億年になんなんとする時間を連綿と生きつづけた生きものが、地球表層全体で相互に関係性をもちあいながら多様に分化、進化して生きている事実を総体としてとらえようとしている。生きものが、細胞の階級で生きており、個体として生きているといいながら、単一の型から多様化し、その歴史を通じて多様な型が相互に関係性をもちあって生きてきた事実に注目しようというのである。私はこの生き方を、個体より上の階級で一体となって生きている“生命系”の生と理解しようと提案した(岩槻, 1999)。

ここで、生命系の視点からナチュラルヒストリーの研究を整理すべく、その要点に触れておこう。生きている状態は、多細胞の個体の状態でなくても、個体を構成する個々の細胞の状態でも維持されえることは、多細胞体を構成する細胞の1個から多細胞体が導かれる事実からもわかりやすく示される。多細胞体をつくる遺伝情報は、基本的には個々の細胞に同等に秘められている。動物の成体の体細胞では、遺伝情報がそのまま生かされる状態にはないが、植物の体細胞にはいつまでも胚的状態が維持されていて、傷つくと癒合組織（カルス）がつくられ、取り木や接ぎ木で利用されるように、容易に再生（クローンの誘起）が導かれる。だから、多細胞の個体でなくても、その多細胞体を構成する個々の体細胞に、その個体の生は秘められている。生きている状態は、細胞で代表されるのである。もっとも、その種の生物の生きざまを示すのは個体としてであり、個々の細胞は生きている状態を演出はしても、種の生きざまを示しているわけではない。

その事実をさらに掘り下げれば、細胞に担われている遺伝情報、それを担っている DNA さえあれば、（自然状態では困難だとしても）細胞をつくりだすことが、少なくとも理屈のうえでは成立する。生きものを、個体の階級から細胞の階級に下って考察できるように、さらに分子の階級やそれを構成している原子の階級にまで還元して追究できる側面のあることはいまでは常識である。

別の見方でいえば、生きものは、それが地球上に姿を現わして以来今日まで、1 個の個体で生を完遂しているものはない。あらゆる瞬間に、生活している無機環境に依存してきたように、1 個の個体だけで自立していたのではなくて、必ずほかの個体（同種であれ、種分化を遂げてからはほかの種とであれ）と相互にかかわりあって生きてきた。すなわち、1 個の細胞では、（生殖細胞、受精卵以外では）たとえばヒトという動物種の生としては完全ではないように、ひとつの個体だけでは、生きものとして生きているとはいえない存在なのである。

三十数億年前と推定されるある時期に、どうやら単一の型の生きものが地球上に現われたらしい。その生きものは、地球上に現われたその瞬間から多様化を始め、（というより、多様化を形質のひとつにそなえることができたから、生きものとして発生できたということだが）長い進化の過程をへて現在のように多細胞の個体で知的な活動も重ねるようになったヒトのような動物種もつくりだした。そして、その間、すべての瞬間を通じて、生きものは多様化を重ね、多様に分化した生きものの間に、相互に直接的間接的関係性を維持し、発展させてきた。生きものの姿は、そのように、全体ではじめてひとつの生を演出しているのである。

すなわち、地球上に姿を現わして以来40億年になんなんとする進化を遂げ、すべての生きものたちが相互に関係性をもちあいながら（生物圏とよんでいる）地球表層に展開して歴史を刻んできたその総体をひとつの生命体と認識し、その実体を生命系 spherophylon とよぶ。そこで、ナチュラルヒストリーの科学としての在り方を考えると、これこそが生命系の構造と機能を追究する科学と理解することができるだろう。生を統合的に理解することも、俯瞰的に考察することも、生命系という研究対象を明確に理解することによって具体化することができるのである。もちろん、ここでは地球上の生きものに限定した課題をとりあげており、ナチュラルヒストリーの研究対象が、地球の総体であり、宇宙の総体であることを忘れているわけではない。

生物多様性の総体をひとつの生とみなす考えは、潜在的には生物学の常識である。それを、わざわざ生命系という言葉に置き換えて表現しようとするのは、生物多様性を意識する私のこだわりかもしれない。多様な生物の間にみられる差を追究し、その差の多少を分類体系の階層性に結びつけるために、差の意味を歴史的背景に求めようとすれば、分類体系が生命系の生の構造に通じることを知るのは当然のなりゆきである。

しかし、近代生物学の解析法にこだわれば、分類学者は生物間（個体の階級でも、個体以下や、個体を超えた階級でも）の差を正確（＝科学的）に追究することにこだわるために、体系の総体から俯瞰して、検出した差を評価する姿勢に欠けることが多くなってきた。その実態に対する警鐘を発するためにも、生命系の生の解析の必要性を強調したいところである。その事実にもっとも注目すべき領域の研究者たちに、その真意がうまく伝わらないのは残念なことではあるが。

生命系を科学する

生命系は生物多様性の実体を指すともいえる。しかし、生物多様性といえば抽象的な概念とうけとられやすい。生命系というと、その総体を視認することができるわけではないが、生きている実体として具体的な響きがある。

また、生物多様性といえば、多様性という言葉の印象から、バラバラに多様なような印象を与えるが、生命系といえば、全体としてひとつという概念が与えられ、単一の起源から進化した多様な生きものの間の階層性が認識されやすい。

生物多様性の解析というより、生命系の生の研究といったほうが現代科学の概念になじみやすいのはどうしてか。実際に、生命系の生の研究の在り方を考えてみよう。

生きものは多様な姿を示すが、三十数億年前に地球上に姿をみせたときには単一の型だったものが、進化の歴史をへて多様化したものだと理解される。時間をかけて多様化しているので、現在みられる多様性には、差異に階層性が生じている。それがはっきりわかるように、生物分類表では分類群に階級を与えて整理される。もっとも、科学が進んだとされる現在でも、多様な生物の実体については、科学はまだその一端を聞きかじっている程度の情報しかもちあわせない。分類表は客観的というにはまだまだ不十分な段階にあると、関連の研究者は承知している。

さて、多細胞の個体を構成する細胞の間では、左腕を構成する筋肉細胞が胸の皮膚細胞を食べるというようなことはない。人と資源の間の関係性は、進化の歴史の過程で積みあげられてきた。しかし、ウシを食べると思いたくなかった人たちが、自分が食べるのは beef であって、cow や ox ではないと言葉遣いを変えてきた。最近では、田舎をたずねて、目の前でおじいさんに締められるところをみてしまうと、鶏料理が食膳に並べられても、そのチキンは食べられない人があると聞く。

生命系を構成している多様な要素の間では、相互にエネルギー代謝が展開し、食う–食われるの関係性がつくられている。それが自然だから、科学はその関係を描きだすことにも冷静である。しかし、構成要素間の殺す–殺されるの関係性は、人の知性には進化の結果だけでない状況を生みだす。要素間の関係性に人固有の情緒をもちこむことは、自然に存在する秩序を損ねることもないわけではない。

なお、生命系について、類似の概念に一言触れ、すでにこれらの概念が示されているのに、ここにきてなぜ生命系というもうひとつの概念を提起しなければならなかったかを明示しておきたい。

ひとつはラブロック（J. Lovelock, 1919–）のガイアの概念である（Lovelock, 1972）。これは生きものを、生きているものと生きていないものの恒常的な交流にも着目して、地球のすべての物質の総体を生きものとみなし、尊重しようという考えである。ガイアは地球そのものを生命体となぞらえて理解しようとする概念である。

生きているヒトの個体についても、生命体と非生命体の間の差は歴然とはしない。髪の毛は、体についている間は私の毛であるが、散髪屋さんで切り落とされたとたんに私を離れてゴミと化す。爪も、切り落とすと、即ゴミである。皮膚の表面だと思っていた部分が、風呂でこすると垢となって捨て去られる。一方、口に入れた食べものは、消化されて胃におさまった時点で自分の一部のように思うが、億と数える個体数の腸内細菌は、生涯を私の腸内で過ごしていても、自分の一部ではない別の生きものと理解する。

地球がひとつの生命体だと考えても、その地球を大気圏までふくめることにすれば、そのままほかの天体につながってしまい、宇宙と独立に理解できるものではない。地球だけでなく、宇宙全体をひとつの生命体と考えないとまとまりがつかないことになる。

ガイアの考えは、情緒的にはわかりやすく、地球を大切にしようというこころを育てるのにはよい考えだが、科学的に詰めようとすると理解できないところがみえてくる。それに対して、生命系は、地球上の生きものは三十数億年前に出現して以来、ひとつの共通の生命を多様な姿で表現し、維持発展させている点だけにしぼって、生きている実体に注目する。生きものと生きていないものの間には、物質的な交流は不断につづくものの、遺伝子に制御された厳然たる差があるところに、生命の科学的な意義を認める。

さらにいえば、ラブロックには知られていないものの、日本人は自然界の万物に生命の宿ることを、八百萬(やおよろず)の神の思想によって認識してきた。ひとつの思想体系としてまとまった著述になってはいないが、日本人の人と自然の共生の概念はこの認識があってこそ、日本に特有の歴史を描いてきたものだった。このことを論じるためには別に大部の著作を必要とするが、八百萬の神信仰はガイアの思想に先行する概念であることを示唆しておきたい。

もうひとつは中村桂子さんの生命誌の概念である。これは分子生物学者の提起する多様な生物への思念であり、これからの科学が取り組まなければならない大切な課題を示唆するものである。多様な生物の姿を DNA というひとつのキーワードで語ろうとする点は、分子生物学者のナチュラルヒストリーと強引に説明させてもらうところであるが、美しく扇面に描きだされた多様な生物の間に系統的視点が重視されない点は生命系と違うところである。まちがえてバラバラに多様な印象を与えてしまう危険性も否定しきれない。生命系は個体や種の生と同じように、地球上のすべての生きものがひとつの生命を生きていることに注目し、生命を統合的に理解しようとよびかける。これは結果としてナチュラルヒストリーの考えに同一化するのでなく、ナチュラルヒストリーの技法の発展として得られた概念であると理解する。

これらの先行の概念も、生物多様性の総体をみようとする考え方である点は共通である。しかし、生きものを生命担荷体としてより厳密に定義したいし、個体発生と対比されるくらい、現生のすべての生きものは同じ始原体から生みだされてきた一体感のある存在であることを強く認識したいものである。

[tea time 10]　ナチュラルヒストリーでみる死

生きものは必ず死ぬ、という。しかし、これは個体の生について理解する考えで、生命系の生は、理論的には、永遠に生きつづける。生きものは、永遠につづく生命を、頻繁にとりかえる生命担荷体に載せかえて生きつづける存在である。生命担荷体は細胞であり、個体であり、種やほかの階級の分類群などの姿をとる。そして、生命担荷体には、ほかの担荷体に置き換わることから、廃棄されること＝死が必ずおとずれる。

社会の常識でいう死は個体の死である。種の階級の死や、個体を構成する細胞の死、いわんや分子、原子の交代については、研究者の間では注目される課題となっても、一般社会の話題になることはまずない。

個体の死はわかりやすいと思っているが、この問題も、正確さを期待すれば、生物界を通じて個体とはなにかを定義することはできないのだから、現在のところ、死を科学的に定義することはできない。脳死の判定に諸説があるように、人の（個体の）死とはなにかに限っても、共通の定義が得られているわけではない。

生きているとはどういうことか、を問いかけるのに、生の対極にある死を手がかりに、ナチュラルヒストリーの視点で、個体の死、生命系の生をたずねればなにがみえてくるか探ってみよう。

死を考える最初の手がかりとして、動物学的なヒトの死と文化をそなえる人の死を考える。私にとって私の死とはなにか。パスカル（B. Pascal, 1623-1662）の『パンセ』（前田・由木訳, 1973）には、

「人間はひとくきの葦にすぎない。自然のなかで最も弱いものである。だが、

それは考える葦である。彼をおしつぶすために、宇宙全体が武装するには及ばない。蒸気や一滴の水でも彼を殺すのに十分である。だが、たとい宇宙が彼をおしつぶしても、人間は彼を殺すものより尊いだろう。なぜなら、彼は自分が死ねることと、宇宙の自分に対する優勢とを知っているからである。宇宙は何も知らない」

とある。野生動物の1種であったころのヒトは自分の死を思念しなかったが、知的な存在に進化（特殊化）してから、人はわが身の死を意識するようになった。それなら意識する死とはなにか、生物学でいう死となにが違っているのか。

生物の個体の死　多細胞の生きものの個体には寿命があり、必ず死がやってくる、と知っている。

生きものの死を論議する際、常識的には（多細胞体の）個体の死を意識する。しかし、死は多細胞の個体に限ってみられる現象ではない。

多細胞の個体でも、それを構成する細胞には個別に死がおとずれる。しかし、人は自分を構成する個々の細胞の死は自分の死と意識することがない。

個体以外の階級における死は、生物学が問題にする場合を除いてほとんど意識されることがない。実際には、地球上に生きているさまざまの様態の生きもの、種とか、個体とか、細胞とか、分子や原子とか、そのどれをとっても永久に生きる存在はなく、有限の寿命がつきるとそれぞれの生に終焉がおとずれる。ただし、すべての生きものについて、死をもってその存在が終結する例はなく、原則として関連するほかの種、個体、細胞、分子や原子と置き換わり、生きつづける。

細胞を構成する分子や原子は、動的平衡を維持しているといわれるように(Baldwin, 1947)、比較的頻繁に同じ元素のほかの分子や原子と置き換わっており、同じ分子や原子が細胞内に長くとどまることはない。

多細胞体を構成する個々の細胞も、神経細胞のように生涯を通じて同じ個体性を維持する例もあるが、ほとんどの細胞は新陳代謝する。個体もまた自分の遺伝子を次世代の個体にうまくひきつぐことで自分の役割を終わり、個体自体には寿命がつきるという現象（＝死）がおとずれる。種もまた分化するか変貌するかの差はあっても、同じ姿をいつまでもつづけることはなく、つねに新しい種形成の基盤となっている。

ただし、ここでも厳密にいえば、単細胞体が分裂して2個の個体になる際のように、細胞は娘細胞に変貌する。多細胞体の場合も、次世代の個体に置き換わって、生命を担荷していた物質のかたまりは生きている状態でなくなるものの、生は世代を超えて伝達されるという意味では、この階級の生きものにも死はない。

生命系の生の認知　細胞や個体には死がおとずれるが、生きものは総体

（＝生命系）としては不死である。

人の個体に寿命があるように、ヒトとよばれる生物種も、生きものの種の例にもれず、いずれ種の終焉（＝死）を経験することになるだろう。しかし、生きものの総体（＝生命系）には寿命は認められず、自死することがなければ、自然死がやってくることはない。生命系を構成する要素の個体や種は、それぞれの寿命がつきることで、新陳代謝をくり返すが、生きものの生（＝生命系の生）には自然の摂理にしたがった終結（＝死）はない。

生命系に死をもたらすことができるのは、生命系の自死、事故死だけであり、それは生命系を構成する特定の種（たとえば、ヒト）の活動によってもたらされることがありえる。

生物学では生を科学的に解析する。ここでは、もっぱら生のメカニズムを問題にし、物質の特殊な集合体としての生物体（＝生命担荷体）の特性を明らかにしようとする。生きているのは生物体という客体であり、その構造体に生じる生物体固有の現象が生である。

個体だけでなく、生きものは、個体を構成する細胞、分子、原子の階級でも、個体の集合体である種やそのほかの階級の分類群でも、有限の寿命が定まっており、寿命がつきれば生きている状態が終わり、死ぬ。生きている状態を終結したのちの生命担荷体（＝個体以下の階級では物質のかたまり）は遺体とよばれ、それだけで再び生きている状態を演出することはない。

生が完結し、終焉する状態を死とよぶ。だから、科学でいう死は、研究対象である物質の特殊な集合体の生の終焉である。多細胞の個体の死が認識されやすいのは、それが緊密な物質の集合体だからである。個体の集合体である種は、バラバラな個体の集まりであり、多細胞の個体をつくる個々の細胞は、個体の部分と認識されてしまい、独立の存在であることが意識されにくい。個体や種の終焉の認識は、科学的な考察に委ねられる。実際には、自分という個体の生涯のうちにも、膨大な数の細胞の死が演じられているのである。

物質で構成されている生きものの個体（や細胞、種など）の生きる期間は有限で、寿命がつきれば死ぬが、ヒト以外の生きものが他者の死をそれと認識することはない、と理解される。哺乳動物などでは、血縁につながるものなど、ほかの個体の死を認識するかのような事例が、いくつか報告されてはいるが。

自分の死をそれと明確に認識するのは人だけである、とされる。人だけが、吾惟う故に吾在り（デカルト，1637）、と自己を認識するのだから、人が自分の存在を思うことが、自分の死を実在するものと知る。人以外の生きものは吾を認識しないのだから、吾の死を認識することもない。

思うのは人の知であり、人だけが知をもつように進化（特殊化）した。知をもつ生きものを人と表記し、知とよぶ特殊な属性を除き、生命を担っている物質の特殊な集合体を、ほかの生きものの種名を表記するのと同じように、カタカナ書きでヒトと表記する。そうすれば、ヒトは自分の死を認識しないが、人は自分の死を認識すると理解することになる。すべての生物の個体は寿命がつきれば死ぬが、自分の死の認識は、生きものに普遍的な属性ではなくて、人だけが育てた文化がもたらした所産である。いうまでもないが、人とヒトもまた明確に区別できるものではない。霊長類の進化をみれば、生死、多様性などの差の曖昧さと同じように、この問題のむずかしさもうかびあがってくることは、ここでは深く論じることはしない。

生きものは、物質を集めて個体が構成され、地球上で40億年になんなんとする進化の歴史をへて多様に分化した。その多様な生きもののうちの1種であるヒトは、ほかの生きものと同じように、個々の個体（＝生命担荷体）はいずれ死ぬ。ヒトという種も、進化の通例にしたがえば、やがて種としての存在が終焉を迎えるはずである。終焉のかたちには、種の絶滅という姿もあるし、複数の種への分化や、ほかの種への進化によって現在型が消滅する場合もある。

人は自分という個体の死を意識する。自分の死は、生きている間に正しく予測するが、死んでから確認するわけではない。しかし、ヒトの身体を構成する細胞は、どれひとつとして、自分の死を意識することはない。人は知を育てたが、ヒトの身体を構成する個々の細胞には知は具有されていない。そして、ヒトの個体の死は、個体を構成する細胞の大部分の死によってつくりだされる。

人間の生――遺伝子の役割と文化への貢献　個体としてのヒトの生には寿命があり、一定の期間ののちに、個体には必ず死がやってくる。一方、生命系を構成する1要素としてのヒトの個体は、生命系の永遠の生の1断片を生きている。あたかも、ヒトの個体を構成する1個の細胞が、その限られた期間の生を確実に生きており、それらの細胞の新陳代謝を通じて、ヒトとよぶ種の個体の生が維持されているように。

生物の1種としてのヒトは、ほかの種と同じように、親から遺伝子をうけつぎ、あずかった遺伝子を子に伝達する。個体として生きている個々のヒトは、ヒトという種の存続を支えるために、生の流れを中継する役割を果たしている。その意味で、個体は種の構成にあずかり、生命系の1要素として生きる。これはヒトに限らず、すべての生きものに共通の生の実態である。

個体の死とは物質で構成される生きものの寿命がつきることであり、ヒトの個体は寿命がつきれば死ぬ。しかし、物質の集合体（肉体）としてのヒトは、寿命がつきれば死ぬが、文化に貢献する人の知は、肉体の死後も社会に保全され、生きつづける。吾惟う故に吾在り、と認識するなら、吾の存在は思念によって認識されるのであり、思念は文化につながるのだから、肉体の死によって消滅するものではない。現にすべての人の意識のうちには、過去の人々の生がもたらした影響が、いろいろなかたちで生きている。

ヒトの生活史は、動物学的には、揺りかごから墓場まで、であっても、文化をもつ人としては、受精卵から幽霊まで、であると知る。文化をもつ人の生は、社会のうちで存在感をもつことで、個体を超えて社会の生を構成し、結果として、ヒトとよぶ生物種の寿命がつきるまで継続する。個々の個体は、自分という個体の生だけでなく、文化への参画を通じて、ヒトとよぶ種の生に責任をもつ。

一瞬の間だけ私のからだの構成にあずかる1個の原子が、私という個体を構成する不可欠の1部分であるように、生きもののすべての個体は、永遠の生を生きる生命系のひとつの断片として不可欠の生を刻んでいる。

個体としての自分の生だけを意識し、有限の生の先に肉体の死をみるだけでなく、永遠に生きる生命系の1要素として生きている自分の生の意義を認識したい。

文化が認識する生は1生物種の個体の生だけでなく、文化を創造する基盤としての個体や種の生であり、すべての生物がより集まって構成する生命系の生でもある。個体の視点に立てば、人の場合、個体の生は受精卵から幽霊までの生活史をもつ。それを認識する生物種は文化を具有する人だけだったとしても。それは、あたかも、人のからだのうちでも、皮膚細胞や筋肉細胞は生を意識することがなく、神経細胞が集合して認知の機能をもつように。

個体の死を己の死と認識するのではなくて、自分の生は肉体の死後も人の文化圏に生きるものと意識するならば、肉体が生きている間（個体の寿命がつきるまでの期間）の活動への責任は、自分の寿命がつきる日までのことではなくて、生命系の生がつきるまで、いいかえると生命系の永遠の生の期間について責任をもつことになる。

このように考察することは、ナチュラルヒストリーでみる生と死の意義を確認することである。生命体を生命を載せている物質のかたまりと認識し、物質を対象とした要素還元的解析で生命の本質を知ろうとする研究だけでは、いのちの実体を知ることにはならないと明示することにも通じる。

ナチュラルヒストリーでは、総体をみることに固執するので、生きものを解析する場合も、個体をみて、種をみて、生命系をみようとするはずである。死を、生きている諸現象の終焉の事象として、現象の諸面について仮説検証的に解析することは生物学としては不可欠の作業であるが、同時に生命やその終焉としての死には全体像としてどのような現象がみられるかを理解する姿勢もまた欠かすわけにはいかない。

（3）ナチュラルヒストリー＝自然史

自然史と科学

言葉の追究になるが、日本語で自然史学はありえても、英語で natural-historology は成立しない。歴史科学＝historical science という言葉が使われることはあるが、歴史＝history という言葉は、実験によって検証する自然科学の論理‘-logy’とはなじまない言葉らしい。新カント学派のウィンデルバンド（W. Winderlband, 1848-1915）は、Geschichtswissenschaft＝歴史科学は反復できない一過性の事象を記述する科学として自然科学とは異なると定義する。念のための付言であるが、histology＝組織学は生物学の1領域を表現する語で、history とは関係のない言葉である。histology はギリシャ語の histos＝tissue＝組織に由来する。植物学＝botany は植物科学＝plant science、phytology と、少しニュアンスに差はあるものの、すんなり置き換えることができる。科学哲学＝philosophy of science は科学を哲学するものであるが、哲学を科学する哲学科学というようなものはありえない。哲学は、個々の現象を数学的論理によって解析して解を得ると期待するものでないからである。

この問いかけは、ナチュラルヒストリーとはなにかを問うことでもあるが、同時に科学とはなにかの問いに問題が拡大される。自然科学は自然界の現象に通底する普遍的な原理原則を、物質的基盤にもとづいて解析する。もちろん、単純な機械論だけではなく、ホーリズム（全体論）や複雑系の科学など、安易に還元主義に堕してしまわない議論もあるが、それにしても、現在では、すぐれた論文とは還元主義にもとづく解析に成功した成果の報告である。

すでに反復して論じてきたように、ナチュラルヒストリーの領域でも、たんに複雑多様な現象を記載し、つらねるだけでなにかが解明されると期待するのではなくて、個々の現象は近代科学の手法にもとづいて解析され、実証的に追究されなければ真実に迫れるはずはない。そして、科学のどの分野でも、個別の現象を解析するだけでは、その現象の解析によって知りえた事実が自然界の普遍的な原理原則とどのようにかかわりあうかが直接的にわかるというものではない。

それにもかかわらず、宇宙、地球とか、生命とかいう具体的な対象の総体を知るためには、ナチュラルヒストリーの手法、思考法が必要だというのは、たんに問題が総体であり、大きいからだけなのか。科学の現状で、個別の知見が不十分だからみえてこない総体の姿を、限られた知見から推量するための手法をみいだそうとするだけなのか。

自然史＝natural history と科学は、科学と哲学の関係と相似して、相反するものではなくて、相互に補完しあうものである。現在の自然科学が個々の現象に注目し、それを徹底的に分析するのに対して、自然史は生命とか地球、宇宙など、対象を意識し、その対象の総体がなにかを問おうとする。だから、ナチュラルヒストリーの手法には、分析的解析的な研究だけでは明かしつくせないもの、統合的な視点で追究すべきもののあることがうかびあがってくる。そして、手法の拡大を認識しながら、広い学術の中に位置づけ、狭義の自然科学の枠組みからそれるにしても、近代科学の一分野としての位置づけを外れることはできない。

自然科学は要素還元的な解析によって、個々の事実の意義を実証的に解明する。解明された知見は、多くの場合技術に転化されて、社会の物質・エネルギー志向の富を増大し、安全性を確保するのに有効な働きをする。戦争が科学を急速に躍進させると皮肉られるように、近代科学にもとづく技術のあるものは破壊にも大きな力を発揮しており、その力を制御する知見も求められるところではある。しかし、戦争をもたらし、それを制御する知見は自然科学の論理が構築するものではない。ナチュラルヒストリーの領域も、研究至上の聖域であるはずはなく、短期的な社会への貢献も期待されるところであり、現在の研究者には科学のための科学への貢献だけでなく、社会のための科学の視点を無視することは許されない。

ナチュラルヒストリーと生物の種

種の概念を論議する際には、現在では、しばしば生物学的種概念がとりあげられると記した。ただし、この定義の核である有性生殖は後生動物、陸上植物、菌類など、現在地球上で旺盛に生を展開している生物にみる現象ではあるが、生命の全貌を俯瞰すれば、生命の歴史の後半になって二次的に獲得された形質である事実にも注目した。有性生殖をするようになった生物の多様化にはめざましいものがあるが、ただこれはすべての生物に共通の生殖法ではない、とも述べてきた。たしかに、現生の生物では優勢な多数派が示す生殖様式であり、地球上に現生する生物の生がなにかを知り、その知見をもとに人の豊かさと安全を保障する技術に転化できる科学的法則性を導きだすためには、この生殖様式を軸として種を解析することは、現在科学にとって大切な課題である。

生物学で、種の概念がとりあげられるようになったのはイングランドの博物学者ジョン・レイ（J. Ray, 1627-1705）のころからである。後生動物や陸上植物などの多様性を整理するための生物相の記録を拡げているうちに、共通の基本的単位として種の階級の差は個体以上でいちばんわかりやすい階級であると認識された。実際、歴史的に、生物の多様性の認識には種差が基本となっていた。社会の常識で、動物や植物に名前がつけられる際にも、種の階級で別の名称が与えられるのが普通になっていた。種が多様に識別され、やがて、種差は均質ではなく、階級差があることが徐々に認識されてきた。だから、属や科（目という名称のほうが古くから使われてもいた）の階級の差は、よく似た種をまとめる階級として整理の都合上準備されたが、種は多様性を認識する基本的な単位として徐々にかたまっていた。レイが提起した種は、リンネが生物相を体系化する際の基本的単位としての、形態種の認識につながった。その単位が、科学的に論証されるようになったうちで、もっとも広く適用されるようになったのが生物学的種概念（Mayr, 1942）だったのである。

たしかに多様な生物の全貌をとらえるためには、なにかを基準にして認識、把握をする必要があり、そのために種の階級を種多様性の基本的な階級と認識するのが便利である。生物多様性にかかわる大量の情報を処理するためにも、種の認識は具合のよい扱いである。しかも、歴史を重ねて、命名上の整理も国際的に共通の約束事が定まった。研究環境を整えるという意味では、都合よく発展してきた概念といえる。

生きているとはどういうことかをたずねる生物科学の基本的な課題からみれば、しかし、種とはなにかの問題は、生物多様性をとらえる基準としては整えられているものの、生きるための本質からみてなにであるのかを問われているわけではない。この問いに答えるためには、生物界を通じての法則性を案出すべきであり、特定の生殖様式によって概念整理をされるべきではなく、普遍的な原理にもとづいてその実体を追跡すべきものである。

もっとも、この課題、現生生物の種の在り方さえまだその一端を知っているにすぎない科学の現状からいえば、その実体に迫るにはまだ遠い位置にあるというべきかもしれない。さらに、生きているとはどういうことかが、日々の生きざまの指導原理をつくるうえでの基本であるとしたら、この真理を知ることはいまの生にとっても不可欠である。しかし、科学的好奇心は解決される条件が整うまで待てるほど悠長なものでもない。いま生きている者にとって、生きる原理を知りたいのは、いまの人生を生きるためである。問題を種多様性にしぼっても、現在の時点で、生命現象の本質にかかわる課題として、種とはなにかを問うことも科学にとって必然である。これは、生物多様性を理解するために種をどのように定義するかの問題とは少しおもむきを異にする問いかけである。

生物多様性は生命の本質にとって基本的な形質であり、多様性を確立する技が確立されたことが、生命の発生と維持を保障した基盤でもあった。生命が地球上に発生したときには単一の型であったとされるが、生命の発生は同時に生命現象の多様化を意味してのことだった。とはいえ、地球上で発生したときの始源的な生命体の最初の活動のひとつが、もっていた遺伝物質（それがRNAだったかDNAだったかはここでは議論の対象にしない）に変異を創造することであったとしても、その変異は、最初は個体差の創出だったはずであるし、そのまま種の創出につながったと断言はできない。始源的な生物の場合も、種分化というほどの進化を刻むのにはそれ相応の時間をかけたはずである。それでは、生物界に種とよぶ階層の多様化が導かれたのはいつ、どのようなかたちで、であったか。そして、種差は個体差とくらべてなにを特徴としているか。

始源的な生物においては、生命体に個体としての独立性がつくりだされたのがいつかも明確ではない。当然、個体の差は、（現在の常識では同種とみなされるような）ほとんど同じ遺伝的性質の個体の間にみられる個体変異程度の差だっただろう。最初は細胞か、せいぜい群体くらいの単位で生きていた生命体だったのだろうか。そのころの状態を推測するための比較材料になりえる単細胞で無性生殖型の生物は、現生生物のうちにもけっして少なくはない。微生物などでも、分類上は種の階級にみる差（種差）は多様性を示す基本的な単位として認識される。

現生生物のうち、無性的に増殖する単細胞生物でも、生物学的種概念を援用するように、種が識別される。系統群によって種の定義が異なっていると認識しながら、系統群ごとの種数を対比する例も多い。突然変異体が頻出する原核生物でも、突然変異体との間の差と異種の個体（＝細胞）の間の差は区別される。種を識別するためには、それだけの遺伝的な差が確立されていることが期待されるのである。そこには、生物学的種概念で認識される有性生殖種の種差に準じたもの、という認識があるのかもしれない。そして、そのような種差を認識することで、単純な遺伝子突然変異によって生じる表現形質の差にひきずられないように、個体より上の階級で性質に差が生じるとはどういうことかは漠然と共通の基準で認識されるようになっている。もちろん、漠然と、と形容するように、科学的に明快な種差の定義はできず、それだけに自然界の個体の種の同定が研究者によって異なる例もめずらしくないのである。

生物の進化にともなって多細胞体が生じてからも、単細胞生物と多細胞生物のそれぞれの系統に、独立に、無性生殖型のうちから有性生殖型が進化した。個体の間にみられる遺伝子構成の差が、変異が蓄積されて徐々に大きくなる速度は、有性生殖を始めた生物ではるかに速くなっているが、進化の速度を相対的に速めはしたものの、生物としての在り方に根本的な変換があったわけではない。

生物学的種概念で定義され、識別される種は、交雑型ができたとしてもその型には繁殖能力がない段階にまで異なっており、別々の型として形質の隔離が確立されているとみなされる。隠蔽種など、表現形質だけでは容易に認識されない型でも、遺伝的には種差が確立していると判断されるものについての認識である。

無性生殖だけで次世代をつくっている生物でも、遺伝子突然変異はある割合ですべての個体に生じ、さまざまな変異個体が集団内に無秩序に集積される。変異体のうち、非適応型は早く死滅し、後継世代を残す割合が低いので、世代を重ねるうちに淘汰されるが、生活環境に不便をもたらさない変異体はそのまま集団内に蓄積される。時間が経てば、集団間で変異体の集積の状況が異なってくる。このような経過が、やがて現在科学が種差と認めるような差を、個体の集まりのうちに刻みつけることになる。

無性生殖だけで次世代を生じている生物群では、個体以上の階級の差を、どの段階で種と認識するか、普遍的な原理をみいだすことはむずかしい。生物界の総体を俯瞰してみると、生物が生きていくうえで、種という階級の差は不可欠のものではないのである。しかし、生物は有性生殖を進化させ、急速に多様化を獲得することによって、ますます繁栄を遂げてきたという事実がある。その際、有性生殖の進化にともなって、生物学的種概念で把握されるような多様性の階級差をはっきりさせるようになってきた。生物の進化、多様化という生きものにとってもっとも基本的な性質のひとつには、必然的に多様性を高めるという傾向も秘められているのである。少なくとも現生種にいたるまでの生物進化は、多様性の増大を可とした変化だった。

生物界を普遍的に俯瞰するというのなら、生物界のすべてについて、多様性を種数によって代表させようというのは、そのように曖昧な背景をもったままであることを認識したい。それでいて、多様性を種多様性で認識しようとすれば、生物界全体を種数で数えることはもっともわかりやすく、だれでもが取り組む行為なのである。

5.3　ナチュラルヒストリーの目でみる社会——社会貢献とは

(1) ナチュラルヒストリーの文化——自然とどうつきあうか

科学は社会にとってどれだけ有用かという問題は、基礎科学の研究にもつねに突きつけられている。芸術や宗教が社会にいかに有用かとたずねられることがあまりないのとはややおもむきを異にする。とりわけ、自然科学の研究が高額の研究費を必要とし、さらに直接的間接的に環境問題をもたらし、軍事研究ともかかわるようになってからは、この問題は有用という面よりも、深刻さの度合いを強めている。20 世紀初頭までは、世間からは、科学者も、芸術家のように、清貧で純粋な存在とみなされていたが、いまでは社会のみる科学者像は大きく変化しているし、それにあわせてか平均的な科学者の姿勢も異なってきている。

考えてみると、いまでも、宗教や芸術は、（それらの活動の成果や歴史についての研究はともかくとして）大学をつくって多くの経費を注いで製作や後継者養成にあたるというよりは、もっと自由な立場から、独創的な創作活動や思索、布教活動などに重点が置かれている。それに対して、近代科学は、自然科学だけではなく社会科学や人文学も、大学で学習することで、課題対応的な研究費だけでなく、相当額の経常経費を費やしている。経済的な問題から科学の存在意義が問われることがあるのは、物質・エネルギー志向の現在社会では投資効果が厳密に問われ、当然のようにうかびあがってくるのもやむをえないのかもしれない。

ただし、科学が社会に有用か、という問題については、自然科学がその成果を技術に転用して社会の豊かさと安全に貢献している現実だけで論じることは危険である。とりわけ、人という知的な生きものの属性としての科学をとりあげるとすれば。

生物多様性の経済効果

バイオインフォマティクスの節（第3章3.3）で、天気予報の現状を類似の課題として例示した。天気予報の当否には大きな経済的な影響があることは衆知の事実である。巨大科学といっても、スーパーコンピュータが（日本の機器が世界一の設備であろうとなかろうと）社会の富について大きな効果をもたらすことは、具体的な事実が理解されなくても、現代人がすんなり認めることである。しかし、メガサイエンスとしてとりあげられる生物多様性については、滅びゆく種の保全など、守りの部分だけが強く表に出て、経済的な発展をむしろ阻害する事業だとの偏見をもたれることさえある。

巨額の費用を投入して、守る＝現状維持するだけというのでは、社会に対して訴える力は弱い。物質・エネルギー志向に凝り固まり、物質的な富こそ人の幸福であるとするのが社会の常識となっている現在では、経済的効果の乏しい事業に投資するのは、よほど余裕ができてからのこととされる。

生物多様性の保全を経済的効果に関連させて説明するために、生態系サービスという話題がとりあげられる。いくつかの事象に生物多様性が果たしている役割を整理し、それが乱されるとどれだけ経済的な損失をこうむることになるかを強調し、だからそうならないように万全の対策を立てる必要があると説くのである。

もっとも、ここで説く効果も、守りの姿勢によって維持されるものに変わりはない。悪くならないようにするだけだから、ここへの投資が建設的な富の増大につながるという説明にはならない。放っておくとこれだけの損失になるという、いわば脅しである。脅しに終わらせないように、生物多様性を資源として生かすことにも積極的に触れたほうがよい。

かつて、絶滅危惧種の意味がまだよく理解されていなかったころ、この問題について考え、なぜそれらを絶滅させないことが大切かを説明するために、遺伝子資源としての生物多様性の貴重さと、環境保全の面における生物多様性の重要さを強調していた。ここでも、説明はどちらかというと守り優先だった。しかし、そうはいいながら、本音では、生物多様性の持続的利用は、ヒトという種の生存のための最低限の希求であり、絶滅危惧種を知ることは生物多様性の動態を科学的に描きだすための最善のモデルになるものと考えていた。そして、絶滅危惧種の増大は生物多様性の危機そのものを示し、生物多様性が危機に瀕することは人の存在を絶滅に追いやるものだと説明した。しかし、その説明に説得力をもたせるだけの科学的根拠があるとは、説明している当人も信じないままだった。

絶滅危惧種を増大させている原因のうち、人が犯しているあやまちを指摘することで、保全に重点を置くというより、人間社会の在り方を考えてみるというのが、むしろ科学的にナチュラルヒストリーの成果を生かすということである。科学的な思考力を強めることで、保全というより、生物多様性と、自然と共生した生き方を志向することが楽しくなる生き方を構築することである。それこそが、ナチュラルヒストリーの学習を通じて前向きに獲得する幸せというものだろう。

しかし、絶滅危惧種にかかわる問題は、メディアでとりあげられることもしばしばであったにもかかわらず、社会問題としてそれほど危機的と理解されることはないままである。私なども、メディアの関係者から、現実の危うさを知る研究者が、もっと厳しい表現で「嚇(おど)さ」ないと、なかなか現実を社会全体で理解してもらえないのではないかと示唆されたことがある。もちろん、過大な「嚇し」は私の好むところではない。科学的にいえる範囲で問題点を指摘し、そこから先はいまの科学ではなんということもできません、と対応することがこの分野の「専門家」とよばれる者の対応の在り方だと思っている。それが専門家の社会的責任に対応するかどうかはむずかしい問題であるとしても。

生物多様性と文化

失われることが大きな損失であるという生物多様性の、人の社会に対する効用とはなんだろうか。このことを考える際に、日本人なら日本列島の生物多様性を身近に考えることが肝要である。私たち日本人は、日本列島の豊かな生物多様性に囲まれて生きている。だから、それにふさわしい文化を、日本人独自の姿に描きだしてきた。

生物多様性のみならず、自然の産物の豊かさに恵まれてきた日本人は、資源の争奪のために他者（他部族など）を徹底的に撲滅しなければならないような生き方は強いられてこなかった。必要以上に極端な富を狙うことさえしなかったら、資源は人々に適当に配分して生きることができることをわきまえてきた。資源の乏しい立地で、隣りあう人々と血で血を洗うような生き方を生きる必要がなかったのである。

だから、列島をくまなく絨毯的に開発するような愚策はとらず、農耕生活を始めてからも、農地に転化したのは猫の額ほどの平野部と山並みの間の谷地、山間の盆地などに限られていた。しかも、開拓して里地をつくりだせば、伐開した森の一部を里地に残し、八百萬の神（英語でなら god ではなく deity で説明したい）のすみかとして崇めた。後背地の丘陵地帯は、エネルギー源としての薪炭材の周期的伐採や、小動物の狩猟、山草の採取など、狩猟採取の時代の生活型を一部ひきついだ里山として活用しながら維持し、奥山は万物をつかさどる八百萬の神の領域として、列島の半分にもおよぶ地域を自然に近い状態で維持してきた。こころの豊かさは、自然のうちに美をみいだすことによってもたらされてもいた。

自然となじみながら、自然を徹底的に破壊するような開発はしてこなかった日本列島では、自然の複雑多様な構成をそこに住む人たちがつくりだした文化に反映させてきた。すでに7-8世紀に編まれた『万葉集』にみるように、ほかのどの国の文芸にもみないほど野生の植物や植生を芸術の域に高めて鑑賞していた日本人だから、彼らは自然を制覇するというような想念をもつことはなく、自然とじょうずになじみあう生活を構築してきた。

西欧文明に信仰のような気持ちで接することになった明治以後、物質・エネルギー志向の生き方に転換し、第二次世界大戦に敗れてからはますますアメリカ風の実利主義におかされた私たちは、自然を万物の霊長である人間のための資源であるとみなす考え方を是とし、近代科学にもとづく技術によって少し力をもつようになったことから、物質的な富を安易に獲得しようと、自然を制覇できると思いこんだ開拓を始めた。魔法使いの老婆のすみかである森を開発し、万物の霊長である人の資源として活用するのは善なる行為であるとする西欧の概念に、いつのまにか蝕まれていたのである。

その結果、20 世紀後半における無秩序な開発が自然からどのような反発をまねいたか、私たちはそのことをいやというほど知らされることになり、いまでは開発に関してある程度の規制をかけることをおぼえるようになっている。しかし、理念としての環境保全の意味を頭の中では理解しておきながら、目先の採算に迷わされて、自然に対して望ましくない圧力をくわえている事例がいまもなお多いことはさまざまな調査によって明らかにされている。

ヒトという生物種は、まぎれもなく、地球上に生きる生物多様性を構成する一員である。その原点にもどって、生物多様性に囲まれ、生物多様性からさまざまな恩恵をうけていることを認識しながら生きてさえいけば、日本列島の自然はヒトにとってやさしく、ヒトに豊かな生を保障してくれるはずである。もっとも、日本列島がその位置、地形、構造などのために、災害列島とよばれるほど自然災害の頻発する場にあることも事実であり、そのこともまた日本人の自然観をつくるうえで重要な基盤のひとつともなってはいる。そして、それをふくめた日本列島の自然とそこに住む日本人との共生の姿が、日本人がつくりだした文化に映しだされているのである。

多様な自然にいろどられている、豊かで美しい日本列島に住むことを、現在の日本人も正確に認識し、そのありがたさを知ることが望まれる。その自然に、生物多様性にむだな圧迫をくわえるのは、自分の生も一体である地球に生きる生命系の生に危害をくわえていることであり、あたかも自分で自分のからだを傷つけているようなものと知りたい。それを知るいちばんの近道が、日本列島のナチュラルヒストリーを明らかにし、その動態を学ぶことである。一足先にその事実を、たとえその一端だけであっても、知ることになったナチュラルヒストリー関連の研究者は、知りえた事実を広く社会に広報すべきだし、より多くの人がナチュラルヒストリーに関心をもつように、その貴重さを正しい表現で公布すべきである。

日本語の書であるここでは日本列島を題材に話を進めているが、この論理、そのまま地球全体を対象に展開してまちがいのないことである。

生物多様性との共生を考える

だからこそ、私たちの生が生命系の一要素として生きているものであることを確かめたい。

私たちは芸術作品に接することによって、創作者の研ぎすまされた感覚に触発されて美への感動を励起される。人が制作したものを通じて、自然や人工の美に新たな目を開かれる。すぐれた作品を通じて、美への感動が啓発、伝達され、私たちは生きる幸せを新たに発見する。

科学にもそのような側面のあることを、現代人は忘れてはいないか。知的に特殊な能力をもつように進化してきた人は、ほかの生物種が知らないような知的なよろこびを知るようになった。心の癒しになるような花々を身のまわりに栽培するように、生きるための素材は、生理的な活動だけでなく、精神生活に資するものも大切にするようになっている。そのことは、科学的好奇心とよぶ、おそらくはほかの動物たちは知らない感覚を、ヒトだけがもつようになっていることに通じるのだろう。

科学的好奇心は科学の創造、発展に寄与し、そこで得られた知識を技術に転化することによって資源・エネルギー志向の生き方を育てることにつながった。しかし、科学のもともとのかたちは、人の科学的好奇心にしたがって発展してきたものであり、いまもその側面が、多くの科学者の研究意欲の原動力となっている。技術に転化された結果としてつくりだされたものが物質的な富や安全に貢献するかどうかは別として。

具体的に私自身が経験した事実を記録しておこう。私が大学院へ進んだころには、当時の花形分野で活躍していた中堅研究者から、いまごろなぜ分類学のような（古典的な）課題に取り組むのか、といわれたものだったが、十数年経って教授に昇任したころには、いくつもの省庁の担当者から知恵を貸せと求められるようになっていた。科学のもつ人の社会への最大の効用とは、だから、科学のおもしろさに惹かれて science for science に貢献することが、実際には science for society に対応しているのであることに、私たち科学者はもっと自信をもつべきである。少なくとも、自分の狭い領域の好奇心だけに拘泥するのではなくて、science for science として望ましい科学の課題に真正面から取り組み、そういう自信がもてるような科学の推進に努めることである。

（2）社会の中のナチュラルヒストリー

専業の科学者ではないナチュラリストが、日本のナチュラルヒストリーの解析に大きな役割を果たしてきた。これは、科学としての専業化とは別に、日本の社会のうちに、ナチュラルヒストリーの学びが定着していたということだろうか。

真理を探究する科学と実益を求める科学

遺伝情報の伝達は基本的には正確におこなわれるが、ごく低率で変異を生じることによって、生物界に進化という劇的な展開を演出する。それがあるために、生命が地球上に存在することが可能となっている。これは、だれに支配されているものでもない、自然の摂理ともいうべき流れである。当然、進化は人がつくる科学が支配できる現象ではない。悠久の進化の流れに、大きな妨げをくわえるような自然破壊に一定の力をくわえることはできたとしても。

文化をつくり、育ててきた原動力は、個人が得た知見を脳に蓄積して知識とし、言語に転写して別の人との間で情報交換し、整理されたかたちで情報を言語（話し言葉）や文字のかたちで社会に蓄積し、社会に共通の知識として利用することにある。その情報の発展の方向性は、自然の摂理に支配されるのではなく、文化を創造した人の思考によって選ばれる。

純粋に知的な好奇心によって育てられてきた情報の発展の方向は、ある程度まで自然の摂理にしたがうものかもしれない。しかし、文化をもつようになった人は、自分個人や自国の権利を主張し、さらに、個人であれ国家であれ、己だけが利益をうけることに強欲になっている。物質・エネルギー志向を強めると、安全性や富に有効に機能する知識、技術に転用可能な科学により強い関心をもつ。こうなると，社会のうちに蓄積された知＝文化の発展の方向は，社会を構成する人の恣意によって支配され，その発展の方向がまちがっていると，ヒトという種の絶滅を導く危険にもいたることがありえるだろう。

科学の社会貢献といえば，産学協同という言葉に象徴されるように，いかに産業界の発展に貢献するかという尺度で評価されるのは，現在社会が所得の大きさを人格の評価に置き換えているかのようにふるまっていることと関係があるのだろうか。あたかも人の幸せは経済的な豊かさによって決まるかのように。それでいて，一握りの最高の富裕層が幸福感に充たされている度合いはけっして最高ではないという統計もあると聞く。アメリカでさえ，中位の年収までは幸福感は収入に比例するが，それ以上では幸福度の増幅幅は減少するという（カーネマン，2011 など）。

豊かさをはかる尺度を決めるのはむずかしいといいながら，貧困に喘ぐことは幸福に背反することであるとする。貧困も相対的な尺度ではかられるので，どこまで貧困だったら悲惨な結果につながるかの判定は容易ではない。格差ができて，相対的には貧困であるということと，生きていくうえで絶対的に貧困であることは少し意味が違う。21 世紀に入ってからの日本人貧困層の物質的な窮乏は，第二次世界大戦に敗戦した直後の日本の貧困層の物質的窮乏とくらべて，貧窮の度合いは同等ではない。

ウルグアイの大統領だったムヒカ（J. A. Mujica Cordano, 1935-）さんは，南米の先住民の言葉として，「貧乏な人とは，少ししか物をもっていない人ではなく，無限の欲があり，いくらあっても満足しない人のことだ」と述べている（ムヒカ，2012）。吾唯足知（われただたるをしる）は，龍安寺のつくばいに記された字で，禅の思想とされ，またこの考えは老子にさかのぼるとも考証される。どちらにしても，伝統的な日本人の考えの根底に通じる。ムヒカさんの生き方も，かつての日本人には親近感をもたれたものだろう。

物質・エネルギー志向の考え方では貧困に喘ぐ層であるといっても，精神的には幸福度が低いわけではないという人たちがある。真摯な宗教家といわれるほどの人たちのうちには，物質的な富を求めないでもこころの豊かさに充たされているという人がめずらしくない。だからといって，ごく限られた天才は別として，大多数のいわゆる庶民（＝平均的市民）は，より豊かで安全な生活を求め、その生き方に幸福の基準を置く。空腹に迫られることがない程度に食を得て、病に冒されないで、やっと生存を維持するだけの生活が長期間続くより、毎日の食事に事欠くことがないだけでなく、ときにはおいしいものに舌鼓をうつこともでき、学びの余裕もあって、気分転換の旅に出て見聞を広めることもできる程度には余裕のある暮らしのほうが幸せだというのがごく普通の人の感覚だろう。巨万の富に羨望を抱くことがあり、それを現実に手にする夢を抱いても、実際にはそれは夢にすぎないことを理解しながら健全な生を終えるのが、いまでは日本人の多数派ではないか。もっとも、この話題、地球規模に話を拡げるとすれば少し扱う数値が異なってはくるが。

科学の社会に対する貢献という場合も、だから、より多くの人が物質・エネルギー志向の豊かさ、安全の恩恵に浴する度合いを基準にして評価することが多い。意識的にか無意識のうちにか、その科学的成果が現実の社会生活の役に立っているかいないかが、貢献度の重要な尺度になっている。何年か先に技術に転化されて目にみえて有用になるかどうかは、当面の問題ではないようにみえるらしい。

具体的に科学が社会に貢献している現実をみると、たしかに貢献度の高い成果には経済的にも見返りが与えられ、物質・エネルギー志向の観点からも報いをうけているといえる。しかし、科学の発展のために高い評価をうける業績が、いつでもすぐに経済的な見返りをうけるとは限らない。そして、実際に科学の発展にとっては基本的ではあるものの、すぐに社会の役に立つとは限らない課題の、科学的好奇心にうながされて取り組んでいる研究での貢献をめざしている人たちが、経済的な見返りを求めて活動しているとは限らない。科学者には、研究で成果を得ることによって、自分の科学的好奇心を充たされるという満足感も与えられるからである。ナチュラルヒストリーの研究に寄与する人たちのうちには、この種の好奇心に忠実な研究者が少なくない。市井のナチュラリストの得る学びの充足感はその典型というべきか。

このことは科学の創造に貢献している科学者とよばれる人の側だけにいいえることではない。科学の恩恵をうけるとは、科学的な発見が技術に転化され、技術の改善がもたらした豊かさや安全を享受することだけではないはずである。科学の成果を教えられる側でも、抱いていた科学的好奇心に解が与えられるというよろこびが得られるし、なによりも、科学リテラシーの向上によって、人としての暮らしが安定性や充実感に満たされる。万物の霊長とされる人は、神からその立場を与えられて自然を資源として使うことが許されているだけでなく、知的活動によって人だけが知る幸福を手にするありがたさを感得する存在である。自分たちの安全を見据えて、平和を希求するのは知的な活動ができる人だけの特技かもしれない。

このことは、最近では生涯学習などという表現で語られることが多い人の学びに関係する。日本ではことさらに、学習は学校でするものと考える傾向が強い。たしかに学校で学ぶことが私たちの知識の体系を育てるうえで大きな力になってはいる。しかし、人は知的な動物である。とすれば、学びは人の自然な行為である。そして、学ぶことで得る幸せの大きさは、すぐれた芸術作品に接してこころが癒されるのと同質である。もっとも、そのような学びの意味を、現代人はほとんど忘れ去ろうとしているのではないか。

定年後の余暇の時間を豊富にもつようになった人たちのうち、博物館等の施設で新たな学習に関心をもつ人の数がふえている。しかし、まだまだその要求に応えるだけの体制が、とりわけ余裕のある人のふえている日本では、育っていない。このことも、ナチュラルヒストリーの現状をみていて強く感じることであり、日本人の老若男女のすべての層に、字義どおりの生涯学習の機会が準備されるようであってほしいと思う。科学の社会貢献のうち、科学リテラシーの向上がいまもっとも求められるべきことのひとつと思われる。日本人と日本国にとっては、科学的思考法のさらなる普及が、社会生活のいっそうの健全化に寄与することを期待しながら。

社会のための科学——癒しの科学から環境保全まで

近時の風潮では、社会のための科学といえば、物質・エネルギー志向でいう実益を求める科学と読みかえることが多い。一方、科学的好奇心にもとづいて科学のための科学を推進し、成果を広く普及することによって、教養としての科学が社会に定着することは、人々を科学的思考に習熟させることにつながり、知的活動にもとづいた生を生きることで、人の社会に熟慮された関係性を構築することに通じる。しかし、このことは現実にはほとんど評価されていない。

ここでいう社会のための科学としてのナチュラルヒストリーを考え、必要な項目を立てるとすれば、科学的思考法を構築する教養としての科学への貢献のほか、環境問題に寄与する科学、こころの傷を癒す科学などを代表的な例としてとりあげることができるだろう。

人間環境を良好な状態に維持することは、人の生活の最低限の課題である。しかし、科学はまだ人間環境の保全のための指針を描くだけの能力をもっていない。環境にかかわる情報を、科学はまだごくわずかしかもっていないためである。

天気予報のために利用する気象の情報は、広範囲に集成する制度が整っているので、その資料にもとづいて、至近の未来の気象の変化を高い精度で予測することができるようになっている。しかし、人間環境という場合、必要な情報は広範囲にわたり、環境が人に与える影響は多様な局面におよぶので、現在得られている情報を駆使しても、至近の未来になにがおこるかを的確に予測し、それにどのような対応を準備しておけばよいのかを適切に設計することができないでいる。

地震予知や火山の噴火予知は、予知しようとする現象は地震とか噴火とか、わかりやすい事象であるが、それがどのように生じるのか、生じるための事前のエネルギーの蓄積が地下でどのように変動しているのか、巨額の研究費を投下してもなお、正確な情報の総体を得るにいたっていない。

人間環境のうち、気象とか自然災害とかの予報が人々に強い関心をよぶのは当然であり、知られる限りの予測に応じた対応もそれなりに整えられる。しかし、自分の生命そのものでもある生物多様性の未来、いいかえれば生命系の生の在り方については、現状に真剣な関心をもっているのは有識者のうちでもごく限られた人たちだけである。

生物多様性の動態については、実際、その全貌をとらえるのはむずかしいとしても、その動態をとらえるモデルとして絶滅危惧種の現状が調査され、その現状にどのように対応するかが検討されている（第3章3.2、3.3）。ただし、絶滅危惧種にしても、その詳細がある程度までわかるのは数少ない先進国だけで、地球上の大部分の地域では、どこにどのような生物種が生きているかという基本的な調査さえまだ限られた範囲でしか進んでいないのが現実である。それも、維管束植物とか、脊椎動物、大型菌類など、わかりやすい生物群に限っての話である。なぜ情報として把握されていないのかは、本書のあちこちでその問題点を述べたとおりである。

しかし、日本の維管束植物のレッドリストをつくるにあたって、科学を専業としない広義のナチュラリストの協力を得たことは、すでに述べた（[tea time 8]）とおりである。地域の生物相の動態に、純粋に科学的な興味から観察を始めた人たちの知見が、この膨大な情報を必要とする作業にとって重要な貢献をおこなったのである。ナチュラルヒストリーの社会貢献がどのような姿であるかを示すよい例といえる。

ナチュラルヒストリーの研究者にとって、それぞれの研究課題についての解析の経験にもとづき、つくりあげた科学的能力を駆使して、求められるシンクタンク機能を果たすべきことは当然の役割だろう。科学が求められる問いについての最終的な解答を、今日明日のうちに出せるはずはない。しかし、科学の今日の段階で、どこまで確実に求められる状況に対応できるか、どこまで確実に必要な対策が予見できるか、それに応えるのは研究者にとって社会に発信すべき必要な責務である。

こころの傷を癒す科学というくくりのもとでは、科学するよろこびに触れておこう。何度も書くように、科学はもともとは身のまわりの現象のあれこれについての知的好奇心にうながされて発達してきたものである。問題を解くことによって、なにか得（とく）をしようという功利心から始まったものではない。だから、課題が解けたとしても、好奇心が充たされるよろこびを得るだけである。だけではあるが、人の知的活動にとってそれはもっとも大きな充足感を与えてくれるものであり、こころに豊かさをもたらしてくれ、知的なよろこびに通じるものである。

人は知的活動をするようになって万物の霊長とよばれるようになった、と整理される。この場合、霊長という言葉から、知的活動、文化の構築を、ほかの動物の活動より一段高いものと評価する西欧的な考えは私の好みにはあわない。進化は結果について価値判断されるべき事象ではなく、進化の結果現在生きている状態が最適者であると理解すべきである。環境の変動にともなって、それぞれの環境への最適者はつねに変動するものであり、種の動態は自然の摂理のもとでは、人の評価で価値の高いものだけが永続するという現象ではない。だから、人は知的に発展し、文化をもつようになったという客観的な事実はあるが、知識をもつからもっとも高い段階に進化しているというのはまちがいである。科学のもたらした知見によって高められた技術をまちがって使い、己を絶滅に導く危険性がありえることも忘れてはならない。

しかし、知的な充足感が人に大きなよろこびをもたらすという事実はこれもまた客観的な事実だろう。美味に舌鼓をうち、美しいものへの感動に酔うことで生きるよろこびがもたらされるように、知的な充足感は生きることの価値を教えてくれる。科学のもたらす最大の効果がここにあるといえるだろうか。そして、ナチュラルヒストリーが広範囲の人に科学するよろこびをもたらしてくれることもまた疑う余地がない。物質・エネルギー志向のよろこびの追究に忙殺されている現代人の多くが、きわめて単純なその効果にいま気づいていないだけで。

もちろん科学が知的よろこびをもたらすということは、つらぬく科学にたずさわることによってもっと明確に意識されることだろう。ただ観察するだけでも感動することは多いが、問題を解析することによって、科学の手法でいえば実験的な追究をくわえることで、新しい局面の知的感動が得られることはあらためて言及するまでもないことである。

美に感動するこころをひきだす芸術についても、大衆の好みに迎合して簡単に儲けにつながる部分が巨大化するのは、技術に転化される科学に関心が偏るのとよく似た現象かもしれないが、そのことへの考察はここでは避けておこう。

ナチュラルヒストリーと社会との接点——生涯学習

私は奥丹波の山村に生まれ、育ったので、幼いころから土筆摘みや蛍狩りを楽しんだり、山菜採りや柴刈りなど、里山の生活を実践した。自然豊かな田園地帯で、といわれる実態は、正確には、幼時から多様な野性と親しんでいた、というべきであるが。

わが家の子どもたちが育ってくるころは京都の稲荷山の麓に住んでいたので、子どもがどろんこになって遊ぶ機会に恵まれていた。孫が育ってくるころも、横浜の寺家ふるさと村近くで、おたがいに近隣に住んでいたので、一緒に散歩に出て、けっこう早くみつける私より孫のほうが目敏く四ツ葉のクローバをみつけて遊んだりもした。このような私自身の経験からいっても、コンクリートジャングルの中で過ごしているようでも、日本列島では野生の植物や昆虫などに触れる機会をつくるのはむずかしいことではない。

子どもが自然と接する機会が少なくなったと嘆く声が聞こえるが、それを残念な事態と感じていながら、どうして野性と接する機会をふやそうとしないかは論じられることが少ない。明治以後の学校教育体系を整える過程で、西欧に追いつけ追いこせの、既存の知識体系を勉強する体制はうまく整えたが、自主的に学習しようとする生涯学習支援の体制づくりは軽視してきた。自主的に考える人間を育てるのは全体主義的な指導者にとっては好ましくないためだろうか。

いまでも、生涯学習は生涯教育としばしば混同され、成人教育と短絡して考える人が少なくない。学校で知的教育をうけるだけでなく、社会や家庭で学習する機会をふくめて、生涯を通じて自主的な学習をする習慣を育てることが肝要だと意識する人はむしろ少数派だろう。そのための支援機構である博物館等施設が、生涯学習支援の施設としても有効に機能することが肝要であると反復して触れてきたとおりである（第4章4.1 (3)、4.2など）が、その考えは世間では限られた範囲にしか通じない。

博物館はナチュラルヒストリーの学習にふさわしい機構である。国際的には、充実した資料標本などを所蔵していて、この領域の研究に貢献している中核的な施設が多い。日本でも、規模は小さいものの、現にそのような活動に成果をあげている施設がいくつもある。そのような性格の施設だから、学校とは違った生涯学習支援が可能なのだが、日本では欧米に比してその機能を有効に発揮するのに遅れをとっていた。やっと最近になって博物館に勤務している人たちの側からも、生涯学習支援に有効な働きかけがされるようになっており、今後の展開に期待を抱かせるところである。

知的な動物である人は生涯学ぶことによろこびを感じるはずであり、学習はそのまま楽習とも書ける言葉である。身のまわりに豊富にみられる野生の生きものたちから、そして野性にこだわらず人為で生みだされた飼育栽培動植物からも、私たちはもっと親しく生きものについて、そしてさらにそれを育む背景としての自然について、既存の科学的知見をもとに、わかっていることわかっていないことに思いをいたすとよい。知的な好奇心にうながされて科学的な思考になじむことが、人の論理的思考力を高め、自分たちの生を正しく営むように育ててくれることだろう。

博物館等の施設はすべての人たちの生涯学習の支援に力をいたすべきだし、ナチュラルヒストリーの学習はこの領域で社会と深いつながりを刻み、はっきりみえる社会貢献を果たすことができることだろう。ここでいう貢献は、必ずしも物質・エネルギー志向の豊かさを増すものではなく、こころの豊かさを富ます、世間知でいえば芸術や宗教のような価値をもたらす関係性ではあるのだが。

5.4 ナチュラルヒストリーにいま求められること

ここまでの議論で、ナチュラルヒストリーにいまなにが求められているかがうき彫りされているはずである。議論の反復を避けながら、うかびあがったものを抄録してみることにしよう。

近代科学やそれにもとづく技術が大きく発展したいま、科学に期待されるものはアリストテレスの時代と大きく異なっているようにみえる。しかし、社会が根本的に違うかたちに進展してきたほどには、科学やナチュラルヒストリーに対する人の基本的な希求のありかは変動していないのではないか。人の科学的好奇心の向かう先が、より詳細に具体化してきた面があるとはいえ、基本的には同じ問題意識をもちつづけているためだろうか。

もしそうだとすれば、ナチュラルヒストリーはギリシャの時代に生きていたようにいま有効に機能しているか。科学が社会から要請されているものを、はっきり見通して対応しているかどうか、ナチュラルヒストリーにかかわる者の視点で問題を整理してみよう。

（1）ナチュラルヒストリーの調査研究

個別の研究者によるナチュラルヒストリー

ナチュラルヒストリーの研究に取り組む研究者に、まず求められるのは研究を振興することである。ただ、この領域の課題に関心をもつ研究者の多くは、きわめて旺盛な科学的好奇心に駆られており、研究への情熱の強さについては、あまり心配することはない。むしろ、問題は、好奇心が狂的に暴発するかもしれない点である。

自分の好きなことを好きなように調査研究することは、それだけで研究の進行につながる行動ではあるが、この領域の研究者のすべてがそのように取り組むとすれば、興味本位の資料の創出を重ね、この領域の健全な発展を損なうような危険な現象をもたらすこともありえるだろう。事実、ある時期の専門分野のいくつかで、偏った研究至上主義が研究の個別化、特殊化をもたらしていたことも知らないわけではない。ある時期、個別化された競争原理によって、基盤情報の構築が効率化していた面もあったかもしれないが、個人技の間の過度の競争が、科学の発展に危険な事態をもたらしたのも事実だった。もっとも、その時期に構築されていた基盤情報はその後いろいろな意味で活用されているのが実際で、問題は、ある時期にその分野で偏った発展をしていた研究が同じ理学分野の周辺領域の研究者から低い評価をうける結果をまねき、研究行政上きわめて危ない状態に追いやられていたことが問題だったのではあるが。

求められるのは、研究の推進が当該領域全体で平衡した姿をとることであり、そのためには、個別の研究者が自分だけの世界に沈潜してしまわずに、領域としての研究の推進を図る視点をもちつづけることである。これは科学の分野で普遍的に求められていることでありながら、特殊な課題の研究を一途に深める過程では、関係する分野の極端に狭い範囲だけを知っていれば、むしろそのほうが目先の効果だけでいえば効率的に研究に参画できるところが、ナチュラルヒストリーのように自然のすべてを概観しながら個別の課題に切りこむことが期待される領域ではことさらに、個別化した課題だけに没入することにつながるのである。ナチュラルヒストリー志向でありながら、それまで研究対象としてこなかった生物群の取扱責任者となったラマルクは、無脊椎動物学という生物学の新しい分野の構築に成果をあげた。

いつでも小さな発見に充たされ、個別の小さな発見が後を絶たないナチュラルヒストリー関連の調査研究のおもしろさから、ついつい限られた範囲の調査研究の深みに落ちこんで満足しがちな研究対象だけに、その深みに足をとられないよう厳重に警戒される。もちろん、狂的な要素をもつ天才が研究の推進に大きな力をもたらすことがあり、特殊な天才が出現することは期待されるものの、総体としてのナチュラルヒストリーの振興のためには、数多くの平凡で堅実な研究者の貢献が期待されるのは科学のあらゆる分野に求められるのと同列のことだろう。

もっとも、研究しやすい領域から情報構築が進むという傾向には、やむをえない面もあるかもしれない。生物多様性の基盤情報の構築についていえば、維管束植物や脊椎動物の調査研究は相当進んでいる一方で、微生物や海洋無脊椎動物の調査研究には遅れている面があるのは否定できない。また、先進国の生物相調査に比して、開発途上国における調査研究は平均して遅れているのも現実である。総体として地球に生きる生命系の生を解明するためには、均衡のとれた研究の推進ができているとはいえない。

個人で推進するナチュラルヒストリーの研究を論じるなら、専業の研究者の貢献だけでなく、日本ではとりわけ、この分野で特徴的なナチュラリストの果たす役割もまた不可欠である。具体的に、ナチュラルヒストリーに関する膨大な基礎資料の構築に関しては、専業の研究者だけで可能な範囲は限られる。具体的に、たとえば日本列島の自然についての観察記録、資料標本の収集の例をとりあげてみても、この領域で専業科学者でないナチュラリストが果たしてきた実績は甚だ大きい。自然が多様で豊かな日本列島で、常勤的研究者が量的にごく限られている条件下にありながら、世界を主導するほどの研究が推進できているのも、総体として基盤的な調査研究に貢献する人的資源の豊富さが保障されていたからだろう。そしてそれは日本人の自然志向の生き方、考え方に守られてこそのものであり、日本的なよき伝統が失われつつある過程で、徐々に忘れ去られそうな傾向にあることを危惧するところである。

さらにいえば、ナチュラルヒストリーの領域は、科学的好奇心を陶冶しやすく、また、好奇心にしたがってだれでもいつでも解明できる課題が転がっているということである。専業で研究の推進にあたる課題もいろいろあるが、ナチュラリストが楽しめる課題にも事欠かない。

このため、ナチュラルヒストリーの調査研究では、あげられた実績が直接社会に貢献するだけでなく、貢献をした個人や団体の側にも大きな成果がもたらされる。研究に関しては、もっぱら、研究実績として人知の集積に貢献する部分がとりあげられるが、研究者が自分の研究によって人間的に成長する側面はあまり注目されることがない。

ナチュラルヒストリーの調査研究に関して、とりわけナチュラリストの貢献に関しては、専業の研究者のように研究費の獲得や機関における地位の昇任などの基盤になるのを期待する必要はなく、純粋に科学的好奇心にうながされて推進している部分が大きい。そして、実際に、好奇心に根ざした真剣な取り組みが、ナチュラルヒストリーに取り組む人たちのこころの豊かさを醸成している例を普通にみる。ナチュラルヒストリーを学ぶ人たちのこころの成長は、知的な動物であるヒトの学習の効果をみるすばらしい例のひとつだろう。

ナチュラルヒストリーが、科学のほかの領域よりもはるかに深く、専業の研究者だけでなくもっと広い範囲で、人が生きるよろこびが知的な学びに根ざしたものであることを確かめる役割を果たしていることを、確認したいものである。

対象の地域の自然を深く観察したり、特定の分類群の生物やある範囲の自然の産物をくわしくみたりしていると、おもしろい発見はみる人の知識量に応じて、多方面に展開する。好奇心をもって眺める人にとって、小さな発見がもたらされるごとに得られる知的な満足度はたいへん貴重で有益なものである。

専業の研究者ではない人が、そのまま論文に表現するわけでもない発見によろこびをみいだすように、専業の研究者も、論文にする前に新発見に現（うつつ）をぬかすこともこの領域ではめずらしいことではない。生物の新種を発見したり、新しい星をみつけたりと、専業者であろうと市井のナチュラリストであろうと、熱心に取り組んだ後の成果に酔いしれる。おまけに、メディアにとりあげられて栄誉心をくすぐられることさえめずらしくない。

科学的好奇心にしたがって自然を観察するよろこびが、人にとってもっとも望ましい知的充足をもたらすという実例を、ナチュラルヒストリーに向かう調査研究で顕現することは、もっと広く知られてよいことである。

一方、この領域の専業の研究者がおちいりやすい落し穴にも注意したい。専業の研究者が学んできて、蓄積してきた知識を伝達することがナチュラリストたちに歓迎されることから、さまざまな集会などで話をしているうちに、自分も一緒に楽しんでしまい、それだけで満足して、本来給与を得てそれに対応する働きをしなければならない責任を忘れてしまう例がある。そういう一部の人たちの行動が、専業の科学者の社会で、ナチュラルヒストリーを素人くさい領域と見誤らせたり、極端にいえば科学としては低級なものとみられる理由になったりすることも、残念ながら、ままみかける現象である。

また、研究についても、特定の課題の問題解決に時間をかけているうち、その周辺の問題さえ無視してしまい、自分の扱う材料から一歩も踏みだすことのない行動をつづけていることがある。その範囲内で、いくつもの論文を生産し、重さではかるほどの論文を書きつづけることさえめずらしくない。たくさんの論文を書いているうちに、よい仕事をしているような錯覚にとらわれることがあり、実際、その範囲では貴重な基礎的資料の生産に貢献していることもあるが、これは研究というよりも科学の基盤づくりのための活動である。すぐれた研究に発展させるための問題の俯瞰的な考察に欠け、個人的な趣味に通じるものになりかねない。正確な観察による記録の積みあげがそれ自体貴重な研究基盤をかたちづくる場合もあるが、それは技術を補佐する立場での作業で資料を積みあげているもので、独創的な科学研究の成果とはいいがたい。

実際、ナチュラルヒストリーの調査研究では、その部分的な断面で科学的好奇心が充たされることからくるよろこびが、容易に科学としての本質を見誤らせるきっかけをつくってしまい、専業の研究者を井の中に沈めてしまう危険がある。もっとも、限られた範囲の研究課題のうちだけで基盤的資料を生産しつづける活動は、ナチュラルヒストリー領域に限ったことではなく、科学の広い領域のあちこちで日常的に演出されていることでもある。ナチュラルヒストリー領域で、容易にこの落し穴におちいりやすい条件があるというだけのことで、この領域の研究者のすべてがそこに足をとられているというのでないことはあらためていうまでもない。

ナチュラルヒストリーの領域で、個別の研究者のおちいりやすい問題にこだわりすぎたが、逆に個別に研究を推進できる課題も少なくない、というより大いに期待されるのがこの分野が直面するところである。そして、実際、めだたないままに堅実に正確な資料を積み重ねる研究者も少なくない。最近はそういう研究者を小さく支援する研究助成がいくつかの研究助成財団などで進められている。小さい助成でも、その多くが有効に機能していることは、実際に進められている研究の成果が示しているとおりである。

研究室などの単位による研究活動

研究は、最終的には、研究に努める研究者個人の資質と努力によって成果が結ばれるものであるが、今日の科学研究は多くの部分で、個人でやれる範囲が限られており、研究室などの単位でグループ活動によって成果をあげるのが研究活動の主流となっている。これはナチュラルヒストリーの領域でも例外でなく、調査研究が大型化する傾向は、まとまった研究費などを必要とする面でも顕在化する。

かつては、日本の大学の自然科学系の研究室は、明治時代につくられた制度に則って、教授1、助教授1、助手2（＋雇員2、傭員2）という構成のいわゆる小講座制を敷いており、その規模で研究教育が進められた。たしかに、研究体制としては、年齢構成からいってもシニアで研究の中心に立つ人、中堅で活動的な推進役、新鮮な発想と新技術に容易に適応できる複数の若手が働き、大学院生や学部生が知識や解析技術を修得しながら、情報構築などに貢献する体制は、生物学などの研究には望ましいかたちといえる。ただし、閉じられた小講座制の運営が、別の意味で問題をもたらしたのも歴史的な事実だった。これは研究者の徳性にも関係することではあるが、研究者も人間一般がもつ欠点から免れるわけにはいかず、さまざまな人間関係の問題が出てきたとすればその問題をおさえる体制をとる必要もある。そのため、最近では大学の研究体制も大幅に変更されている。どのような体制が今後の研究の推進にふさわしいのか、活動を推進しながらさらなる検討を重ねることだろう。

ナチュラルヒストリーの研究にとっても、この領域の特性もありはするものの、どのような研究体制が望ましいのか。ある決まったかたちが普遍的に有効といえるものでもないだろう。基本的な研究班としての活動が望ましいのは近代科学の一翼を担うものとして当然ではあるが、ナチュラルヒストリーに関しては、単独ででも遂行できる研究課題にも事欠かず、いつでもまとまった研究室を必要とするものではないというのももうひとつの事実である。

私が東京大学に在職していたころ、責任を担っていた附属植物園には教授1、助教授1、助手2の定数が置かれていたが、私の在任中に（日光分園を意識して）助教授1の増員が認められた。しかし、植物の系統進化の研究教育のすべてを負担するためには、機関全体の研究内容としても特定の研究課題に偏るわけにいかず、さらに分子系統学の勃興期でそれに対応する施設整備をふくめ、伝統的な生物相の調査研究などと並行しながらの研究の推進にはそれだけの数の研究者集団では対応がむずかしかった。

さいわい、1980年代ごろの東京大学では、本郷の総合研究資料館（現在は総合研究博物館）と駒場の教養学部（現在は総合文化研究科）にも関連の研究者が所属し、大学院生の指導もおこなっていたことから、セミナーをはじめ研究教育の執行は、これらの機関の関連分野の教官、大学院生も合同で進めていた。植物のナチュラルヒストリー領域では、組織の壁はきわめて低いものになっていた。

ある時期、学部附属の教育施設だった植物園は、全国共同研究施設であるかのように、学外の研究者が頻繁に出入りし、そのころやっと広く使われ始めていたDNAシーケンサーなどの機器の使用法を学んだり、セミナーなどに参加したりすることもめずらしくはなかった。研究の王道といえばそうだが、ナチュラルヒストリーのような領域こそ、研究室を閉鎖的に運営していたのでは研究の発展は望めず、関連研究者との交流の促進が、基幹研究機関所属の研究者の刺激にもつながるし、訪問研究者に広範な学習の機会を与えることにもなるものなのである。

陸上植物を対象としたナチュラルヒストリーの一部分といいながら、この規模の機関でも、適用する手法は分子の階級の解析から植物相の調査研究まで、考えられる限り多様な解析技術と研究の進め方を相互に関連させながら、多様性に通底する普遍的な原理を追究する研究が推進されていたのだった。もちろん、参画していた個々の研究者のうちには、自分の担当の研究からほとんど抜けだせない人もあったし、むしろ全体を見通す意欲をもった人のほうが少数派だという嘆きもなかったわけではなかった。それでも、研究室内で切磋琢磨しながら推進する研究によって、個別の研究がその範囲で終わってしまう限界から抜けだす努力は重ねられていた。

この研究室単位の研究の推進は、ナチュラルヒストリーの領域ではまだめずらしい例といえるかもしれない。欧米の博物館、植物園などのうち50人、100人規模の研究機関で進められる研究には、期待される情報構築に健全で豊かな貢献を重ねるところが多いものの、多様性の解析を統合的な視点から進めることには、現状ではまだ、必ずしも成功しているとはいえない。

機関を超えた共同研究

特定の機関内で、後継者養成を兼ねて進められる研究は、日本の大学などではもっとも典型的なかたちである。しかし、大学、研究所に閉じた研究は、必要に応じて研究者の構成を自由に組み換えることがむずかしいので、望ましい研究者集団をつくるにあたっては、機関を超えた研究班づくりが進められる。

生物多様性という言葉が、まだ生物学の世界でもごく限られた範囲でしか使われていなかったころに、「植物の多様性の解析」という課題名で小特定領域として走った科学研究費補助金を得ての共同研究は、1981年度から83年度までの3年間の研究と、1984年度の成果とりまとめまでの共同作業だった。はじめ、日本植物学会で議論し、植物科学で醸成されつつある問題意識のいくつかの柱を特定領域の大型研究に向けて組織化すべきだと論じられ、その課題のひとつとして、当時の分類学、生態学領域の研究者の共同研究組織として組まれたものだった。分類学と生態学を結びつけるために使った生物多様性という言葉がかせになっていた面もあったのか、残念ながら特定領域には採用されなかったが、それでも問題意識は理解してもらえ、小特定としてとりあげられ、共同研究が組まれたものだった。結果はいくつかの論文に結実しているが、プロジェクト全体のまとめは“Origin and Evolution of Diversity in Plants and Plant Communities”（Hara, 1985）として報告書にまとめられている。

このプロジェクトは、企画時からとりまとめまで事務局長役で走り回っていた私の脳裏では、ナチュラルヒストリーの現代版への試みを意図したものだったが、参加した研究者の間に、特定の人を除いて、そのような意識は明瞭でなかったかもしれない。ただし、その後まもなくして生物多様性条約（1992年、リオデジャネイロのいわゆる環境サミットで採択）が国際的な話題になってくると、私のところへもいくつかの関連省庁などからひきあわせがくるようになったのは、生物多様性という当時まだ耳慣れないものだった用語を表にうちだしていたこの企画に注目された面もあったようである（岩槻，2017）。

もちろん、この企画だけでない、科学研究費補助金の総合研究などをうけての機関を超えた共同研究はいくつも組織された。私自身、まだ大学院生だったころに、伊藤洋（東京教育大学）、百瀬静男（千葉大学）、田川基二（京都大学）の３先生を中心に組まれたシダ植物の分類学に関する共同研究のなかまに入れていただいた。そのころはまだ大学院生も準メンバーで研究班に参加し、研究費を旅費として使わせてもらえたので、奄美諸島などへ１カ月を超える調査旅行を実施できたのも、この研究費のおかげもあってだった。

その後も、シダ植物を材料とする多様な領域の研究者の総合研究への参入を呼びかけていただいたり、分類学が土俵の外に置かれていたころとしては、生物学の中核の研究活動に参画する機会があったが、他分野のすぐれた研究者と何編かの共著論文を書いたというだけでなく、そのような機会を活用して、研究者としての視野を拡大するのにたいへんお世話になったことも感謝している。

GBIF 関連（第３章 3.3（2））でも触れたことであるが、国際的な GBIF の活動の関連で、国立科学博物館や国立遺伝学研究所などに核になっていただいて、各地の博物館などで資料標本のデジタル化にめだたぬ努力をしている人たちを支援し、埋もれていた資料のデータを国際的なデータベースに組みこんでこの領域の基盤固めに貢献することができた。機関を超えた共同作業として有益な活動の好例だった。

データベースが活用できるようになったことの意義にくわえ、その過程で副次的に顕在化した成果もあった。それまで、博物館などの研究者が個別にコツコツと積みあげていたデータベース構築のせっかくの努力が、監督官庁などの上司（科学者でない場合が多い）から、博物館の事業としての意味がなかなか認めてもらえず、個人の趣味での行動のようにみられることがしばしばあった。ところが、この事業で、国費を使って国際貢献に資すことが明らかになったことから、事業費の配分をうけた人たちは、たとえ補助された金額は小さくても、それまでの努力の成果があらためて上司などからも正当に評価されたことをよろこんだ。これは、具体的なデータ構築に資するだけでない大きな効果を示した、機関を超えた共同事業の成果だった。

科学研究費補助金に、1960 年代から海外学術調査という費目が置かれた（2018 年現在でも基盤研究のうちにこの領域は生かされている）。これも海外で調査研究を実施するとなると、個人でおこなえる範囲は限られており、調査対象国の地元機関との共同研究を組む場合が多く、それにふさわしい派遣研究者を選ぶために、機関を超えた研究組織をつくる必要がある。この科研費の領域では、調査対象国との事前交渉のために時間をかけた話しあいが必要である場合も想定し、審査は日時に余裕をみて早めに実施し、まったくはじめての調査などでは予備調査をおこなってから3年間くらいをめどにした本調査に移行するような企画を立てていた時期もあった。この研究費による調査活動は日本に特有なかたちのものだったが、ナチュラルヒストリー領域でも、調査研究の振興に向けて大きな成果をあげることができる基盤となったものだった。

研究者集団として進めるナチュラルヒストリー

ナチュラルヒストリーの調査研究にはいまでも個人でできる課題があり、しかもそれぞれの課題には研究者が調査研究活動にのめりこんでしまうほどのおもしろさを秘めている。このため、個別の研究者には、知らぬ間に井の中の深みにおちいりやすい危険が潜んでいる。この危険を除き、普遍的な科学の世界に惹きつける力は、研究者本人の意識にもとづくことであるのはいうまでもないが、研究者集団の相互の交流によって補正される面もまた秘められている。個別の調査研究対象に全精力を注ぎながら、それと同時に研究者集団内で相互の情報交流に務め、切磋琢磨しあうことは、ナチュラルヒストリーの領域だけに特別に求められることではなくて、社会に生きる者として当然の要求ではある。それにもかかわらず、ナチュラルヒストリーを論ずる結論の場では、そのことにわざわざ触れる必要を感じるのが、この領域の特性なのかもしれない。

学協会活動など

ナチュラルヒストリー関連の学会活動は、ほかの諸学術団体ととくに変わったところはない。国内でも、日本動物学会、日本植物学会など、公益社団法人格をもつ総合学会の活動が展開しており、例年の年会などでは活発な議論が交わされる。また、特定の分類群などを対象とし、ナチュラルヒストリーに特化した学会での活動も顕著である。ただし、同じ対象を研究している研究者の集まりだからといって、すべての場合に期待されるような突っこんだ研究内容の討議が深まっているとはいえないのも現実である。

最近では、関連40学会（日本動物学会、日本植物学会などの総合学会をふくむ）が参加する自然史学会連合（1995年設立）や、対象分類群ごとにつくられている学会を糾合した日本分類学会連合などの連合組織もつくられている。これらは連絡組織としてはそれなりに有効に機能しているものの、研究内容の詳細な論議に発展することが期待される組織ではない。

研究内容の充実した議論は、大型研究計画が推進されている分野では頻繁に交わされているが、ナチュラルヒストリー領域では最近ではあまり成功した研究班がつくられていない。大学などでも研究室単位を超えた教室セミナーなどでの盛りあがりが欠けているということだが、分野を超えた議論が構築されないのは、やはり、細分された研究課題での、効率本位のグループ活動が中心になるせいだろうか。

同好会

ナチュラリストの任意の集まりとして、古くから地域ごとなどで同好会がつくられていた。学会は専業の研究者を主とした構成員とするのに対して、同好会はナチュラリストを主とした集まりになることが多い。第4章4.1で紹介したように、植物関連では牧野富太郎、田代善太郎らの先覚者の肝いりもあって、府県単位などでつくられた植物同好会が、地域の植物の動態を正しく把握する力をもっていたことがあった。1980年代に維管束植物を対象としたレッドリストをつくった際にも、このような同好会、またはその流れ、人脈を活用した連絡網が有効に機能したのだった。

少し前までは、定期的に地域での植物採集会を同好会が主宰し、情報交流に努め、同好者の親睦に寄与し、結果として後継者の養成にもつながっていた。採集会という語感が自然破壊に通じるということから、最近ではもっぱら観察会という名称が使われているが、室内での会合でも野外観察会でも、いわゆる市井のナチュラリストだけでなく、植物同好会の場合はとくに、専業の研究者も参加して情報交流に努めることが多く、参加者の科学的好奇心を深めるのと並行して、知の交流を通じての情報構築の基盤づくりにも寄与している。植物分類地理学会、植物地理・分類学会などは、学会をつくるのに、ナチュラリストの参加を期待した例でもある。これらの場合、学会の機関誌である学術誌を刊行するために、一定の会員数を確保する必要があったし、そのために専業研究者のもっている情報がナチュラリストに容易に開示されるような機会ももうけられていた。しかし、前世紀後半にそれなりの役割を果たしていた上記2学会がともに植物分類学会に糾合されたように、学会や同好会の在り方にも変化がみえている。

もう少し具体的に実例を紹介しよう。私が狭義の研究対象としている生物群はシダ植物であるが、シダを対象とした研究者、愛好者の組織もいくつもつくられている。私自身、自分がシダの研究者になる最終的な決断をしたのは、京都大学へ進んでから、関西中心に活動していた「しだとこけの会」（1952年以後は日本シダの会関西談話会）に参加したことがきっかけである。この会で、植物学を専業とする人もそうでない人も同じ土俵で、専業の研究者を上回る実力の人もほとんど知識のない人も一緒に、シダやコケの多様性について、既存の知見を語りあい、ときには野外観察会で実物を手にとりながら情報の交流をし、多様な生きざまの神秘さに感動したのと、大学で学ぶ生きものの多様性への科学的な好奇心が奇妙に融合し、ひとつに結ばれて専業的な研究者への道を歩ませることにつながったのがそもそもの始まりである。私自身も、自分の学習の成果を、この会で報告し、議論の俎板（まないた）に載せてもらうことで、学習に弾みがつくという経験もさせてもらった。大学院のセミナーで文献抄読の報告をするような学習を、学部の2回生のころからすでに経験させてもらっていたようなものである。

私が関西談話会に参加し始めたころに、関東地区のシダ愛好者と関西の組織が共同して、日本シダの会という全国組織が発足したが、関西地区ではひきつづき同じ様式で談話会の活動が継続していた。実際に月に一度とかの頻度で集会をもって学習をともにするというのだったら、地域性をともなうのは必然である。その後、日本シダの会の全国観察会などが年に一度は定期的に開かれるが、頻度高く開かれる集会はいまでも関東と関西それぞれで開催されている。また、両者以外の地域集会も、形式的な支部というわけではないが、全国組織とも連絡をとりながら、あちこちで自然発生的に開かれている。東京での会合も、年に一度の全国大会と別に、関東支部の会合として毎月のように開かれている。

先に述べた東京大学植物園の研究室でシダ植物を材料にした研究を推進した際、材料の収集などで日本シダの会の全国の会員からたいへんな援助をうけたことは関連の論文などの謝辞にみるとおりである。

私が『日本の野生植物――シダ』（岩槻編，1992）を編纂した際、文字原稿は研究者である私が準備できたとしても、写真を専門の写真家に撮ってもらうに際し、具体的にどこで撮れるかを現地で写真家に示してくださったのは日本シダの会の会員だった。こういう協働が組めたのも、日本シダの会のような同好会組織があり、その組織を動かすのにボランタリーに貢献してくださる人があったからのことでもある。日本のシダの図鑑は、四半世紀経って、国立科学博物館の海老原淳さんがこの間の研究成果をとりいれ、全面改訂して新版を刊行（海老原，2016-2017）したが、この版の作成には日本シダの会が全面的に協力している。

同好会組織だけでなく、専業の研究者を中心とした学会組織をつくろうという動きも具体化し、1959 年に日本シダ学会がつくられた。この学会は、分類学に偏らず、シダ植物を材料にして研究活動をおこなっているすべての人の参加を期待して結成したもので、その後、日本植物学会の大会が開かれる際には関連集会を開くのを常としている。設立時には日本女性初の理学博士となった保井コノ（1880-1971）、シダの比較解剖学研究で世界的に名高い小倉謙（1895-1981）などの大先達も参加され、初期には小倉先生に特別講演をお願いしたこともあった。学会といっても、最近では具体的な活動は年に 1 回、日本植物学会の年会の関連集会として開かれる会合だけである。

1980 年代ごろから、関東地区で、シダ植物を材料に調査研究を進める大学の研究室がいくつかでき、個々の研究室のセミナーなどで当面扱っている個別の課題について詳細な検証がおこなわれるのと並行して、組織の枠を超え、大学院生もふくめて、最先端の研究情報の交流をする会合が開かれるようになった。頻度はさまざまではあるが、その後も継続的に、ただし不定期に、ごく最近まで楽しい雰囲気で研究交流がつづけられていた。

このように、シダ植物を例のひとつにとりあげても、この特定の分類群を材料として調査研究をおこない、ナチュラリストの立場からであろうと、専業の研究者としてであろうと、同じ対象の示す諸相についての科学的好奇心を燃えあがらせている人たちの間には、シダ植物という特定の分類群をなじみの対象とした調査研究活動について、自然発生的にいろいろな組み合わせの情報交流の場が設定されており、さまざまな学習の機会が準備されている。

それぞれの立場で、調査研究の推進に貢献もしているし、科学的好奇心の陶冶に効果をあげ、生涯学習に成果をあげている。

ナチュラルヒストリーの調査研究は、あるひとつの定まった手法によって深められるというものではなくて、自分風の解析法、統合化法がありえるもので、自分が学習を深化させるためには自分で自分にあうかたちを模索すべきであるが、そのうちにはなかまとの情報交流によって便宜を図りあうという方策もふくまれる。そして、自分の立ち位置がどれであるかを認識しながら、問題がどこまで拡がるものであるのか、目のおよぶ限り俯瞰しておかないと、シダ植物をみているつもりで、その一断面だけにとらわれてしまうことになりかねない。科学的好奇心を充たすためにも、一断面しかみていなかったら、いちばん知りたいことを知らずに終えてしまう危険性がある。

関連の国際機構など

前項とのかかわりでいえば、国際シダ学連合は、いくつかの国で活動していたシダ学会（イギリスやアメリカでは伝統のある学会があり、学術誌も刊行されていた）を糾合して、1987年につくられた連絡機構である。連絡誌の編纂など、活動の主体はいまではアメリカシダ学会などが主導しているが、連合がかかわって、不定期にシンポジウムをもよおしたりもしている。

国際的な植物学の組織としては、国際植物学会議が6年ごとにもよおされたり、植物の命名規約の定期的な点検、運営などにもあずかっているが、その組織は国際科学会議（ICUS）傘下の国際生物科学連合（IUBS）が分担する作業である。科学の全領域を包含する国際機構には日本学術会議が対応しており、1993年に横浜で開催された第15回国際植物科学会議の際も、日本学術会議が共催団体となり、国内の関連学会が共同で組織した委員会が運営にあずかった。

ナチュラルヒストリーの研究と直接関係はないが、シンクタンク機能や広義の普及活動とのかかわりでは、さまざまなかたちでの国際機構での活動がめだってくる。

野生生物保全とのかかわりでは、NGOとしての世界自然保護基金（WWF）が野生生物の保護を目的に1961年に設立されたが、その活動のためにはナチュラルヒストリー関連の研究実績や情報構築が活用されてきた。

日本には、国内の対応機関として公益財団法人組織のWWFジャパンがつくられている。

自然保護を目的とした国際的な機構として、国際自然保護連合（IUCN）が1948年につくられたが、この機構では、国、政府機関、NGOなどがメンバーとして参加する。日本国も1995年に国家会員として加盟したが、それ以前、1978年に環境庁（当時、現環境省）が政府機関として参加しており、ほかに多数のNGOがメンバーとして参加している。国内にも、IUCN日本委員会という連絡組織がつくられており、IUCN日本プロジェクトオフィスも置かれている。国際的なレッドブックづくりの拠点であり、そのための情報収集には大きな貢献を果たしているし、レッドデータカテゴリーの制定などもおこなっている。自然保護ということ自体、自然に関する諸々の情報を必要とし、ナチュラルヒストリーの研究が進まないと健全な活動ができるものではないし、目的志向的にナチュラルヒストリーに関する情報構築への貢献も少なくない。

ユネスコ（国際連合教育科学文化機関）は国際連合の傘の下に1946年に設立された。世界に恒久平和をもたらすことを目的とする国際連合では、どうしても政治経済を核に議論することになるが、それだけでは世界平和を達成することはできないと認識し、人のこころに平和をもたらすために、教育、科学、文化を軸に国際的な協働を推進しようと憲章でうたっている組織である。当然、科学への貢献は柱のひとつであり、ここでも目的に適うナチュラルヒストリーの領域は課題の中心となる。もちろん、科学そのものの推進の主体となる組織ではないが、科学を通じて地球に平和をもたらそうと多様な活動が企画される。

上述のさまざまな国際機構とくらべると、第3章3.3で紹介したGBIFはまさにナチュラルヒストリーの基盤情報を整備し、振興に貢献しようとする国際組織であり、このような組織がこの領域の共同研究には不可欠であることを絵に描いたようなものである。

ここにあげた組織はごく限られた例であるが、いずれも私自身が役員などを務め、深く関係したものである。

（2）ナチュラルヒストリーと社会

ナチュラルヒストリーの調査研究にたずさわる側から、現状を俯瞰し、あるべき姿を模索し、その方向に向かって歩みを展開することが大切であるが、必要な調査研究を可能とするものがなにかを整理することも不可欠だろう。

ここまで、ナチュラルヒストリー領域がどこまで拡がるのかを、研究面を起点に、科学的、社会的側面から通覧してきた。しかし、この領域における研究、普及活動が順調に展開するためには、それを支援する機構がしっかりしている必要があることはいうまでもない。ナチュラルヒストリーの領域では、専従の研究者だけでなく、ナチュラリストとの恊働がなければ振興はありえないと反復指摘するが、それを維持し、発展させる構造も恒常的に確立されている必要がある

大学——研究と高等教育

大学における研究は、文系学部ではいまでも個人で進められる場合が多い。理系学部の場合は複数の研究者の共同作業で進められることが多かったが、この形態で閉じられた講座運営が教授の独善的な行動の温床になるという批判があり、国立大学などでは小講座制は解体され、大講座制で自由な組み合わせの研究班が構成される例が多くなった。もっとも、形式上そうなっていても、いまでも専門領域ごとに、1人の教授または准教授を軸に、若手をふくめた数人の研究班が構成される例が多いようであるが、これは研究組織としてそれくらいの規模が、融通をつけながら効率よく研究を推進するのに都合がよいという経験的な意味もあってのことである。

大学における個別の領域の研究教育の推進は、それぞれの大学で研究室構成などを検討したうえでどのような専門領域の研究者を採用するかを決めることで、大学にその選考の役割が任されているのは、学問の自由という観点から譲れない点である。大学における検討がいつでも最善の答えを出しているものと期待できないのはむしろ自然の理で、元来望ましいことではないが、大学人も生き身の人間であり、基本的には学問を基盤とした志向にもとづいて議論されているはずが、とんでもない方向に展開することもめずらしくはないと、私自身が関与した例ででも、大学教員時代などにはさまざまな経験

をしたことでもある。

極端な事例だけをあげればひどい状態にみえるが、それでも、現実には学術の場としての研究教育の運営がつづけられているのは、それを支えるすぐれた人たちが大多数を占めているためだろう。

日本の大学におけるナチュラルヒストリーの振興については、後継者養成につながる高等教育の面で新しい局面が開かれた。大学において、とりわけ動物分類学分野で大学院博士課程における担当教育が極限まで減少したこともあって、後継者養成に危機感がもたれ、博士課程をもつ大学院に、それ以外の機関のすぐれた研究者が教育担当の併任で発令され、大学院の教育を担当する制度（連合大学院）がつくられた。

東京大学大学院では、1995 年度から、機関としては国立科学博物館と連合で、進化多様性大講座を発足させ、それにあわせて、全国の国公私立の大学からすぐれた研究者を併任教官として招聘している。制度が整ってから、これにならって、ほかの大学などでもいろいろな組み合わせの連合大学院がつくられ、博士課程をもつ大学院に欠けている分野でも、ほかの大学、研究所にすぐれた研究者がいれば、後継者養成の教育活動に参画できるような流動的な制度として利用されている。いうまでもないが、この種の教育は、実際に研究を協働でおこなうことによって実施される部分が大きく、大学院生は具体的に研究に参画することで学習に励むことになる。

もうひとつは大学博物館の設置である（第 4 章 4.1）。東京大学に総合研究資料館が設置されたのは 1966 年のことだったが、この施設が 1996 年に総合研究博物館となり、大学直属の研究施設となった。

大学博物館はほかの大学にも設置されており、京都大学総合博物館は 1997 年、東北大学総合学術博物館は 1998 年、北海道大学総合博物館は 1999 年、九州大学総合研究博物館と名古屋大学博物館は 2000 年、大阪大学総合学術博物館は 2002 年、鹿児島大学総合研究博物館は 2004 年、広島大学総合博物館は 2006 年と、それぞれ展示公開を軸として開設されている。いずれも専従教職員は 10 人に充たない規模で、それぞれの大学に特徴的な資料の収集管理と展示などに追われる状態のようである。

いずれも、公開講座などと並んで、大学の社会への窓口として位置づけられているが、研究機関として大学博物館らしい活動が芽生えてくることも期待したい。

公立大学では、兵庫県立大学自然・環境研究所が人と自然の博物館などの関連機関と一体になった組織であることは第4章4.2で紹介した。

博物館——生涯学習支援とシンクタンクとしての働き

日本で博物館等の名称を冠している施設のうち、登録博物館、博物館相当施設がいわば正規のかたちの博物館だが、博物館類似施設と一括される施設までふくめると、その数は5000をはるかに超えると統計される。そのうち、ナチュラルヒストリー関連の研究、普及活動などに貢献している施設がどれだけあるか、正確な数は知らない。

ナチュラルヒストリーにかかわる自然史系の博物館は、相当施設の植物園、動物園、水族館などをふくめ、最近では多くの施設で、研究を基盤としながら、生涯学習支援やシンクタンク機能の発揮にそれぞれの施設の規模にあわせて積極的な活動を展開している。西欧でも、ナチュラルヒストリーの展開には博物館関連施設が担っている役割が大きいが、日本でも類似の状況が仄みえている。ただし、施設の規模のせいもあるが、基盤研究への貢献では、まだ大学が果たしている役割の大きさがめだつのは、日本の学術体制の在り方がそうなっているせいだろうか。

日本で必要としている施設

日本学術会議では第20期から、自然史関連の委員会がもうけられ、自然史博物館の充実を図るために、もうひとつの国立自然史博物館の必要性が検討されている。2017年までに、すでに何度かフォーラムも開催されており、沖縄を具体的な設置場所の候補とした活動も始まっている。

このような施設の実現には高い壁があって、なかなか実現までには道は遠いと思われる。よく似た構想で、かつてボスコという施設をつくろうと、私的な検討会をつくってもらって案をまとめたことがあった。本シリーズの『日本の植物園』で、植物園関連施設の理想像のひとつの例として、その基本的な骨組みを紹介している。

ボスコの計画は、1990年に大阪で開かれた国際花と緑の博覧会の継承事業のひとつとして考えられたものだから、花とみどりに焦点があてられ、植物園のような施設をめざすとしており、理想的な施設図を描いたりもした。このような企画を、研究の対象を生物界一般に拡大し、さらに自然現象すべてに対象を拡大してナチュラルヒストリーの領域にあてはめれば、検討されている第2自然史博物館の構想と、考えていることは基本的には変わらない。

そういう視点で、ここで考えられたところをナチュラルヒストリーの視点に置き換えて整理すると、①ナチュラルヒストリーの調査研究のための資料標本と文献を収集し、電子化された関連情報を構築し、それらを整備して利用の便に供し、ほかの類似研究機関などと協働しながら研究の推進を主導する、②最先端の資料、文献とそれにもとづく情報を収蔵、管理、維持し、要請に応じて広く社会に提供する、③情報提供に親しみやすい表現性をもち、ナチュラルヒストリーの現状をみせる（見せる＋魅せる）ために、研究の現状とそこで得られる感動を市民とわかちあえるような普及交流の技術を開発し、実践する、④調査研究の成果を恒常的に社会に開示し、ナチュラルヒストリー領域の成果と環境や資源とのかかわりを通じて、実際的な社会の富や安全性と深くかかわることについての認識を深める、⑤具体的な研究成果によって、ナチュラルヒストリーの学術的重要さを学界で共有する素地を固める、などに結実することを期待することである。

ボスコについては、バブルのさなかにあった自治体などで早急に具体化できないか、戦術的な取り組みはあったものの、このような施設を求める雰囲気は社会にも学界にもまだ熟していなかったのか、実現にはいたらなかった。施設の新設のためには、関連する人々を説得する戦略的取り組みが必要なことはいうまでもないが、そのための社会的な、また学界での基盤が乏しくては、大方の支持、応援を得ることがむずかしく、実現への道は遠い。研究者として、実現に向けての、当該分野における学術的な高揚と、このような施設が学界、社会に貢献すると期待される効果を周知することが最低限の責任であることも自覚したい。

ボスコと同じような発想で、植物の多様性を社会に広報し、社会教育施設として効果をあげる施設として、英国で、エデン・プロジェクトが2001年から公開されている。この施設、英国では自然史研究機関としてはキュー植物園や自然史博物館があることを前提に、ボスコの計画から研究機能をとり去ったような構造になっている。

ボスコがめざした目的のうち、生物多様性に関する情報整備の部分については、ボスコとはまったく独立に、GBIF（第3章3.3）によって国際的な取り組みが成果をあげつつある。日本におけるこの分野の情報整備に具体的な貢献をおこなう研究者はまだ限られてはいるが、一部の意識の高い研究者らの活動によって徐々に情報構築への貢献が進んでおり、やがて構築された情報を活用した生物多様性のバイオインフォマティクス領域のすぐれた研究成果がみられるようになると期待したい。

ナチュラルヒストリーの調査研究の推進のための、具体的な研究機関、博物館等施設や大学における研究施設の整備についても、既存の関連施設の活性化が求められることはいうまでもないし、それらの施設等の規模、内容の充実拡大、増設のためには、学界、社会にその実現を期待する気運が盛りあがるように、関連研究者などの日常的な活動の高揚を期待したい。

国際的な貢献

本書は日本語の書だから、基本的には日本人を対象に書かれている。本項のように、社会貢献をとりあげる場合も、日本人の社会を考えることになる。だから、国際的な貢献という項目も、ここでは日本からの貢献というふくみで語ることになる。

科学の発展は地球規模で推進されるもので、日本でとくにどうこうとはいわないほうがよい。しかし、人の知が構築するものには、発想でも、推進方法でも、個々人の個性がかかわるし、民族の個性の働きも無視できない。科学はできるだけそれを排除して客観的な事実の検証に努めるべきであるが、それは結論にいたる過程の客観性をいうものであり、解明の方法にすぐれた個性が活用されることはむしろ推奨されるべきことだろう。ナチュラルヒストリーの領域におけるナチュラリストの調査研究へのめざましい貢献など、日本の例は特殊なものであり、それだけに誇るべきものといえる。

地域の文化は、地域に特有の環境、自然の影響をうけて育っている。一方、近代科学は地球規模、宇宙規模でみた自然界の原理原則をたずねるもので、地域性はできるだけ排除される。ナチュラルヒストリーは、科学の対象でありながら、地域ごとの多様性を前提とする領域である。ここに、地域に根ざした文化をたずねる意味が認められる。

ナチュラルヒストリーの関連では、調査の対象として日本列島を基軸にし、それとかかわりの深い地域から始まることが多い。もちろん、解析の対象とする材料によっては地球規模となるし、また、日本列島の材料を解析しているからといって、地球全体の自然を無視して解析が展開されるものでないことは、特定の事象だけを解析する研究でない以上、その材料の生きざまの拡がりからみて当然のことである。

また日本の研究者は、日本列島の自然をみて育つのだから、そこから地球や、さらには宇宙をみることになり、調査研究もその視点から始まることが多い。そして、日本列島の材料とのかかわりということもあるし、現地調査のやりやすさということもかかわって、日本列島の近隣地域から研究の対象地域を拡大する傾向もむしろ一般的である。

私自身も、研究材料とするシダ植物について最初に書いた報文は兵庫県立柏原高等学校生物班の会報『NATURA』に掲載したふるさとの町のシダ植物の記事だった。研究者としては、現生のシダ植物は温暖地域で多様な生物群だからと、大学の最終年度の夏休みは南九州で、大学院でも修士課程在学中に1年目は屋久島で、2年目と博士課程1年目は奄美諸島で、さらにアメリカ施政権下の沖縄での調査にも参加した。1965年にタイの調査を始めてから、東南アジアへと徐々に調査の対象範囲を拡げ、そして日中間の学術交流協定が交わされた1980年の訪問以後は、調査が正式に許されるようになるのを待って、1984年から、中国での現地調査を重ね、ベトナムでも1990年代後半には現地調査を実施することができた。もちろん、調査は当該国の政治情勢にもかかわりがあり、研究の必然性だけによるものではないが、だからといって、研究に必要な手順をふんで対象地域が拡がるのは研究目的からいっても当然である。

直接の現地調査の対象地域は最終的には世界に拡がるものであるが、現地調査だけでなく、関連の資料標本や諸々の情報の閲覧などについては、収蔵されている施設のお世話になって、そこの資料などを活用させてもらう。私の場合も、早い段階から欧米の主要な博物館等施設のお世話になった。そして、1969年に、滞在中だったイギリスで、リンネ協会の例会にまねかれて話したときに選んだ題目が、'Hymenophyllaceae in the British Islands under a global conspectus' だった。

具体的なナチュラルヒストリーの研究の進め方は、私自身の経験がその典型例であるように、自分の出生地から始まって地球規模に拡大し、現地調査などの有無にかかわらず、扱う材料については地球的視点で解析されるのが研究の常道である。このことは、研究の対象とする材料についての出所と評価にかかわることだけではない。

もっとも、この研究スタイルも、生物多様性に恵まれた日本列島で育った日本人の発想というべきものである。植物の多様性に乏しいヨーロッパ育ちの植物学者のうちには、若いころから旧植民地などに調査拠点を定め、長期に現地調査を重ねて研究を発展させる例が多い。日本人でも、世界の先端を切っている自然人類学の領域などでは、大学院の初期からアフリカなどに長期滞在してすぐれた研究成果をあげている例が少なくなく、研究対象によって研究スタイルに差が出てくるのはむしろ科学的必然といえるものだろう。

現地調査などでは、当該国でお世話になることが多く、その地域の自然物についての調査研究に貢献することは、地球と人類の知見にかかわることではあるが、当然のことながら当該地域の自然を知ることに知的貢献をくわえることである。その意味で、日本からの発信であり、場合によっては日本に産する研究材料についてだけの成果ではあるが、地球規模で進められた研究は地球規模の知の構築に貢献する。科学の研究のすべてがそうであるように、ナチュラルヒストリーの調査研究についても、成果は地球規模で評価されるものであると同時に、地球規模で貢献するものであることも認識したい。自然物に広く深くかかわる調査研究については、そのことがいっそう明確に理解されることだろう。このことは、また、ナチュラルヒストリーの調査研究は、調査研究して明らかにする個別の事実の認識を自然の総体のうちに正しく位置づけて、科学の知見に昇華させるという基本の方針に沿った考え方である。

その意味で、日本列島のどこかの地域で地域植物誌を編むことは、日本植物誌の基礎資料として重要な知見を積みあげることであり、地球植物誌にとって貴重な情報を提供するものであることが容易に認識される。構成する特定の種についての知見の解明についても、それが地球上で占めている位置を考えれば、特定の地域に生存しているのと同時に、地球上の生物多様性（生命系）を構成する要素のひとつである事実を認識することもまた肝要である。

ナチュラルヒストリーの調査研究は、個別の課題についてより正確な情報の構築を図ることが肝要だといいながら、つねに総体を俯瞰しながら、得られた知見を統合することにつなげない限り、求めている科学的好奇心に応えてはくれない課題でもある。現実にいままでに人が構築した知だけでは、科学的に俯瞰することも統合することもできないが、その方向に向けた論理を構築することなしに科学の健全な進歩はない。これは科学が求める真実について、すべてにあてはまることではあるが、ナチュラルヒストリーが当面対象とする課題についてより明確に現われる、ある意味で科学研究のすぐれたモデルになる課題であるようにみえることである。

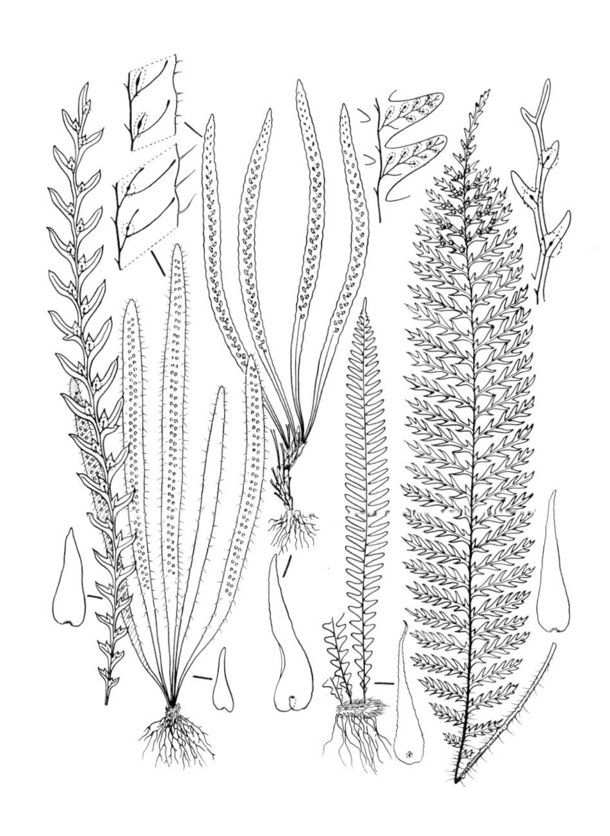

第６章　ナチュラルヒストリーと学ぶよろこび
——まとめにかえて

本書で述べてきたことをまとめて、ナチュラルヒストリーをどのようにとらえ、それぞれの立場でどのように接し、人知の陶冶にどのように生かし、いかに人の社会に貢献させるか、まとめとしての定義を示すべきだろう。科学の研究は、人間生活を豊かにする技術の基盤としての科学の進展を図る面と、リテラシーとしての人間性の向上を求めて知的な陶冶を期待する面が、相互に関係性をもちながら展開する。文明に寄与し、文化に貢献する科学としてのナチュラルヒストリーの向かう基本的な姿勢はいかにあるべきか、それにどのように対応していくか、締めくくりとして、もっとも根本的な課題をもう一度思いだしておこう。

6.1　ナチュラルヒストリーと科学

ナチュラルヒストリーを科学の領域のどこに置くかが議論されることがある。しかし、ナチュラルヒストリーは科学研究のうちの特定の領域を指す用語ではない。ナチュラルヒストリーという領域の科学は、さがしてもないのである。むしろ、自然という総体を対象とした研究そのものを指し、総体を指すのだから、分析的解析的に実証される近代科学の手法による研究に限定されず、総体についての答えをひきだすための統合的な考察を必要とする科学の手法を意味する。つらぬいて明らかにした事実をつらねる、という視点はナチュラルヒストリーにとって重要である。

だから、ナチュラルヒストリーの研究という表現は正確ではないし、ナチュラルヒストリーを学ぶ、ともいえない。正しい表現にこだわれば、ナチュラルヒストリーの手法を用いて研究をし、ナチュラルヒストリーの手法によって明かされたものを学ぶ、というべきだろう。
本書では、ナチュラルヒストリーと表題を打ちながら、私の能力の範囲から、自然の総体を対象とした議論はできていない。ほとんどの事例を、生きものとし、それも植物に偏って対象にして論じてきた。だから、ここでも、ナチュラルヒストリーとは、と問題設定をしながら、自然の総体を語ることはできず、生きもののナチュラルヒストリーに偏ることを、あらかじめお断りしておく。ただし、その視点は自然の総体をみる立場と共通のものとみなしている。

（1）ナチュラルヒストリーに接する

ナチュラルヒストリーは、自然とよぶものの実体を、ありのままの姿を三次元的にとらえるだけではなく、そのよってきたる因果もふくめて、総体を理解しようとする。総体は部分の積み重ねでできているものだから、構成する要素のすべての解明が不可欠であるが、総体が単純に部分を寄せ集め、積み重ねて理解できるものかどうかは、実際にすべての要素が解明されるまでわからないと考える。
近代科学は、事物の実体とそれがもたらす現象を、仮説検証的手法によって実証し、真理を確認しようとする。事実、そのようにして確証されてきた科学的認識にもとづいて、人の社会の豊かさと安全安心の確保は飛躍的に深化した。ただし、そのために、個体とか地球とか、総体を知りたい知的好奇心に応える科学の領域の振興は後回しにされる傾向が強まった。
個別の現象について事実を実証的に正確に確認することは、安全な技術を確立するのに大いに貢献する。それにくらべて、自然の総体について正しい認識に向かって前進することは、目前の安全や豊かさに直接の貢献をすることはない。何世代も先の地球に与えているいまの人為の意味は、今日の成功物語とはかけ離れているように感じられることさえある。
生きものに限っていえば、生きているとはどういうことかの解明のためには、生きものが物質のかたまりとして実在する以上、物質の個々の部分が果たしている役割のすべてが解き明かされることが期待される。実際、生きものを構成する部分が演じている役割については、多くの側面について、急速に解明が進んでいる。しかし、部分が演じている現象のすべてが解明されるのは、まだずいぶん先のことであるのもまた大方の認識である。

すべての部分が知られていないとはいうものの、いま生きている人はそれなりに、生きているとはどういうことかに知的好奇心をかき立てられる。宇宙がどのように始まり、そこで生命が生じた意味がなんだったかを知りたいと思う。だから、知りえた限りの部分についての知見をもとに、未知の部分を推測で埋めようとする。しかし、推測はあくまで推測であって、推測を積み重ねても知りたい対象の実体の解明にいたることはない。解釈はできるが、未知の部分があるようでは解明にはいたらない。

すべての部分を知ったら、自然に総体がみえてくると期待できるのではなく、総体を知るためには、積み重ねられた部分のすべてを統合する手法が不可欠だろう。だとすれば、すべての部分が解明されるまで待つだけでなく、現に得られている知見を統合する手法の確立もまた科学が直面する課題である。

近代科学は研究対象を実証的に解析し、理解する。この場合、部分を要素に還元して解明する。生きものについていえば、個体を解明するためには、個体を構成する細胞とはなにかを解明し、細胞を構成するさまざまな細胞器官などを理解し、さらにその構造と機能を解明するために、構成する分子、さらに原子の挙動を知ろうとする。生物体も、究極は物質の寄せ集めでできているのだから、要素となっている個々の物質のすべてがそこでなにを演じているかを解明するのは科学にとって知るべき最低限の課題である。

そして、部分的に知りえた知見をもとに、知りたい対象の総体はなにかを理解したいと期待する。限られた部分しか知らずに、知りたい対象の総体を知ろうとすれば、総体とはなにかを理解する必要も生じる。別のいい方をすれば、総体について正しい認識をしなければ知ることができない課題も多いのである。

生きものを、部分に分解して、要素還元的に解明する研究は近時飛躍的に進展している。しかし、個体や集団を対象にした生物学は、進んでいる側面もある一方で、生きているとはどういうことかを解く領域として、理想的な状況にあるかどうかは人によって、求め方によって評価が異なる。

たとえば、種多様性の研究は、多様性を種という基準を単位として解明しようとする。しかし、単位とする種は仮説にもとづいて解釈されるものだから、研究の過程を通じて、種多様性の研究は実証的でないともいえる。単位である種の科学的な理解が得られるのは、種多様性のすべてが解明されたときと期待されるものであり、だからといって、種という単位を使わずに種多様性の解析ができるはずがないと、多少循環論的に話題をふることになる。

仮説である種を単位にした研究をおこなう領域では、実証にもとづく成果を得るだけでなく、仮定にもとづきながら総体の姿に迫るという研究手法を必要とする。それが近代科学の手法でどのように評価されるものか、本書で問題提起してきたことはすべてその課題に通じる。

ナチュラルヒストリーは、自然の実体を明らかにするのに、生きものの個体とか地球とかを、その総体を対象として迫る研究手法であると認識したい。知りたいのは、あくまで、宇宙であり、地球であり、生きものであり、私という生きものの個体である。現に個体として存在している生きものであり、地球とか宇宙とかいう総体とはなにか、である。

種のように、実証されてはいない仮定の単位にもとづく研究は科学でないと否定すれば、種多様性の研究は成り立たず、しかし種多様性の研究がなければ、生物界の成り立ちを知ることはできない。実際には、種といわれている仮説を検証するのが生物多様性の研究である。そのために、種の実体とはなにかを、具体的な対象を通じて解明したい。その過程では、モデルとなる種を部分に分解し、仮説検証的な手法を用いた研究が必然となる。

種の弁別ができなくても、人の病を癒す術は確立できるし、餓えを防ぐ食料の生産に貢献することは可能である、という。だが、それはほんとうか。今日の食料生産の多くの面で、人の病の治癒の多くの面で、たしかに種多様性の研究成果が貢献するところは限られているかもしれない。しかし、生物多様性の知見なくして、人の豊かさを確保し、安全を維持することはむずかしいだろう。今日までの知見にもとづいた貢献は、いわば手探りで仮説に依存して得られた成果ではある。まだまだ不完全なものであることは、ひきも切らずに生じている（豊かさや安全についての）瑕疵をみても明瞭である。

直面する豊かさと安全のための科学の振興と、そのための技術の発展を期待する点では私も人後に落ちるものではない。おいしいものを食べて健康長寿を全うしたいのは人の本然的な希望である。しかし、それが充たされればそれですべてが満足か。知的に進化したヒトという種に属する個体は、それぞれに知的好奇心を抱くようになり、知的な充足感が人の幸福の基本となっている。そして、知的好奇心にもとづいて発展してきた科学が、いまや人の物質・エネルギー志向の充足感に貢献する技術の基盤となっていることもまた常識である。いま、安全と安心に瑕疵があるとすれば、それは科学的な認識が不足している範囲においてではなかったか。

ナチュラルヒストリーにかかわる研究は、知りたい対象の総体を解明する研究手法を追究してきた。要素還元的な研究の進展を期待しながら、知りえた要素の知見をふまえて、対象の総体を理解し、知的好奇心に対応しようとする。

科学を論じるとき、対象の総体を解明する手法を確立するために、ナチュラルヒストリーとよばれる研究が歴史を通じて推進されてきた。その研究の目的と手法が、いまほんとうに機能しているかどうかは、むしろこの研究にたずさわる研究者に鋭く問いかけられているところである。そして、科学のすべての在り方について、その課題がつねに突きつけられていることもまた真実である。

ナチュラルヒストリーの研究がそれ自体楽しいのは、個別部分的な知的好奇心に面しているからだろうか。ただし、そのおもしろさが、ナチュラルヒストリーの研究者を、個別の現象に沈潜する学の魅力にふけらせることになり、個別の特殊な課題に満足させて、総体をみる本然の態度を忘れさせるほどの魅力となっているのももうひとつの事実である。

（2）ナチュラルヒストリーと歴史学

本書では、生物の系統の追跡を歴史（history）の研究と対比させるように整理したところがある（第2章2.1（1））。とはいえ、歴史については、膨大な歴史哲学の研究の積みあげがあり、生物の系統の研究が限られた研究領域で展開しているのと対等にくらべる話ではない。

ナチュラルヒストリーの眼目は、いまという瞬間を理解するのに、史的展開をつねに念頭に置く点にある。生命という課題についていえば、ことさらに、地球上に姿を現わしたその瞬間から多様化を始め、現に多様化のかたまりのような姿を示しているところにその本質がある。史的展開を度外視して生物多様性はありえないし、生物多様性を無視して生命を語ることは無意味である。その意味で、ナチュラルヒストリーに四次元的考察の視点は基本である。

歴史学は、ヒトが人となり社会生活を営むようになって以来今日までの時間的経過の全貌を明らかにしようとする。記録にもとづいて、その時間的経過をどう読みとるかは、歴史学の課題であり、歴史学にかかわる人たちが全力を注いで解明しようとする問題である。時間的経過を追うという意味では、ナチュラルヒストリーにも課されている課題であり、方法論において一日の長のある歴史学から学ぶことは多い。

私たちが自然を観るのは現在という断面によってであるが、自然は歴史的背景を背負い、悠久の未来を約束されたものである。いまを生きる私たちが、今日の豊かさと安全を求めてその実体を知りたいと望むところであるが、そのためには自然の総体を理解する必要があり、現在という断面に直面しながら、四次元的な実体の理解を期待することになる。そのための研究手法として、目前にあるものを実証的に知ることと同時に、そのもののもつ歴史的背景を知り、未来の在り方を予測する方法が不可欠である。

人間の歴史を解明するためには、文書による記録が実証性を高める。しかし、自然の進化に関しては、記録として遺されているのは自然そのものに刻みこまれたものだけである。この記録はほとんどの部分で歴史とともに消滅している。その過去を不可知としないために、情報の活用が補助的意味をもつことが、いまでは常識である。情報量が豊富になれば未来の予測の制度も高まるように、消滅した過去を再現するためにも、情報に助けられる可能性は大きい。そして、そのためにも、現実を正しく把握し、情報を正しく構築し、活用することが不可欠である。

ナチュラルヒストリーでは、可能な限りの情報構築に基盤的な努力を積み重ねる。得られた時点では常識的には無意味とみられることもある資料が、きわめて有為な貢献を果たすこともめずらしくない。今日の役に立たないからといって、資料や情報を軽視することが、真実を知るために大きな損失となっている事例の少なくないことも認識されなければならない。

（3）究めると学ぶ

ナチュラルヒストリーを究めるとはいわないと記した。ナチュラルヒストリーの手法を用いて、自然とはなにか、どんなものかを究めるのである。

生物多様性についていえば、多様な生きものの、個々の個体について、形質を詳細に解析し、その成果をほかの個体のそれと対比させる、という手法は現代の科学者には理解しやすい。同じことを、三十数億年前に地球上に単一の姿で出現し、長い進化の歴史をへて多様に分化している現在の生命系の生を究めるというと、ナチュラルヒストリーの手法を用いた追求を必要とすることが明らかになる。個体としての生もあるが、細胞としての生もあり、生命系としての生もある、というこの生きものについての常識に立ちもどるだけの話である。

ナチュラルヒストリーの研究が、個別の事象にこだわり、特定の種属や地域に偏る傾向が強いことは本書でもしばしば触れてきた。ナチュラルヒストリーに関する調査研究という旗を掲げながら、じつはつらねる観点を見失った個別の好奇心追求におちいってしまっているのである。種の実態をみるためには、種が形成されてきた由来を知る必要があり、そのためには近縁種との比較研究は不可欠であるのだが、個別の問題のおもしろさに囚われていると、自分の好奇心の本質はなにであったかは見失われてしまう。これはもはやナチュラルヒストリーの調査研究というよりは、特定の事象の記載への興味にうつつを抜かす行為に堕しているといわなければならない。

学習について考えれば、もっとわかりやすいかもしれない。学校は知育を期待する学習の場である。知育は、人類が社会のうちに蓄積した情報を、文化の所産として習得する作業である。親の背中をみながら自然に家庭や社会の中で培ってきた地域の文化が、そのまま社会のうちで蓄積された情報を伝達する力の中核だった。

もともとは、社会の中でひきつがれてきた知識を、効率よく世代を超えて伝達するために、学校教育体系を整えて、とりわけ初等中等教育では、知識の伝達の効率化が期待されるようになった。たしかに、学校教育によって、知識の伝達の効果は高められた。日本における義務教育制度の徹底が、富国強兵の基盤となった日本人の知識の高さを育て、維持するのに有効に働いたのは歴史的事実といえる。それでも、非効率だったかもしれないが、親や兄弟、それに優しい近所の人たちに囲まれ、あるいは腕白連中の後について遊びながら、自然に私たちが身につけてきた知識は、無味乾燥な事実の集積とは違って、血になり、肉になるような糧だった。当然、そういう知識の習得は楽しい活動だった。

学校教育で伝達される知識は、子どもたちに勉強を求めることにつながった。学校では、カリキュラムが設定され、知識の習得のための時間割が設定される。江戸時代の寺子屋では、学習は学ぶ当人の自主性に応じて進められたという。しかし、義務教育となった学校では、知識の習得に目標が課され、習得度に応じた成績が評価された。よい点をとるためにはしっかりと勉強する必要が生じた。

勉強は、読んで字のごとく、強いて勉めるものである。好きでやる行為ではない。いやでも、やめるわけにはいかない。それも、学期末の成績表の評価だけならまだしも、よい学校に進むための入学試験の成績に通じるようになった。最近のように、学校は偏差値で階級づけができ、よい中学校に進み、高校に進めば、一流の大学に合格することができ、よい大学を卒業すれば就職に有利で、よい暮らしが期待できる、という路線が定まってくると、親は子どもの将来を考えて、試験のための勉強を押しつける。こうなれば、周囲のなかまはすべて点取りの競争相手であり、大多数の子どもたちにとって、なかまとの競争関係での知識の習得は苦役でこそあれ、楽しみという趣は消えてしまう。元来、知識の習得は、人だけに与えられた知的な楽しみという特技であって、学習は楽習に通じるものだったはずであるが、勉強とよぶようになって、そういう雰囲気は失われてしまいそうである。

知識の習得は、学校だけのものでなく、人の特性としては、生涯を通じての学習を期待するものだった。生活そのものの中から、学ぶという行為が結晶してくるものだった。生涯学習＝life-long learning とはまさにそういうものだったはずである。そのうちで、知育に特化して効率化を図ったのが学校教育だった。ところが、いまでは学ぶというのは学校へ行くことであるかのような雰囲気になっている（学校より、学習塾のほうが大切だという皮肉もあるそうだが）。さらに、学ぶのは知育だけでなく、徳育も体育も、学ぶものだったはずが、徳育を勉強という言葉では表現しないのだから、勉強は知育に限った言葉になり、勉強と学習が同一化するために、逆に徳育まで学校に求められることになる。学校の淵源をギリシャのギムナシオンに求めるとすれば、これは体育の指導機関である。プラトンのアカデメイア、アリストテレスのリュケイオン、それにアンティステネスのキュノサルゲスがアテナイの三大ギムナシオンであり、これらの体育の指導機関が哲学者（知の泉）の活動の場だった。

学校が教育の場とされると、家庭教育や社会教育は軽視される傾向が強くなった。学校は知育に専念できる場であれば、教員も知育に精力を集中し、もう少し効率化が図れるかもしれない。しかし、いつごろからか、徳育も学校の責任とされ、教員の責任範囲は拡大した。クラブ活動とよぶ体育の指導も学校に委託されている。もちろん、学校は子どもたちの集団生活が営まれるところであり、集団としての徳育を進めるのにふさわしい場である。しかし、家庭や社会でないとできないような教育の責任まで学校に求めるような傾向が強くなるのは、家庭や社会の責任放棄によるものである。

人は学ぶ動物であるという原点に立ちもどるなら、学習は生涯を通じて行われる人だけの楽しい行動であることを認識する。そのうちで、進んだ知育を効率的に進めるための学校教育が設定され、社会や家庭の中で、人として基本的な徳育を受けるというのが望ましい教育の在り方なのだろう。学びをそういう視点で整理することがなければ、知的動物としての特性は、自分の生を苦役に貶めるものになってしまうかもしれない。

地域のナチュラリストが自然を観察するのは、それによって生活の資を得ることを意図してではなく、まさに自分の知的好奇心を満たすためである。自分の身のまわりの自然を愛するからこそ、自然をもっとよく知りたいと思うのである。もちろん、ナチュラリストの多くは、そうやって観察して得た知見が、たとえばレッドリストの編纂に有用な資料であると知れば、その資料が活用されるように喜んで提供する。自分の喜びのための学習であっても、その成果が社会に有用だとすれば、役に立つことを自分だけで抱えこむようなことはない。

もっとも、最近になって、このようなナチュラリスト志向の後継者が激減しているのは、若者の間にも、物質・エネルギー志向の気分が蔓延している影響もあるのだろうか。成果が生活のためになる勉強でないと学びでないと考えるようになれば、好奇心に忠実に学ぶという人間本来の活動は忘れ去られてしまう。そして、せっかく人間が知るようになった最高の幸福感が、それに触れもしないままに忘れ去られてしまうことになる。

6.2 学ぶよろこび、究めるよろこび

人を知的動物と断定するのは科学的に正しいのか。経験則として、これは常識とされるが、科学的に実証できるのか。霊長類の認知科学は近時急速に進展している。人の知を、生きもののうちの特性とみなすことは科学的な実証が得られていることではない。ただ、人の知的活動が、独創性をもって高度の文化を構築している現実はだれにも否定はできない。

認知という行為が科学的に確かめられているかどうかは別として、知的活動をする人は知的好奇心をもっている。これは、たとえば西欧文化の歴史でいえば、ギリシャの時代にすでに自然学が体系化され、アカデミアで教育が始められていることで明示される。

人はあらゆることに知的好奇心を抱き、未知の事象を解明しようと働く。その結果、二千余年の歴史をへて、現代科学はさまざまな事実を科学的に明らかにしてきた。そこで得られた知見の多くは、さらに人知にもとづいて技術に転化され、人の生活の安全や豊かさに、ときには誤って人に危害を与えることに、つながっている。人がつくりあげた文化は、さまざまな未知の現実の解明に取り組もうとしており、この活動は人だけがおこなうもっとも人らしい行動であるといえる。

知的好奇心が科学の世界で人らしい展開を示すのは現実であるが、最近では科学の成果はすぐに技術に転化されることによってその評価が定まる傾向がある。社会科学が軽視されるのも、ナチュラルヒストリーの手法が忘れられようとするのも、知的好奇心にもとづいて展開する科学の本質が、経済的効率の陰で忘れ去られようとする現実の姿だろうか。もちろん、人間活動において、現実の経済的効率を無視することはできないが、それを目前の計算だけで終わらせずに、孫子(まごこ)の世代にも通じる効率で論じれば、科学に注ぐエネルギーも違った姿になるに違いない。有識者の間で、それは共通の理解となっているように思われるが、現実がそれに追いつかないのは、知的好奇心に忠実に対応しようとする人たちの努力が不足しているためでもあるのだろうか。知的好奇心への真摯な取り組みこそが、長期的な視点では、人の社会の安全と豊かさに貢献しつづけてきたという歴史の教訓が、近年無視されている。

ここまで書けば、学ぶよろこびを純粋に生きるよりも、現世的な安全や豊かさに過剰にこだわりすぎると、咎められることになるかもしれない。しかし、現実の生を無視して精神的な豊かさだけに偏ることも、現実に生きる人々の共感を得ることではない。

ここまで、私はナチュラルヒストリー領域の活動にさまざまな問題があることにも触れてきた。自分たちが成果を十分にあげないままに、その責任を周辺に押しつけてぼやきがちな関連研究者に皮肉をあびせることもしばしばだった。しかし、そういう問題に関する自分自身の責任のほうがもっと大きいことに触れることからは逃げていた。科学の進展に寄与すべきナチュラルヒストリーの視点の重さも、科学リテラシーを高めるためのナチュラルヒストリーの力不足も、それを意識しながら、社会に訴え、社会に納得を得る活動ができなかったのは、自分にも大きな責任があることを意識していることを、明記しておくべきだろう。それを意識しながら、あらためてナチュラルヒストリーを学び、究めることの重さに触れることで、本書のむすびとしたい。

（1）ナチュラルヒストリーと学び

ナチュラルヒストリーに触れると、知的好奇心にじかに対応するのだから、知的な動物である人にとっては、こたえられないよろこびを味わわせてくれるものである。実際、物事の判断が十分にできないような幼児でも、自然界にみるさまざまな現象に大きな感動を得て、よろこびを感じる。野生の動物の動きに惹かれ、きれいな花にみとれる幼児の目の輝きは特別である。学びの原点は、知的好奇心が刺激された際の反応がもっとも目覚ましい。

しかし、人は成長し、損得にこだわるようになると、素直に知的な刺激に感動する機会が乏しくなるものなのだろうか。現実には、そのよろこびを満喫する人の数が減っているようだし、満喫するだけの社会的構造が整っていない。

博物館の活動に参加する人たちの行動を見ながら、人の知的好奇心の強さに、心強い共感を得ることである。博物館で、幼い子どもたちが目を輝かすのと同じように、数はごく限られてはいるが、博物館の活動などに参画する生徒児童が、自主的に自然現象に取り組もうとする姿をみて、いまの子どもたちはと、十把一からげに批判される評論にもかかわらず、実際はまだまだ将来へ期待をつなげられるものであると自信をもったりするところである。このような若年層が少しでもふくれあがるように、教育関連の整備が必要であることはいうまでもないが、それよりも、わずかにでも実在している現実の施設の活動に期待するところである。

学ぶよろこびを知り、満喫しているのは、限られた若年層だけではない。私自身、大学へ進んだころには、近代科学の流れをまじめに学習するうちに、もっとも先端的な研究に関心をもち始めていたのだったが、科学的好奇心に忠実に活動をしていた人たちの自然に対する真摯な探究心をともに味わう機会を与えられたことから、ナチュラルヒストリーに目を開かされた。これは、現実に、自然の総体に直面しようとする人たちの科学的好奇心の発露に刺激されたものだったと、いまから考えてみる。事実、私たちの周辺には、近代科学の発展のために最大限の努力を払っている研究者たちと同じように、己の科学的好奇心に忠実に自然とともに生きることの意味をたずねる人たちがある。生涯学習という言葉にふさわしく、学ぶよろこびを貫徹している人たちが実在することに心強さを感じるのである。

ただし、本書でとりあげてきたナチュラリストの学ぶよろこびを、私自身が満喫しているのかとたずねられると、それはちょっと違うと感じている。ナチュラリストの説明で、まるでそれが日本の特殊性であるかのように書いた節があるが、私が研究材料としたシダ植物についえいえば、経済性の乏しい植物群であるにもかかわらず、日本人に愛好者が多いだけでなく、私が直接接触した人たちのうちにも、イギリスやアメリカにも、市井の熱心な愛好者がいる。イギリスのシダの会もビクトリア時代から（それ以前のことはよく知らないが）活発な活動が続いていると聞く。実利のかたまりのようにいわれるアメリカにも、職業と無関係にシダを愛好する人たちがあって、アメリカシダ協会は専業の研究者と市井のナチュラリストが混在している団体である。日本のシダの会の協力を得て、団体で日本のシダをみる観察旅行を催されたこともあり、参加者が野生のシダを楽しんだ雰囲気には私も立ち会わせてもらったことだった。

私も、専業の研究者でないシダの愛好家と接しているうちに、研究材料としてのシダに目覚めたと、あちこちで述べている。しかし、私の場合、いわゆる愛好家としてシダに惹きこまれているというよりは、生物多様性研究の材料としてのシダに刮目しているというのが本筋である。新設の中学校で課外活動の理科班をつくり、そこでシダに目を向けたのも、シダはよく解明されていないという示唆がきっかけとなっている。シダの美しさに惹かれたというのとは、事情が違っている。大学院へ進む際、分類学の講座への所属を選び、シダを材料とする研究に臨もうとしたのも、それを通じて生きているとはどういうことかの探求ができると、その当時の頭で判断したからである。いまでも、それはまちがいでなかったと思っている。だから、シダ植物が大好きで、それと一緒にいるのが幸せというのとはちょっと違っており、シダのもつ不思議さにいろいろな角度から好奇心を発揮するナチュラリストの人たちの、多様な姿のひとつかもしれないが、学ぶという行動の中に、究めるという姿勢が大部分を占めているという点では特殊なところがあるのかもしれない。もちろん、専業としなくても、好奇心が究める方向に向かうという意味では、ナチュラリストにも一般にみられることではあるのだが。

学ぶよろこびについていえば、そのよろこびが精神的なものだけに閉じているということではない。実際的な意味で、日本の維管束植物のレッドリストを編もうとした際に、市井のナチュラリストたちの積年の資料が大きな貢献を果たしたことは、本書でも紹介したとおりである。

たしかに、現実の日本の社会は、今日の生活にあくせくする部分が大きく、学ぶよろこびなどといっておれるのは、よほど生活に余裕のある人だけだと反論されるかもしれない。それでも、いったん自然の成り立ちに興味をもち始めると、損得とは無関係に学ぶよろこびを感じるのは、知的動物としての人間のありがたい特性だろう。

現在風に、付け加えておきたいことは、学ぶよろこびは、人々の科学するこころを磨くきっかけとなり、科学リテラシーの向上に寄与する点である。人に本然の学ぶよろこびの自然の発露は、けっきょくは社会の科学リテラシーの向上につながり、社会の健全な発展の礎となる。ここまで話を拡げれば、学ぶよろこびには役に立つ側面があるというより、社会にとってもっとも有益な活動であることが結論づけられるところでもある。

（2）ナチュラルヒストリーと研究

科学の手法によって、さまざまな現象を解析し、その実体を知ることによって、新しい技術を開発し、人々の安全や豊かさに現実に貢献することで、栄誉や富を手にすることが、科学者の評価になり、よろこびをもたらすことになっている。

一方、知的好奇心の発露として問題を解明し、さらなる問題解明の基盤づくりをする人たちのうちには、現実にその知見を技術に転化して、今日の人の豊かさや安全に貢献できない場合もめずらしくない。そのような場合、成果をあげた人は、自分が解明した事実がさらなる事実の解明の基盤となることを知り、解明された成果によろこびを感じることだろうが、それが社会的に大きな関心をよぶことはあまりない。

典型的な例はメンデルの法則の発見にもみられる。メンデルは彼自身自分の成果に自信をもっていたと伝えられるが、彼が世を去るまでには成果が生物学を動かすにいたらなかったし、メンデルが生きている間に生物学者として世間から顕彰されることはなかった。しかし、自分で成果に自信をもつことで、彼自身は科学者としての自負を満足させていたことだろう。きっかけは社会貢献を期待しての研究だったが、そのためには生きものの普遍的な原理を探る必要があると確信し、普遍的な法則性を探ろうとしたメンデルの研究が、やがて生物学の基本的な原理であると認められるのは当然の展開でもあった。死後1世紀も過ぎたころには、メンデルの研究を発端とする遺伝学が、人の豊かさと安全に直接的な貢献を積み重ねることになっていた。

メンデルの学びは自然の法則を正しく認識することだったし、次の時代を先取りするような解析法を適用することが、だれも知らなかった生の法則性を正しく認識する先駆けとなった。ナチュラルヒストリーの手法で究めるよろこびが、彼の科学を支える基本であったといえる。

科学的好奇心が、社会的な有用性をめざすものである場合はわかりやすいが、科学のための科学としての好奇心が科学の発展を推進し、やがて有用性に転化されるというのは、文化の正常な発展の姿である。ナチュラルヒストリーにかかわる科学するよろこびが、科学のための科学としての好奇心の展開であるなら、結果として科学を推進し、文化を高度化し、人の社会の健全な発展の指導原理になるものである。科学するよろこびにひたるのは、この道理にしたがったものといえる。

かつては、科学者は清貧に甘んじて科学研究に透徹する人と紹介された。いまでは、科学的業績は顕彰され、高額の賞金が準備されるほか、有用性が示された成果は、特許料などで大きな収入が約束されるなど、経済的に恵まれる機会も期待される。成功した科学者は裕福な人でもある。しかし、これは経済活動で成功する人のように、恵まれた少数の人に限られる。科学的な成果で大きな貢献をしたとしても、その成果が科学の発展にとって貴重なものであっても、すぐに技術に転化されて経済的な効果を示さない場合には、成果をあげた科学者が経済的に恵まれる機会はおとずれてこない。

技術に転化される科学的成果は、実証的に検証されたものであるし、特定の目的に応じて究明された事実であることが多い。戦争時にある領域の科学が急速に発展するというのは、そのよい証拠といえるだろう。実際、研究費などで支援される研究には、有用と期待される技術に転化されやすい領域のものが多い。これは、研究の補助なども、政治的、経済的な必要から企画されることが多いのが現実であり、科学的必然性にもとづく場合がむしろまれであることも関係している。知的好奇心に忠実である科学者の姿勢も問われるところがあるのかもしれない。

基盤的な科学が、政治的経済的側面から支援されることは現実にはむずかしいことかもしれないが、それにしても、大学、研究所などの基礎研究に貢献する機関が社会から支援されているように、知的好奇心にもとづいた活動が社会的に認知されている部分は現実にもまだ生かされている。人間の基本的な活動である知的活動の必然的な展開が社会のうちでしっかり認知されることはこれからも期待されるべきことである。万物の霊長であると自称する *Homo sapiens sapiens* の原点にもどった活動を展開したいものである。

そこまでいいながら、ナチュラルヒストリーが人知の真っ当な展開にとって基本的な活動につながるものであるかどうか、本書でそのことが示されたかどうか、あらためて批判を請うと同時に、同学の志のさらなる貢献が具体的な成果につながることを期待したい。

四次元の自然科学ともいうべきナチュラルヒストリーの成果を学ぶことによって、現在における歴史的背景の重さを実感することができる。いまという瞬間だけに重きを置き、歴史に忠実に生きることを忘れているような最近の社会をみていると、ナチュラルヒストリーを学ぶよろこびを通じて、知的動物である人としての尊厳を生きることができることを期待するのも、よろこびの一端といえる。学ぶよろこびは、つねに究めるよろこびに通じるものであり、究めることは、人の生活の安全安心に寄与するのと並行して、究めるよろこびをそれに接する人に与えてくれるものであることを知る。自由な立場から究めることに参画する人もあるし、それを専業とする生き方を選ぶ人も、結果としては分化することになるのだが。

ここまで、本書では、ナチュラルヒストリーの特性を歴史的展開に沿って整理しようとしてきた。しかも、科学は地域的なものではなく、地球規模の視点で論じないといけないといってきた。しかし、巻末にいたって、現在の日本における科学の停滞といわれる、ひょっとすると歴史のうちでは瞬間的かもしれない状況下で、日本の若い世代に向けて、ナチュラルヒストリーへの関心を惹起する示唆を与えて巻を閉じることにしたい。

21 世紀に入ってからの日本の科学の停滞については、客観的な数字も示されていることであり、その原因が、科学政策の結果としての大学の閉塞感にあることは、有識者の間では常識となっているようである。そのことを論じ、正常化に努めることは科学者にとって喫緊の課題のひとつではあるが、ここでは、現状をぼやくよりも、そういう状況にあるからこそ、ここで日本の若者に期待するのはなにかを提示したいのである。

科学は日本で発展しなくても、地球規模で進められるのは当然である。人類社会は、特定の国の政策の停滞だけでは、一部に障害を生じることはあっても、悠久の歴史の流れを中断するようなことはない。すぐれた貢献が欠けることが、全体の発展の歩みを遅らせることはあっても、部分の停滞によって、全体が停止したり後退することを心配する必要はないだろう。当該国がそれで損をすることがあっても、それはそうなった部分の自己責任というだけである。

大学の閉塞感の中で、科学的好奇心に率直に対応することができないでいる日本の若者は、なにを見失っているというのだろうか。そういう雰囲気に生きているならこそ、いま、自然を見る目の原点にもどり、社会の流れの中での競争に参画できなかったとしても、好奇心に忠実にしたがう課題に取り組むというのはどうだろうか。さいわい、ナチュラルヒストリーに関する課題は、日本列島には山積する。生物多様性は豊かであるし、日本列島では頻発する自然災害によってさまざまな実験が日常的に営まれている。究めるべき課題は山積している。しかも、その現象に関心をもって接しているナチュラリストには事欠かない。究めるよろこびを自分の生き方に生かす状況は、いまこそ私たちの周辺で成熟している。

［東京大学出版会のナチュラルヒストリーシリーズ Natural History Series 全 50 巻］

糸魚川淳二. 1993. 日本の自然史博物館.
小畠郁生（編）, 犬塚則久・山崎信寿・杉本剛・瀬戸口烈司・木村達明・平野弘道. 1993. 恐竜学.
渡邊定元. 1994. 樹木社会学.
馬渡峻輔. 1994. 動物分類学の論理——多様性を認識する方法.
矢原徹一. 1995. 花の性——その進化を探る.
周達生. 1995. 民族動物学——アジアのフィールドから.
秋道智彌. 1995. 海洋民族学——海のナチュラリストたち.
松井正文. 1996. 両生類の進化.
岩槻邦男. 1996. シダ植物の自然史.
池谷仙之・阿部勝巳. 1996. 太古の海の記憶——オストラコーダの自然史.
土肥昭夫・岩本俊孝・三浦慎悟・池田啓. 1997. 哺乳類の生態学.
増沢武弘. 1997. 高山植物の生態学.
谷内透. 1997. サメの自然史.
三中信宏. 1997. 生物系統学.
佐々治寛之. 1998. テントウムシの自然史.
和田一雄・伊藤徹魯. 1999. 鰭脚類——アシカ・アザラシの自然史.
加藤雅啓. 1999. 植物の進化形態学.
糸魚川淳二. 1999. 新しい自然史博物館.
菊池多賀夫. 2001. 地形植生誌.
前田喜四雄. 2001. 日本コウモリ研究誌——翼手類の自然史.
疋田努. 2002. 爬虫類の進化.
直海俊一郎. 2002. 生物体系学.
平嶋義宏. 2002. 生物学名概論.
遠藤秀紀. 2002. 哺乳類の進化.
倉谷滋. 2004. 動物進化形態学.
岩槻邦男. 2004. 日本の植物園.
野中健一. 2005. 民族昆虫学——昆虫食の自然誌.
高槻成紀. 2006. シカの生態誌.

金子之史. 2006. ネズミの分類学——生物地理学の視点.
矢島道子. 2008. 化石の記憶——古生物学の歴史をさかのぼる.
安藤元一. 2008. ニホンカワウソ——絶滅に学ぶ保全生物学.
大路樹生. 2009. フィールド古生物学——進化の足跡を化石から読み解く.
石田戢 . 2010. 日本の動物園.
佐々木猛智. 2010. 貝類学.
田村典子. 2011. リスの生態学.
村山司. 2012. イルカの認知科学——異種間コミュニケーションへの挑戦.
松田裕之. 2012. 海の保全生態学.
内田詮三・荒井一利・西田清徳. 2014. 日本の水族館.
渡辺守. 2015. トンボの生態学.
佐藤哲. 2016. フィールドサイエンティスト——地域環境学という発想.
落合啓二. 2016. ニホンカモシカ——行動と生態.
倉谷滋. 2017. 新版 動物進化形態学.
山田文雄. 2017. ウサギ学——隠れることと逃げることの生物学.
冨士田裕子. 2017. 湿原の植物誌——北海道のフィールドから.
西田治文. 2017. 化石の植物学——時空を旅する自然史.
増田隆一. 2017. 哺乳類の生物地理学.
崎尾均. 2017. 水辺の樹木誌.
遠藤秀紀. 2018. 有袋類学.
湊秋作. 2018. ニホンヤマネ——野生動物の保全と環境教育.
岩槻邦男. 2018. ナチュラルヒストリー.

参考文献

アリストテレス全集 17 巻. 1968-1973. 岩波書店.

Baldwin, E. 1947. Dynamic Aspects of Biochemistry. Cambridge University Press, Cambridge.

Bell, P. R. 1960. The morphology and cytology of sporogenesis of *Trichomanes proliferum* Bl. New Phytol. 59 : 53-59.

Bentham, G. and J. D. Hooker. 1862-1883. Genera plantarum ad exemplaria imprimis in herbariis kewensibus servata definite, 3 vols. L. Reeve and C., London.

Braithwaite, A. F. 1969. The cytology of some Hymenophyllaceae from the Solomon Islands. Brit. Fern Gaz. 10 : 81-91.

Braithwaite, A. F. 1975. Cytotaxonomic observation on some Hymenophyllaceae from the New Hebrides, Fiji and New Caledonia. Bot. J. Linn. Soc. 71 : 167-189.

Budge, E. A. W. 1978. Herb Doctors and Physicians in the Ancient World : The Divine Origin of the Craft of the Herbalist. Ares Publ., Chicago.

Buffon, G.-L. L. 1749-1804. L'Histoire Naturelle.

Candolle, A. P. de. 1824-1873. Prodromus Systematis Naturalis Regni Vegetabilis, 17 vols., continued by A. de Candolle, -1873. Paris.

長生舎主人 (栗原信充). 1837.『松葉蘭譜』玉清堂.

Coen, E. S. and E. M. Meyerowitz. 1991. The war of the whorls : genetic interactions controlling flower development. Nature 353 : 31-37.

Copeland, E. B. 1907. The comparative ecology of San Ramon Polypodiaceae. Phil. J. Sci. 2 : 1-76.

Copeland, E. B. 1914 (3rd ed. 1931). Coconut. Macmillan, London.

Copeland, E. B. 1924. Rice. Macmillan, London.

Copeland, E. B. 1929. The oriental genera of Polypodiaceae. Univ. Calif. Publ. Bot. 16 : 45-128.

Copeland, E. B. 1933. *Trichomanes*. Phil. J. Sci. 51 : 119-280.

Copeland, E. B. 1937. *Hymenophyllum*. Phil. J. Sci. 64 : 1-188.

Copeland, E. B. 1938. Genera Hymenophyllaceaea. Phil. J. Sci. 67 : 1-110.

Copeland, E. B. 1939. Fern evolution in Antarctica. Phil. J. Sci. 70 : 157-189.

Copeland, E. B. 1947. Genera Filicum : The Genera of Ferns. Chronica Bot., Waltham.

Darnaedi, D., M. Kato and K. Iwatsuki. 1990. Electrophoretic evidence for the origin of *Dryopteris yakusilvicola* (Dryopteridaceae). Bot. Mag. Tokyo 103 : 1-10.

ダーウィン, C. (八杉龍一訳). 1990.『ダーウィン　種の起原』岩波文庫, 岩波書店. [Darwin, C. 1859. On the Origin of Species by Means of Natural Selection, or the Preservation of Favoured Races in the Struggle for Life. J. Murray, London]

デカルト, R.（谷川多佳子訳）. 1997.『方法序説』岩波文庫, 岩波書店.［Descartes, Rene. 1637. Discours de la method］

Diderot, D. *et al.* 1751–1772. L'Encyclopedie.

ディオスコリデス, P.（小川鼎三・鷲谷いづみ訳）. 1983.『ディオスコリデスの薬物誌』エンタプライズ.［Dioscorides, P. 1 世紀後半.　De Materia Medica libri-quinque］

Dodoens, R. 1554. Cruydeboeck.［和訳『阿蘭陀本草和解』は刊行にいたらなかった］

土井美夫. 1926–1931.『薩摩植物誌』文明堂書店.

海老原淳（編）. 2016–2017.『日本産シダ植物標準図鑑 I–II』学研プラス.

遠藤秀紀. 2015. 斎藤広吉の思念. 一ノ瀬正樹・正木春彦（編）『東大ハチ公物語——上野博士とハチ, そして人と犬のつながり』pp. 149–158. 東京大学出版会.

Engler, A. (ed.) 1900–. Das Pflanzenreich, regni vegetablilis conspecutus, I-CVII. Verl. Wilhelm Engelmann, Leipzig.

Engler, A. and K. A. Prantl (eds.) 1887–1915. Die Natuerlichen Pflanzenfamilien, 23 vols. 2nd ed. 1924–1980. 28 parts issued. Verl. Wilhelm Engelmann, Leipzig.

Farlow, W. G. 1874. An asexual growth from the prothallum of *Pteris cretica* var. *albo-lineata*. Quart. J. Micr. Sci. 14 : 226–273.

深根輔仁. 918 ごろ.『本草和名』.［多紀元簡校定　1796 年刊］

布施静香. 2012. 植物標本, 塩分とのたたかい. 岩槻邦男・堂本暁子（監修）『災害と生物多様性』pp. 82–85. 生物多様性 JAPAN.

Gessner, C. 1551–1558. Historiae Animalium.

Hara, H. (ed.) 1985. Origin and Evolution of Diversity in Plants and Plant Communities. Academia Scientific Book Inc., Tokyo.

原徹郎. 1995. タコ・タイ・ヒト. 生命誌 9 : 11.

長谷部光泰. 2015.『進化の謎をゲノムで解く』学研プラス.

長谷川眞理子・三中信宏・矢原徹一. 1999.『現代によみがえるダーウィン』文一総合出版.

服部保・南山典子・小川靖彦. 2010. 万葉集の植生学的研究. 植生学会誌 27 : 45–61.

Hayata, B. 1927. 羊歯類に於ける中心柱の分類学上の価値に就きて（第一報）. 植物学雑誌 41 : 697–718.

Hearn, L. 1899. Insect Musicians. In "Exotics and retrospectives".［牛村圭（訳）小泉八雲「虫の演奏家」平川祐弘（編）. 1990.『小泉八雲——日本の心』講談社学術文庫, 講談社］

Hennig, W. 1965. Phylogenetic Systematics. Ann. Rev. Entomol. 10 : 97–116.

Herakleitos. 紀元前 5–6 世紀.『自然について』の断片.

日高敏隆. 2007–2008.『日高敏隆選集　全 8 巻』ランダムハウス講談社.

Hirase, S. 1895. Etudes sur le fecundation et l'embryogenie du *Ginkgo biloba* (1). J. Coll. Sci. Imp. Univ. Tokio 8 : 307–322, pls. 31–32.

Hirase, S. 1896. Spermatozoid of *Ginkgo biloba*. (in Japanese). Bot. Mag. Tokyo 10 : 171.

Hooke, R. 1665. Micrographia.

Hori, K., A. Ebihara and N. Murakami. 2018. Revised classification of the species within the *Dryopteris varia* complex (Dryopteri-daceae) in Japan. Acta Phytotax. Gebot. 69 : 77–108.

Hori, K., A. Tono, K. Fujimoto, J. Kato, A. Ebihara, Y. Watano and N. Murakami. 2014. Reticulate evolution in the apogamous *Dryopteris varia* complex (Dryopteridaceae, subgen. *Erythrovariae*, sect. *Variae*) and its related sexual species in Japan. J. Pl. Research 127 : 661–684.

Hu, Hsen-Hsu and W.-C. Cheng. 1948. On the new family *Metasequoia* and on *Metasequia glyptostroboides*, a living species of the genus *Metasequoia* found in Szechuan and Hupeh. Bull. Fan Mem. Inst. Biol. N. S. 1 : 153–163.

Humboldt, F. H. A. von. 1845–1862. Kosmos : Entwurf einer physischen Weltbeschreibung, 5 vols.

兵庫県立人と自然の博物館（編). 2012.『みんなで楽しむ新しい博物館のこころみ』研成社.

飯沼慾斎. 1856–1862.『草木図説　草部 20 巻』[木部 10 巻は 1977 年に北村四郎編注で刊行]

Ikeno, S. 1896. Das Spermatozoid von *Cycas revoluta*. (in Japanese). Bot. Mag. Tokyo 10 : 367–368.

今西錦司. 1971.『生物社会の論理』思索社.

International Organization of Plant Information (IOPI) (ed.) Species Plantarum : Flora of the World. 1999–2005. Introduction. 1999 ; 1. Irvingiaceae by D. J. Harris. 1999 ; 2. Stangeriaceae by E. M. A. Steyn, G. F. Smith and K. D. Hill. 1999 ; 3. Welwitchiaceae by E. M. A. Steyn and G. F. Smith. 1999 ; 4. Schisandraceae by R. M. K. Saunders. 2001 ; 5. Prioniaceae by S. l. Munro, J. Kirschner and H. P. Linder. 2001 ; 6–8. Juncaceae by J. Kirschner (ed.) 2002 ; 9–10. Chrysobalanaceae by G. T. Prance. 2003 ; 11. Saururaceae by A. R. Brach and Xia N.-h. 2005.

伊藤元巳. 2013.『植物分類学』東京大学出版会.

Ito, M., A. Soejima and M. Ono. 1998. Genetic diversity of the endemic plants of Bonin (Ogasawara Islands). In Stuessy, T. F. and M. Ono (eds.) Evolution and Speciation of Islands Plants pp. 141–154. Cambridge University Press, Cambridge.

岩崎灌園. 1828.『本草図譜』.

岩槻邦男. 1993.『多様性の生物学』(生物科学入門コース 8) 岩波書店.

岩槻邦男. 1997.『文明が育てた植物たち』東京大学出版会.

岩槻邦男. 1999.『生命系――生物多様性の新しい考え』岩波書店.

岩槻邦男. 2002.『多様性から見た生物学』裳華房.

岩槻邦男. 2012a.『進化と系統 30 講』朝倉書店.

岩槻邦男. 2012b.『生命のつながりをたずねる旅』ミネルヴァ書房.

岩槻邦男. 2017. 生物多様性. 環境研究 182 : 68–73.

岩槻邦男（編). 1992.『日本の野生植物――シダ』平凡社.

岩槻邦男・柴崎徳明・今井竹夫・林蘇娟・西田治文. 2000.『進化――宇宙のはじま

りから人の繁栄まで』研成社.
岩槻邦男・馬渡峻輔（監修）. 1996–2008. バイオディバーシティ・シリーズ　全 7 巻. 裳華房.（1）岩槻邦男・馬渡峻輔（編）『生物の種多様性』1996.（2）加藤雅啓（編）『植物の多様性と系統』1997.（3）千原光雄（編）『藻類の多様性と系統』1999.（4）杉山純多（編）『菌類・細菌・ウイルスの多様性と系統』1905.（5）白山義久（編）『無脊椎動物の多様性と系統』（節足動物を除く）2000.（6）石川良輔（編）『節足動物の多様性と系統』2008.（7）松井正文（編）『脊椎動物の多様性と系統』2006.
Iwatsuki, K. 1958. Taxonomic studies of Pteridophyta II. Acta Phytotax. Geobot. 17 : 161–166.
Iwatsuki, K. 1979. Distribution of filmy ferns in palaeotropics. In Larsen, K. and L. B. Holm-Nielsen (eds.) : Tropical Botany. pp. 309–314. Academic Press, London.
伊沢紘生. 2014.『新世界ザル（上・下）』東京大学出版会.
Jardine, N., J. A. Secord and E. C. Spary. 1996. Cultures of Natural History. Cambridge University Press, Cambridge.
Jonston, J. 1653–1657. Historiae naturalis. 6 vols. [野呂元丈抄訳. 1741.『阿蘭陀鳥獣虫魚和解』]
Kaempfer, E. 1712. Amoenitatum exoticarum『廻国奇観』.
科学朝日（編）. 1991.『殿様生物学の系譜』朝日新聞出版.
カーネマン, D.（友野典男・山内あゆ子訳）. 2011.『ダニエル・カーネマン 心理と経済を語る』楽工社.
Kahneman, D. and A. Deaton. 2010. High income improves evaluation of life but not emotional well-being. Proc. Natn. Acad. Sci. 107 : 16489–16493.
貝原益軒. 1709.『大和本草』.
Kato, M. and K. Iwatsuki. 1985. An unusual submerged aquatic ecotype of *Asplenium unilaterale*. Amer. Fern J. 75 : 73–76.
Kato, M., N. Nakato, S. Akiyama and K. Iwatsuki. 1990. The systematic position of *Asplenium cardiophyllum* (Aspleniaceae). Bot. Mag. Tokyo 105 : 105–124.
河合雅雄. 1996.『河合雅雄著作集　全 13 巻』小学館.
河合雅雄（草山万兎）. 1997–2014.『河合雅雄の動物記（1）–（8）』フレーベル館.
Kawai, M. 1965. Newly-acquired pre-cultural behavior of the natural troop of Japanese monkeys on Koshima Islet. Primates 6 : 1–30.
川村清一. 1954–1955.『原色日本菌類図鑑　全 8 巻』風間書房.
Kihara, H. 1930. Genomanalyse bei Triticum und Aegilops. Cytologia 1 : 263–270.
Kimura, M. 1968. Evolutionary rate at the molecular level. Nature 217 : 624–626.
Kimura, M. 1983. The Neutral Theory of Molecular Evolution. Cambridge University Press, Cambridge. [木村資生（向井輝美・日下部真一訳）. 1986.『分子進化の中立説』紀伊國屋書店]
木村陽二郎. 1974.『日本自然誌の成立——蘭学と本草学』中央公論社.
ラマルク（小泉丹・山田吉彦訳）. 1954.『動物哲学』岩波文庫, 岩波書店. [Lamarck, J.-B. P. A. M. C. de. 1809. Philosophie zoologique]
Lamarck, J.-B. P. A. M. C. de. 1815–1822. Histoire naturelle des animaux sans

vertebres, presentant les caracteres generaux et particuliers de ces animaux…, 7 vols.
Lawton, J. 1976. The structure of the arthropod community on bracken. Bot. J. Linn. Soc. 73 : 187-216.
李時珍［Li Shih-chen］. 1578-1596.『本草綱目　全 52 巻』.［木村康一ほか註, 鈴木真海訳. 1973-1978.『新註校定国訳本草綱目　全 17 巻, 別冊 3 巻』春陽堂書店］
Lin, S. J., M. Kato and K. Iwatsuki. 1990. Sporogenesis, reproductive mode, and cytotaxonomy of some species of *Sphenomeris*, *Lindsaea*, and *Tapeindium* (Lindsaeaceae). Amer. Fern J. 80 : 97-109.
Lin, S. J., M. Kato and K. Iwatsuki. 1992. Diploid and triploid offspring of triploid agamosporous fern *Dryopteris pacifica*. Bot. Mag. Tokyo 105 : 443-452.
Linne, C. 1735. Systema naturae (1758, 10th ed.). Stockholm.
Linne, C. 1751. Philosophia Botanica. Stockholm and Amsterdam.
Linne, C. 1753. Species plantarum. Stockholm.
Linne, C. 1754. Genera plantarum (5th ed.). Leiden.
ラブロック, J.（星川淳訳）. 1979.『地球生命圏ガイアの科学』工作社.［Lovelock, J. 1972. Gaia : A New Look at Life on Earth. 3rd ed. Oxford University Press, Oxford］
Löve, Á., D. Löve and R. E. G. Pichi Sermolli. 1977. Cytotaxonomical Atlas of the Pteridophyta. J. Cramer, Vadus.
前原勘次郎. 1931.『南肥植物誌』三秀社.［Mayebara, K. 1931. Fl Austrohigoemis. Hitoyoshi］
牧野富太郎. 1940.『牧野日本植物図鑑』北隆館.［その後, 北隆館から増補改訂版が刊行されている. 現行版は邑田仁・米倉浩司（編）. 2017.『新分類 牧野日本植物図鑑』］
牧野富太郎. 1956.『牧野富太郎自叙伝』長嶋書房.（講談社学術文庫, 講談社に所収. 2004）
牧野富太郎（中村浩編）. 1973-1974.『牧野富太郎植物記　全 8 巻』あかね書房.
馬渡峻輔（編著）. 1995.『動物の自然史——現在分類学の多様な展開』北海道大学出版会.
Mayr, E. 1942. Systematics and the Origin of Species from the Viewpoint of a Zoologist. Columbia University Press, New York.［Reprint version. Harvard University Press. 1999］
メンデル（岩槻邦男・須原準平訳）. 1999.『メンデル——雑種植物の研究』岩波文庫, 岩波書店.［Mendel, G. J. 1866. Versuche ueber Pflanzen-Hybriden. Verhand. nat. Ver. Bruenn, IV Abhandl. 3-47］
三木茂. 1953.『メタセコイア——生ける化石植物』日本地学研究会.
Miki, S. 1941. On the change of flora in Eastern Asia since Tertiary Period the clay or lignate beds flora in Japan with special reference to the *Pinus trifolia* beds in Central Hondo. Japanese Journal of Botany 11 : 237-303.
南方熊楠. 1925. 履歴書　矢吹義夫宛書簡.［増田勝美（編）. 1994.『南方熊楠随筆集』pp. 7-74. 筑摩書房］

南方熊楠全集　全 10 巻＋別巻 2 巻. 1971-1975. 平凡社.
源順. 931.『倭名類聚抄』.
Mitsuta, S., M. Kato and K. Iwatsuki. 1980. Steler structure of Aspleniaceae. Bot. Mag. Tokyo 93 : 275-289.
三好学. 1915.『天然記念物』冨山房.
百瀬静男. 1967.『日本産シダの前葉体』東京大学出版会.
モース, E. S.（石川欣一訳）. 1970.『日本その日その日』東洋文庫, 平凡社.［Morse, E. S. 1917. Japan Day by Day］
モース, E. S.（近藤義郎・佐原真訳）. 1983.『大森貝塚』岩波文庫, 岩波書店.［Morse, E. S. 1879. Shell Mounds of Omori. Mem. Univ. Tokyo 1 : part 1］
ムヒカ, J. A. 2012.［くさばよしみ（編）, 中川学（絵）. 2014.『世界でいちばん貧しい大統領のスピーチ』汐文社］
Murakami, N. 1995. Systematics and evolutionary biology of the fern genus *Hymenasplenium*（Aspleniaceae）. J. Plant Res. 108 : 257-268.
Murakami, N. and S.-I. Hatanaka. 1988. A revised taxonomy of the *Asplenium unilaterale* complex in Japan and Taiwan. J. Fac. Sci. U. Tokyo III 14 : 183-199.
Murakami, N. and K. Iwatsuki. 1983. Observation on the variation of *Asplenium unilaterale* complex in Japan with special reference to apogamy. J. Jap. Bot. 58 : 257-262.
中村桂子. 1991.『生命科学から生命誌へ』小学館.
中村桂子. 2000.『生命誌の世界』日本放送出版協会.
ナチュラルヒストリーシリーズ全 50 巻. 1993-2018. 東京大学出版会（別掲）.
ニーダム, N. J. T. M.（砺波護ほか訳）. 1974-.『中国の科学と文明』1- 新思索社.［Needham, N. J. T. M. Science and civilisation in China, 7 vols. Cambridge University Press, Cambridge］
日本植物学会（編）. 1982.『日本の植物学百年の歩み——日本植物学会百年史』日本植物学会.
西村三郎. 1987.『未知の生物を求めて——探検博物学に輝く三つの星』平凡社.
西村三郎. 1989.『リンネとその使徒たち——探検博物学の夜明け』人文書院.
西村三郎. 1999.『文明のなかの博物学——西欧と日本（上・下）』紀伊國屋書店.
Nitta, J. H., A. Ebihara and M. Ito. 2011. Reticulate evolution in the *Crepidomanes minutum* species complex（Hymenophyllaceae）. Amer. J. Bot. 98 : 1782-1800.
小倉謙. 1940.『東京帝国大学理学部植物学教室沿革』東京帝国大学.
岡田博・植田邦彦・角野康郎（編）. 1994.『植物の自然史——多様性の進化学』北海道大学出版会.
岡村金太郎. 1936.『日本海藻誌』内田老鶴圃.
小野蘭山. 1803-1806.『本草綱目啓蒙　全 48 巻』.
Orel, V. 1996.（Translated by Stephen Finn）Gregor Mendel, the First Geneticist. Oxford University Press, Oxford.
パスカル, B.（塩川徹也訳）. 2015-2016.『パンセ』岩波文庫, 岩波書店；（前田陽一・由木康訳）. 1973.『パンセ』中公文庫, 中央公論社.［Pascal, B. 1670. Pensees］
プリニウス, G.（中野定雄・中野里美・中野美代訳）. 1986-.『プリニウスの博物誌

1-6』雄山閣（縮刷版　全3巻）.［Gaius Plinius-77. Naturalis historiae］
Ray, J. 1686-1704. Historia generalis plantarum, 3 vols.
Renard, J. 1896. Histoires naturelles.［ルナール, J.（岸田国士訳）. 1954.『博物誌』新潮文庫, 新潮社］
斎藤清明. 1995.『メタセコイア――昭和天皇の愛した木』中公新書, 中央公論社.
植物学雑誌 Botanical Magazine［Tokyo］（公社）日本植物学会　1887年創刊, 1993年に誌名（英名）を Journal of Plant Research に改名.
植物研究雑誌 The Journal of Japanese Botany 1916-.［現在は津村研究所刊行］
Siebold, P. F. von. 1832-1882. Nippon.
Siebold, P. F. von and J. G. von Zuccarini. 1835-1870. Flora of Japan. Leiden.
Sokal, R. R. and P. H. A. Sneath. 1963. Principles of Numerical Taxonomy. W. H. Freeman, San Francisco.
Suzuki, T. and K. Iwatsuki. 1990. Genetic variation in agamosporous fern *Pteris cretica* L. in Japan. Heredity 65 : 221-227.
田川基二. 1959.『原色日本羊歯植物図鑑』保育社.
Takamiya, M. 1996. Index to Chromosomes of Japanese Pteridophyta (1910-1996). Jap. Pterid. Soc.
田村実・鈴木浩司. 2017. 日本植物分類学会和文誌と植物地理・分類学会誌の統合による日本植物分類学会の新しい和文誌について. 分類 17：109-111.
田中順子. 1986. 自鷹状としての張華「鷦鷯賦」. 中国文学論集 15 : 71-99.
丹波康頼. 984.『医心方』.
陶弘景［Tao Hong-jing］. 500ごろ. 神農本草経集注.［家本誠一. 2015.『本草経集注訳注 1-3』清風社］
Tardieu-Blot, M. 1932. Les Aspeniees du Tonkin. Thesis, pres. a la Fac. Sci. Paris ser. A no 1373 1 re these.
Tardieu-Blot, M. and C. Christensen. 1939-1951. Cryptogams vasculaires. In Lecomte, H. (ed.) Flore general de l' Indo-Chine' vol. VII-2. Masson et Cie, Paris.
田代晃二（編）. 1968-1973.『田代善太郎日記　全3巻　明治編・大正編・昭和編』創元社.
テオプラストス（小川洋子訳）.『テオプラストス　植物誌』I（2008）, II（2015）, III（未刊）京都大学学術出版会.［Theophrastos. 紀元前314ごろ. Historiae plantarum］
Thunberg, C. P. 1784. Flora Japonica.［伊藤圭介. 1829.『泰西本草名疏（上・下）』花繞書屋］
ツンベルグ, C. P.（山田珠樹訳）. 1928.『ツンベルグ日本紀行』異国叢書, 駿南社（1966年に雄松堂から改訂復刻版）.［Thunberg, C. P.（ed. by L.-M. Langlès）1796. Voyage de C. P. Thunberg, au Japan］
徳田御稔. 1951.『進化論』岩波全書, 岩波書店.
徳田御稔. 1952, 1956.『二つの遺伝学』『続　二つの遺伝学』理論社.
Tournefort, J. P. de. 1694. Elemente de botanique.
外山正一・矢田部良吉・井上哲次郎. 1882.『新体詩抄』丸屋善七.
辻大和・中川尚史（編）. 2017.『日本のサル――哺乳類学としてのニホンザル研究』

東京大学出版会.
常脇恒一郎. 1993. 核 DNA の RFLP 分析によって決定されたコムギの系統発生. 1.-粒系コムギ. 日本遺伝学雑誌 68 : 73-79.
Tsunewaki, K. 1993. Genome-plasmon interactions in wheat. Jap. J. Genetics 68 : 1-34.
鶴見和子. 1979.『南方熊楠――地球志向の比較学』講談社.［1981. 講談社学術文庫］
宇田川榕庵. 1822.『菩多尼訶経』.
宇田川榕庵. 1835.『植学啓原　全 3 巻』.
上野益三. 1973.『日本博物学史』平凡社.
上野益三. 1987.『日本動物学史』八坂書房.
宇井縫蔵. 1929.『紀州植物誌』近代文藝社.
梅棹忠夫. 1957. 文明の生態史観序説. 中央公論 72(2) : 32-49.［1974. 中公文庫, 中央公論社］［Umesao, T. 2003. An Ecological View of History-Japanese Civilization in the World Context. Trans Pacific Press, Melbourne］
梅棹忠夫. 1960. 日本探検（4）高崎山. 中央公論 75（9）: 221-248.［1960.『日本探検』中央公論社 ; 2014. 講談社学術文庫, 講談社］
我が国における保護上重要な植物種および植物群落の研究委員会植物種分科会（編). 1989. 我が国における保護上重要な植物種の現状. (財)日本自然保護協会・(財)世界自然保護基金日本委員会.
Wagner, W. H. Jr. 1954. Reticulate evolution in the Appalachian *Aslpeniums*. Evolution 8 : 103-118.
Wagner, W. H. Jr. 1964. Edwin Bingham Copeland（1873-1964）and his contributions to Pteridology. Amer. Fern J. 54 : 177-188.
Watano, Y. and K. Iwatsuki. 1988. Genetic variation in the 'Japanese Apogamous Form' of the Fern *Asplenium unilaterale* Lam. Bot. Mag. Tokyo 101 : 213-222.
Windelband, W. 1903. Lehrbuch der Geschichte der Philosophie（3 Aufl. D. Geschichite der Philosophie. Tuebingen.［服部英二郎訳. 1952. ハイムゼート補『西洋哲学史要』創元社］
山極寿一. 2012.『家族進化論』東京大学出版会.
山極寿一. 2015.『ゴリラ　第 2 版』東京大学出版会.
八杉龍一. 1972.『近代進化思想史』中央公論社.
Yatabe, R. 1890. A few words of explanation to European botanists. Bot. Mag. Tokyo 4 : 305.［矢田部良吉　泰西植物学者諸氏に告ぐ. 植物学雑誌 4 : 305］
Yoroi, R. and K. Iwatsuki. 1977. An observation on the variation of *Trichomanes minutum* and allied species. Acta Phytotax. Geobot. 28 : 152-159.
吉村不二夫. 1987.『形態学の復権――分子生物学を超えて』学会出版センター.
吉野善介. 1929.『備中植物誌』吉野薬店.
張華［Zhang Hua］. 3 世紀（常景が 6 世紀に删定).『博物志』.［小沢建一訳. 2013.『張華の博物誌』ブイツーソリューション］

おわりに

本書の企画について最初に話しあったのは2013年春のことだった。ナチュラルヒストリーシリーズが完結すること、その最後の1冊として、刊行は2018年3月を目途にすること、まだ書かれてこなかった大学におけるナチュラルヒストリーについて触れること、などについてである。2013年6月に最初の打合せをし、著作の基本的な方向を設定、さっそく執筆を始めた。

本書に期待されたのは、大学におけるナチュラルヒストリーを紹介することだった。自然史博物館におけるナチュラルヒストリー、植物園、動物園、水族館におけるナチュラルヒストリーに関しては、本シリーズですでにとりあつかわれている。科学研究の推進にとって基本的な役割を果たしている日本の大学におけるナチュラルヒストリーの現状を紹介し、課題を提示するのが、最初に提示された本書の役割だった。

ナチュラルヒストリーの追究の本質を論じようとすれば、しかしながら、ナチュラルヒストリーになにを期待するのかの総説になるのは、ある意味では当然である。

ナチュラルヒストリーの話題を俯瞰的に総括しようとすれば、生物多様性にかかわる事例が多出する。私の立ち位置も、生物多様性から離れてはありえない。生物多様性の事実にかかわる知見の現状を知る手引きとしては、多くの研究者の協働を得てすでに刊行されているバイオディバーシティ・シリーズ全7巻（岩槻邦男・馬渡峻輔監修，1996-2008）がよい手引きになるだろう。

私はこれまで講演や雑誌の記事などで、科学について論じる機会をたびたび与えられた。しかし、科学における統合を語ろうとすれば、1例とか少数の事例をあげてまとめることはむずかしい。どうしても、話を特定の課題だけにしぼって論理的に整理することができず、限られた時間やスペースのうちで、周辺の問題にも少しずつ言及することになってしまう。その結果、どうしても散漫に聞こえてしまう私の話（記事）は、焦点がなにかしぼれず、わかりにくいという非難をあびることになっていた。

個別の科学的な業績などは、特定の事例についてまとめて話すほうがわかりやすいのはいうまでもない。私の話し方がへただとか、文章がまずいということもあっただろうが、それ以上に、統合的な見方を短い話、文章で表現することのむずかしさもあったのである。それなら、1冊の本でなら、十分に語りつくすことができるか、これもせっかくの機会をうまく生かす能力があるかどうかにかかっている。

本書では、ナチュラルヒストリーの姿を、主として生物多様性を通じて語ろうと試みたものの、科学に通じるモデルによる語りが説得力をもつかどうか、はなはだこころもとないところである。

長い著作の過程になったが、その間、編集担当の光明義文さんと頻繁に情報交換を繰り返した。最初のドラフトは、すでに2015年に、兵庫県立大学・人と自然の博物館の太田英利、秋山弘之のご両人に目を通してもらい、貴重なご意見をいただいた。

それにもとづいて書き継ぎ、2016年末に、素稿がほぼできあがった状態になったところで、加藤法子さんにみてもらい、編集上の調整をいただいた。最終の仕上げにいたる過程で、光明、加藤という2人のナチュラルヒストリー領域の名編集者の手が加わって、そろそろまちがいが入りやすい年齢に達している私の原稿も、印刷に耐えるものに仕上げていただいたのである。もちろん、本書を通じてみえてくる多少個性的な考え方や事実のとりあげ方はすべて、私の責任によるものである。

本書では、光明さんの示唆もあって、本文を助ける図表を一切使わなかった。章の変わり目に使っていただいた線画は、私が若いころに自分で描いて論文などに使ったものである。早いうちに、自分の描く線に自信をなくしたので、限られた数しかないものから選んでもらった。それとは別に、表紙カバーのイラストは、人と自然の博物館の連携研究員でもある小豆むつ子さんの画を使わせていただいた。

本書をつくるにあたっても、いつものことではあるが、たくさんの人々のお世話になった。本文の基幹部をつくるもとになった研究実績は、長年の研究なかま、恩師、先輩から研究室で一緒に研究活動に参画した国内外の広範囲の人たちまで、実際本書に名前が出てくる人にとどまらず、多くの人たちとのさまざまなかたちの協働があったからの成果である。科学行政に貢献されている方々の多くからも、私たちの研究活動に励ましをいただき、助けをいただいた。私個人についていえば、科学について語り合い、事実を確認しあったナチュラリストの人たち、自然にあまり関心がない人たち、それに私が実際に活動をさせてもらった機関の方々にも、いろいろな意味で教えをいただいた。この機会に、それらすべての方々に、お礼を申しあげたい。それらの経験のうちのどれだけが、本書のうちに生かされているか、まとめをつくったいま、自分の能力の限界をみせつけられる思いをすることではあるが。

また刊行にかかわる経費の一部に、コスモス国際賞の賞金をあてさせていただいた。この書でいいたかったことの多くが賞の趣旨と一致するものと考えたからである。

それにもかかわらず、できあがったものは私自身にとってもまだまだ不満足なものである。生物分類表が結論でないと知りながら、仮説状態のまま教科書にも載せられるように、不完全と知りながら本書を上梓することになる。不完全なのは、私のナチュラルヒストリーが不完全に偏っているせいでもあるが、ナチュラルヒストリーのもたらす知見がまだまだ不完全であるという現実もまた否認はできない。たとえ私が神のような表現力をそなえていたとしても、不完全な事実を完全な姿で描きだすことはできないだろう。自分の能力の不足を嘆くだけでなく、その真実もまた直視しなければならない。

著者も満足できないといいながら上梓する本書が、ナチュラルヒストリーの現実と可能性を、これまで無関心であった方々にお知らせするきっかけになり、ナチュラルヒストリーの手法のたしかな展開が、人の社会の健全な発展をうながすもとになることを念じるところである。

最後に、本書で終わりになる東京大学出版会刊行のナチュラルヒストリーシリーズと、その編集を担当された光明義文さんの貢献について、この機会にどうしても触れておきたい。販売部数が少ない良書の出版がむずかしいといわれるが、このシリーズは、四半世紀をかけて、50 冊が刊行された。この領域における日本人研究者の貢献がうまく描きだされている。もちろん、研究者の総体からいえば、残念ながら執筆にはいたらなかったすぐれた研究者たちの関係する部分が抜けてはいるが、この 50 冊から総体を見通すことはむずかしくない。

本書でも縷々述べているように、ナチュラルヒストリーからの貢献がまだまだ不十分なことが、結果として科学の現状に偏りを生じている。そのことを、この領域の研究にたずさわるものはもっと真摯に受け止め、さらなる研究成果に向けて努力を重ねたいところであるが、そのためにもこのシリーズが指し示してくれるものの大きさをあらためて考えてみることである。このシリーズの刊行を支えてくださった東京大学出版会の判断に拍手を送りたい。

編集者の光明さんは、すでに日本進化学会、日本自然史学会連合、日本哺乳類学会からの顕彰をうけられたと聞いているが、このむずかしい編集作業を四半世紀にかけて堅実に詰めてこられたご貢献の大きさについて、この領域の研究者として、あらためて厚く感謝申しあげたい。

2018 年　秋

岩槻邦男

索　引

サ　行

タ　行

ナ　行

ハ　行

マ　行

ヤ　行

ラ　行

ワ　行

著者略歴

1934 年　兵庫県に生まれる.
1957 年　京都大学理学部植物学科卒業.
1963 年　京都大学大学院理学研究科博士課程修了，理学博士.
　　　　京都大学教授，東京大学教授，立教大学教授，放送大学教授，兵庫県立人と自然の博物館館長などを経て,
2007 年　文化功労者.
2016 年　コスモス国際賞受賞.
　　　　(公社)日本植物学会会長，(公社)日本植物園協会会長，東京大学理学部附属植物園園長などを歴任.
現　在　兵庫県立人と自然の博物館名誉館長・東京大学名誉教授.

主要著書

『日本絶滅危惧植物』(1990 年，海鳴社)，『日本の野生植物シダ』(編，1992 年，平凡社)，『多様性の生物学』(1993 年，岩波書店)，『シダ植物の自然史』(1996 年，東京大学出版会)，『バイオディバーシティー・シリーズ　全 7 巻』(共監修，1996-2008 年，裳華房)，『文明が育てた植物たち』(1997 年，東京大学出版会)，『生命系』(1999 年，岩波書店)，『多様性の植物学　全 3 巻』(共編，2000 年，東京大学出版会)，『多様性から見た生物学』(2002 年，裳華房)，『日本の植物園』(2004 年，東京大学出版会)，『進化と系統 30 講』(2012 年，朝倉書店)，『生命のつながりをたずねる旅』(2012 年，ミネルヴァ書房)，『新装版　陸上植物の種』(2013 年，東京大学出版会) ほか多数.

ナチュラルヒストリー

2018 年 12 月 5 日　初　版

[検印廃止]

著　者　岩槻邦男（いわつきくにお）

発行所　一般財団法人　東京大学出版会

代表者　吉見俊哉

153-0041 東京都目黒区駒場 4-5-29
電話 03-6407-1069・振替 00160-6-59964

印刷所　三美印刷株式会社
製本所　誠製本株式会社

ISBN 978-4-13-060256-3　Printed in Japan

Natural History Series（全50巻完結）

読者のみなさまへ

小会のナチュラルヒストリーシリーズ（Natural History Series）をご購読いただき，まことにありがとうございます．

さて，本シリーズは1993年に『日本の自然史博物館』（糸魚川淳二著）から刊行を開始し，読者のみなさまのご支持と著者の先生方のご協力により，今日まで25年にわたり刊行を続けてまいりましたが，第50巻となる本書『ナチュラルヒストリー』（岩槻邦男著）をもちまして完結とさせていただくことになりました．

永年にわたり，ご愛読をいただきました読者のみなさまとご執筆をいただいた著者の先生方にこの場を借りまして厚くお礼申し上げます．

本シリーズの完結にあたって，日本のナチュラルヒストリーのさらなる発展を心からお祈り申し上げます．

一般財団法人 東京大学出版会